Ch. Weddigen, W. Jüngst

Elektronik

Eine Einführung
für Naturwissenschaftler und Ingenieure
mit Beispielen zur Computer-Simulation

Zweite, neu bearbeitete und erweiterte Auflage

Mit 274 Abbildungen

Springer-Verlag
Berlin Heidelberg New York
London Paris Tokyo
Hong Kong Barcelona Budapest

Prof. Dr. rer. nat. Christian Weddigen

Kernforschungszentrum Karlsruhe
Institut für Kernphysik
Weberstr. 5, D-76133 Karlsruhe

Akadem. Dir. Dr. rer. nat. Wolfgang Jüngst

Institut für Experimentelle Kernphysik
Universität Karlsruhe
Kaiserstr. 12, D-76128 Karlsruhe

ISBN-13:978-3-540-56693-9   e-ISBN-13:978-3-642-84959-6
DOI: 10.1007/978-3-642-84959-6

Die Deutsche Bibliothek - CIP Einheitsaufnahme
Weddigen, Christian: Elektronik: eine Einführung für Naturwissenschaftler
und Ingenieure mit Beispielen zur Computer-Simulation / Ch. Weddigen; W. Jüngst. - 2., neu
bearb. und erw. Aufl. - Berlin; Heidelberg; New York; London; Paris; Tokyo; Hong Kong;
Barcelona; Budapest: Springer, 1993
ISBN-13:978-3-540-56693-9
NE: Jüngst, Wolfgang

60/3020   5 4 3 2 1 0   Gedruckt auf säurefreiem Papier

Vorwort

Zur zweiten Auflage

Gegenüber der vergriffenen ersten Auflage wurde der Text aktualisiert und stellen-
weise gestrafft oder korrigiert. Neue Abschnitte, wie z.B. über Verzögerungsleitungen ('lumped' und 'distributed delay lines'), und zahlreiche Übungsaufgaben
kamen hinzu. Insbesondere wurden Simulationsaufgaben aufgenommen, für deren Erprobung die Demoversion des weit verbreiteten Analyseprogramms PSPICE benutzt
wurde. Diese kann unter anderem mit PCs ('personal computer') betrieben werden,
ist leicht erhältlich und darf kopiert werden. Mit ihr kann der Leser auch die
meisten Experimentiervorschläge durch Simulation bearbeiten.

Bei der Vorbereitung der zweiten Auflage wurden wir dankenswerter Weise wie-
derum von dem Kernforschungszentrum Karlsruhe und von der Universität Karlsruhe
unterstützt. Dem Springer-Verlag danken wir für die angenehme Zusammenarbeit.

Karlsruhe, Herbst 1993 W. Jüngst
Ch. Weddigen

Zur ersten Auflage

Das vorliegende Buch befaßt sich mit ausgewählten Kapiteln der Elektronik. Es
ist aus einer Vorlesung entstanden, die zusammen mit einem begleitenden Praktikum Physikstudenten des fünften bis siebenten Semesters angeboten wird. Vergleichbare Veranstaltungen wurden wiederholt am Kernforschungszentrum Karlsruhe
im Rahmen der innerbetrieblichen Fortbildung durchgeführt. Sie stießen auf reges
Interesse bei Betriebsangehörigen, angefangen von Lehrlingen elektrotechnischer
Fachrichtungen bis zu promovierten Wissenschaftlern, auch benachbarter Diszipli-
nen.

Eine Einführung in die Elektronik soll nicht nur Wissen über spezielle Schaltungen vermitteln, sondern insbesondere den Leser mit den Grundbegriffen und

den rechnerischen Methoden dieses Gebietes vertraut machen. Deren Verständnis sind Voraussetzung für das Einarbeiten in Spezialgebiete, für den Entwurf benötigter Schaltungen und für die Planung des Einsatzes kommerzieller Geräte. Als Lernobjekt sind Schaltungen besonders geeignet, die mit geringem experimentellen Aufwand realisiert und untersucht werden können. Unter diesem Gesichtspunkt wurde der behandelte Stoff auf die Halbleiterelektronik beschränkt. Dabei nimmt die Informationselektronik eine bevorzugte Stellung ein, da sie ein breites Spektrum interessanter Schaltkreise umfaßt und in nahezu allen Gebieten der Technik angewandt wird.

Die vorliegende Einführung umfaßt drei Teile. Im ersten Teil werden die Elemente der analogen Elektronik (lineare Netzwerkelemente, Dioden, bipolare und Feldeffekttransistoren, Operationsverstärker) und eine Vielzahl ihrer Schaltungen behandelt. Unter Verwendung elementarer Netzwerktheorie werden insbesondere die Transistorgrundschaltungen vollständig durchgerechnet und die Ergebnisse für die Prinzipschaltungen auf realistische Dimensionierungsbeispiele angewandt.

Der zweite Teil führt in die Grundlagen der digitalen Elektronik ein und behandelt wichtige digitale Schaltkreise. Schaltungen zur Realisierung der vier Grundrechenarten werden anhand gängiger TTL-Bausteine eingeführt.

Der dritte Teil des Buches beginnt mit komplexeren Schaltungen, mit denen der Experimentator häufig konfrontiert wird, nämlich mit Signalumsetzern, die insbesondere analoge, digitale und Zeitsignale ineinander überführen. Anhand typischer kernphysikalischer Meßanordnungen wird das Zusammenspiel derartiger elektronischer Einheiten erläutert. Nach der Beschreibung von Vielkanalanalysatoren und ihrer Anwendungen endet das Buch mit einem Überblick über die physikalischen Grenzen der Meßwerterfassung und mit Techniken zur Messung kleiner Signale.

Die meisten Kapitel sind durch Abschnitte DO IT YOURSELF ergänzt, in denen insbesondere Experimentiervorschläge gemacht werden. Die betreffenden Schaltungen sind erprobt und werden zum größten Teil seit vielen Jahren in unserem Praktikum bearbeitet.

Ohne die gewährte Unterstützung durch das Kernforschungszentrum Karlsruhe und durch die Universität Karlsruhe hätte dieses Buch nicht geschrieben werden können. Herr Dipl.-Ing. Ulrich Kluge, Springer-Verlag Berlin, hat das Manuskript kritisch durchgesehen und zahlreiche Verbesserungsvorschläge gemacht. Ihm gilt unser besonderer Dank, ebenso wie Frau Gertrud Firl für das unermüdliche Schreiben und Korrigieren des Textes und Frau Monika Hochstrate für die sorgfältige Gestaltung der Zeichnungen. Dem Springer-Verlag danken wir für die angenehme und konstruktive Zusammenarbeit.

Karlsruhe, Frühjahr 1986

Inhalt

Einleitung 1

1. Lineare Netzwerkelemente 3

   1.1 Der Widerstand 4

   1.2 Die Spannungsquelle 6

   1.3 Die Stromquelle 8

   1.4 Die Kapazität 9

   1.5 Die Induktivität 11

   1.6 Das Koaxialkabel 12

      1.6.1 Das ideale Koaxialkabel 13

      1.6.2 Abschlußwiderstand und Reflexionen 14

      1.6.3 Angepaßte Signalabschwächung und -verteilung 16

      1.6.4 Das reale Koaxialkabel 17

      1.6.5 Das Verzögerungskabel 18

   1.E DO IT YOURSELF 19

2. Das Wechselstromverhalten von RCL-Schaltungen 23

   2.1 Die komplexe Beschreibung des Wechselstromverhaltens linearer
      Netzwerke 23

   2.2 Serienschaltungen von R und C (Hoch- und Tiefpaß) 26

   2.3 Schwingkreise 27

   2.4 Kettenschaltung dreier RC-Glieder 29

   2.5 Der frequenzkompensierte Spannungsteiler 30

   2.6 Eine iterative Filterkette als Verzögerungsleitung 31

   2.7 Ein Verfahren zur Messung von Impedanzen 33

   2.E DO IT YOURSELF 35

3. Analyse linearer Netzwerke 40

   3.1 Die Maschenanalyse 40

   3.2 Die Knotenanalyse 44

   3.3 Das Überlagerungstheorem 46

   3.4 Der Satz von der Zweipolquelle (Das Theorem von Thévenin) 46

   3.5 Der Satz von der Ersatzstromquelle (Das Theorem von Norton) 47

3.6 Analyse eines DAC-Leiternetzwerkes 48

3.E DO IT YOURSELF 49

4. Das Impulsverhalten von RCL-Schaltungen 52

4.1 Die RL-Serienschaltung 53

4.2 Die RC-Serienschaltung 55

4.2.1 Das Differenzierglied 56

4.2.2 Das Integrierglied 58

4.3 RCL-Schaltungen 59

4.3.1 Die RCL-Serienschaltung 59

4.3.2 Die RCL-Parallelschaltung 63

4.4 Zwei weitere RC-Netzwerke 64

4.4.1 Das Integrier-Differenzierglied 64

4.4.2 Das Doppeldifferenzierglied 65

4.5 Antwortfunktionen für beliebige Eingangsimpulse 67

4.E DO IT YOURSELF 68

5. Dioden und Diodenschaltungen 72

5.1 Die Flächendiode 72

5.1.1 Kennlinie und Schaltverhalten 72

5.1.2 Linearisierte Ersatzschaltungen 74

5.2 Spezialdioden 75

5.2.1 Die Zener-Diode 75

5.2.2 Die Tunnel- und die Backward-Diode 76

5.2.3 Kapazitäts- und Schottky-Dioden 78

5.2.4 Foto- und Luminiszenzdioden 78

5.3 Einige Diodenschaltungen 79

5.3.1 Die Vollweggleichrichtung 79

5.3.2 Die Kaskadenschaltung 80

5.3.3 Die Zener-Diode als Spannungsquelle 84

5.3.4 Eine Klammerschaltung mit Zener-Dioden 84

5.3.5 Kippschaltungen mit Tunneldioden 85

5.E DO IT YOURSELF 87

6. Transistoren und Eintransistorschaltungen 91

6.1 Der bipolare Transistor 91

6.1.1 Kennlinien und Kenngrößen 92

6.1.2 Linearisierte Ersatzschaltungen 94

6.1.3 Der Transistor als Schalter 96

6.2 Transistorschaltungen 97

6.2.1 Kenngrößen von Transistorschaltungen 97

6.2.2 Der Entwurf einer Transistorschaltung 98

6.2.3 Beispiel 1: Der Emitterfolger 98

6.2.4 Beispiel 2: Der stromgegengekoppelte Verstärker 101

6.2.5 Serienschaltung von Verstärker und Emitterfolger 103

6.3 Die Transistorgrundschaltungen 104

6.3.1 Die formale Berechnung der Kenngrößen 104

6.3.2 Die Kollektorgrundschaltung (Emitterfolger) 105

6.3.3 Die Basisgrundschaltung 106

6.3.4 Die Emittergrundschaltung 107

6.4 Zwei weitere Eintransistorschaltungen 109

6.4.1 Der stromgegengekoppelte Verstärker 109

6.4.2 Der spannungsgegengekoppelte Verstärker 110

6.5 Eintransistorschaltungen (Zusammenfassung) 111

6.E DO IT YOURSELF 112

7. Weitere Transistorschaltungen 117

7.1 Rückkopplung 117

7.1.1 Mitkopplung: $G > 0$ 117

7.1.2 Gegenkopplung: $G < 0$ 118

7.2 Der Begriff der virtuellen Masse 121

7.3 Kippschaltungen mit zwei Transistoren 121

7.3.1 Das RS-Flipflop 121

7.3.2 Der Univibrator 122

7.3.3 Der Multivibrator 122

7.4 Impedanzwandler 124

7.4.1 Der Whitesche Emitterfolger 125

7.4.2 Darlington-Schaltungen und Spannungsfolger 126

7.4.3 Impedanzwandler mit Bootstrap 127

7.5 Schaltungen mit 'long-tailed pairs' 127

7.5.1 Das lineare Tor 128

7.5.2 Der Differenzverstärker 128

7.6 Schnelle Schaltungen (Miller-Effekt) 130

7.6.1 Differenzverstärker mit einem Eingang 131

7.6.2 Die Kaskodenschaltung 131

7.7 Stromspiegel 131

7.E DO IT YOURSELF 132

8. Feldeffekttransistoren (FETs) 138

8.1 Der JFET 139

8.2 Der MOSFET 141

8.3 Linearisierte Ersatzschaltung für FETs 143

8.4 Einige typische FET-Schaltungen 144

   8.4.1 Sourcefolger 144

   8.4.2 Kaskoden-Differenzverstärker 145

   8.4.3 Variable Widerstände 146

   8.4.4 Lineare Schalter 147

8.E DO IT YOURSELF 148

9. Der integrierte Operationsverstärker und seine Grundschaltungen 154

9.1 Der elektronische Aufbau des 741 155

9.2 Kenngrößen und linearisierte Ersatzschaltung des IOP 156

9.3 Der IOP in analogen Schaltungen (Goldene Regeln) 157

9.4 Berechnung der Grundschaltungen des IOP 159

   9.4.1 Die invertierende Grundschaltung (Umkehrverstärker, Drift-
       kompensation) 159

   9.4.2 Die nichtinvertierende Grundschaltung (Elektrometerverstärker
       und Spannungsfolger) 161

9.5 Das dynamische Verhalten des IOP 163

   9.5.1 Frequenzgang und Frequenzkompensation 163

   9.5.2 Anstiegsgeschwindigkeit und interne Verzögerung 166

9.6 Übersicht über das Angebot an Operationsverstärkern 166

9.E DO IT YOURSELF 169

10. Weitere Schaltungen mit Operationsverstärkern 171

10.1 Analoge Rechenoperationen 172

   10.1.1 Der Rechenverstärker 172

   10.1.2 Die analoge Subtraktion 173

10.2 Schwellenwertdetektoren 174

   10.2.1 Der Komparator 174

   10.2.2 Der Schmitt-Trigger mit IOP 174

10.3 Generatoren 175

   10.3.1 Der Phasenschieberoszillator 175

   10.3.2 Der Rampengenerator (Spannung-Frequenz-Umsetzer) 176

   10.3.3 Flipflop-Schaltungen mit IOP 177

10.4 Ideale Gleichrichter 178

   10.4.1 Der ideale Halbwellengleichrichter und Spitzenwertdetektor .. 178

   10.4.2 Der ideale Vollwellengleichrichter 179

10.5 NIC-Schaltungen 180

   10.5.1 Die Erzeugung negativer Widerstände und Kapazitäten 180

   10.5.2 Konstantstromquelle mit NIC 181

   10.5.3 Der Gyrator 182

10.6 Aktive Filter 184

10.E DO IT YOURSELF 186

11. Grundlagen der digitalen Elektronik 196

11.1 Grundlagen der Schaltalgebra 197

11.1.1 Schaltalgebraische Variable und ihre Standardverknüpfungen .. 197

11.1.2 Normalformen schaltalgebraischer Funktionen 199

11.1.3 Gesetze und Regeln der Schaltalgebra 201

11.2 Der Entwurf einer digitalen Schaltung 203

11.3 Logikfamilien 204

11.3.1 DTL-Grundschaltungen 205

11.3.2 Die TTL-Grundschaltung 205

11.3.3 Die ECL-Grundschaltung 206

11.3.4 CMOS-Grundschaltungen 207

11.3.5 Vergleich der Logikfamilien 208

11.4 Weiteres über TTL-Gatter 209

11.4.1 TTL-Baureihen 209

11.4.2 NAND- und AND-Gatter, TTL-Schaltverhalten 210

11.4.3 NOR-, OR- und EXOR-Gatter 212

11.4.4 Inverter, offene Eingänge und spezielle Ausgänge von
        TTL-Gattern 213

11.E DO IT YOURSELF 214

12. Digitale Kippschaltungen 216

12.1 Grundschaltungen 216

12.1.1 Das RS-Flipflop 216

12.1.2 Das D-Flipflop 217

12.1.3 Der Univibrator und der Multivibrator 218

12.2 Klassifizierung digitaler Flipflops 218

12.2.1 Klassifizierung nach Ansteuerung 219

12.2.2 Klassifizierung nach Wahrheitstabelle 220

12.3 Beispiele für Flipfloptypen 221

12.3.1 RS-Flipflops 221

12.3.2 D-Flipflops 222

12.3.3 JK-Flipflops 222

12.4 Clock-Generatoren 223

12.E DO IT YOURSELF 225

13. Weitere digitale Schaltungen 228

13.1 Kombinatorische Schaltungen 228

13.1.1 Codewandler 228

13.1.2 Multiplexer und Demultiplexer 229

13.2 Zählerschaltungen 230

13.2.1 Asynchrone Binärzähler 230

13.2.2 Synchrone Binärzähler 231

13.2.3 Untersetzer (Frequenzteiler) 232

13.3 Schieberegister 233

13.4 Halbleiterspeicher 234

13.E DO IT YOURSELF 236

14. Digitale Rechenschaltungen 239

14.1 Addierer 239

14.1.1 Der Halbaddierer 239

14.1.2 Der Volladdierer 240

14.1.3 Der 4-Bit-Volladdierer SN7483 240

14.2 Darstellungen von Dualzahlen 241

14.2.1 Die natürliche Darstellung $\underline{A}^{(n)}$ ganzer positiver Zahlen 241

14.2.2 Die Standarddarstellung $A^{(n)}$ ganzer Zahlen mit Vorzeichen ... 242

14.2.3 Die n-Bit-Darstellung $A_{(n)}$ ganzer Zahlen mit Vorzeichen 242

14.3 Digitale Parallelrechennetze 243

14.3.1 Addiernetze 243

14.3.2 Subtrahiernetze 244

14.3.3 Die parallele Multiplikation 245

14.3.4 Die parallele Division 246

14.4 Die serielle Multiplikation 247

14.E DO IT YOURSELF 248

15. Signalumsetzer 251

15.1 Amplitudenumsetzer 252

15.1.1 Diskriminatoren 252

15.1.2 Diskriminatoren mit verbesserter Zeitauflösung 253

15.1.3 Amplitude-Zeit-Umsetzer (ATC) 254

15.1.4 Spannung-Frequenz-Umsetzer (VFC, VCO) 256

15.2 Umsetzung digitaler Signale 256

15.2.1 Digital-Analog-Umsetzer (DAC) 256

15.2.2 Funktionsgeneratoren 257

15.2.3 Erzeugung eines Zeitintervalls (Timer) 257

15.3 Frequenzumwandlung 258

15.3.1 Zählratenmesser ('rate meter') 258

15.3.2 Weitere Frequenzumwandler 258

15.4 Umwandlung von Zeitsignalen 259

15.4.1 Zeit-Amplitude-Umsetzer (TAC) 259

15.4.2 Koinzidenzen 259

15.4.3 Zeit-Digital-Umsetzer (TDC) 261

15.4.4 Zeitmittelwertbildner ('mean-timer') 261

15.5 Analog-Digital-Umsetzer (ADCs) 262

15.5.1 Parallelkonversion (FADCs) 262

15.5.2 Die inkrementelle Technik 263

15.5.3 Die schrittweise Näherung ('successive approximation') 264

15.5.4 Die Methode der gleitenden Schwellen 264

15.5.5 Serielle Konversion 265

15.E DO IT YOURSELF 266

16. Kernphysikalische Meßanordnungen 272

16.1 Flugzeitmessungen 272

16.2 Messung von Energiespektren mit Teilchenidentifizierung 275

17. Der Vielkanalanalysator und seine Anwendungen 279

17.1 Der Vielkanalanalysator (VKA) 279

17.2 Anwendungen des VKA 280

17.2.1 Der Vielfachzählerbetrieb 281

17.2.2 Messung von Mößbauer-Spektren 281

17.2.3 Messung von Signalhöhenwahrscheinlichkeiten 282

17.2.4 Zweiparametrige Vielkanalanalysatoren 282

17.3 Der Signalhöhenmittler 283

18. Messung kleiner Signale 285

18.1 Elektrometer-Multimeter 285

18.2 Störungen bei der Messung kleiner Signale 287

18.2.1 Rauschen 288

18.2.2 Äußere Störeinflüsse 291

18.3 Rauschkenngrößen 293

18.4 Techniken zur Messung kleiner Signale 294

18.E DO IT YOURSELF 296

Anhang A: Eigenschaften von Übertragungsleitungen 297

Anhang B: Gruppen- und Phasengeschwindigkeit 299

Anhang C: Rechnen mit komplexen Zahlen 300

Anhang D: Verzeichnis der Übungsaufgaben 303

Anhang E: Zum Analyseprogramm PSPICE 306

Anhang F: Zur Bearbeitung der Experimentiervorschläge 309

Quellen und Literaturhinweise 314

Sachregister 315

Einleitung

Das Gebiet der Elektronik, insbesondere der Halbleiterelektronik, unterlag in
den vergangenen Dekaden einer stürmischen Entwicklung. Halbleiterelektronik
wird in nahezu allen Bereichen der Technik angewandt und ist bei der Signaler-
fassung und -verarbeitung so gut wie konkurrenzlos. Hervorstechende Eigenschaften sind Vielseitigkeit (z.B. eine breite Palette von Umsetzern nicht-
elektrischer in elektrische Signale und umgekehrt), hohe Übertragungsgeschwin-
digkeit (fast Lichtgeschwindigkeit), hohe Ansprechempfindlichkeit (rauscharme
Elemente), kompakter Aufbau (integrierte Schaltungen, Mikroelektronik), gefahr-
loser Umgang (niedrige Versorgungsspannungen), sowie Wirtschaftlichkeit
(Pfennigbeträge für integrierte Schaltungen) und Zuverlässigkeit.

Die vorliegende Einführung will den Leser bei der Einarbeitung in das Gebiet
der Elektronik unterstützen. Für das dabei sehr nützliche elektronische Experi-
mentieren sind in den Abschnitten DO IT YOURSELF Übungen vorgeschlagen. Zum Aufbau und Testen der angesprochenen Schaltungen werden dort praktische Hinweise gegeben. Die Ausstattung eines bewährten Loborplatzes wird im Anhang F beschrieben.

Die Simulationsaufgaben kommen der aktuellen Praxis entgegen, bei der die rech-
nergestützte Simulation am Anfang fast jeder Entwicklung von Halbleiterschaltungen
steht. Für miniaturisierte Schaltungen würde ein Testaufbau wegen der abweichenden
parasitären Kapazitäten und Induktivitäten nicht zu signifikanten Ergebnissen fü-
ren. Das von uns benutzte Analyseprogramm, die Demoversion von PSPICE, wird im Anhang E erläutert.

Die verwendete Symbolik (Gesamtheit der Schaltzeichen oder -symbole) und die
Nomenklatur wurden in Anlehnung an die Praxis im mitteleuropäischen Raum gewählt.
Sie sind nicht immer einheitlich oder gar systematisch. Die angegebenen englischen Bezeichnungen sind Bestandteil des üblichen Laborjargons, auch im deutschsprachigen Raum. Aufgrund des zunehmend internationalen Charakters von Arbeits-
gruppen, die aufwendige elektronische Apparaturen betreiben (z.B. in der physikalischen Forschung), schien es uns sinnvoll zu sein, englischen Normen mehr
Raum zu geben, als es in deutschsprachigen Lehrbüchern vielleicht üblich ist.
Dies geht aus den folgenden Konventionen hervor, die in diesem Buch befolgt
werden:

- In der Regel werden bei der Bezeichnung von Spannungen und Strömen Konstant-
anteile (Großsignale) groß geschrieben, Wechselspannungen und Kleinsignalanteile
klein. Die Summe von Groß- und Kleinsignalen wird wieder groß geschrieben.

- Für Widerstände, Kapazitäten, Induktivitäten und digitale Gatter werden
deutsche Symbole verwendet.

- Strom- und Spannungsgeneratoren (z.B. Bild 1.3 und 1.5) werden nach engli-
scher Norm dargestellt, bei letzteren der Spannungspfeil jedoch so angebracht,
wie in der deutschsprachigen Literatur üblich.

- In Text und Bildern ist das Dezimalkomma durch den Dezimalpunkt ersetzt.

- In Schaltbildern enthalten die Dimensionierungsangaben keine Einheiten.
Nach deutscher Norm wären sie jeweils durch Ω (Ohm), F (Farad) und H (Henry)
bei Widerständen, Kapazitäten bzw. Induktivitäten zu ergänzen.

- In Ermangelung einheitlicher Symbole für Kippstufen werden eigene Zeichen
verwendet.

- Verdeutschte englische Bezeichnungen werden in der Regel mindestens einmal
in Originalschreibweise mit besonderer Kennzeichnung angegeben (z.B. 'timer',
Timer). Insbesondere bei Signalumsetzern (Kapitel 15) wurden in Ermangelung
gängiger deutscher Ausdrücke Bezeichnungen nach neuester DIN-Norm synthetisiert,
ansonsten die üblichen englischen Abkürzungen benutzt (z.B. 'analog to digital
converter', ADC, für Analog-Digital-Umsetzer).

- Anschlüsse von integrierten Bausteinen werden im Hinblick auf die Experimentiervorschläge in Anlehnung an die Datenblätter bezeichnet, trotz der daraus
folgenden Inkonsistenzen.

- Der griechische Buchstabe 'phi' wird in den Bildern wie üblich durch 'φ',
im Text aus typentechnischen Gründen durch 'ϕ' ausgedrückt (z.B. Bild 1.7 und
Gleichung (1.31)).

1. Lineare Netzwerkelemente

Ein Netzwerk ist die modellhafte Abbildung einer elektrischen Schaltung. Es beschränkt sich auf das Wesentliche und dient dem Verständnis und der Berechnung der elektrischen Eigenschaften der Schaltung.

Netzwerkelemente können Zweipole sein (z.B. Widerstand, Kondensator, Diode), deren Verhalten durch den Zusammenhang zwischen angelegter Spannung und durchfließendem Strom gegeben ist. Oder es sind Drei- oder Vierpole (z.B. Transistor, Transformator, Kabel) mit Eingangsspannung, Eingangsstrom, Ausgangsspannung und Ausgangsstrom, deren Verhalten durch die Zusammenhänge zwischen diesen vier Größen beschrieben werden kann.

Ist bei einem Netzwerkelement der Zusammenhang zwischen Strom und Spannung oder sind alle Zusammenhänge zwischen Eingangs- und Ausgangsgrößen linear, so heißt es lineares Netzwerkelement. Ein aus linearen Netzwerkelementen bestehendes Netzwerk heißt lineares Netzwerk.

Für lineare Netzwerke gilt per definitionem das Superpositionsprinzip: Ist das Eingangssignal eine Summe von Signalen, so ergibt sich als Ausgangssignal die Summe jener Ausgangssignale, die zu den Summanden des Eingangssignals gehören.

Bei linearen Netzwerken lassen sich die Spannungen zwischen beliebigen Punkten und die Ströme durch beliebige Zweige besonders einfach berechnen. Ein nichtlineares Netzwerkelement kann bereichsweise durch lineare Elemente ersetzt werden, so daß seine Kennlinie als Streckenzug erscheint (Bild 1.1). In dieser Näherung können die Methoden der Analyse linearer Netzwerke (Kapitel 3) abschnittsweise angewandt werden.

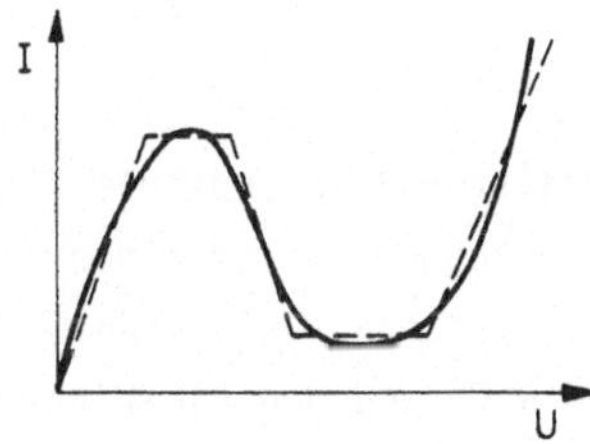

Bild 1.1.
Darstellung der Strom-Spannungs-Abhängigkeit (Kennlinie) eines Zweipols, real und abschnittsweise linearisiert

1.1 Der Widerstand

Für den idealen oder ohmschen Widerstand gilt das Ohmsche Gesetz: Strom I und
Spannung U sind in jedem Zeitpunkt zueinander proportional:

$$U = R\,I \tag{1.1}$$

Der Proportionalitätsfaktor ist eine Konstante und heißt elektrischer Widerstand oder Resistanz. Seine Einheit ist das Ohm:

$$1\ \Omega = 1\ \frac{V}{A} \tag{1.2}$$

Der Kehrwert von R heißt elektrischer Leitwert oder Konduktanz. Seine Einheit
ist das Siemens:

$$1\ S = 1\ \frac{A}{V} \tag{1.3}$$

Fälschlich wird manchmal eine Impedanz (siehe Kapitel 2.1) schon dann als
ohmscher Widerstand bezeichnet, wenn sie zwar reell, der Zusammenhang zwischen
Strom und Spannung aber nicht linear ist.

Bei der Serienschaltung zweier Widerstände addieren sich ihre Werte zum Serienwiderstand

$$R_s = R_1 + R_2 \quad , \tag{1.4}$$

und der Spannungsabfall U_1 an R_1 wird beispielsweise

$$U_1 = \frac{R_1}{R_1 + R_2}\,U \quad , \tag{1.5}$$

wobei U die Spannung an der Serienschaltung ist.

Bei der Parallelschaltung zweier Widerstände addieren sich die Leitwerte:

$$R_p = R_1 \| R_2 = \left(\frac{1}{R_1} + \frac{1}{R_2}\right)^{-1} = \frac{R_1 R_2}{R_1 + R_2} \tag{1.6}$$

Der Strom I_1 durch R_1 wird beispielsweise

$$I_1 = \frac{R_2}{R_1 + R_2}\,I \quad , \tag{1.7}$$

wobei I der Summenstrom durch die Parallelschaltung ist.

Der Widerstandswert eines realen Widerstandes (oder Resistors) ist von vielerlei Parametern mehr oder weniger abhängig, z.B. von der Temperatur oder der
angelegten Spannung. Für spezielle Anwendungen gibt es Widerstände, bei denen
eine derartige Abhängigkeit sehr ausgeprägt ist, z.B. den NTC- und den PTC-Widerstand ('negative' bzw. 'positive temperature coefficient'), den VDR ('voltage

dependent resistor', Varistor), den SDR ('strain dependent resistor', Dehnungsmeßstreifen), den Photowiderstand oder LDR ('light dependent resistor') oder die
Feldplatte (stark magnetfeldabhängig).

Das Bauelement, das man gemeinhin als Widerstand bezeichnet, soll möglichst
geringe Abhängigkeit des Widerstandswertes von allen Parametern aufweisen. Ganz
sind solche Abhängigkeiten aber nicht zu vermeiden. Insbesondere ist der Temperaturkoeffizient TK = (ΔR/R)/ΔT, d.h. die relative Widerstandsänderung ΔR/R bezogen auf die Temperaturänderung ΔT, bei Kohleschichtwiderständen deutlich negativ, bei Metallschicht- und drahtgewickelten Widerständen geringer und positiv.
Bei letzteren verwendet man spezielle Legierungen mit niedrigem TK, wie etwa
Konstantan. Die Temperaturabhängigkeit von Widerständen führt aufgrund der Stromwärme zu einer Nichtlinearität der Kennlinien (Bild 1.2b). Dieser Effekt ist

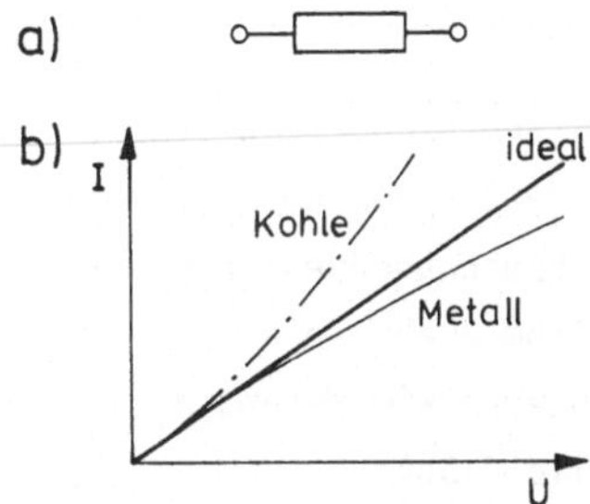

Bild 1.2.
Schaltsymbol des Widerstandes (a) und schemati-
sche Kennlinie für ideale und reale Widerstände
unter Berücksichtigung der Stromwärme (b)

außer vom Material noch von der thermischen Isolation abhängig.

Besonders ausgeprägt ist die Abweichung vom idealen Verhalten bei der Diode
mit ihrer stark nichtlinearen Kennlinie (Bild 5.2).

Das Bauelement Widerstand kann nicht völlig induktivitätsfrei und kapazi-
tätsfrei sein. Bei Anwendungen bei hohen Frequenzen müssen die parasitäre Induktivität (besonders groß bei Wendel- und bei Wickelwiderständen) und die parasitäre Kapazität (Eigenkapazität zwischen den Anschlüssen und Schaltkapazität
gegen andere Teile der Schaltung) berücksichtigt und möglichst geeignete Bau-
formen ausgewählt werden. So verwendet man bei unkritischen Schaltungen die
preiswerten Schichtwiderstände, deren Widerstandsmaterial auf einem zylindrischen Keramikkörper aufgetragen ist. In extrem schnellen Schaltungen kommen wegen ihrer geringeren Eigeninduktivität Massewiderstände zum Einsatz, deren meist
zylindrischer Körper aus dem Widerstandsmaterial besteht.

Widerstände werden je nach der maximal zulässigen Leistungsaufnahme,

$$P = I\,U = I^2\,R = U^2/R \quad , \tag{1.8}$$

in verschiedenen Größen produziert. Widerstandswert und Widerstandstoleranz
werden häufig in einem Code dargestellt, der aus vier (Tabelle 1.1), bei genauer
tolerierten Widerständen aus fünf oder sechs Farbringen besteht. Die Ringfolge

Tabelle 1.1. 4-Ring-Kennzeichnung von Widerständen. Fehlt der 4. Ring, so ist die Toleranz ±20%.

Wert (Ring 1 bis 3)				Toleranz (4. Ring)	
braun	1	blau	6	silber	±10%
rot	2	lila	7	gold	± 5%
orange	3	grau	8	rot	± 2%
gelb	4	weiß	9	braun	± 1%
grün	5	schwarz	0	grün	± $\frac{1}{2}$%

rot-lila-grün-silber kennzeichnet beispielsweise einen 10%-Widerstand von $27 \times 10^5 \Omega = 2.7$ MΩ.

1.2 Die Spannungsquelle

Eine ideale Spannungsquelle liefert eine vom Lastwiderstand R_L oder von der abgegebenen Stromstärke I unabhängige Ausgangs- oder Generatorspannung U_g. Diese kann eine beliebige Funktion der Zeit sein. Bei realen Spannungsquellen nimmt die Ausgangs- oder Klemmenspannung U mit zunehmendem Strom I ab. In einer linearen Näherung läßt sich die Abhängigkeit durch einen inneren Widerstand R_i in Serie mit einer idealen Spannungsquelle beschreiben (Bild 1.3b):

$$U = U_g - R_i \cdot I \tag{1.9}$$

$$R_i = - \frac{dU}{dI} \tag{1.10}$$

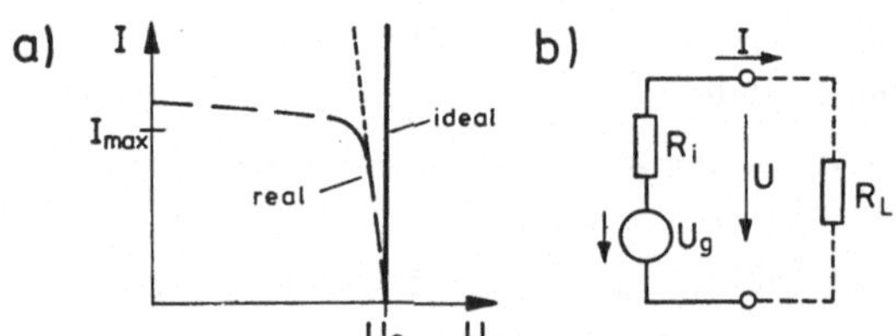

Bild 1.3. Kennlinien von Spannungsquellen (a) und Ersatzschaltung (b) für eine reale Spannungsquelle. R_L = Lastwiderstand.

Bild 1.3a zeigt dieses Verhalten nur bis zu einem Maximalstrom I_{max}. Für größere Ströme ist ein Herunterregeln der Ausgangsspannung dargestellt, wie es in vielen modernen Netzgeräten vorgesehen ist, um das Gerät gegen Überlastung zu sichern (Kurzschlußfestigkeit).

Der Innenwiderstand spannungsstabilisierter Quellen (Netzgeräte) kann 10^{-5} Ω betragen. Der Innenwiderstand einer Autobatterie liegt bei 10^{-2} Ω, der einer nicht ganz frischen Taschenlampenbatterie bei einigen Ohm.

Infolge Spannungsteilung am Innenwiderstand R_i und am Lastwiderstand R_L beträgt die Ausgangsspannung U der belasteten realen Spannungsquelle

$$U = \frac{R_L}{R_i + R_L}\, U_g \quad . \tag{1.11}$$

Das gleiche Ergebnis liefert das Einsetzen von $I = U/R_L$ in Gleichung (1.9).
Der Strom durch den Lastwiderstand ist

$$I = \frac{1}{R_i + R_L}\, U_g \quad . \tag{1.12}$$

Generatorspannung und Innenwiderstand einer linearen Spannungsquelle ergeben sich aus der Leerlaufspannung U_{LL} (bei $R_L = \infty$) und aus dem Kurzschlußstrom I_{KS} (bei $R_L = 0$):

$$U_g = U_{LL} \tag{1.13}$$

$$R_i = U_{LL}/I_{KS} \tag{1.14}$$

Oft wird als Spannungsquelle eine mit einem Spannungsteiler beschaltete Quelle größerer Spannung verwendet. Für die in Bild 1.4 dargestellte Ersatzspannungs-

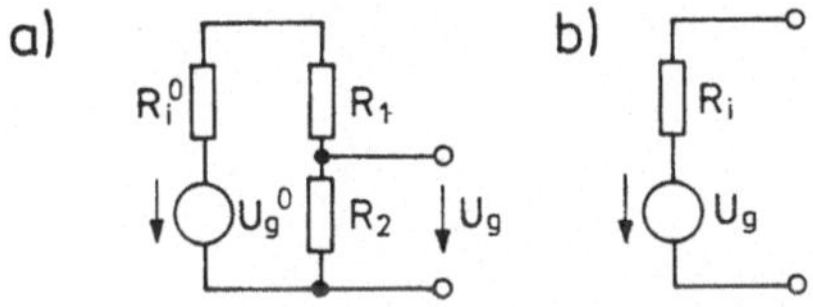

a) R_i^0 R_1 U_g^0 R_2 U_g b) R_i U_g

Bild 1.4.
Spannungsquelle mit Spannungsteiler R_1, R_2 (a) und äquivalente Ersatzspannungsquelle (b)

quelle wird nach (1.13) unter Vernachlässigung von R_i^0 gegenüber R_1, R_2

$$U_g = \frac{R_2}{R_1 + R_2}\, U_g^0 \quad . \tag{1.15}$$

Ferner wird $I_{KS} = U_g^0/R_1$, und man erhält unter Benutzung von (1.14)

$$R_i = \frac{R_1 R_2}{R_1 + R_2} = R_1 \| R_2 \quad . \tag{1.16}$$

Der Innenwiderstand der Ersatzspannungsquelle ist somit gleich dem Widerstand der parallel geschalteten Teilerwiderstände R_1, R_2. Da bei Belastung durch einen Lastwiderstand R_L dieser parallel zu R_2 liegt, wird die Klemmenspannung U der Ersatzquelle

$$U = \frac{R_1 \| R_2 \| R_L}{R_1}\, U_g^0 \quad . \tag{1.17}$$

Das gleiche Ergebnis hätte man durch Einsetzen von (1.15) und (1.16) in (1.11) erhalten.

1.3 Die Stromquelle

Eine ideale Stromquelle liefert einen Generatorstrom I_g unabhängig von der
Größe des Lastwiderstandes R_L (Bild 1.5b) oder unabhängig von der an ihr sich
einstellenden Spannung U. I_g kann dabei eine beliebige Funktion der Zeit sein.

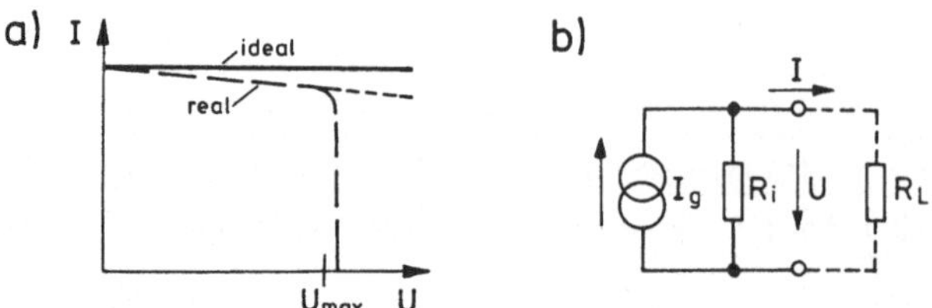

<u>Bild 1.5.</u> Kennlinien von Stromquellen (a) und Ersatzschaltung (b) einer realen
Stromquelle. R_L = Lastwiderstand.

   Bei realen Stromquellen sinkt der Ausgangsstrom I mit zunehmender Klemmenspannung U. Diese Abhängigkeit läßt sich in dem Ersatzschaltbild in linearer
Näherung durch einen zur Stromquelle parallel geschalteten inneren Widerstand
R_i beschreiben:

$$I = I_g - \frac{U}{R_i} \tag{1.18}$$

$$R_i = - \frac{dU}{dI} \tag{1.19}$$

Bild 1.5a zeigt dieses Verhalten nur bis zu einer Maximalspannung U_{max}. Für
größere Spannungen ist ein Herunterregeln des Ausgangsstromes dargestellt, wie
es in vielen Netzgeräten bewirkt wird, um das Gerät gegen Überlastung zu sichern. Der Innenwiderstand stromstabilisierter Quellen (Netzgeräte) kann $10^7 \Omega$
erreichen.
   Infolge Stromverzweigung zwischen Innen- und Lastwiderstand beträgt der Ausgangsstrom einer belasteten realen Stromquelle nach (1.7)

$$I = \frac{R_i}{R_i + R_L} I_g \quad . \tag{1.20}$$

Das gleiche Ergebnis liefert das Einsetzen von $U = R_L \cdot I$ in (1.18). Die Spannung
am Lastwiderstand ist

$$U = (R_i \| R_L) I_g \quad . \tag{1.21}$$

Auch bei der linearen Stromquelle erhält man den Generatorstrom und den Innenwiderstand aus dem Kurzschlußstrom I_{KS} und aus der Leerlaufspannung U_{LL}:

$$I_g = I_{KS} \tag{1.22}$$

$$R_i = U_{LL}/I_{KS} \tag{1.23}$$

Zwischen realen Strom- und realen Spannungsquellen besteht demnach kein prinzipieller Unterschied: Bei beiden sinkt die Klemmenspannung, wenn der Ausgangsstrom steigt. Eine reale lineare Quelle mit der Leerlaufspannung U_{LL} und dem Kurzschlußstrom I_{KS} kann also wahlweise als reale Spannungsquelle nach (1.13) und (1.14) oder als reale Stromquelle nach (1.22) und (1.23) beschrieben werden.

In der Praxis wird man eine Quelle als Spannungsquelle beschreiben, wenn $R_L \gg R_i$ ist, denn dann beeinflußt R_L die Klemmenspannung nur wenig. Wenn dagegen $R_L \ll R_i$ ist, wird man die Quelle als Stromquelle beschreiben, denn dann beeinflußt R_L den Ausgangsstrom nur wenig.

1.4 Die Kapazität

Wird ein Kondensator an eine Gleichspannungsquelle angeschlossen, so fließt so lange Strom, bis die Kondensatorspannung die Leerlaufspannung der Quelle erreicht hat. Dabei wird von einer Kondensatorelektrode elektrische Ladung zur

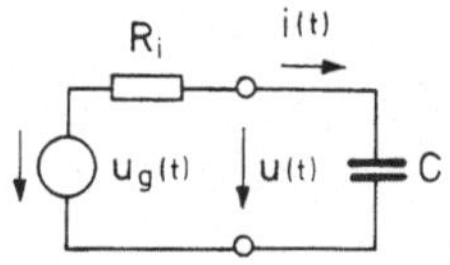

Bild 1.6.

Kondensator C an einer realen Spannungsquelle

anderen transportiert. Zu jedem Zeitpunkt t ist die bis dann transportierte Ladung $q(t)$ proportional der Kondensatorspannung $u(t)$. Da andererseits die transportierte Ladung entsprechend der Strom-Definition das Strom-Zeit-Integral ist, gilt für einen anfangs ungeladenen Kondensator

$$\int_0^t i(t')dt' = q(t) = C\,u(t) \quad . \tag{1.24}$$

Die Proportionalitätskonstante C heißt Kapazität des Kondensators. Ihre Einheit ist das Farad:

$$1\,F = 1\,\frac{As}{V} \tag{1.25}$$

Ladungseinheit ist das Coulomb (1 C = 1 As).

Differenziert man (1.24), so erhält man

$$i(t) = C\,\frac{du}{dt} \quad . \tag{1.26}$$

Die in einem geladenen Kondensator gespeicherte elektrische Energie ist

$$W_e = \int_0^q u\,dq' = \frac{1}{2}\,C\,u^2 \quad . \tag{1.27}$$

Anders als beim ohmschen Widerstand gibt es beim Kondensator keine allgemein-
gültige Beziehung zwischen momentanem Strom i(t) und momentaner Spannung u(t).
Der Strom ist jedoch stets der Änderungsgeschwindigkeit du/dt der Spannung proportional. Es kommt also auf den zeitlichen Verlauf der Spannung an. Dennoch ist
der Kondensator ein lineares Netzwerkelement, denn beispielsweise eine Verdopplung von u(t) bewirkt auch eine Verdopplung des Stromes i(t).

In der Technik wird der Kondensator als Verbraucher beschrieben. Anders in
der Physik: Hier werden seine Eigenschaften anhand der Entladung über einen
Lastwiderstand behandelt, d.h. er wird als Generator beschrieben. Dies hat ein
negatives Vorzeichen auf der rechten Seite von (1.24) und (1.26) zur Folge.

Von besonderer technischer Bedeutung ist das Verhalten einer Kapazität gegenüber einer harmonischen Wechselspannung

$$u(t) = U_0 \cos\omega t \quad . \tag{1.28}$$

Dabei ist $\omega = 2\pi f$ die Kreisfrequenz. Sie wird in rad/s, die Frequenz f in Hertz angegeben (1 Hz = 1 Schwingung/s). Meist wird als Einheit für ω nur die inverse
Sekunde (s^{-1}) verwendet.

Für eine Wechselspannung gemäß (1.28) ergibt (1.26)

$$i(t) = C U_0 \omega(-\sin\omega t) = I_0 \cos(\omega t + \pi/2) \quad . \tag{1.29}$$

Das Verhältnis der Scheitelwerte U_0 und I_0 ist der sogenannte Scheinwiderstand

$$|Z| = \frac{U_0}{I_0} = \frac{1}{\omega C} \quad . \tag{1.30}$$

Der Stromverlauf $i(t) = I_0 \cos(\omega t - \phi)$ ist gegenüber dem Spannungsverlauf am Kondensator um den Phasenverschiebungswinkel (kurz Phasenwinkel genannt)

$$\phi = - \frac{\pi}{2} \tag{1.31}$$

versetzt: Die Spannungsmaxima folgen um jeweils eine Viertelperiode verzögert
auf die Strommaxima.

Scheinwiderstand $|Z|$ und Phasenwinkel ϕ als Funktion von der Frequenz be-
schreiben das Wechselstromverhalten des idealen Kondensators vollständig. Beide
Größen können in einer komplexen Ebene als Impedanz dargestellt werden. Hierauf
wird in Kapitel 2 näher eingegangen.

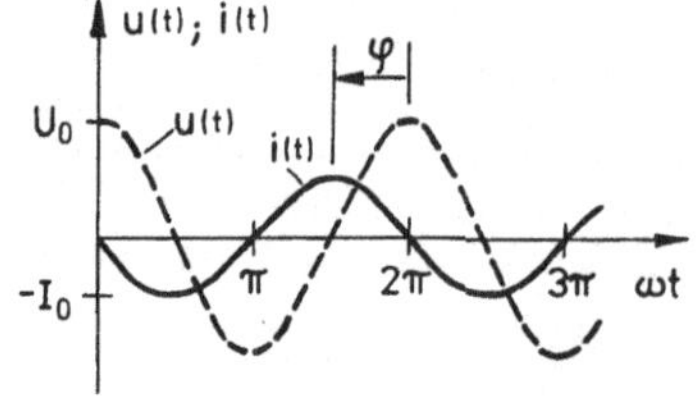

Bild 1.7.
Strom- und Spannungsverlauf am Kondensator bei
harmonischer Umladung. ω = Kreisfrequenz.

Der reale Kondensator läßt sich durch eine reine Kapazität nicht beschreiben. Besonders bei Wickelkondensatoren muß die Serieninduktivität berücksichtigt werden. Der endliche Widerstand des Dielektrikums (Material zwischen den Elektroden) bewirkt Verluste, die am zweckmäßigsten durch einen Parallelwiderstand beschrieben werden. Die Umpolarisierungsverluste im Dielektrikum sind durch einen Serien-Ersatzwiderstand zu berücksichtigen. Die Kapazität ist temperaturabhängig und - besonders bei Elektrolytkondensatoren und bei Dielektrika mit großer Dielektrizitätskonstante oder Permittivität - frequenzabhängig.

Man unterscheidet Kondensatortypen nach ihrer Bauform (Wickel-, Topf-, Scheiben-, Perl-, Chip- und Durchführungskondensatoren, radial oder axial) und nach der Art des Dielektrikums (Folien- und Keramikkondensatoren, trockene und nasse Elektrolytkondensatoren). Man teilt sie je nach Frequenz- und Temperaturabhängigkeit sowie Restwiderstand in Klassen ein. Zur Kennzeichnung werden neben verschiedenen Farbcodes auch Buchstabencodes verwendet. Verwechselbar mit Widerständen mit Farbcode (Tabelle 1.1) sind axiale Keramikkondensatoren: Grundfarbe und bis zu sechs Farbringe kennzeichnen firmenspezifisch Größen wie die Kapazität in pF, die maximal anlegbare Gleichspannung (Nennspannung), das Dielektrikum und die Toleranz des Temperaturkoeffizienten. Beim Einbau von Elektrolytkondensatoren ist die Polarität zu beachten: Bei falscher Polung besteht bei einigen Typen nicht nur Zerstörungs- sondern sogar Explosionsgefahr.

1.5 Die Induktivität

Wird eine Spule an eine reale Gleichstromquelle angeschlossen, so wird so lange Spannung in der Spule induziert, wie der Strom sich ändert, d.h. bis der Spulenstrom den Kurzschlußstrom erreicht hat. Zu jedem Zeitpunkt t ist die

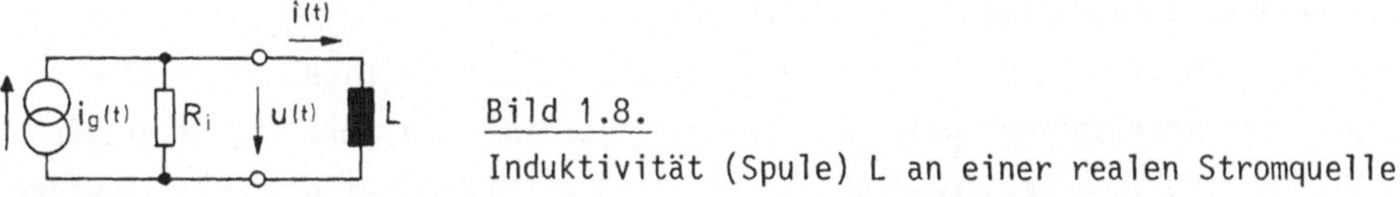

Bild 1.8.
Induktivität (Spule) L an einer realen Stromquelle

Spannung u(t) proportional zur momentanen Änderungsgeschwindigkeit di/dt des Stromes i(t). Es gilt mit der in der Technik üblichen Vorzeichenkonvention

$$u(t) = L\,\frac{di}{dt} \quad . \tag{1.32}$$

Die Proportionalitätskonstante L heißt Induktivität der Spule. Ihre Einheit ist das Henry:

$$1\ H = 1\,\frac{Vs}{A} \tag{1.33}$$

Durch Integration von (1.32) ergibt sich für i(0)=0

$$\int_{o}^{t} u(t')dt' = L\ i(t) \quad . \tag{1.34}$$

Die in einer stromdurchflossenen Spule gespeicherte Energie ist

$$W_m = \int u\ i\ dt = \frac{1}{2}L\ i^2 \quad . \tag{1.35}$$

Die Gleichungen (1.32) und (1.34) gehen formal in die Gleichungen (1.24) und (1.26) für die Kapazität über, wenn man L durch C ersetzt und u(t) mit i(t) vertauscht. In diesem Sinne spielt für die Induktivität der Strom (und seine Änderungen) die Rolle wie bei der Kapazität die Spannung und umgekehrt. Entsprechend kann das Wechselstromverhalten der Induktivität wie für den Kondensator berechnet werden (Gleichung (1.30) und (1.31)). Man erhält für den Scheinwiderstand und den Phasenwinkel der Induktivität:

$$|Z| = \omega L \tag{1.36}$$

$$\phi = +\frac{\pi}{2} \tag{1.37}$$

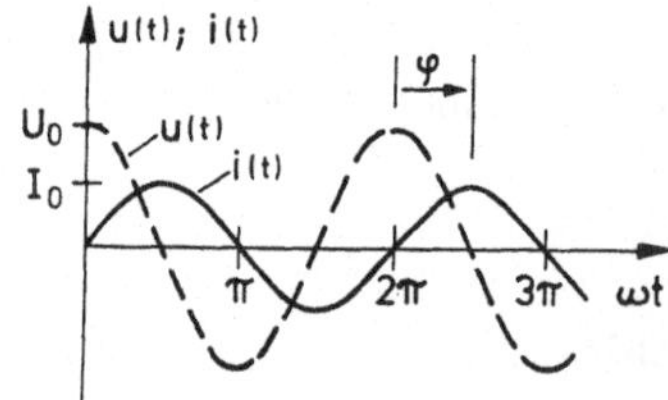

Bild 1.9.

Strom- und Spannungsverlauf an der Spule bei harmonischer Erregung.

Der Phasenwinkel besagt, daß die Spannungsmaxima den Strommaxima jeweils eine Viertelperiode vorauseilen.

Die reale Spule läßt sich durch eine reine Induktivität nicht beschreiben. Besonders bei mehrlagigen Spulen muß die Parallelkapazität berücksichtigt werden. Die nur endliche Leitfähigkeit des Spulendrahtes bewirkt einen Serienwiderstand. Besonders bei Spulen mit hochpermeablen Kernen aus Ferriten oder Stahl ist die Induktivität temperatur- und frequenzabhängig, Wirbelstrom- und Hysteresisverluste sind durch einen Ersatzwiderstand zu berücksichtigen. Die Induktivität dieser Spulen ist wegen der Form der Magnetisierungskurve stromabhängig. Spulen mit magnetischem Kern sind also keine streng linearen Bauelemente.

1.6 Das Koaxialkabel

Für den räumlichen Transport von elektrischen Signalen verwendet man Übertragungsleitungen mit einheitlichem Querschnittsbild. Sie bestehen im allgemeinen aus zwei Leitern (Bänder auf einer Platine, Drähte, Innen- und Außenleiter) und können als

Serienschaltung infinitesimaler Verzögerungsglieder wie in Bild 1.10c beschrieben
werden. Ihre Eigenschaften lassen sich nach dem in Anhang A angegebenen Verfahren
berechnen.

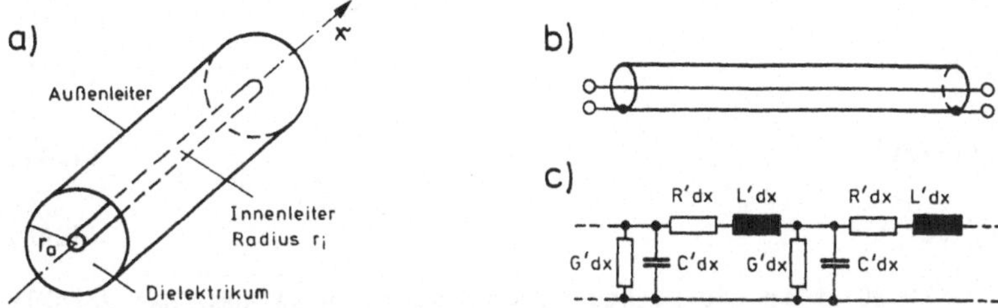

<u>Bild 1.10.</u> Mechanischer Aufbau eines Koaxialkabels (a), das in diesem Buch ver-
wendete Zeichen (b) und Teil einer Ersatzschaltung (Verzögerungsglieder, c)

Das Koaxialkabel ist eine wegen der abschirmenden Wirkung des Außenleiters eine
häufig verwendete Form (Bild 10). Der Raum zwischen Innen- und Außenleiter ist
mit einem Dielektrikum gefüllt. Elektrische Feldlinien sind radial gerichtet,
magnetische Feldlinien folgen konzentrischen Kreisen um die Kabelachse. Die
Verzögerungsglieder enthalten die kabelspezifischen Größen: Kapazitätsbelag C',
Induktivitätsbelag L', Widerstandsbelag R' und Ableitungsbelag G'. Die Striche
deuten an, daß die Größen auf die Kabellänge bezogen sind, deshalb auch die Bezeichnungen 'Belag'. R' und G' berücksichtigen nicht nur die endliche Leitfähigkeit des Leitermaterials und den endlichen Leitwert des Dielektrikums sondern
als Ersatzwiderstände alle Arten auftretender Verluste.

Zunächst werden nur ideale Leitungen betrachtet, also R' = 0 und G' = 0 angenommen. Induktivitätsbelag und Kapazitätsbelag ergeben sich aus der Geometrie
und aus den Eigenschaften des Dielektrikums:

$$L' = \frac{\mu \cdot \mu_0}{2\pi} \ln \frac{r_a}{r_i} \tag{1.38}$$

$$C' = 2\pi \, \varepsilon \, \varepsilon_0 \, (\ln \frac{r_a}{r_i})^{-1} \tag{1.39}$$

ε und μ sind die relative Dielektrizitäts- bzw. Permeabilitätskonstante, die sich
auf die Absolutwerte ε_0 und μ_0 des Vakuums beziehen.

Normale Koaxialkabel werden je nach ihrer Verwendung als Hochfrequenz- oder
Impulskabel bezeichnet. Ihre Eigenschaften sind bei nicht zu großer Kabellänge
denjenigen des idealen Koaxialkabels sehr ähnlich. Starke Abweichungen treten
bei Verzögerungskabeln auf, die im Abschnitt 1.6.5 behandelt werden.

1.6.1 Das ideale Koaxialkabel

Legt man an den Eingang eines unendlich langen idealen Kabels eine Wechselspannung, so ist die Folge eine wellenartige Ausbreitung mit der Phasengeschwindigkeit v längs des Kabels:

$$u(x,t) = U_0 \cos\omega(t-x/v) \tag{1.40}$$

$$i(x,t) = I_0 \cos\omega(t-x/v) \tag{1.41}$$

$$v = 1/\sqrt{L'C'} = c/\sqrt{\varepsilon\mu} \tag{1.42}$$

Dabei ist $c=(\varepsilon_0\mu_0)^{-1/2} \cong 30$ cm/ns die Lichtgeschwindigkeit in Vakuum. Das Verhältnis $u(x,t)/i(x,t)$ ist konstant und frequenzunabhängig. Es wird Wellenwiderstand (auch Kabelimpedanz oder charakteristischer Widerstand) Z_0 genannt. Für das ideale, unendlich lange Kabel erhält man

$$Z_0 = \frac{u(x,t)}{i(x,t)} = \sqrt{L'/C'} \cong 60\ \Omega\ \sqrt{\mu/\varepsilon}\ \ln\frac{r_a}{r_i} \quad . \tag{1.43}$$

Ein unendlich langes ideales Kabel verhält sich demnach an einer Signalquelle wie ein ohmscher Widerstand. Weil die Phasengeschwindigkeit v des idealen Kabels nicht von der Frequenz abhängt, das Kabel also dispersionsfrei ist, ist die Signalgeschwindigkeit (Gruppengeschwindigkeit) gleich der Phasengeschwindigkeit (siehe hierzu auch Anhang B).

Übliche Kabel haben Wellenwiderstände zwischen 50 und 100 Ω, Spezialausführungen wenige 100 Ω. Dabei beträgt die Signalgeschwindigkeit v etwa 2/3 c $\approx$ 20 cm/ns.

1.6.2 Abschlußwiderstand und Reflexionen

Am Ende eines endlich langen Kabels mit dem Abschlußwiderstand R wird im allgemeinen die ankommende Welle reflektiert. Seien die Momentanwerte der ankommenden Welle am Kabelende u_e und i_e, die der reflektierten Welle dort u_r und i_r. Dann

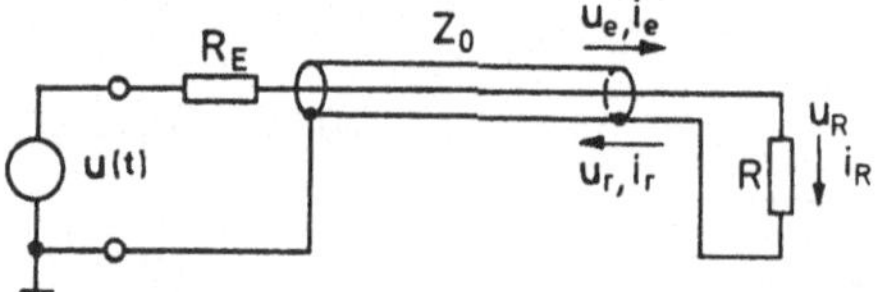

Bild 1.11.

Reflexionen am Koaxialkabel mit Bezeichnung von Strömen und Spannungen am Kabelende

mißt man am Abschlußwiderstand die Spannung $u_R=u_e+u_r$, und der Strom durch R ist $i_R=i_e-i_r$. Nimmt man noch die Beziehungen $u_e=Z_0 i_e$, $u_r=Z_0 i_r$ und $u_R=Ri_R$ hinzu, so hat man fünf Gleichungen mit sechs Variablen, die sich zu der Gleichung

$$\rho = \frac{u_r}{u_e} = \frac{R-Z_0}{R+Z_0} \qquad\qquad (1.44)$$

reduzieren lassen. Die dimensionslose Größe ρ heißt Reflexionsfaktor. ρ kann
Werte zwischen -1 und +1 annehmen, hängt beim idealen Kabel nicht von der Frequenz ab und beschreibt das Amplitudenverhältnis unabhängig von der Form des
Signals.

Besonders interessant sind die drei Spezialfälle:

$R = 0$ (Kurzschluß), $\rho = -1$ vollständige Reflexion
                                           mit Polaritätsumkehr

$R = Z_0$ (Anpassung), $\rho = 0$ keine Reflexion

$R = \infty$ (Leerlauf), $\rho = 1$ vollständige Reflexion
                                           mit gleicher Polarität

Die Überlegungen zum Abschlußwiderstand gelten auch für den Widerstand R_E am
Kabeleingang (Bild 1.11). Reflexionen vom Kabelende würden am Kabeleingang wieder reflektiert werden, wenn nicht $R_E = Z_0$ erfüllt ist. Dabei kann R_E ganz oder
teilweise aus dem Innenwiderstand der Signalquelle bestehen.

Die Reflexionsfreiheit oder Anpassung ist bei der Verbindung elektronischer
Geräte zur Vermeidung von Signalverzerrungen notwendig. Ein elektronisches Gerät, wie z.B. ein Verstärker, kann eingangsseitig als Verbraucher betrachtet
werden und absorbiert dort einen Teil des einkommenden Signals, was man durch
die Eingangsimpedanz Z_e beschreibt. Ausgangsseitig als Signalquelle betrachtet,
hat das Gerät auch dort einen Innenwiderstand - auch Ausgangsimpedanz genannt -
Z_a. Bei einer Kette durch Kabel verbundener Geräte sollten Z_a und Z_e mit Z_0
übereinstimmen, damit die Signale nicht verfälscht werden.

'Schnelle' elektronische Gerätemoduln (Einschübe für Überrahmensysteme mit
externen Signalleitungen) für Impulse mit Anstiegszeiten von einigen ns haben
durchweg Ein- und Ausgangsimpedanzen Z_e und Z_a von 50 Ω. Werden sie mit 50-Ω-
Kabeln miteinander verbunden, so ist die Reflexionsfreiheit sichergestellt.
'Langsame' Geräte besitzen oft niederohmige Ausgänge (wenige Ω) und hochohmige
Eingänge (im kΩ-Bereich). Ob hier eine Anpassung an die Leitungsimpedanz notwendig ist, hängt vom Verhältnis zwischen Impulsanstiegszeit und Laufzeit im
Kabel (≈ 5 ns/m) ab. Bei langen Kabeln ist Z_e durch einen äußeren Parallelwiderstand R_p auf Z_0 zu verringern ($R_p \| Z_e = Z_0$). Zusätzlich kann Z_a durch einen Serienwiderstand R_s zwischen Geräteausgang und Impulskabel auf Z_0 erhöht werden
($R_s + Z_a = Z_0$).

Besondere Maßnahmen sind bei der passiven Abschwächung oder bei der Verzweigung eines Signals von einem auf mehrere Kabel notwendig.

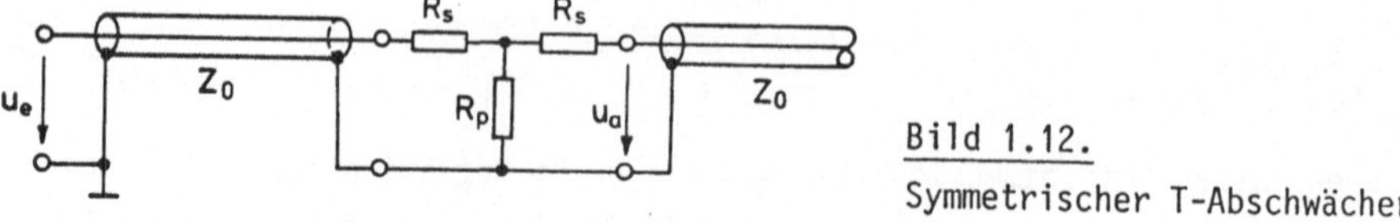

Bild 1.12.

Symmetrischer T-Abschwächer

1.6.3 Angepaßte Signalabschwächung und -verteilung

Der in Bild 1.12 dargestellte symmetrische T-Abschwächer dient zur Abschwächung eines Signals der Amplitude u_e um einen Faktor $a = u_e/u_a$. Die Abschwächung erfolgt zwischen zwei Kabeln der Impedanz Z_0. Beide Kabel sind am Abschwächer reflexionsfrei abgeschlossen (angepaßt):

$$R_s + R_p \| (R_s + Z_0) = Z_0 \tag{1.45}$$

Unter Benutzung dieser Beziehung kann das Verhältnis u_a/u_e der Amplituden berechnet werden:

$$\frac{1}{a} = \frac{Z_0}{R_s+Z_0} \frac{R_p\|(R_s+Z_0)}{R_s+R_p\|(R_s+Z_0)} = \frac{Z_0-R_s}{Z_0+R_s} \tag{1.46}$$

Dies nach R_s aufgelöst und in (1.45) eingesetzt ergibt

$$R_s = \frac{a-1}{a+1} Z_0 \quad , \tag{1.47}$$

$$R_p = \frac{2a}{a^2-1} Z_0 \quad . \tag{1.48}$$

Ein Zweifachuntersetzer (a=2) dieser Bauart enthält für Z_0=50 Ω demnach zwei 17-Ω-Widerstände und einen 67-Ω-Widerstand.

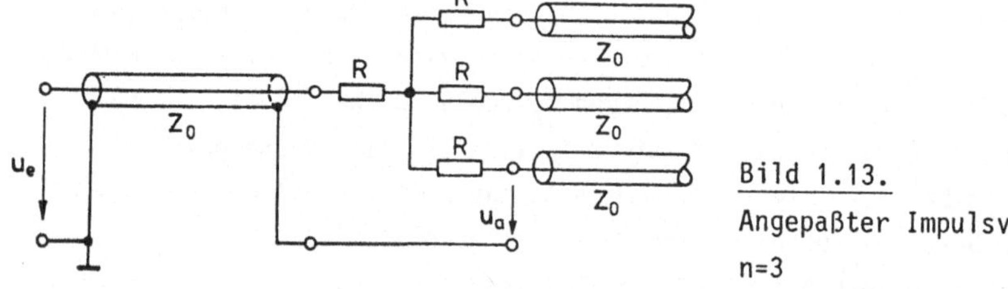

Bild 1.13.

Angepaßter Impulsverteiler für n=3

Zur passiven reflexionsfreien Verzweigung eines Signals am Ausgang eines Kabels der Impedanz Z_0 in n Kabel gleicher Impedanz verwendet man den angepaßten Impulsverteiler (Bild 1.13). Er enthält n+1 Widerstände R, deren Wert sich aus der Bedingung ergibt, daß alle Kabel am Verteiler abgeschlossen sein sollen:

$$R + (R+Z_0)/n = Z_0 \tag{1.49}$$

$$R = \frac{n-1}{n+1} Z_0 \qquad\qquad (1.50)$$

Die so erzielte Reflexionsfreiheit hat allerdings eine Signalabschwächung um den Faktor n zur Folge, denn unter Verwendung von (1.49) wird

$$\frac{u_a}{u_e} = \frac{Z_0}{R+Z_0} \frac{(R+Z_0)/n}{R+(R+Z_0)/n} = \frac{1}{n} \; . \qquad\qquad (1.51)$$

Ein passiver Zweifachverteiler für 50-Ω-Kabel enthielte drei 17-Ω-Widerstände, und die Amplitude würde um einen Faktor zwei abgeschwächt werden. Für eine reflexions- und verlustfreie Verzweigung sind spezielle Zwischenverstärker ('fan out amplifier') erforderlich.

1.6.4 Das reale Koaxialkabel

Während das ideale reflexionsfrei abgeschlossene Koaxialkabel Signale ohne Veränderungen überträgt, treten beim realen Kabel Änderungen der Signalamplitude und der Signalform auf.

Die Amplitudenabnahme längs des Kabels für eine Hochfrequenzspannung u(t) = $U_0 \cos\omega t$ am Eingang des Kabels läßt sich durch einen Dämpfungskoeffizienten α beschreiben (siehe (A.8), Anhang A):

$$u(x,t) = U_0 \, e^{-\alpha x} \cos \omega(t-x/v) \qquad\qquad (1.52)$$

In α gehen die Beläge R' und G' (Bild 1.10c) ein. Diese nehmen bei vorgegebenem Wellenwiderstand mit dem Radius r_a des Kabels ab. Daher sind zur Signalübertragung über längere Strecken Kabel mit großem Außendurchmesser zu bevorzugen. Bei typischen 50-Ω-Kabeln (r_a=2.5 mm) ist α bei 100 MHz ungefähr 0.02/m. Eine Verdopplung von r_a reduziert α etwa um einen Faktor drei.

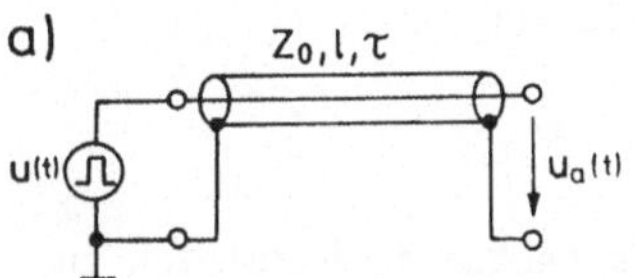

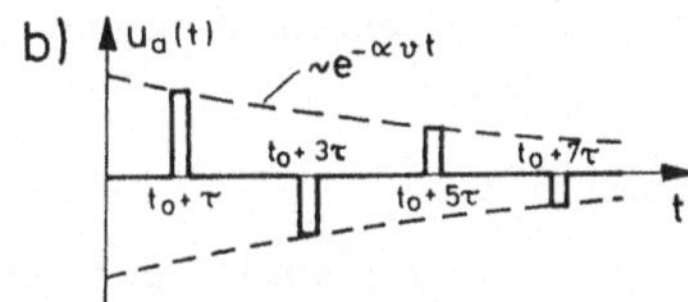

Bild 1.14. Schaltung zur Demonstration von Dämpfungsverlusten im Koaxialkabel (a) und Spannungsverlauf am Ausgang (b)

Bild 1.14a zeigt eine Schaltung, die zur Demonstration von Dämpfungsverlusten geeignet ist. Sie enthält ein Kabel der Länge 1 mit der Laufzeit τ = 1/v.

Zur Zeit t_0 erzeuge die Spannungsquelle (Impulsgenerator) ein Rechtecksignal. Zur Zeit $t_0+\tau$ trifft es am Kabelende ein, wird dort mit ρ=1 reflektiert, läuft zum Anfang zurück, wird dort mit $\rho = -1$ reflektiert und trifft um 2τ verzögert, also zur Zeit $t_0 + 3\tau$, abermals, allerdings mit umgekehrter Polarität, am Kabelende ein. Die Folge von Reflexionen geht so weiter, wie in Bild 1.14b gezeigt. Die Ausgangsspannung wird oszilloskopisch beobachtet. Der hohe Oszilloskopeingangswiderstand stört den offenen Ausgang praktisch nicht. Die Impulshöhe nimmt exponentiell mit der Zeit, d.h. mit der effektiv durchlaufenen Kabellänge, ab. Aus dem Verhältnis der Höhen aufeinanderfolgender Impulse ergibt sich die Dämpfungskonstante (n = ganze Zahl):

$$\left| \frac{u_a(t_0+(2n+1)\tau)}{u_a(t_0+\tau)} \right| = e^{-\alpha 2nl} \tag{1.53}$$

$$\alpha = \frac{1}{2nl} \ln \left| \frac{u_a(t_0+\tau)}{u_a(t_0+(2n+1)\tau)} \right| \tag{1.54}$$

Dieses Verfahren arbeitet nur einwandfrei, wenn der Impulsgenerator zumindest für $t > t_0$ einen vernachlässigbaren Innenwiderstand hat, und wenn der Abstand zweier Generatorimpulse so groß ist, daß zwischenzeitlich die Reflexionen abgeklungen sind.

Bei Frequenzen oberhalb 100 MHz nimmt α deutlich zu. Auch Wellenwiderstand und Signalgeschwindigkeit werden zunehmend frequenzabhängig. Bei Hochfrequenzübertragungen stört dies wenig, da die verwendeten Frequenzbänder schmal sind. Anders bei der Übertragung von Impulsen. Diese können als Summe von Komponenten mit verschiedenen Frequenzen verstanden werden (Fourier-Summe) und 'zerfließen' daher. Es hängt natürlich von der Kabellänge ab, wie stark die Verzerrungen werden.

Einer der Gründe für die Zunahme der Dämpfung mit der Frequenz ist der Skin- oder Stromverdrängungseffekt, der R' (Bild 1.10c) mit der Wurzel der Frequenz ansteigen läßt. Koaxialkabel werden bis zu Frequenzen um 10^9 Hz verwendet. Bei noch höheren Frequenzen bevorzugt man Hohlleiter.

1.6.5 Das Verzögerungskabel

Verzögerungskabel dienen dazu, Signale über kurze Laufstrecken im Vergleich zu üblichen Koaxialkabeln besonders stark zu verzögern.

Um die Signalgeschwindigkeit v zu verringern, müssen Kabelkapazitätsbelag C' und Induktivitätsbelag L' entsprechend (1.42) vergrößert werden. Das wird erreicht, indem der Innenleiter als Spule auf einem flexiblen Ferritkern ausgebildet wird und der Außenmantel nur geringen Abstand zu dieser Spule hat. Das Symbol in Bild 1.15b deutet diese Bauform des Verzögerungskabels an.

Die Impedanzen üblicher Verzögerungskabel betragen einige Kiloohm und die Verzögerungszeiten bis zu einigen Mikrosekunden pro Meter. Die Dämpfung von Ver-

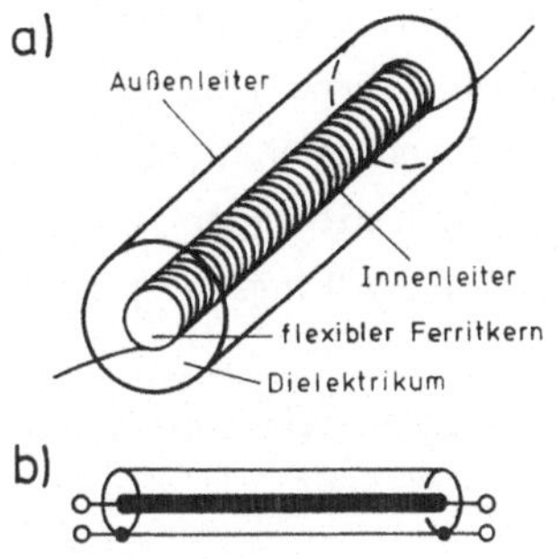

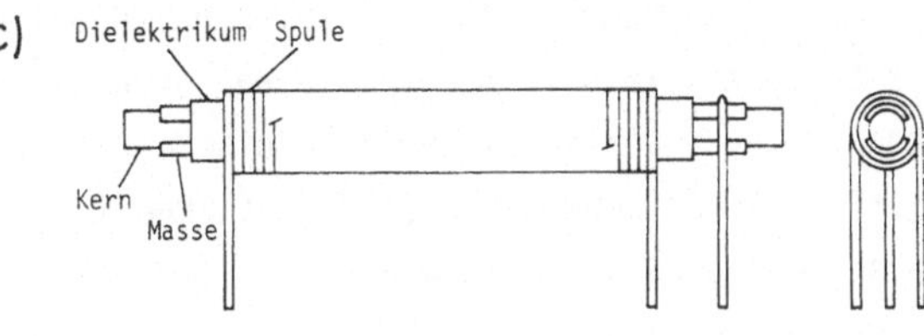

Bild 1.15.

Aufbau eines Verzögerungskabels (a), das in diesem Buch verwendete Zeichen (b) und Verzögerungsleitung ('distributed delay line', C)

zögerungskabeln ist größer und die Frequenzabhängigkeit von Z, v und α sowie die Verfälschung steiler Impulsflanken stärker als bei normalen Koaxialkabeln. Die Anwendung von Verzögerungskabeln ist auf Frequenzen bis zu einigen MHz beschränkt.

Verzögerungskabel sind wegen ihrer Sperrigkeit und Hochohmigkeit kaum noch in Gebrauch. Sie wurden von Verzögerungsleitungen abgelöst, deren einer Typ ('distributed delay line') in Bild 1.15c dargestellt ist. Er besteht aus einer Spule, die um ein Dielektrikum, einen Masseleiter und einen zylindrischen isolierenden Kern gewickelt ist. Diese Leitungen werden für Verzögerungszeiten von 5 bis 2000 ns als vergossene Bausteine hergestellt. Die Leitungsimpedanzen betragen etwa 150 bis 300 Ω bei Dämpfungsverlusten bis zu 40 % / μs.

Ein anderer Typ von Verzögerungsleitung für Verzögerungszeiten bis zu etwa 50 μs, nämlich die Laufzeitkette oder 'lumped delay line', wird in Abschnitt 2.6 beschrieben.

1.E DO IT YOURSELF

1.E.1 Wechselstromverhalten von R, C oder L

Mit der in Bild 1.16 dargestellten Schaltung kann das Wechselstromverhalten von Widerständen, Kondensatoren und Spulen untersucht werden. Die Spannung am Element und der Strom durch das Element werden beobachtet und daraus die Impedanz ermittelt. Die Spannung $u_1(t)$ an R_1 dient als stromproportionales Spannungssignal.

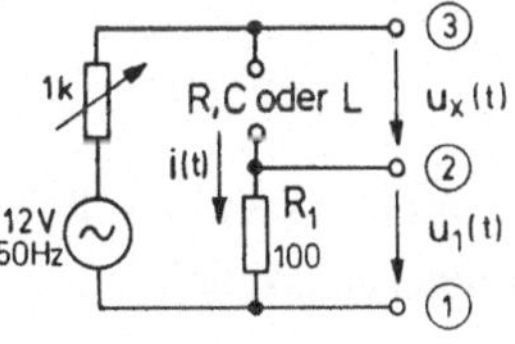

Bild 1.16.

Schaltung zur Messung von Scheinwiderstand und Phasenwinkel von R, C oder L

Für die Messungen ist ein Zwei-Kanal-Oszilloskop vorgesehen. Die Eingänge
für beide Kanäle sind im Oszilloskop jeweils einpolig geerdet (Erde = Masse =
Abschirmungspotential). Der gemeinsame Anschluß für beide Spannungen, $u_1(t)$ und
$u_x(t)$, ist der Punkt 2 in Bild 1.16. Damit $u_1(t)$ und $u_x(t)$ mit richtiger Phasenverschiebung dargestellt werden, sollte bei einem der Kanäle die Eingangsspannung
invertiert werden.

Aus den Amplituden U_{xo} und U_{1o} der beiden Spannungen wird der Scheinwiderstand

$$|Z| = U_{xo} \cdot R_1 / U_{1o} \tag{1.55}$$

ermittelt. Mit Hilfe der geeichten Zeitachse des Oszilloskops wird die dem Phasenwinkel ϕ entsprechende Zeit τ unter Beachtung des Vorzeichens gemessen und
daraus

$$\phi = 2\pi\tau/T = \omega\tau \tag{1.56}$$

berechnet. Für die in Bild 1.16 angegebene Dimensionierung sind R=330 Ω, C=10 µF
oder L=1 H geeignete Meßobjekte.

Der Scheinwiderstand kann auch aus den Meßergebnissen der Spannungseffektiv-
werte $U_{eff}=U_0/\sqrt{2}$ mit Hilfe eines Zeiger- oder Digital-Voltmeters für Wechselstrom bestimmt werden. Der endliche Instrumenteninnenwiderstand kann erhebliche
Fehler bewirken. Bei einem Instrument mit eingebautem Verstärker ist der Eingangswiderstand ähnlich hoch (1 bis 10 MΩ) wie bei einem Oszilloskop und in der
Regel unabhängig vom Meßbereich. Bei einem verstärkerlosen Voltmeter kann der
Eingangswiderstand um mehrere Größenordnungen geringer sein.

Auch der Phasenwinkel kann allein aus Spannungsmessungen bestimmt werden
(siehe Experimentiervorschlag 2.E.3).

1.E.2 Impulsformung mit Verzögerungskabel

In Bild 1.17 stellen die Gleichspannungsquelle, der Reihenwiderstand R und der
100-Hz-Schalter S (Beschreibung im Anhang F) einen Stufenimpulsgenerator mit Innenwiderstand R bei offenem Schalter (u_a=12 V) und Innenwiderstand 0 bei geschlossenem Schalter (u_a=0) dar. Von Stufenimpulsen statt von Rechteckimpulsen wird
deshalb gesprochen, weil im Experiment die Beobachtungszeit klein gegen die
Dauer der beiden Zustände ist.

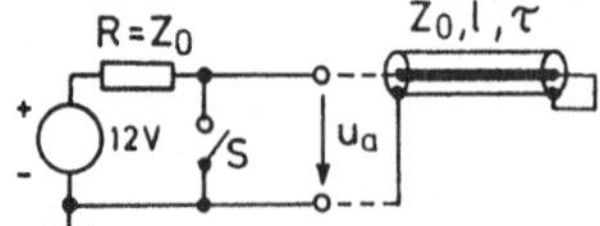

Bild 1.17.

Formung von Rechteckimpulsen mit einem Verzö-

gerungskabel

Zunächst wird die Spannung u_a am freien Generatorausgang oszilloskopisch beobachtet. Dann wird ein am Ende kurzgeschlossenes Stück Verzögerungskabel

(Wellenwiderstand Z_0; Laufzeit τ) angeschlossen und die Signalform nach Öffnen des Schalters beobachtet. Während einer Zeit 2τ, nämlich bis zum Eintreffen des am Ende reflektierten Signals, beträgt die Spannung nur noch 6 V, weil Spannungsteilung an Vorwiderstand und Eingangsimpedanz des Kabels erfolgt. Anschließend addieren sich Eingangssignal und mit Vorzeichenumkehr reflektiertes Signal. Bei vernachlässigbaren Verlusten ergäbe sich dann die Spannung $u_a = 0$. Wenn aber ein Verzögerungskabel benutzt wird, sind die Verluste so bedeutend und dadurch die Spannung des reflektierten Signals so abgeschwächt, daß deutlich sichtbar eine Differenzspannung übrig bleibt. Die eingangsseitige Anpassung des Kabels sorgt dafür, daß keine weiteren Reflexionen auftreten. In der Praxis werden so mit Stücken normaler Koaxialkabel sehr kurze Rechtecksignale geformt ('clipping cable').

Wie sähen die Signale aus, wenn andere Abschlußwiderstände (statt Z_0 am Eingang und 0 am Ausgang) verwendet würden? Die Vorhersagen sollten oszilloskopisch überprüft werden.

1.E.3 Verluste im Verzögerungskabel

Bild 1.14 zeigt eine Schaltung zur Demonstration von Dämpfungsverlusten im Koaxialkabel. Steht der dort verwendete Impulsgenerator für kurze Rechtecke und mit vernachlässigbar kleinem Innenwiderstand nicht zur Verfügung, so kann auch die Schaltung nach Bild 1.17 in leicht modifizierter Form verwendet werden. Statt am Kabeleingang wird am jetzt offenen Kabelausgang beobachtet, und zwar nach Schließen des Schalters. Am offenen Kabelende wird ohne, am geschlossenen Schalter mit Vorzeichenumkehr reflektiert. Man beobachtet eine Folge von abwechselnd positiven und negativen Rechtecksignalen der Dauer 2τ, deren Amplitude von 12 V exponentiell auf null abklingt. Zur Bestimmung des Dämpfungskoeffizienten α wird (1.54) benutzt.

1.E.4 Der symmetrische Π-Abschwächer

Im Abschnitt 1.6.3 wurde ein symmetrischer T-Abschwächer zur angepaßten Signalabschwächung beschrieben. Die gleiche Wirkung kann mit einem symmetrischen Π-Abschwächer (R_p-R_s-R_p) erzielt werden. Wie hängen R_p und R_s bei vorgegebenem Abschwächungsverhältnis a vom Wellenwiderstand Z_0 ab?

1.E.5 Simulation eines realen Koaxialkabels

Das Universalkabel RG-11/U hat eine Kabelimpedanz von 75 Ω und die folgenden Beläge: $L' = 0.378$ µH/m, $C' = 67.3$ pF/m, $R' = 0.311$ Ω/m und $G' = 6.27$ µS/m. Zur Simulation seines Impulsverhaltens mit Hilfe des Programms PSPICE (siehe Anhang E) dienen die Eingabedaten nach Bild 1.18d, und zwar für die folgenden drei Fälle:

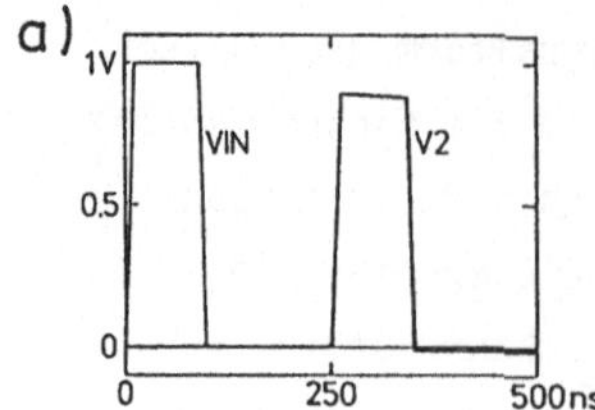

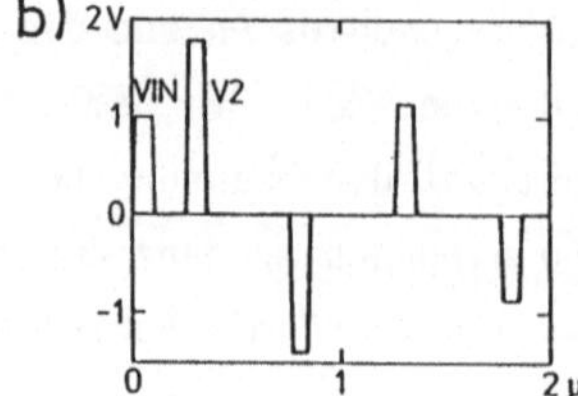

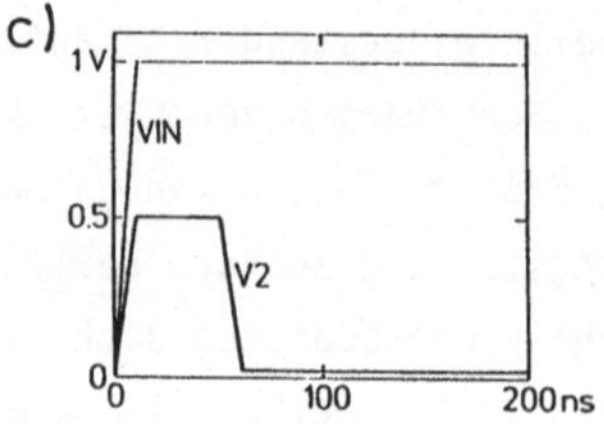

d)
```
REFLEXIONSFREIE IMPULSÜBERTRAGUNG, 50 M KABEL
T1 1 0 2 0 LEN=50 R=0.311 L=0.378U G=6.27U C=67.3P
VIN 1 0 PWL (0 0 10N 1 90N 1 100N 0 2.5U 0)
RA 2 0 75
.TRAN 2N 0.5U
.PROBE
.END


MEHRFACHREFLEXIONEN, 50 M KABEL
T1 1 0 2 0 LEN=50 R=0.311 L=0.378U G=6.27U C=67.3P
VIN 1 0 PWL (0 0 10N 1 90N 1 100N 0 2.5U 0)
RA 2 0 1MEG
.TRAN 2N 2U
.PROBE
.END
```

```
IMPULSFORMUNG (CLIPPING) MIT 5 M KABEL
T1 2 0 0 0 LEN=5 R=0.311 L=0.378U G=6.27U C=67.3P
VIN 1 0 PWL (0 0 10N 1 1U 1)
RV 1 2 75
.TRAN 2N 200N
.PROBE
.END
```

Bild 1.18. Simulation eines realen Koaxialkabels: Spannungsverläufe für die drei Fälle a bis c und Eingabedaten für das Programm PSPICE (d).

a) Reflexionsfreie Übertragung eines 100-ns-Impulses über ein 50-m-Kabel (RA = 75 Ω). Die resultierende Laufzeit wird mit dem aus (1.42) folgenden Wert verglichen.

b) Mehrfachreflexionen unter den gleichen Bedingungen, jedoch mit offenem Kabelausgang. RA wird durch 1 MΩ ersetzt, da PSPICE mindestens zwei Anschlüsse an einem Knoten fordert. Der Dämpfungskoeffizient α wird nach (1.54) berechnet und mit dem aus (A.8) in Anhang A folgenden Wert verglichen.

c) Formung eines 50-ns-Impulses aus einem Stufenimpuls. Hier arbeitet das Kabel als Clipping-Kabel, ist am Ausgang kurzgeschlossen, und die Stufenimpulsquelle VIN schließt den Kabeleingang über RV = 75 Ω ab.

2. Das Wechselstromverhalten von RCL-Schaltungen

Das Wechselstromverhalten passiver linearer Netzwerke spielt in der Hochfrequenz-technik eine wichtige Rolle. Seine Berechnung läßt sich mit Hilfe der komplexen Schreibweise auf elementare Rechenoperationen zurückführen.

In diesem Kapitel wird die komplexe Schreibweise von Wechselspannungen und -strömen sowie von Impedanzen eingeführt und die Methode anhand einiger einfacher RCL-Schaltungen erläutert. Die allgemeinen Verfahren zur Analyse linearer Netzwerke (Kapitel 3) sind dafür noch entbehrlich.

2.1 Die komplexe Beschreibung des Wechselstromverhaltens linearer Netzwerke

Bei der komplexen Beschreibung des Wechselstromverhaltens werden die reellen Ausdrücke für Wechselspannungen, $u(t) = U_0\cos\omega t$, und Wechselströme $i(t) = I_0\cos(\omega t - \phi)$, durch Imaginärteile so ergänzt, daß sie sich nach der Eulerschen Formel (siehe (C.8), Anhang C)

$$e^{j\omega t} \equiv \exp(j\omega t) = \cos\omega t + j\sin\omega t \tag{2.1}$$

als Exponentialfunktionen mit imaginärem Argument schreiben lassen. Dabei ist $j = \exp(j\pi/2)$ die imaginäre Einheit mit $j^2 = -1$. Die komplexen Ausdrücke für Spannung und Strom,

$$\underline{u}(t) = U_0 e^{j\omega t} \quad , \tag{2.2}$$

$$\underline{i}(t) = I_0 e^{j(\omega t - \phi)} \quad , \tag{2.3}$$

stellen Vektoren (oder 'Zeiger') in der komplexen Ebene dar, die mit der Kreis-frequenz ω um den Ursprung rotieren (Bild 2.1a). Ihre Projektion auf die reelle Achse ergibt die ursprünglichen reellen Größen

$$u(t) = \mathrm{Re}\{\underline{u}(t)\} \quad , \tag{2.4}$$

$$i(t) = \mathrm{Re}\{\underline{i}(t)\} \quad . \tag{2.5}$$

Das Verhältnis der Scheitelspannung zum Scheitelstrom, der Scheinwiderstand $|Z| = U_0/I_0$, und der Phasenwinkel ϕ vom $\underline{i}$-Vektor zum $\underline{u}$-Vektor bleiben bei der

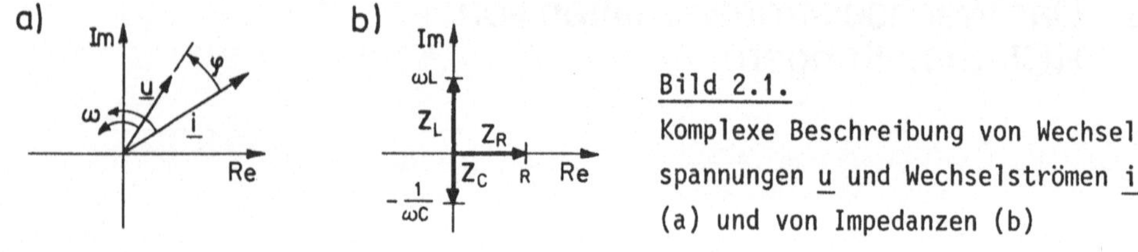

Bild 2.1.

Komplexe Beschreibung von Wechselspannungen u und Wechselströmen i
(a) und von Impedanzen (b)

Rotation konstant. Beide Größen lassen sich zu der (komplexen) Impedanz Z zusammenfassen:

$$Z = \frac{u(t)}{i(t)} = |Z|e^{j\phi} \tag{2.6}$$

Der Scheinwiderstand und der Phasenwinkel können durch den Realteil (Re) und
den Imaginärteil (Im) von Z ausgedrückt werden:

$$|Z| = (\{Re(Z)\}^2 + \{Im(Z)\}^2)^{1/2} \tag{2.7}$$

$$\phi = arg(Z) = arctan\frac{Im(Z)}{Re(Z)} \tag{2.8}$$

Aus den Angaben in Kapitel 1 ergeben sich die Impedanzen für den Widerstand,
die Kapazität und die Induktivität zu

$$Z_R = R \quad , \tag{2.9}$$

$$Z_C = \frac{1}{\omega C}\, e^{-j\frac{\pi}{2}} = \frac{1}{j\omega C} \quad , \tag{2.10}$$

$$Z_L = \omega L\, e^{+j\frac{\pi}{2}} = j\omega L \quad . \tag{2.11}$$

In einer vektoriellen Darstellung in der komplexen Ebene (Bild 2.1b) liegt Z_R
auf der positiven reellen Achse, Z_L auf der positiven imaginären Achse und Z_C
auf der negativen imaginären Achse.

Der Vorteil der komplexen Schreibweise liegt darin, daß Integrationen und
Differentationen bei der Berechnung des Wechselstromverhaltens durch Multipli-
kationen mit jω bzw. -j/ω ersetzt werden. Ferner werden bei der Multiplikation
komplexer Größen die Winkel (Argumente) addiert und die Beträge multipliziert.
Mit den Beträgen a_1, a_2 gilt z.B.

$$a_1 e^{-j\phi} \cdot a_2 e^{j\omega t} = a_1 a_2 e^{j(\omega t-\phi)} \quad . \tag{2.12}$$

Dies ist einfacher als die Anwendung trigonometrischer Formeln. Ferner kann bei
Serien- und Parallelschaltungen von Impedanzen formal wie bei den entsprechenden
Widerstandsschaltungen gemäß (1.4) bzw. (1.6) vorgegangen werden. Dies sei anhand der Serienschaltung einer Induktivität L mit einem Widerstand R in Bild 2.2
verdeutlicht.

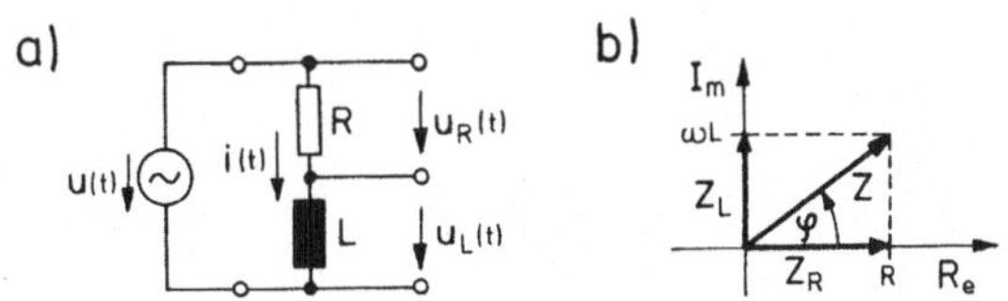

Bild 2.2.
Schaltung (a) und Impedanz (b)
einer RL-Serienschaltung. ω =
Kreisfrequenz des Spannungsgenerators.

Die Aufgabe bestehe darin, die an R und L abfallenden Spannungen $u_R(t)$ und
$u_L(t)$ zu berechnen. Die Impedanz der Serienschaltung ergibt sich aus der vektoriellen Addition der Teilimpedanzen Z_R (2.9) und Z_L (2.11),

$$Z = R + j\omega L = (R^2 + \omega^2 L^2)^{1/2} \exp(j \arctan\frac{\omega L}{R}) \quad , \tag{2.13}$$

und damit der Scheinwiderstand und der Phasenwinkel

$$|Z| = (R^2 + \omega^2 L^2)^{1/2} \quad , \tag{2.14}$$

$$\phi = \arctan(\omega L/R) \quad . \tag{2.15}$$

Der komplex geschriebene Wechselstrom wird $\underline{i}(t) = \underline{u}(t)/Z$, d.h.

$$\underline{i}(t) = \frac{U_o}{R + j\omega L} e^{j\omega t} \quad . \tag{2.16}$$

Komplexe Nenner eliminiert man durch Erweiterung mit ihren komplex Konjugierten:

$$\underline{i}(t) = \frac{U_o(R - j\omega L)}{R^2 + (\omega L)^2} e^{j\omega t} = \frac{U_o}{(R^2 + \omega^2 L^2)^{1/2}} \exp\{j(\omega t - \arctan\frac{\omega L}{R})\} \tag{2.17}$$

Die komplexen Spannungen an R und L erhält man durch Multiplikation mit den entsprechenden Teilimpedanzen:

$$\underline{u}_R(t) = \frac{R}{\sqrt{R^2 + \omega^2 L^2}} U_o \exp\{j(\omega t - \arctan(\omega L/R))\} \tag{2.18}$$

$$\underline{u}_L(t) = \frac{\omega L}{\sqrt{R^2 + \omega^2 L^2}} U_o \exp\{j(\omega t + \frac{\pi}{2} - \arctan(\omega L/R))\} \tag{2.19}$$

Zu diesen Ergebnissen wäre man unter Umgehung von $i(t)$ gekommen, wenn man das
Problem als Teilung der Spannung $\underline{u}(t)$ gemäß den Teilimpedanzen auffaßt (s.(1.5)):

$$\underline{u}_R(t) = \underline{u}(t) \frac{Z_R}{Z_R + Z_L} \tag{2.20}$$

$$\underline{u}_L(t) = \underline{u}(t) \frac{Z_L}{Z_R + Z_L} \tag{2.21}$$

Durch Projektion auf die reelle Achse nach (2.4) erhält man als Ergebnis
der Rechnung die reellen Ausdrücke

$$u_R(t) = U_0 \frac{R}{\sqrt{R^2+\omega^2 L^2}} \cos(\omega t-\phi) \quad , \tag{2.22}$$

$$u_L(t) = U_0 \frac{\omega L}{\sqrt{R^2+\omega^2 L^2}} \cos(\omega t+\pi/2-\phi) \quad , \tag{2.23}$$

wobei für ϕ der Ausdruck in (2.15) eingesetzt zu denken ist.

Das Verfahren der komplexen Schreibweise besteht also darin, daß gegebene (reelle) Eingangsgrößen (Wechselströme oder Wechselspannungen) mit einem geeigneten Imaginärteil versehen werden (komplexe Originalgröße), aus diesen mit Hilfe komplexer Impedanzen komplexe Bildgrößen errechnet werden, deren Realteil die gesuchten Ausgangsgrößen darstellen. Dabei ist zu beachten, daß komplexe Ströme und Spannungen nur linear auftreten dürfen. Quadratische Größen, wie z.B. die Leistung $p(t) = u(t)i(t)$ gemäß Gleichung (1.8), führen zu falschen Ergebnissen ($p(t) = U_0 \cos\omega t \cdot I_0 \cos(\omega t-\phi) = U_0 I_0 (\cos\phi+\cos(2\omega t-\phi))/2$, $\mathrm{Re}\{\underline{u}(t)\cdot\underline{i}(t)\} = U_0 I_0 \cos(2\omega t-\phi) \neq p(t)$).

Bei der Beschreibung des Wechselstromverhaltens linearer Netzwerke wird in praxi meist der Übergang zwischen komplexer und reeller Schreibweise nicht explizit erwähnt. Bei der Berechnung folgender Beispiele werden daher für reelle und komplexe Ströme und Spannungen dieselben Bezeichnungen verwendet, der Strich unter den komplexen Größen also weggelassen.

2.2 Serienschaltungen von R und C (Hoch- und Tiefpaß)

Die Berechnung der Serienschaltung des Widerstandes R und der Kapazität C in Bild 2.3 erfolgt analog der Behandlung der RL-Serienschaltung im vorhergehen-

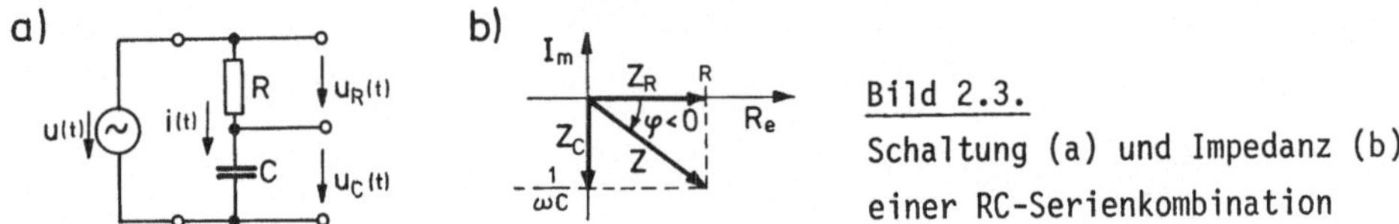

Bild 2.3.
Schaltung (a) und Impedanz (b) einer RC-Serienkombination

den Abschnitt. Es ist lediglich Z_L durch $Z_C = 1/j\omega C = -j/\omega C$ zu ersetzen. Mit $u(t)$ nach (2.2) und

$$Z = R - \frac{j}{\omega C} \tag{2.24}$$

erhält man für den Spannungsteiler aus R und C

$$u_R(t) = \frac{Z_R}{Z} u(t) = \frac{U_0}{\sqrt{1+\left(\frac{1}{\omega RC}\right)^2}} e^{j(\omega t-\phi)} \quad , \tag{2.25}$$

$$u_C(t) = \frac{Z_C}{Z}\, u(t) = \frac{U_0}{\sqrt{(\omega RC)^2 + 1}}\; e^{j(\omega t - \phi - \frac{\pi}{2})} \quad , \tag{2.26}$$

wobei die Phase

$$\phi = -\arctan(1/\omega RC) \tag{2.27}$$

erwartungsgemäß negativ ist.

Technisch von Interesse ist das Frequenzverhalten der Teilspannungen. Während bei niedriger Frequenz die Wechselspannung vorwiegend an C abfällt, fällt sie bei hohen Frequenzen hauptsächlich an R ab (Bild 2.4). RC-Glieder

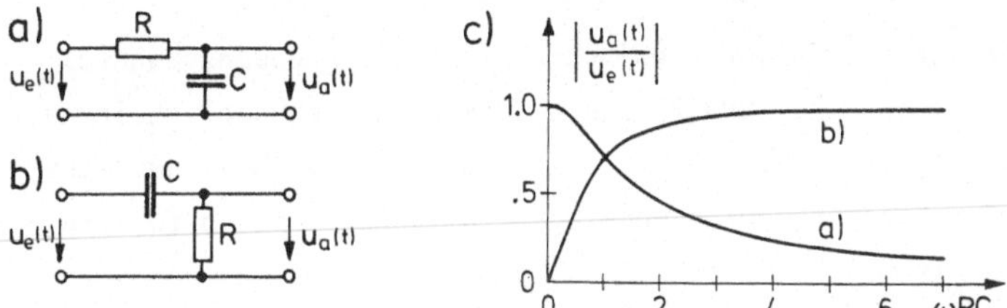

Bild 2.4. Tiefpaß (a) und Hochpaß (b). Der Frequenzgang (c) zeigt das Scheitelwertverhältnis von Aus- und Eingangsspannung in Abhängigkeit von der normierten Kreisfrequenz ωRC.

werden in elektronischen Geräten häufig als frequenzabhängige Spannungsteiler verwendet. Der Tiefpaß läßt bevorzugt tiefe, der Hochpaß hohe Frequenzen passieren. Derartige Schaltungen dienen als Komponenten von Frequenzfiltern, in der Impulstechnik beispielsweise zur Unterdrückung von Störspannungen hoher oder niedriger Frequenz.

2.3 Schwingkreise

Bild 2.5 zeigt die beiden Grundtypen von Schwingkreisen. Sie enthalten eine Induktivität L und eine Kapazität C, die ein schwingungsfähiges System bilden. Oberhalb und unterhalb der Kennfrequenz ω_0 nehmen die Wechselstromwiderstände $|Z|$ auf charakteristische Weise zu bzw. ab. Durch Einfügen von passiven Schwingkreisen in elektronische Schaltungen können frequenzabhängige Verstärkungen realisiert werden mit dem Ziel, die Kennfrequenz ω_0 entweder zu unterdrücken oder sie besonders zu verstärken.

Die Impedanz des Parallelkreises (Bild 2.5a) besteht aus der Parallelschaltung der Impedanzen R_p, Z_L und Z_C:

$$Z_p = R_p \| Z_L \| Z_C = \frac{1}{\frac{1}{R_p} - \frac{j}{\omega L} + j\omega C} \tag{2.28}$$

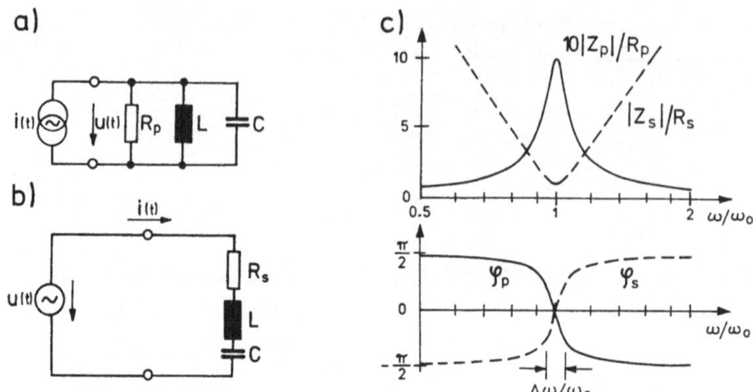

Bild 2.5. Paralleler (a) und serieller Schwingkreis (b) mit Frequenzgang (c)
der Scheinwiderstände $|Z_p|$ und $|Z_s|$ und Phasen ϕ. Die Frequenzabhängigkeiten
entsprechen einer Kreisgüte $Q = \omega/\Delta\omega = 10$. ω_0 = Kennfrequenz der Schwingkreise,
ω = Kreisfrequenz der Generatoren. Durch den logarithmischen Maßstab für ω/ω_0
werden die Kurven symmetrisch.

Durch elementare Umrechnung erhält man hieraus den Scheinwiderstand und den
Phasenwinkel,

$$|Z_p| = \frac{1}{\sqrt{(\frac{1}{R_p})^2 + (\frac{1}{\omega L} - \omega C)^2}} \quad , \tag{2.29}$$

$$\phi_p = \arctan\{(\frac{1}{\omega L} - \omega C)R_p\} \quad . \tag{2.30}$$

Bei der Kennfrequenz

$$\omega_0 = \frac{1}{\sqrt{LC}} \tag{2.31}$$

wird Z_p reell ($\phi_p = 0$), und der Scheinwiderstand erhält seinen Maximalwert R_p.
Das Verhalten des Parallelkreises wird bei $\omega \ll \omega_0$ durch L bestimmt ($\phi_p \cong +\pi/2$,
$|Z_p| \to 0$) und bei $\omega \gg \omega_0$ durch C ($\phi_p \cong -\pi/2$, $|Z_p| \to 0$).
   Die Impedanz des Serienkreises (Bild 2.5b) erhält man aus der Summe der Teilimpedanzen:

$$Z_s = R_s + Z_L + Z_C = R_s + j\omega L - \frac{j}{\omega C} \tag{2.32}$$

Scheinwiderstand und Phasenwinkel ergeben sich zu

$$|Z_s| = \sqrt{R_s^2 + (\omega L - \frac{1}{\omega C})^2} \quad , \tag{2.33}$$

$$\phi_s = \arctan\{(\omega L - \frac{1}{\omega C})/R_s\} \quad . \tag{2.34}$$

Bei der Kennfrequenz ω_0, die auch hier durch (2.31) gegeben ist, durchläuft $|Z_s|$ seinen Minimalwert R_s. Bei niedrigen Frequenzen $\omega \ll \omega_0$ dominiert C ($\phi_s \cong -\pi/2$, $|Z_s| \to \infty$), bei hohen Frequenzen $\omega \gg \omega_0$ die Induktivität L ($\phi_s \cong +\pi/2$, $|Z_s| \to \infty$).

Die Selektivität von Schwingkreisen hängt von ihrer Bandbreite $\Delta\omega$ und damit von ihrer Güte

$$Q = \omega_0/\Delta\omega \tag{2.35}$$

ab. Die Bandbreite ist hier definiert als $\Delta\omega = |\omega(\phi=45^\circ) - \omega(\phi=-45^\circ)|$. Mit dieser Definition erhält man für parallelen bzw. seriellen Schwingkreis aus (2.30) und (2.34)

$$\Delta\omega_p = \frac{1}{R_p C} \quad , \tag{2.36}$$

$$\Delta\omega_s = \frac{R_s}{L} \quad . \tag{2.37}$$

Mit (2.31) und (2.35) wird

$$Q_p = \sqrt{C/L} \cdot R_p \quad , \tag{2.38}$$

$$Q_s = \sqrt{L/C}/R_s \quad . \tag{2.39}$$

Ideale Schwingkreise wirken bei der Kennfrequenz wie ein unendlicher Widerstand ($|Z| \cong \infty$, Sperrkreis) oder wie ein Kurzschluß ($|Z| \cong 0$, Saugkreis). Die Güte technischer Schwingkreise liegt typischerweise im Bereich 15 bis 150. Quarzoszillatoren haben eine Güte von etwa 10^4, supraleitende Hochfrequenzresonatoren erreichen 10^9.

2.4 Kettenschaltung dreier RC-Glieder

Bei dem in Bild 2.6 dargestellten Netzwerk interessieren wir uns für die Beziehung zwischen Eingangsspannung $u_e(t)$ und Ausgangsspannung $u_a(t)$, und das speziell

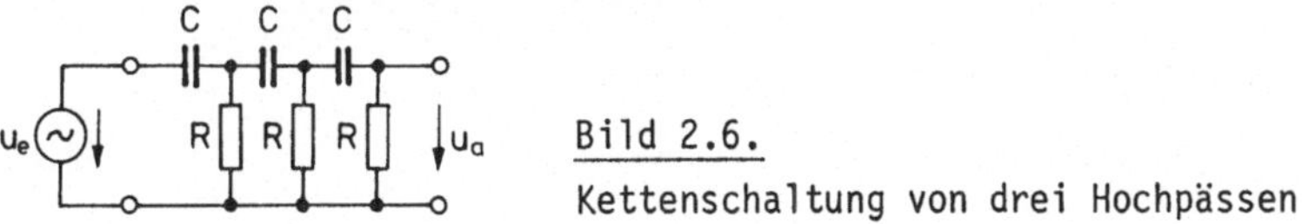

Bild 2.6.
Kettenschaltung von drei Hochpässen

bei der Frequenz ω_π, bei der die Phasenverschiebung zwischen beiden den Wert π hat. Dieser Fall liegt bei der Verwendung der Kettenschaltung dreier RC-Glieder im Phasenschieberoszillator vor (Bild 7.2).

Das Netzwerk kann als Kette dreier Spannungsteiler mit komplexen Impedanzen (Hochpässen) aufgefaßt werden. Mit der Abkürzung $Z=(j\omega C)^{-1}$ erhält man

$$u_a = \frac{R}{Z+R}\ \frac{R\|(Z+R)}{Z+R\|(Z+R)}\ \frac{R\|\{Z+R\|(Z+R)\}}{Z+R\|\{Z+R\|(Z+R)\}}\ u_e \quad . \tag{2.40}$$

Nach einer Reihe von Umformungen ergibt sich

$$\frac{u_e}{u_a} = (Z/R)^3 + 5(Z/R)^2 + 6(Z/R) + 1 = 1 - \frac{5}{(\omega RC)^2} + \frac{j}{\omega RC}\left(\frac{1}{(\omega RC)^2} - 6\right) \quad . \tag{2.41}$$

Der Imaginärteil wird null und die Phasenverschiebung gleich π für

$$\omega_\pi = (\sqrt{6}RC)^{-1} \quad . \tag{2.42}$$

Bei dieser Frequenz ist $u_e/u_a = -29$.

2.5 Der frequenzkompensierte Spannungsteiler

Bild 2.7a stellt einen Spannungsteiler dar, der aus zwei als Kette geschalteten RC-Gliedern besteht. Gefragt ist nach der Bedingung, unter der das Verhältnis

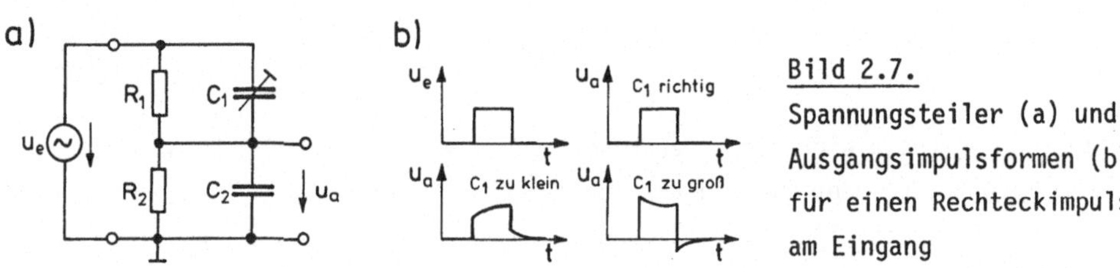

Bild 2.7.
Spannungsteiler (a) und Ausgangsimpulsformen (b) für einen Rechteckimpuls am Eingang

u_a/u_e zwischen Ausgangs- und Eingangsspannung reell und unabhängig von der Kreisfrequenz ω der Eingangsspannung ist.

Mit der Abkürzung $Z=(j\omega C)^{-1}$ wird

$$\frac{u_a}{u_e} = \frac{R_2\|Z_2}{R_1\|Z_1 + R_2\|Z_2} = \frac{R_2}{1+j\omega R_2 C_2}\ /\ \left\{\frac{R_1}{1+j\omega R_1 C_1} + \frac{R_2}{1+j\omega R_2 C_2}\right\} \quad . \tag{2.43}$$

Dieser Ausdruck wird dann reell, wenn

$$R_1 C_1 = R_2 C_2 \tag{2.44}$$

gilt. Das Spannungsverhältnis

$$u_a/u_e = \frac{R_2}{R_1 + R_2} \tag{2.45}$$

wird wie beim ohmschen Spannungsteiler frequenzunabhängig. Den Teiler nennt man dann frequenzkompensiert.

Jeder passive Tastkopf eines Oszilloskops mit Spannungsteilung stellt mit dessen Eingangsimpedanz (z.B. R_2=1 MΩ) sowie der Eingangs- und Kabelkapazität (z.B. C_2=100 pF) einen frequenzkompensierten Spannungsteiler dar. Bei einer 1:10-Untersetzung enthält der Tastkopf z.B. einen Widerstand R_1=9 MΩ mit einem Parallelkondensator von $C_1 \cong 15$ pF. Dieser ist als Trimmer ausgebildet und sollte vor Benutzung am Oszilloskop mit Hilfe des häufig vorhandenen Testimpulsausgangs auf seinen Sollwert gemäß (2.44) abgeglichen werden. In Bild 2.7b sind mögliche Ausgangsimpulsformen für einen Rechteckimpuls am Eingang dargestellt.

Der Vorteil des frequenzkompensierten Spannungsteilers liegt weniger darin, daß die ohmsche Belastung der zu prüfenden Schaltung verringert wird, sondern hauptsächlich in der Verringerung der kapazitiven Last: Die effektive Eingangskapazität des Oszilloskops wird in dem genannten Beispiel von 100 pF auf 10 pF gesenkt. Enthält der Tastkopf einen Vorverstärker (aktiver Tastkopf), so entfällt die Kabelkapazität (ca. 80 pF), und die effektive Eingangskapazität kann auf Werte von üblichen Verdrahtungskapazitäten reduziert werden.

2.6 Eine iterative Filterkette als Verzögerungsleitung

In Abschnitt 1.6.5 haben wir das Verzögerungskabel und eine Verzögerungsleitung ('distributed delay line') für Verzögerungsdauern bis zu einigen µs kennengelernt. Bild 2.8a zeigt einen anderen Typ ('lumped-constant ...' oder kurz 'lumped delay line') aus diskreten Kondensatoren und Spulen, der für Verzögerungsdauern bis zu einigen 10 µs Verwendung findet. Er besteht aus einer Kette von n Tiefpaßfiltern der in Bild 2.8b dargestellten Form.

Das Wechselstromverhalten der Filterkette hängt vom Lastwiderstand R_L ab. Wählt man ihn so, daß er gleich der Eingangsimpedanz Z_e eines Filtergliedes ist, so können alle folgenden Glieder durch Z_e ersetzt werden. Hierdurch ist die charakteristische Eingangsimpedanz Z_0 der Verzögerungsleitung definiert ($Z_1 = j\omega L$, $Z_2 = 2/j\omega C$):

$$Z_0 = Z_2 \parallel (Z_1 + Z_2 \parallel Z_0) \tag{2.46}$$

Dies läßt sich nach Z_0 auflösen:

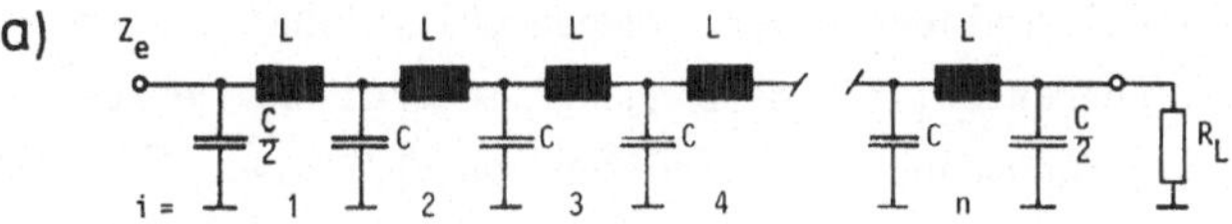

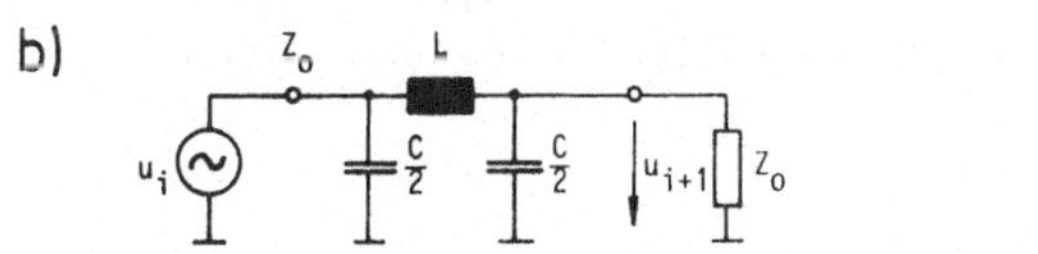

Bild 2.8.

Iterative Filterkette (a) aus n π-Filtern (b). $u_i = u_0 \exp j\omega t$, $u_{i+1} = u_i \exp -j\phi$.

$$Z_0 = \sqrt{L/C} \, / \sqrt{1 - (\omega/\omega_0)^2} \tag{2.47}$$

mit der Grenzfrequenz

$$\omega_0 = 2/\sqrt{LC} \quad . \tag{2.48}$$

Z_0 nimmt im <u>Durchlaßbereich</u> ($\omega < \omega_0$) mit der Kreisfrequenz ω zu. Nur für niedrige Frequenzen ist die ω-Abhängigkeit von Z_0 vernachlässigbar. Die eingangsseitige Wechselspannung u_i erfährt durch ein Filterglied eine Phasenverschiebung $\phi(\omega)$ (siehe Bild 2.8b):

$$\frac{u_{i+1}}{u_i} = \frac{Z_2 \| Z_0}{Z_1 + Z_2 \| Z_0} = e^{j\phi(\omega)} \tag{2.49}$$

mit

$$\phi(\omega) = - \arccos(1 - 2(\omega/\omega_0)^2) \quad . \tag{2.50}$$

Aus ihr gewinnt man die Signalverzögerungsdauer t_g (siehe Anhang B):

$$t_g = - \frac{d\phi(\omega)}{d\omega} = \sqrt{LC} \, / \sqrt{1 - (\omega/\omega_0)^2} \tag{2.51}$$

Sie zeigt die gleiche Frequenzabhängigkeit wie Z_0.

Im <u>Dämpfungbereich</u> ($\omega > \omega_0$) nähert sich Z_0 mit zunehmender Frequenz der Impedanz der eingangsseitigen Kapazität eines Filterglieds:

$$Z_0 = 2 / (j\omega C \sqrt{1 - (\omega_0/\omega)^2}) \tag{2.52}$$

Das Verhältnis

$$\frac{u_{i+1}}{u_i} = \frac{\omega_0^2}{2\omega^2(1 + \sqrt{1 - (\omega_0/\omega)^2}) - \omega_0^2} \, e^{-j\pi} \tag{2.53}$$

wird negativ reel und nimmt mit zunehmender Frequenz ab.

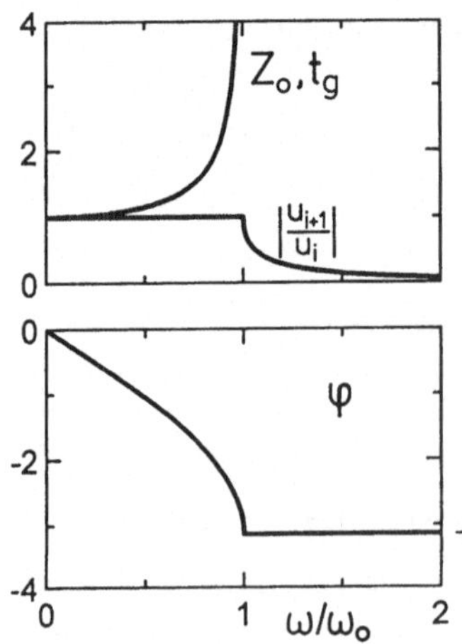

Bild 2.9.

Wechselstromverhalten eines abgeschlossenen Filterglieds einer 'lumped delay line'. Z_0, t_g = charakteristische Eingangsimpedanz und Verzögerungsdauer in Einheiten von $\sqrt{L/C}$ bzw. $\sqrt{LC}$, ϕ = Phasenverschiebung zwischen u_{i+1} und u_i am Aus- bzw. Eingang des Filterglieds.

Das Verhalten eines Filterglieds in Durchlaß- und Dämpfungsbereich ist in Bild 2.9 zusammenfassend dargestellt.

Für eine n-gliedrige Verzögerungsleitung werden für Stufenimpulse, die ja alle Frequenzen enthalten, die folgenden Werte für Verzögerungsdauer T_v und Impulsanstiegsdauer T_a von 10 bis 90 % der Ausgangsimpulshöhe angegeben:

$$T_v = 1.07 \sqrt{LC} \, n \quad , \tag{2.54}$$

$$T_a = 1.13 \sqrt{LC} \, n^{1/3} \quad . \tag{2.55}$$

Der in Katalogen ausgewiesene Gütefaktor Q ergibt sich zu

$$Q = T_v / T_a = 0.95 \, n^{2/3} \quad . \tag{2.56}$$

Im Handel sind 'lumped delay lines' mit Güten von 3 bis 12 für Verzögerungsdauern bis 20 µs. Die Impedanzen liegen zwischen 50 Ω und 10 kΩ, die Dämpfung beträgt bis zu 6 %/µs. Auf alle Fälle sind derartige Verzögerungsleitungen an die Form der zu verzögernden Impulse anzupassen. Aufgrund der Vielfalt der Anforderungen werden Laufzeitketten auch anwendungsspezifisch ausgelegt und gefertigt.

2.7 Ein Verfahren zur Messung von Impedanzen

Eine unter Laborbedingungen nützliche Methode zur Bestimmung einer unbekannten Impedanz Z geht von der Darstellung der Strommomentanwerte über den Spannungsmomentanwerten auf dem Bildschirm eines Oszilloskops aus (Bild 2.10).

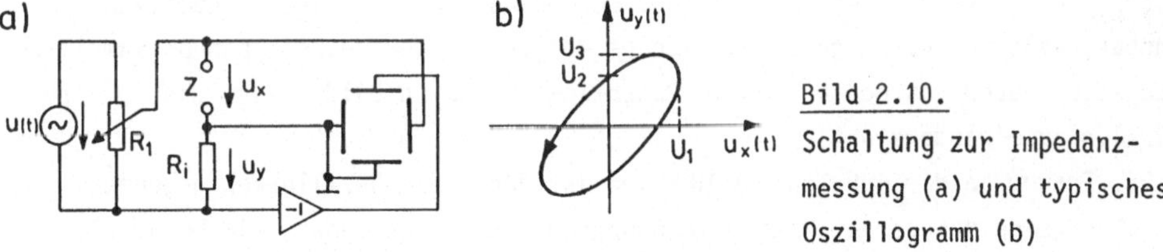

Bild 2.10. Schaltung zur Impedanzmessung (a) und typisches Oszillogramm (b)

An die Serienschaltung des unbekannten Zweipols mit der zu bestimmenden Impedanz $Z=|Z|\exp(j\phi)$ und eines bekannten Widerstandes R_i wird eine Wechselspannung bekannter Kreisfrequenz ω angeschlossen, die einen Strom $i(t)=I_0 \cos \omega t$ bewirkt. Die am Widerstand R_i abfallende Spannung

$$u_y(t) = R_i I_0 \cos \omega t \tag{2.57}$$

ist zu jedem Zeitpunkt dem Strom proportional und dient zur Y-Ablenkung am Oszilloskop. Die an Z abfallende Spannung

$$u_x(t) = |Z| I_0 \cos(\omega t + \phi) \tag{2.58}$$

dient zur X-Ablenkung. $u_x(t)$ und $u_y(t)$ beschreiben in Parameterdarstellung eine ursprungssymmetrische, jedoch gedrehte Ellipse, die für $\phi=0$ oder π zu einer Geraden $u_y = \pm u_x R_i/|Z|$ entartet.

Die gesuchten Größen $|Z|$ und ϕ ergeben sich aus den einfach ablesbaren Spannungswerten (Bild 2.10b)

$$U_1 = |Z| I_0 \quad , \tag{2.59}$$

$$U_2 = \pm R_i I_0 \sin\phi \quad , \tag{2.60}$$

$$U_3 = R_i I_0 \quad . \tag{2.61}$$

Hieraus ergibt sich

$$|Z| = \frac{U_1}{U_3} R_i \quad , \tag{2.62}$$

$$\phi = \pm \arcsin \frac{U_2}{U_3} \tag{2.63}$$

mit $|\phi| \leq \frac{\pi}{2}$. Das Vorzeichen der Phasenverschiebung bestimmt den Umlaufsinn der dargestellten Ellipse. In Bild 2.10b markiert eine Pfeilspitze den Umlaufsinn gegen den Uhrzeigersinn. Demnach eilt das Strommaximum U_3 dem Spannungsmaximum U_1 nach, d.h. die Impedanz hat induktiven Charakter ($\phi > 0$). Ein Umlauf im Uhrzeigersinn ($\phi < 0$) ließe auf einen kapazitiven Charakter der Impedanz schließen.

Bei Frequenzen über 10 Hz verhindern das Schirmnachleuchten und die Augenträgheit das Erkennen des Umlaufsinns. Der Umlaufsinn wird jedoch deutlich erkennbar, wenn man durch genügend rasches Vergrößern der Wechselspannungsamplitude, z.B. durch rasches Drehen am Potentiometer R_1 in Bild 2.10a, die Ellipse spiralig auseinanderzieht.

Die Erdung in der Schaltung Bild 2.10a ist durch das Oszilloskop gegeben. Daher ist eine massefreie Wechselspannungsquelle zu verwenden, wie beispielsweise die Sekundärwicklung eines Netztransformators. Ferner ist der Anschluß für u_y zu invertieren. Der eingezeichnete Inverter (Dreiecksymbol) verhindert ein Kopfstehen des Bildes. Kann ein Kanal des verwendeten Oszilloskops invertiert werden, so ist dieser für die Darstellung von u_y zu verwenden.

Verwendet man für die Darstellung der Strommomentanwerte über den Spannungsmomentanwerten eine Spannungsquelle $u(t)$ mit anderer Zeitabhängigkeit, so ergibt sich bei komplexen Impedanzen ein anderes Bild, eine andere dynamische Kennlinie.

Statische Kennlinien werden Punkt für Punkt in stationären Zuständen (d.h., wenn mit der Zeit keine Änderung der Spannungs- und Stromwerte mehr erfolgt) ausgemessen. Die statischen Kennlinien von Kapazität und Induktivität sind diejenigen eines unendlichen bzw. verschwindend kleinen Widerstandes.

2.E DO IT YOURSELF

2.E.1 Parallelschwingkreis mit Serienwiderstand zur Induktivität

Entfernt man aus dem Parallelschwingkreis in Bild 2.5a den Widerstand R_p und fügt stattdessen einen Serienwiderstand R_s zur Induktivität L ein, so lautet die Impedanz des modifizierten Schwingkreises $Z=(Z_L+R_s)\|Z_C$. Zu berechnen sind der Scheinwiderstand $|Z|$ und der Phasenwinkel ϕ in Abhängigkeit von der Kreisfrequenz ω des Erregerstromes. Aus $\phi=0$ ergibt sich die Kennfrequenz ω_0.

Bei der Berechnung der Bandbreite $\Delta\omega$ und der Güte Q gemäß (2.35) tritt eine kubische Gleichung in $\Delta\omega$ auf. Für geringe Dämpfung ($\Delta\omega << \omega_0$) können die Terme mit $\Delta\omega^2$ und $\Delta\omega^3$ vernachlässigt werden. Die resultierende lineare Näherung ergibt

$$Q = \omega_0^3 L^2 C/R_s \tag{2.64}$$

mit $\omega_0 = \{1/LC-(R_s/L)^2\}^{1/2}$.

Das Ergebnis (2.64) ist anwendbar auf schwach gedämpfte Schwingkreise (Parallelschaltung von L und C), bei denen die durch R_s beschriebenen Spulenverluste die Güte begrenzen.

2.E.2 Messung von Impedanzen mit Hilfe des Oszilloskops

Geeignet ist die Schaltung nach Bild 2.10a mit $R_1=1$ kΩ und $R_i=47$ Ω. Als Spannungsquelle u(t) wird die Sekundärwicklung eines Netztransformators verwendet ($f=50$ Hz, z.B. $U_{eff}=12$ V).

a) Zunächst sollten einzelne Elemente R, C und L geeigneter Größe untersucht werden. Dabei ergeben sich Geraden und achsenparallele Ellipsen.

b) Dann folgen RC- und RL-Kombinationen. Für die Messungen sind gut geeignet RC- und RL-Serienschaltungen mit $C=10$ µF bzw. $L=1$ H mit einem Widerstand R aus dem Bereich 100 Ω bis 2.2 kΩ.

Die Bestimmung des Phasenwinkels ϕ kann nach (2.63) geschehen (siehe Bild 2.10b). Wenn sich U_2 und U_3 nur wenig unterscheiden, die ϕ-Bestimmung also sehr ungenau wird, kann es vorteilhaft sein, die besser meßbare Schräglage der Ellipse für die ϕ-Bestimmung zu benutzen. Man erhält

$$\phi = \arccos\left\{\frac{1}{2}\left(\frac{a_1}{a_3} - \frac{a_3}{a_1}\right)\tan 2\alpha\right\} \quad . \tag{2.65}$$

Dabei ist α der am Schirm gemessene Drehwinkel der Ellipse gegen die X-Achse, a_1 und a_3 die Maximalauslenkung (z.B. in cm) in horizontaler bzw. vertikaler Richtung. Können Sie mit Ihrer Spule ohne äußeren Serienwiderstand eine Ellipsendrehung erkennen und daraus den Verlustwiderstand bestimmen?

c) Schließlich untersuchen Sie noch RCL-Parallel- und Serienkombinationen (Schwingkreise nach Bild 2.5a und b). Besonders interessant sind dabei Kombinationen mit einer Kennfrequenz in der Umgebung der Meß-, also der Netzfrequenz. Man kann dann den charakteristischen Verlauf von $|Z|$ und von ϕ verifizieren, wie er in Bild 2.5c dargestellt ist. Bei der vorgeschlagenen Meßanordnung ist ω allerdings unveränderlich. Daher muß ω_0 verändert werden, z.B. durch geeignete Kombinationen von Kondensatoren. Geeignet ist eine Spule von L=1 H mit Kondensatoren aus dem Bereich 10 µF bis 20 µF. Parallelwiderstände $R_p = \infty$, 10 kΩ, 1 kΩ oder 100 Ω bzw. Serienwiderstände $R_s = 0$, 22 Ω, 47 Ω oder 100 Ω als Parameter ergeben interessante Kurvenscharen.

In Resonanznähe müssen Sie mit stark verzerrten Oszillogrammen rechnen. Der Netztransformator bewirkt aufgrund der nichtlinearen Magnetisierungskurve Abweichungen von der Sinusform. Der Oberwellenanteil ist zwar klein, tritt aber dann besonders deutlich hervor, wenn für die Netzfrequenz ω_N, nicht aber für die Oberwellen $\omega_n = n\omega_N$ die Resonanzbedingung erfüllt ist.

2.E.3 Messung von Impedanzen mit Hilfe eines Voltmeters

Als Meßobjekt diene z.B. eine verlustbehaftete Spule (Serienschaltung von Induktivität L, z.B. 1 H, und Verlustwiderstand R_s, zur Verdeutlichung evtl. um einen zusätzlichen Widerstand vergrößert). Die Schaltung nach Bild 1.16 wird verwendet. Mit einem geeigneten Voltmeter (siehe Aufgabe 1.E.1) werden die Effektivwerte U_1, U_x und U_{1x} der Wechselspannungen am Vorwiderstand R_1, am Meßobjekt bzw. an der Serienschaltung beider (d.h. zwischen den Punkten 1 und 3 in Bild 1.16) gemessen. Da es nur auf Spannungsverhältnisse ankommt, werden im folgenden für die Scheitelwerte dieselben Bezeichnungen wie für die Effektivwerte benutzt. Alle Elemente werden von demselben Strom $i(t) = I_0 \cdot e^{j\omega t}$ durchflossen. Multipliziert man die Impedanzen aller Elemente mit I_0, so ergibt sich in der komplexen Ebene die Darstellung der Spannungen zur Zeit $t = 0$ wie in Bild 2.11. Die Längen der Spannungsvektoren sind die Scheitelwerte der Spannungen.

Der Scheinwiderstand des Meßobjektes ist

$$|Z_x| = \frac{U_x}{I_0} = \frac{U_x}{U_1} R_1 \quad .\tag{2.66}$$

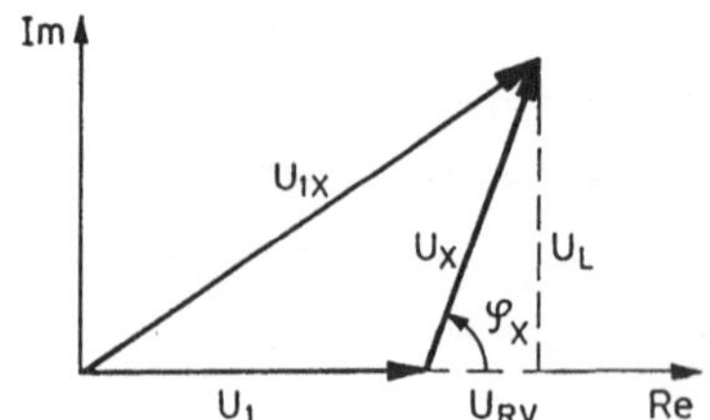

Bild 2.11.
Darstellung von Spannungen in der komplexen Ebene

Die Anwendung des Kosinussatzes ergibt den Betrag des gesuchten Phasenwinkels

$$\phi_x = \arccos\{(U_{1x}{}^2 - U_1{}^2 - U_x{}^2)/2U_1U_x\} \quad . \tag{2.67}$$

2.E.4 Phasendrehung um 180°

a) Für Messungen an der Hochpaßkette nach Bild 2.6 ist zunächst ein Wertepaar R und C zu berechnen, das nach (2.42) eine 180°-Phasenverschiebung für die Meßfrequenz (z.B. 50 Hz bei Verwendung der Netzfrequenz) ergibt. Die Eingangsspannung u_e wird für die X-Ablenkung am Oszilloskop benutzt, die Ausgangsspannung u_a für die Y-Ablenkung. Bei einem der Widerstände der Kette ist eine Einstellmöglichkeit zum Feinabgleich der Phasendrehung vorzusehen. Ein solcher Feinabgleich ist anhand des Schirmbildes möglich. Es wird so abgeglichen, daß sich eine Gerade mit negativer Steigung ergibt. Finden Sie das berechnete Abschwächungsverhältnis $u_e/u_a = -29$ bestätigt?

b) Vertauscht man R und C in Bild 2.6, so ergibt sich eine Tiefpaßkette, die ebenfalls zur 180°-Phasendrehung geeignet ist. Bei der Berechnung der zugehörigen Frequenz ω_π und des Abschwächungsverhältnisses u_e/u_a können Sie mit einer Änderung von (2.41) beginnen, die den Rollentausch von R und C berücksichtigt.

Beide Kettentypen und alle RC-Wertepaare, die 180° Phasendrehung ergeben, erscheinen gleichwertig. Sie unterscheiden sich aber in ihren Eingangs- und Ausgangsimpedanzen.

2.E.5 Frequenzkompensierter Spannungsteiler

Ein frequenzkompensierter 10:1-Spannungsteiler nach Bild 2.7a ist zu dimensionieren. Wählen Sie R_2 genügend klein und C_2 genügend groß, so daß der Oszilloskopeingang (ca. 1 MΩ ‖ 20 pF) den Teilerausgang nicht wesentlich beeinflußt. Für die Messungen am Spannungsteiler ist die Schaltung nach Bild 2.12 geeignet. Zum Feinabgleich der Kompensation anhand des Schirmbildes ist R_1 veränderlich. Rechteckspannungen werden mit Hilfe des 100-Hz-Schalters S und einer Gleich-

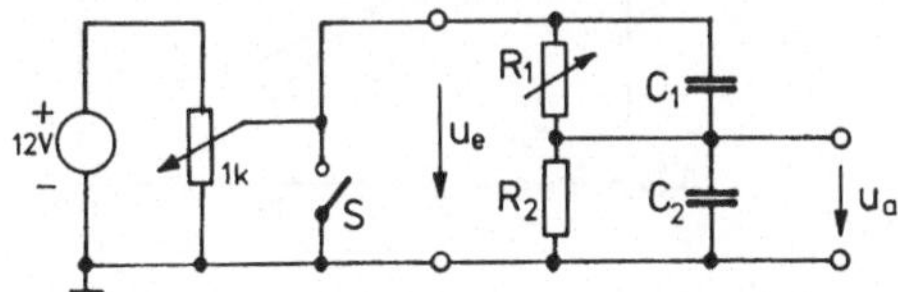

Bild 2.12.
Frequenzkompensierter Spannungsteiler mit Rechteckimpulsgenerator.
S = 100-Hz-Schalter.

spannung erzeugt. Beobachten Sie die negativen Impulsflanken beim Schließen des Schalters. Nur dann ist der Generatorinnenwiderstand null, was Signalverfälschungen schon am Eingang des Spannungsteilers ausschließt.

Wie groß ist die komplexe Eingangsimpedanz des Spannungsteilers?

2.E.6 Simulation der Frequenzgänge von Phasenschiebern

a) Bild 2.13 enthält eine Liste der Eingabedaten für PSPICE (siehe Anhang E) zur Berechnung der Frequenzgänge eines Phasenschiebers gemäß Bild 2.6 mit $R = 1$ kΩ, $C = 3.3$ nF und $u_e = 1$ V. Das Programm berechnet jeweils 10 Werte pro Dekade im Frequenzbereich zwischen 1 kHz und 10 MHz. Erzeugen Sie eine graphische Darstellung in Anlehnung an Bild 2.13b, der man eine Phasenverschiebung von $-\pi$ bei einer Frequenz von 19.7 kHz und einer Ausgangsspannung von 34.5 mV entnimmt. Diese Werte sind mit den Ergebnissen in Abschnitt 2.4 zu vergleichen.

b) Untersuchen Sie auf gleiche Weise die Frequenzgänge einer Kettenschaltung von drei Tiefpässen.

a)
```
3-RC-PHASENSCHIEBER
C1  1  2  3.3N
R1  2  0  1K
C2  2  3  3.3N
R2  3  0  1K
C3  3  4  3.3N
R3  4  0  1K
VE  1  0  AC 1
.AC DEC 10 1K 10MEG
.PROBE
.END
```

b)
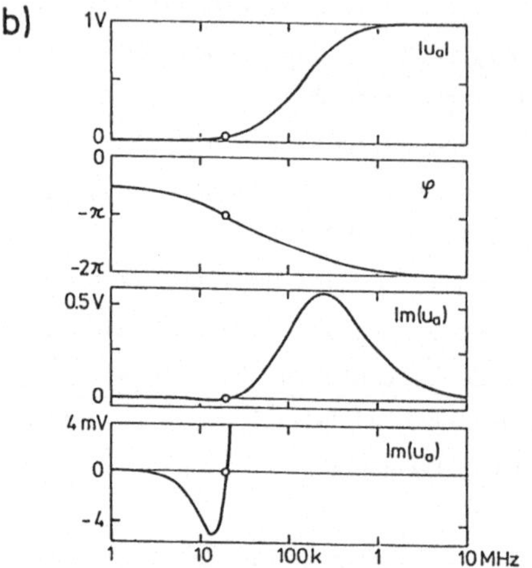

Bild 2.13

Eingabedaten für PSPICE zur Berechnung einer Kettenschaltung von drei Hochpässen (a) und Frequenzgänge für die Ausgangsspannung u_a und der Phasenverschiebung ϕ (b)

2.E.7 Simulation eines frequenzkompensierten Spannungsteilers

Bild 2.14a zeigt die Eingabeliste für PSPICE zur Simulation eines frequenzkompen-

a)
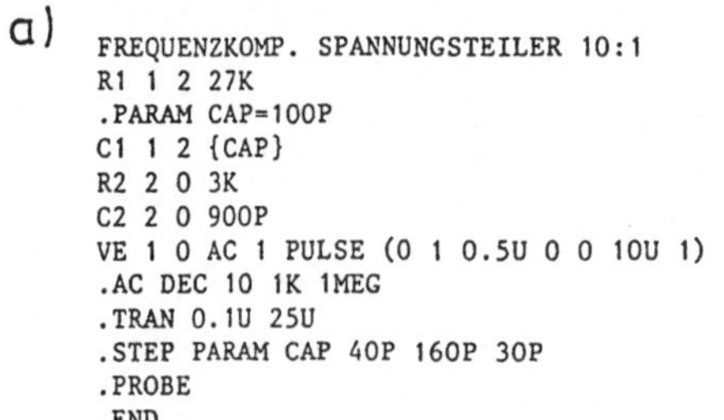

```
FREQUENZKOMP. SPANNUNGSTEILER 10:1
R1  1  2  27K
.PARAM CAP=100P
C1  1  2  {CAP}
R2  2  0  3K
C2  2  0  900P
VE  1  0  AC 1 PULSE (0 1 0.5U 0 0 10U 1)
.AC DEC 10 1K 1MEG
.TRAN 0.1U 25U
.STEP PARAM CAP 40P 160P 30P
.PROBE
.END
```

b)
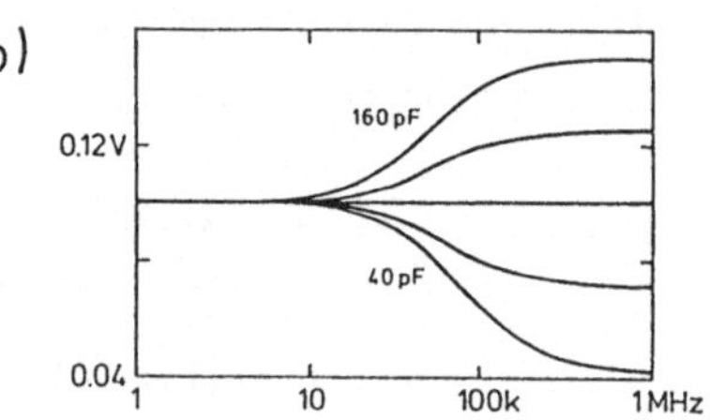

c)
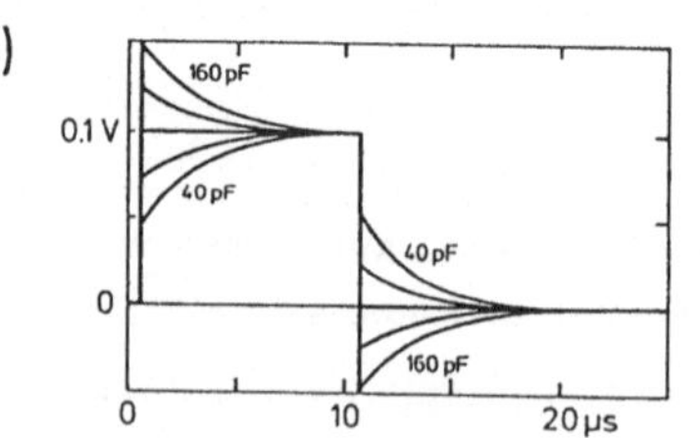

Bild 2.14. Eingabedaten für PSPICE (a) sowie Frequenzgang (b) und Rechteckimpulsübertragung (b) eines frequenzkompensierten 10:1-Spannungsteilers bei Variation der eingangsseitigen Kapazität in 30-pF-Schritten

sierten 10:1-Spannungsteilers gemäß Bild 2.7 ($R_1 = 27$ kΩ, $R_2 = 3$ kΩ, C_1 wird von 40 bis 160 pF in 30-pF-Schritten variiert, $C_2 = 900$ pF).Der Spitzenwert der Eingangsspannung beträgt 1 V, und zwar zur Darstellung des Frequenzgangs für Wechselspannungen von 1 kHz bis 1 MHz (Bild 2.14b) und zur Darstellung der Impulsübertragung für Rechteckimpulse von 10 μs Dauer (Bild 2.14c). Generieren Sie eine Graphik in Anlehnung an Bild 2.14, und überzeugen Sie sich, daß Frequenzkompensation nur bei einem C_1-Wert gemäß (2.44) vorliegt.

2.E.8 Simulation einer 24-gliedrigen Verzögerungskette

Bild 2.15a zeigt die Eingabeliste für PSPICE zur Simulation einer Filterkette oder 'lumped delay line' gemäß Bild 2.8a mit L = 1.5 mH und C = 240 pF. Die Kette besteht aus vier Blöcken zu je sechs Gliedern und ist am Ein- und Ausgang mit 2.5 kΩ abgeschlossen. Die Signalquelle liefert 2-V-Rechteckimpulse von 8 μs Dauer, und zwar mit scharfen Flanken und mit exponentiell abgerundeten Flanken (Bild 2.15b oben bzw. unten). Die Grenzfrequenz beträgt gemäß (2.48) 531 kHz.

Man sieht, daß aufgrund der Frequenzabhängigkeit der Leitungsimpedanz Z_0 bei höheren Frequenzen Reflexionen auftreten (siehe (2.52) oder Bild 2.9). Sie sind bei abgerundeten Flanken des Eingangssignals abgeschwächt, da hier der Anteil hoher Frequenzen reduziert ist.

Die Beziehungen (2.54) bis (2.56) sind anhand des Ausgangssignals für scharfe Rechtecksignale am Eingang zu überprüfen.

a)
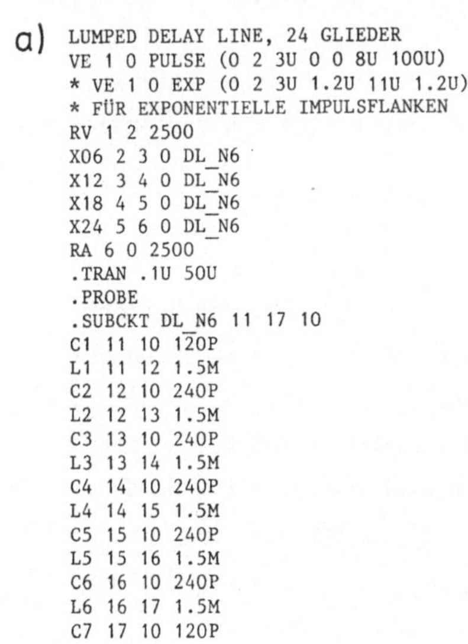

```
LUMPED DELAY LINE, 24 GLIEDER
VE 1 0 PULSE (0 2 3U 0 0 8U 100U)
* VE 1 0 EXP (0 2 3U 1.2U 11U 1.2U)
* FÜR EXPONENTIELLE IMPULSFLANKEN
RV 1 2 2500
X06 2 3 0 DL_N6
X12 3 4 0 DL_N6
X18 4 5 0 DL_N6
X24 5 6 0 DL_N6
RA 6 0 2500
.TRAN .1U 50U
.PROBE
.SUBCKT DL_N6 11 17 10
C1 11 10 120P
L1 11 12 1.5M
C2 12 10 240P
L2 12 13 1.5M
C3 13 10 240P
L3 13 14 1.5M
C4 14 10 240P
L4 14 15 1.5M
C5 15 10 240P
L5 15 16 1.5M
C6 16 10 240P
L6 16 17 1.5M
C7 17 10 120P
.ENDS
.END
```

b)
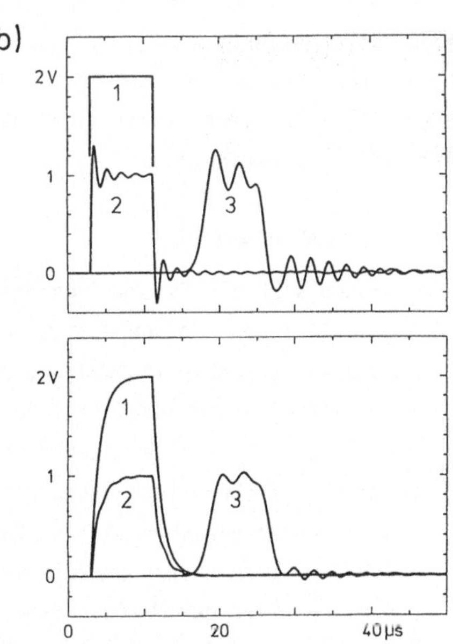

__Bild 2.15.__ 24-gliedrige Verzögerungskette: PSPICE-Eingabeliste (a) und Impulsformen (b) an der Signalquelle (1), am Eingang (2) und am Ausgang (3) der abgeschlossenen Kette, und zwar für scharfe (oben) und abgerundete Impulsflanken (unten).

3. Analyse linearer Netzwerke

Die vollständige Analyse eines Netzwerkes aus aktiven Elementen (Spannungsquellen, Stromquellen) und passiven Elementen (Widerständen, Kondensatoren,
Dioden usw.) ergibt die Spannungen zwischen beliebigen Punkten und die Ströme
in beliebigen Zweigen des Netzwerkes in Abhängigkeit von der Zeit. Die Analyse
ist mathematisch einfach für Netzwerke mit linearen Elementen, wie sie in
Kapitel 1 beschrieben wurden.

Nach dem Superpositionsprinzip (Überlagerungstheorem, Abschnitt 3.3) können
das Verhalten linearer Netzwerke gegenüber zeitabhängigen Signalen (Wechselstromverhalten) und dasjenige gegenüber zeitlich konstanten Größen (Gleichstromverhalten) getrennt berechnet und die Teilergebnisse addiert werden. Dem Gesichtspunkt
der gesonderten Berechnung von Wechselstrom- und Gleichstromverhalten wird in
diesem Buch dadurch Rechnung getragen, daß für Signale große und kleine Symbole
verwendet werden - je nachdem, ob das Wechselstrom- bzw. das Gleichstromverhalten
vorwiegend interessiert. Sind Gleichstrom- und Wechselstromverhalten gleichermaßen von Interesse, so werden große Symbole verwendet. Auf gleiche Weise wird
in Kapitel 6 bei Transistorschaltungen das Kleinsignalverhalten von der Arbeits-
punkteinstellung unterschieden.

3.1 Die Maschenanalyse

Netzwerke lassen sich als Systeme von Maschen darstellen. Eine Masche besteht
aus einem geschlossenen Zug von Netzwerkzweigen, die aus Netzwerkelementen bestehen und die Knoten- oder Verzweigungspunkte (z.B. 0 und U_1 bis U_3 in Bild 3.4)
des Netzwerkes miteinander verbinden. Bei ebenen Netzwerken - auf solche beschränken wir uns - können die Maschen ohne Zweigkreuzungen gestaltet werden.
Der zweite Kirchhoffsche Satz besagt, daß in einer Netzwerkmasche die Summe
aller Zweigspannungen gleich null ist. Daraus folgt das Verfahren der Maschenanalyse für Netzwerke mit Spannungsquellen:

In jeder Masche wird der Maschenstrom (z.B. i_1 und i_2 in Bild 3.1) bezeichnet
und ein Umlaufsinn definiert. Setzt man die Summe der Zweigspannungen gleich null,
so ergibt sich für jede Masche eine Maschengleichung. Dabei sind Quellenspannun-
gen positiv zu zählen, wenn der Pfeil einer Spannungsquelle (von + nach -) der

angenommenen Maschenstromrichtung gleichgerichtet ist. Stromquellen mit endlichem Innenwiderstand sind zuvor durch äquivalente Spannungsquellen zu ersetzen.

Das resultierende inhomogene lineare Gleichungssystem besteht aus so vielen Gleichungen, wie Maschenströme zu berechnen sind. Zur Lösung des Gleichungssystems kann man das Gaußsche Verfahren der schrittweisen Eliminierung von Unbekannten, die Cramersche Regel oder ein beliebiges anderes Verfahren benutzen. Mit Hilfe der Ströme können anschließend interessierende Spannungen berechnet werden.

Die Maschenanalyse wird anhand dreier Beispiele erläutert, von denen der symmetrische T-Abschwächer und die Kettenschaltung dreier RC-Glieder bereits in den Abschnitten 1.6.3 bzw. 2.4 beschrieben wurden. Das 3-Maschen-Netzwerk mit zwei Spannungsquellen (Bild 3.3) wird auch in den folgenden Abschnitten dieses Kapitels zur Erläuterung herangezogen.

Der symmetrische T-Abschwächer (Bild 1.12) ist in Bild 3.1 als 2-Maschen-Netzwerk dargestellt. Dabei ist am Ausgang das Impulskabel durch seinen charak-

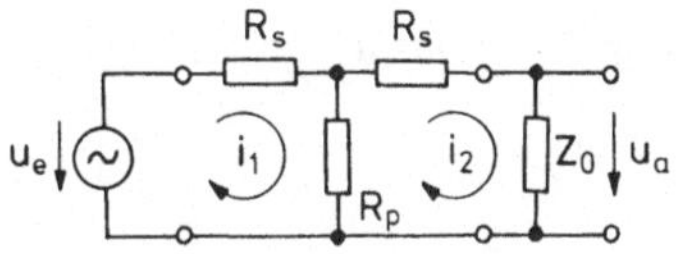

Bild 3.1.
Der symmetrische T-Abschwächer als 2-Maschen-Netzwerk

teristischen Widerstand Z_0 ersetzt. Die Maschengleichungen des Netzwerkes lauten in der Form, wie man sie dem Schaltbild abliest:

$$R_s\, i_1 + R_p\, (i_1 - i_2) - u_e = 0 \tag{3.1}$$

$$R_s\, i_2 + Z_0 i_2 + R_p\, (i_2 - i_1) = 0 \tag{3.2}$$

Dieses Gleichungssystem läßt sich nach den Maschenströmen ordnen:

$$(R_s + R_p)\, i_1 \qquad\qquad - R_p\, i_2 = u_e \tag{3.3}$$

$$- R_p\, i_1 + (R_s + R_p + Z_0)\, i_2 = 0 \tag{3.4}$$

Nach dem Gaußschen Verfahren erhält man beispielsweise i_2 durch Multiplizieren von (3.3) mit R_p und von (3.4) mit $(R_s + R_p)$ und Summieren. Das Ergebnis lautet

$$i_2 = u_e\, \frac{R_p}{(R_s + R_p)(R_s + Z_0) + R_s R_p} \cdot \tag{3.5}$$

Dies in (3.4) eingesetzt ergibt

$$i_1 = i_2\, \frac{R_s + R_p + Z_0}{R_p} \cdot \tag{3.6}$$

Damit ist das Netzwerk nach der Maschenanalyse vollständig bestimmt. Zur Berechnung der Widerstände R_s und R_p muß neben der Beziehung

$$u_a = i_2 Z_0 \tag{3.7}$$

das Spannungsverhältnis

$$a = u_e/u_a \tag{3.8}$$

berücksichtigt werden. Ferner soll der Abschwächer am Eingang abgeschlossen sein:

$$u_e = i_1 Z_0 \tag{3.9}$$

Aus (3.7) bis (3.9) erhält man $a=i_1/i_2$ und mit (3.6) das Zwischenergebnis

$$R_p = \frac{R_s + Z_0}{a-1} \quad . \tag{3.10}$$

Dies in (3.6) eingesetzt ergibt unter Verwendung von (3.7) und (3.9) den Widerstand R_s nach (1.47), dieser in (3.10) eingesetzt R_p nach (1.48).

Die <u>Kettenschaltung dreier RC-Glieder</u> (Bild 2.6) ist in Bild 3.2 als 3-Maschen-Netzwerk dargestellt. Gesucht ist die Ausgangsspannung u_a in Abhängig-

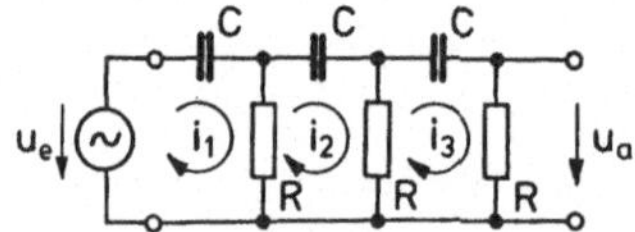

Bild 3.2.
Kettenschaltung dreier RC-Glieder als 3-Maschen-Netzwerk ($u_e \sim \cos\omega t$)

keit von u_e. Mit $Z = 1/j\omega C$ als Impedanz von C liest man aus dem Schaltschema die Maschengleichungen in der folgenden Form ab:

$$Z i_1 + R(i_1 - i_2) - u_e = 0 \tag{3.11}$$

$$Z i_2 + R(i_2 - i_3) + R(i_2 - i_1) = 0 \tag{3.12}$$

$$Z i_3 + R i_3 + R(i_3 - i_2) = 0 \tag{3.13}$$

Das geordnete Gleichungssystem lautet:

$$(Z + R)i_1 \quad - R i_2 \qquad\qquad = u_e \tag{3.14}$$

$$-R i_1 + (2R + Z)i_2 \quad - R i_3 = 0 \tag{3.15}$$

$$- R i_2 + (2R + Z)i_3 = 0 \tag{3.16}$$

Die Cramersche Regel ergibt

$$
i_3 = \frac{\begin{vmatrix} Z+R & -R & u_e \\ -R & 2R+Z & 0 \\ 0 & -R & 0 \end{vmatrix}}{\begin{vmatrix} Z+R & -R & 0 \\ -R & 2R+Z & -R \\ 0 & -R & 2R+Z \end{vmatrix}} = \frac{u_e R^2}{(Z+R)((2R+Z)^2-R^2)+R(-R(2R+Z))}
$$

$$
= \frac{u_e R^2}{Z^3+5Z^2R+6ZR^2+R^3} \quad . \tag{3.17}
$$

Unter Verwendung von $Z=(j\omega C)^{-1}$ und $u_a=i_3R$ erhält man die Gleichung (2.41).

Als drittes Beispiel diene ein <u>3-Maschen-Netzwerk mit zwei Spannungsquellen</u>

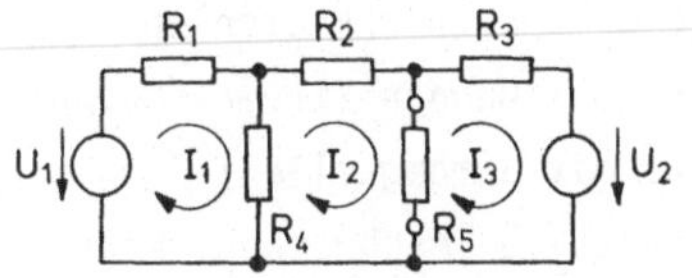

<u>Bild 3.3.</u>

3-Maschen-Netzwerk mit zwei Spannungsquellen

(Bild 3.3). Die Aufgabe sei die Berechnung des Stromes I_{R5} durch den Widerstand R_5. Die Maschengleichungen lauten:

$$
R_1 I_1 + R_4 (I_1 - I_2) - U_1 = 0 \tag{3.18}
$$

$$
R_2 I_2 + R_5 (I_2 - I_3) + R_4 (I_2 - I_1) = 0 \tag{3.19}
$$

$$
R_3 I_3 + R_5 (I_3 - I_2) + U_2 = 0 \tag{3.20}
$$

Das geordnete Gleichungssystem geben wir dieses Mal in Matrixschreibweise an:

$$
\begin{bmatrix} R_1 + R_4 & -R_4 & 0 \\ -R_4 & R_2 + R_4 + R_5 & -R_5 \\ 0 & -R_5 & R_3 + R_5 \end{bmatrix} \begin{bmatrix} I_1 \\ I_2 \\ I_3 \end{bmatrix} = \begin{bmatrix} U_1 \\ 0 \\ -U_2 \end{bmatrix} \tag{3.21}
$$

Mit Hilfe der Cramerschen Regel werden I_2 und I_3 berechnet und damit $I_{R5} = I_2 - I_3$:

$$I_{R5} = \frac{\begin{vmatrix} R_1+R_4 & U_1 & 0 \\ -R_4 & 0 & -R_5 \\ 0 & -U_2 & R_3+R_5 \end{vmatrix} - \begin{vmatrix} R_1+R_4 & -R_4 & U_1 \\ -R_4 & R_2+R_4+R_5 & 0 \\ 0 & -R_5 & -U_2 \end{vmatrix}}{\begin{vmatrix} R_1+R_4 & -R_4 & 0 \\ -R_4 & R_2+R_4+R_5 & -R_5 \\ 0 & -R_5 & R_3+R_5 \end{vmatrix}}$$

$$= \frac{U_1 R_3 R_4 + U_2 \left(R_2(R_1 + R_4) + R_1 R_4\right)}{(R_1 + R_4)(R_2(R_3 + R_5) + R_3 R_5) + R_1 R_4(R_3 + R_5)} \qquad (3.22)$$

3.2 Die Knotenanalyse

Der erste Kirchhoffsche Satz lautet: Die Summe der einem Netzwerkknoten zufließenden Ströme ist gleich der Summe der von ihm wegfließenden Ströme. Darauf
basiert das Verfahren der Knotenanalyse für Netzwerke mit Stromquellen:

Der Zustand des Netzes wird durch (n-1) Knotenpotentiale beschrieben, wenn
das Netz n Knoten enthält. Dem n-ten, beliebig wählbaren Knoten wird das Bezugs-
potential Null zugeordnet. Die Knotenpotentiale U_i werden bezeichnet, ebenso
die durch Stromquellen j eingeprägten Ströme I_{ij}. Für jeden Knoten i erhält man
eine Knotengleichung: Die Summe der durch die Zweige zufließenden Ströme ist
gleich der Summe der von den Knoten abfließenden Ströme.

Eine der Gleichungen kann als linear abhängig von den übrigen weggelassen
werden. Die restlichen Gleichungen bilden ein inhomogenes lineares Gleichungssystem, dessen Lösungen die Knotenpotentiale sind. Aus ihnen lassen sich die
gesuchten Zweigströme berechnen.

Als Beispiel diene das 4-Knoten-Netzwerk mit Stromquelle in Bild 3.4. Der

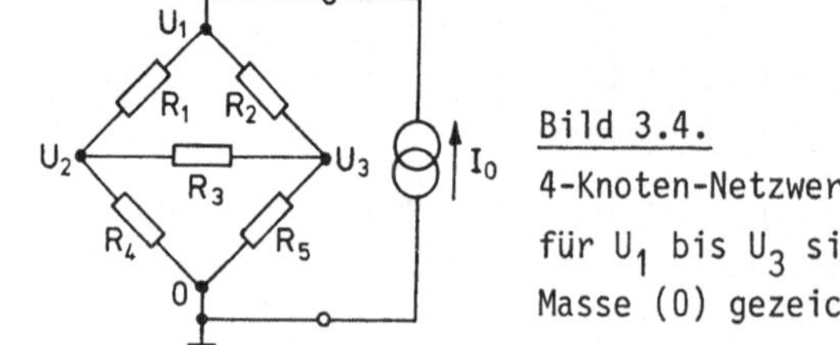

Bild 3.4.
4-Knoten-Netzwerk mit Stromquelle. Die Spannungspfeile
für U_1 bis U_3 sind von den betreffenden Knoten nach
Masse (0) gezeichnet zu denken.

untere Knoten ist als Bezugsknoten gewählt. Für die restlichen Knoten lauten
die Knotengleichungen:

$$\frac{1}{R_1} (U_1 - U_2) + \frac{1}{R_2} (U_1 - U_3) = I_0 \tag{3.23}$$

$$\frac{1}{R_1} (U_2 - U_1) + \frac{1}{R_3} (U_2 - U_3) + \frac{1}{R_4} U_2 = 0 \tag{3.24}$$

$$\frac{1}{R_2} (U_3 - U_1) + \frac{1}{R_3} (U_3 - U_2) + \frac{1}{R_5} U_3 = 0 \tag{3.25}$$

Die Gleichung für den unteren Knoten

$$\frac{1}{R_4} (0 - U_2) + \frac{1}{R_5} (0 - U_3) = - I_0 \tag{3.26}$$

ist linear abhängig von (3.23) bis (3.25). Diese Gleichungen können nun wie bei der Maschenanalyse mit Hilfe eines der bekannten Verfahren nach den gesuchten Spannungen aufgelöst und daraus beispielsweise der Lastwiderstand $R_L = U_1/I_0$ der Stromquelle berechnet werden ($G_i = 1/R_i$):

$$R_L = \frac{1}{I_0} \frac{\begin{vmatrix} I_0 & -G_1 & -G_2 \\ 0 & G_1+G_3+G_4 & -G_3 \\ 0 & -G_3 & G_2+G_3+G_5 \end{vmatrix}}{\begin{vmatrix} G_1+G_2 & -G_1 & -G_2 \\ -G_1 & G_1+G_3+G_4 & -G_3 \\ -G_2 & -G_3 & G_2+G_3+G_5 \end{vmatrix}}$$

$$= \frac{R_3 + (R_1 \| R_4 + R_2 \| R_5)}{\dfrac{R_3}{(R_1 + R_4) \| (R_2 + R_5)} + \dfrac{R_1 \| R_4 + R_2 \| R_5}{R_1 \| R_2 + R_4 \| R_5}} \tag{3.27}$$

Für $R_3 = 0$ oder ∞ wird erwartungsgemäß $R_L = R_1 \| R_2 + R_4 \| R_5$ bzw.
$(R_1 + R_4) \| (R_2 + R_5)$.

Würde man in das Netzwerk in Bild 3.4 zwischen den Bezugsknotenpunkt und R_5 eine Spannungsquelle der Generatorspannung U_g einfügen, so wäre sie durch eine Stromquelle parallel zu R_5 zu beschreiben, die den Strom U_g/R_5 liefert. Gleichung (3.25) wäre dann zu ersetzen durch

$$\frac{1}{R_2} (U_3 - U_1) + \frac{1}{R_3} (U_3 - U_2) + \frac{1}{R_5} U_3 = \frac{1}{R_5} U_g \quad . \tag{3.28}$$

Dies besagt nichts anderes, als daß der Spannungsabfall an R_5 von U_3 auf $U_3 - U_g$ verringert werden würde.

3.3 Das Überlagerungstheorem

Nach dem Überlagerungstheorem ist in einem linearen Netzwerk mit mehreren Spannungs- oder Stromquellen der Strom durch einen Zweig gleich der Summe der Teilströme, die die Quellen jede für sich erzeugen. Bei der Berechnung der Teilströme oder -spannungen einer Quelle sind die restlichen Quellen durch ihre Innenwiderstände zu ersetzen.

Zur Erläuterung des Überlagerungstheorems wird auf das 3-Maschen-Netzwerk in Bild 3.3 zurückgegriffen. Der Strom I_{R5} ist gleich der Summe der Teilströme

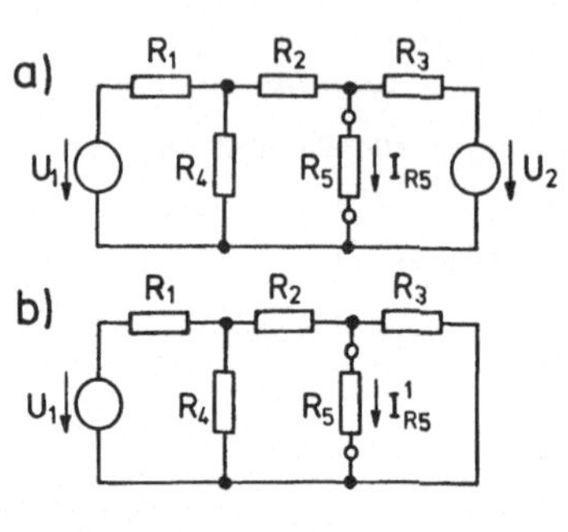

Bild 3.5.

3-Maschen-Netzwerk (a) und Teilersatzschaltungen (b,c) zur Ermittlung von $I_{R5}=I_{R5}^{1}+I_{R5}^{2}$

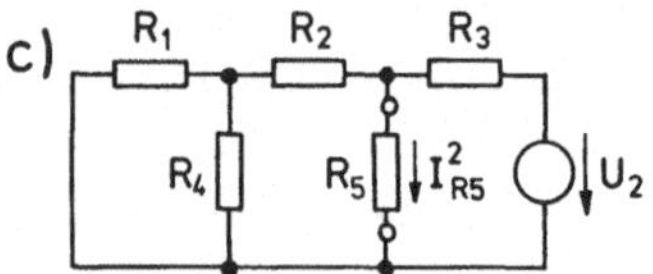

I_{R5}^{1} und I_{R5}^{2} (Bild 3.5). Diese lassen sich aus den Ersatznetzwerken direkt ablesen:

$$I_{R5} = U_1 \frac{R_4 \parallel (R_2 + R_5 \parallel R_3)}{R_1 + R_4 \parallel (R_2 + R_5 \parallel R_3)} \frac{R_3 \parallel R_5}{R_2 + R_3 \parallel R_5} \frac{1}{R_5}$$

$$+ U_2 \frac{R_5 \parallel (R_2 + R_1 \parallel R_4)}{R_3 + R_5 \parallel (R_2 + R_1 \parallel R_4)} \frac{1}{R_5} \tag{3.29}$$

Das Überlagerungstheorem folgt aus der geforderten Linearität der hier betrachteten Netzwerke.

3.4 Der Satz von der Zweipolquelle
(Das Theorem von Thévenin)

Nach diesem 1853 von Helmholtz aufgestellten Satz kann jedes lineare Netzwerk bezüglich zweier beliebiger Knotenpunkte durch eine Spannungsquelle mit der Generatorspannung U_g und einem in Reihe geschalteten Innenwiderstand R_i ersetzt werden. U_g ist die Leerlaufspannung zwischen den beiden Knotenpunkten, R_i der Widerstand, den man zwischen den Knotenpunkten messen würde, wenn man die Quellen des Netzwerkes durch ihre inneren Widerstände ersetzt.

Mit Hilfe dieses Satzes können komplizierte Netzwerke schrittweise vereinfacht werden. Wir wenden es auf das 3-Maschen-Netzwerk in Bild 3.5a an. Die

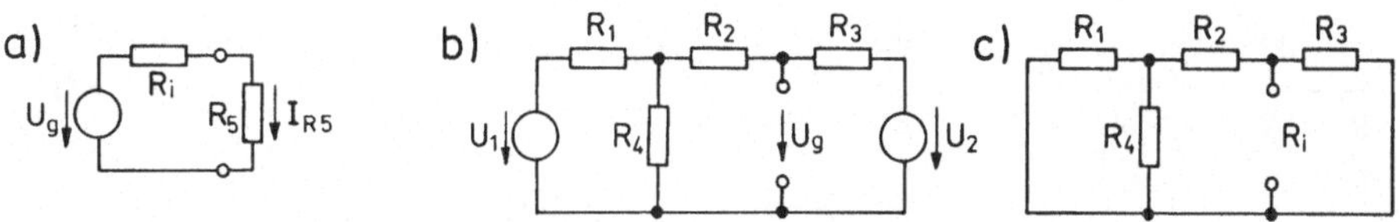

Bild 3.6. Spannungsquellenäquivalent (a) zu dem 3-Maschen-Netzwerk in Bild 3.5a. U_g und R_i erhält man aus den Teilbildern b bzw. c.

Ersatzspannungsquelle in Bild 3.6a ist mit R_5 belastet. Unter Anwendung des Überlagerungstheorems liest man von Bild 3.6b die Generatorspannung ab:

$$U_g = U_1 \frac{R_4 \| (R_2 + R_3)}{R_1 + R_4 \| (R_2 + R_3)} \frac{R_3}{R_2 + R_3} + U_2 \frac{R_2 + R_1 \| R_4}{R_3 + R_2 + R_1 \| R_4} \tag{3.30}$$

Der Innenwiderstand wird nach Bild 3.6c

$$R_i = R_3 \| (R_2 + R_1 \| R_4) \tag{3.31}$$

und der gesuchte Strom durch R_5

$$I_{R5} = \frac{U_g}{R_i + R_5} \quad . \tag{3.32}$$

An anderer Stelle wird der Satz von der Zweipolquelle auch als Gaußscher Satz von der Ersatzquelle bezeichnet, in der angloamerikanischen Literatur dagegen fast ausschließlich als Theorem von Thévenin.

3.5 Der Satz von der Ersatzstromquelle (Das Theorem von Norton)

Jedes lineare Netzwerk kann bezüglich zweier beliebiger Knotenpunkte durch eine Stromquelle mit einem Generatorstrom I_g und einem dazu parallel geschalteten Innenwiderstand R_i ersetzt werden. I_g ist der Strom durch einen Kurzschluß zwischen den beiden Knotenpunkten, und R_i ist der Widerstand zwischen ihnen.

Aufgrund der Äquivalenz von widerstandsbehafteter Spannungsquelle und Stromquelle (Abschnitt 1.3) besagt der Satz von der Ersatzstromquelle das gleiche wie der Satz von der Zweipolquelle. Dennoch wollen wir ihn anhand des bereits behandelten 3-Maschen-Netzwerkes in Bild 3.5a erläutern.

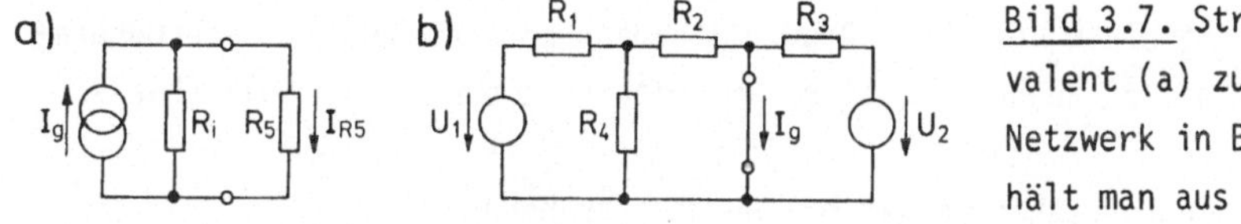

Bild 3.7. Stromquellenäquivalent (a) zu dem 3-Maschen-Netzwerk in Bild 3.5a. I_g erhält man aus Teilbild b.

Die Ersatzstromquelle in Bild 3.7a ist mit R_5 belastet. Den Generatorstrom liest man aus Bild 3.7b ab:

$$I_g = \cfrac{U_1}{R_1 + R_2 \| R_4} \; \cfrac{R_4}{R_2 + R_4} + \cfrac{U_2}{R_3} \tag{3.33}$$

Der Innenwiderstand R_i ist wie im vorhergehenden Abschnitt definiert (Bild 3.6c). Nach (1.20) ist der gesuchte Strom durch R_5

$$I_{R5} = I_g \, \cfrac{R_i}{R_i + R_5} \quad . \tag{3.34}$$

Dabei sind als I_g und R_i die Ausdrücke (3.33) bzw. (3.31) einzusetzen.

3.6 Analyse eines DAC-Leiternetzwerkes

Ein Schulbeispiel zur Anwendung des Überlagerungstheorems und des Satzes von der Zweipolquelle ist das Leiternetzwerk in Bild 3.8. Es stellt einen DAC ('digital-

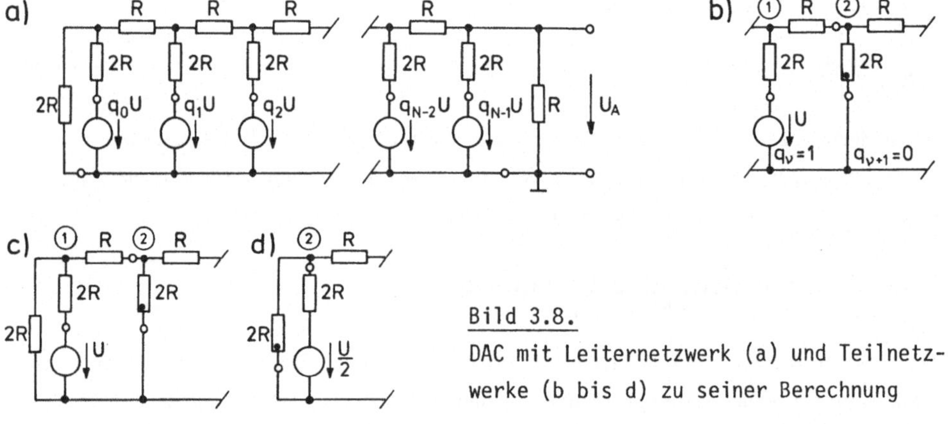

Bild 3.8.
DAC mit Leiternetzwerk (a) und Teilnetzwerke (b bis d) zu seiner Berechnung

to-analog converter') dar und hat die Aufgabe, eine als Dualzahl binär codierte Zahl

$$Q = \sum_{\nu=0}^{N-1} 2^\nu q_\nu \tag{3.35}$$

in eine zu ihr proportionale (analoge) Spannung U_A zu konvertieren. Dabei können die sogenannten 'bits' q_ν den Wert 0 oder 1 haben. Entsprechend ist die Generatorspannung der idealen Spannungsquellen am Leiternetzwerk gleich Null (Kurzschluß) oder U.

Nach dem Überlagerungstheorem ist die Ausgangsspannung

$$U_A = \Sigma \, U_\nu \, q_\nu \quad , \tag{3.36}$$

wobei U_ν die Ausgangsspannung ist, wenn allein q_ν den Wert 1 hat.

Das quellenfreie Teilnetzwerk links von Punkt 1 in Bild 3.8b kann durch einen Widerstand 2R ersetzt werden (Bild 3.8c). Da dies auch für $\nu=N-1$ zutrifft, erhält man als erstes Zwischenergebnis

$$U_{N-1} = U \; \frac{R\|2R}{2R + (R\|2R)} = \frac{U}{4} \quad . \tag{3.37}$$

Nach dem Satz von der Zweipolquelle kann nun das Teilnetzwerk links von Punkt 2 in Bild 3.8c durch eine Spannungsquelle ersetzt werden. Generatorspannung und Innenwiderstand ergeben sich zu U/2 und 2R. Dieses Ergebnis erlaubt den Übergang zu Bild 3.8d, in welchem die Quelle $\nu+1$ durch eine Spannungsquelle der Spannung U/2 ersetzt erscheint und der - mit einem Punkt versehen - Serienwiderstand der Quelle $\nu+1$ die Rolle des linken Abschlußwiderstandes übernimmt. Aus dem Vergleich der Teilbilder 3.8c und d folgt $U_\nu = U_{\nu+1}/2$. Durch vollständige Induktion erhält man mit (3.37)

$$U_\nu = \left(\frac{1}{2}\right)^{N-1-\nu} U_{N-1} = \left(\frac{1}{2}\right)^{N+1-\nu} U \quad , \tag{3.38}$$

und mit (3.35) und (3.36)

$$U_A = \frac{U}{2^{N+1}} \sum_{\nu=0}^{N-1} 2^\nu q_\nu = \frac{U}{2^{N+1}} Q \quad . \tag{3.39}$$

Der DAC setzt digital codierte in analog codierte Signale um. Eine andere DAC-Schaltung und weitere Signalumsetzer werden in Kapitel 15 behandelt.

3.E DO IT YOURSELF

3.E.1 Äquivalenz der Methoden der Netzwerkanalyse

Der Strom I_{R5} durch den Widerstand R_5 des 3-Maschen-Netzwerks nach Bild 3.3 wurde nach vier verschiedenen Methoden berechnet: Maschenanalyse (3.22), Überlagerungstheorem (3.29), Theorem von Thévenin (3.32) und Theorem von Norton (3.34). Sind die Ergebnisausdrücke tatsächlich äquivalent?

3.E.2 Untersuchung linearer Netzwerke

Beim 3-Maschen-Netzwerk nach Bild 3.3 bieten sich für den Vergleich berechneter und gemessener Ergebnisse beispielsweise an

- die Spannung U_5 an R_5,
- die Teilspannungen an R_5, die nach dem Überlagerungstheorem zusammen U_5 ergeben sollten (jeweils eine der Quellen U_1,U_2 durch einen Kurzschluß ersetzt),
- die Generatorspannung U_g der nach Thévenin äquivalenten Quelle, die R_5 speist, (Meßwert = Leerlaufspannung)

- und ihr Innenwiderstand (Meßwert = $(U_g-U_5)R_5/U_5$).

Bei der Realisierung des Netzwerks sollten alle Widerstandswerte von gleicher Größenordnung sein, ebenso die beiden Generatorspannungen. Anderenfalls würde der Einfluß einiger Netzwerkelemente auf die Ergebnisse zu schwach werden.

Entsprechendes gilt auch für das 4-Knoten-Netzwerk nach Bild 3.4. Bei diesem Netzwerk könnte man z.B. Meß- und Rechenwerte vergleichen für

- die Spannung U_3, die an R_5 abfällt ((3.23) bis (3.25)),
- die Spannung U_3, die an R_5 und einer zusätzlichen, mit R_5 in Reihe geschalteten Spannungsquelle U_g abfällt ((3.23) bis (3.28)). Steht keine Stromquelle I_0 zur Verfügung, wird diese durch eine Spannungsquelle mit einem Serienwiderstand R_s ersetzt. Der resultierende Strom I_0 wird gemessen, z.B. durch Bestimmen des Spannungsabfalls an R_s.

3.E.3 Messungen an einem DAC-Leiternetzwerk

Finden Sie bei einem 3-Bit-DAC mit Leiternetzwerk (Bild 3.8a mit N=3) die Formeln (3.38) und (3.39) bestätigt?

Zur Überprüfung von (3.38) wird jeweils einer der Eingänge (ν=0 oder 1 oder 2) mit einer Spannung U belegt und die übrigen kurzgeschlossen. Am Ausgang sollte sich gemäß (3.38) $U_\nu=2^{\nu-4}U$ einstellen.

Zur Überprüfung von (3.39) werden die Eingänge beliebig mit U belegt oder kurzgeschlossen. Am Ausgang sollte sich die Summenspannung jener U_ν einstellen, die zu U-belegten Eingängen gehören.

3.E.4 Simulation eines 3-Maschen-Netzwerks

Tabelle 3.1 beschreibt fünf Eingabelisten (a bis e) zur Untersuchung des 3-Maschen-Netzwerks nach Bild 3.3 mit PSPICE (siehe Anhang E). Aus den berechneten Spannungen U_3 (Tabelle 3.2) an R_5 lassen sich das Theorem von Thévenin und das Überlagerungstheorem verifizieren.

Tabelle 3.1. PSPICE-Eingabedaten zum 3-Maschen-Netzwerk

```
a) V1 EIN, V2 EIN, R5 VORHANDEN    b) V1 EIN, V2 EIN, R5 ENTFERNT    d) V1 EIN, V2 AUS, R5 VORHANDEN
   R1 1 2 100
   R2 2 3 150                         wie a), jedoch ohne R5           wie a), jedoch mit
   R3 3 4 200                                                          V2 4 0 DC 0
   R4 2 0 200
   R5 3 0 300                      c) V1 EIN, V2 EIN, R5 FAST 0     e) V1 AUS, V2 EIN, R5 VORHANDEN
   V1 1 0 DC 10
   V2 4 0 DC 20                       wie a), jedoch mit              wie a), jedoch mit
   .END                              R5 3 0 0.0001                   V1 1 0 DC 0
```

Für den Fall a läßt sich der des Strom I_5 durch R_5 direkt berechnen. Aus den Fällen b und c erhält man die Kenngrößen (Generatorspannung und Innenwiderstand) der äqivalenten Spannungsquelle, die R_5 speist, und daraus indirekt I_5. Nach dem Überlagerungstheorem ist die Summe der Spannungen U_3 in den Fällen d und e gleich

U_3 im Fall a.

Fall	U_1=V1	U_2	U_3	U_4=V2
a	10.0000	7.7228	10.0990	20.0000
b	10.0000	8.8000	13.6000	20.0000
c	10.0000	4.6154	13.08E-6	20.0000
d	10.0000	5.3465	2.3762	0.0000
e	0.0000	2.3762	7.7228	20.0000

Tabelle 3.2.

PSPICE-Ausgabedaten zum 3-Maschen-Netzwerk. U_3 ist die Spannung in Volt an R_5.

Die Rechnungen sollten nachvollzogen und mit veränderten Eingabedaten wiederholt werden.

3.E.5 Simulation eines DAC mit Leiternetzwerk

Bild 3.9a zeigt die Eingabeliste für PSPICE zur Simulation eines 3-Bit-DAC mit Leiternetzwerk nach Bild 3.8. Die drei Spannungsquellen V1 bis V3 werden so getaktet, daß die 3-Bit-Zahlen von 0 bis 7 aufeinanderfolgend durchlaufen werden. Erzeugen Sie eine Graphik für die Ausgangsspannung U_A in Anlehnung an Bild 3.9b, und vergleichen Sie das Ergebnis mit (3.39).

a)
```
3-BIT-DAC MIT LEITERNETZWERK
R1 2 0 200
R2 2 1 200
R3 2 4 100
R4 4 3 200
R5 4 6 100
R6 6 5 200
R7 6 0 100
V1 1 0 PULSE (0 1 1 0 0 1 2)
V2 3 0 PULSE (0 1 2 10M 10M 2 4)
V3 5 0 PULSE (0 1 4 20M 20M 4 8)
.TRAN 5M 8
.PROBE
.END
```

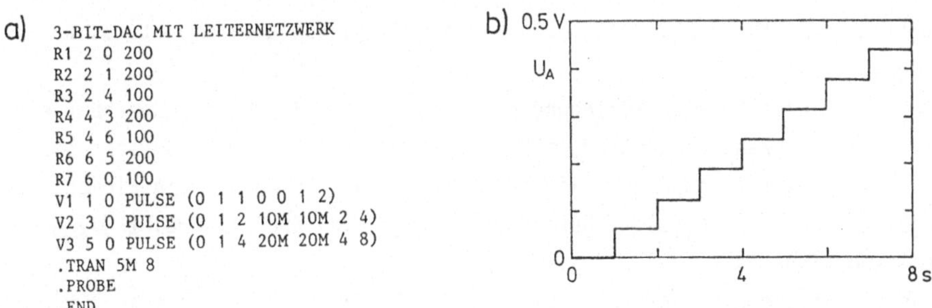

Bild 3.9. Eingabedaten für PSPICE (a) und Verlauf der Ausgangsspannung (b) eines 3-Bit-DAC bei schrittweiser Erhöhung des Eingangswertes

4. Das Impulsverhalten von RCL-Schaltungen

Das Impulsverhalten passiver linearer Netzwerke wird durch sogenannte Antwortfunktionen ('response functions') beschrieben: Zu jedem Eingangssignal (Strom- oder Spannungsimpuls) stellt die Antwortfunktion die zeitliche Abhängigkeit des Ausgangssignals (Strom- oder Spannungsimpuls) dar. Drei Verfahren können zur Gewinnung von Antwortfunktionen herangezogen werden:

- Berechnung der Antwortfunktionen eines Netzwerks für Stufenimpulse (auch Sprungfunktion genannt). Falten der hiervon ableitbaren charakteristischen Antwortfunktionen (g(t) in Abschnitt 4.5) mit dem Eingangssignal ergibt das Ausgangssignal.

- Man führt eine Fourier-Zerlegung des Eingangssignals durch und erhält ein kontinuierliches Frequenzspektrum, z.B. $u_e(\omega)$. Für jedes Element $d\omega$ läßt sich mit Hilfe komplexer Impedanzen - wie in Kapitel 3 beschrieben - ein Element der Ausgangsfunktion, z.B. $u_a(\omega)d\omega$, berechnen. Integration über $d\omega$ ergibt die gesuchte Antwortfunktion.

- Man bildet die Laplace-Transformierte des Eingangssignals, die sich mit Hilfe von netzwerkspezifischen Funktionen auf einfache Weise in die Transformierte des Ausgangssignals umformen lassen. Die Rücktransformation ergibt die gesuchte Antwortfunktion.

Wir beschränken uns in diesem Abschnitt auf die erste Methode. Sie kommt ohne formale Transformationen aus und ist für nicht zu komplizierte Netzwerke besonders transparent.

Es werden zunächst die Antwortfunktionen für eingangsseitige Stufenimpulse,

$$u_e(t) = U_0 \text{ für } t \geq 0 \quad ,$$
$$= 0 \text{ sonst} \quad ,$$

$$(4.1)$$

für einige praktisch wichtige Netzwerke berechnet. Zur Diskussion des Impulsverhaltens der Netzwerke wird der Rechteckimpuls verwendet als erste Näherung für unipolare Impulse endlicher Länge und beliebiger Form. Einen Rechteckimpuls erhält man aus der Überlagerung zweier zeitlich verschobener Stufenimpulse entgegengesetzter Polarität und gleicher Amplitude (Bild 4.1). Nach dem Superposi-

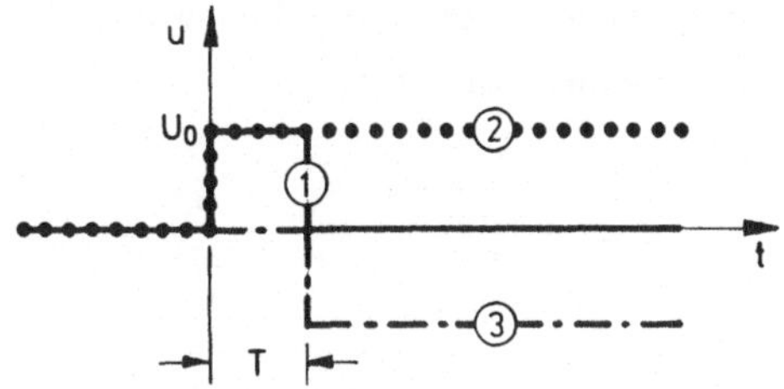

Bild 4.1.
Der Rechteckimpuls (1) als Überlagerung
zweier Stufenimpulse (2,3)

tionsprinzip ergeben sich dann die Antwortfunktionen für Rechteckimpulse als
Summe derjenigen zweier zeitlich verschobener Stufenimpulse.

Auf die Gewinnung von Antwortfunktionen für beliebige Eingangsimpulse wird
in Abschnitt 4.5 eingegangen.

4.1 Die RL-Serienschaltung

Zur Erläuterung der Methode wird zunächst eine Schaltung berechnet, deren
Wechselstromverhalten bereits in Abschnitt 2.1 behandelt wurde.

a)

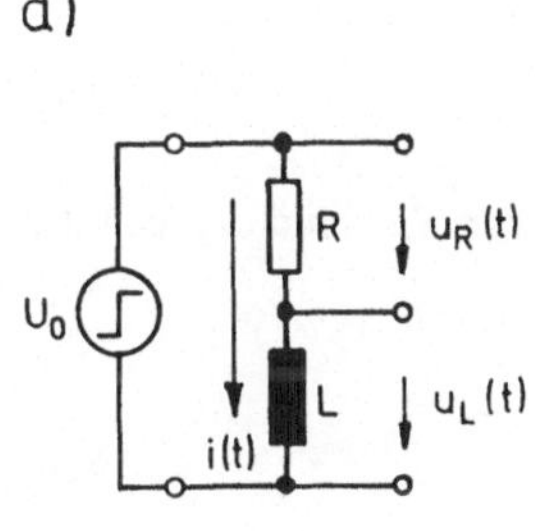

b)

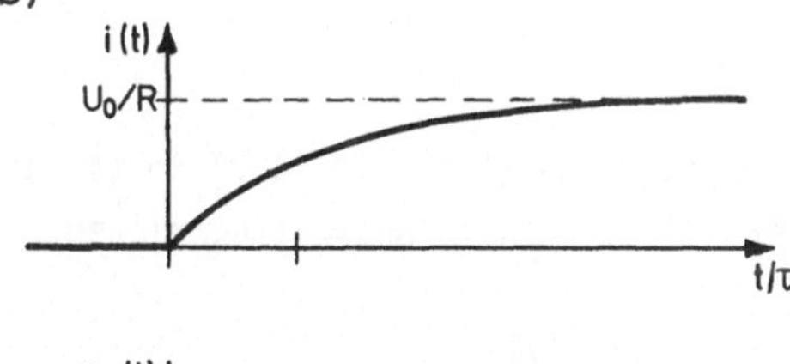

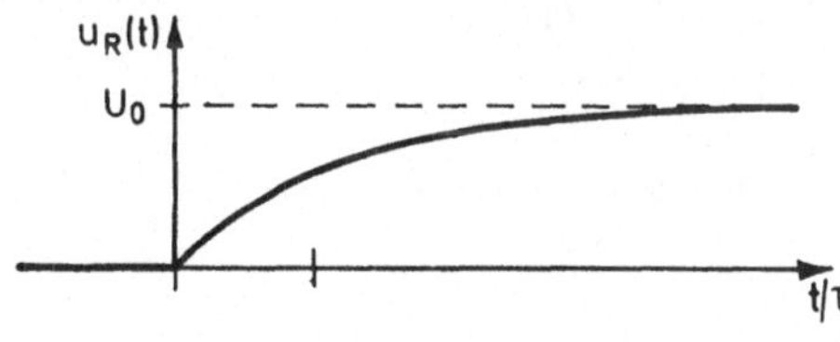

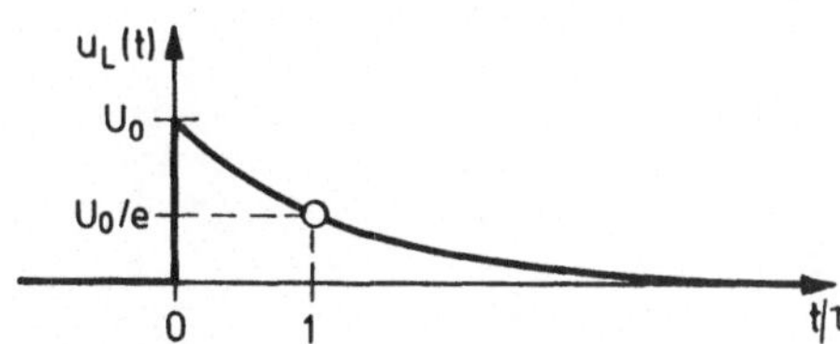

Bild 4.2.
RL-Netzwerk (a) und Antwortfunktionen (b) für einen Stufenimpuls der Höhe U_0 ($\tau = L/R$)

Die Maschengleichung der in Bild 4.2a dargestellten RL-Schaltung lautet
unter Verwendung von (4.1) und (1.32) für $t \geq 0$:

$$U_0 - u_R(t) + u_L(t) = R\,i(t) + L\,\frac{di(t)}{dt} \tag{4.2}$$

(Für $t < 0$ sind alle Größen nach Voraussetzung Null.) Diese inhomogene lineare

Differentialgleichung für i(t) ist zu lösen unter Berücksichtigung der Anfangsbedingung zur Zeit $t = 0$. Hierzu kann man folgendermaßen vorgehen:

Den formalen Lösungsansatz

$$i(t) = A\, e^{j\omega t} + B \tag{4.3}$$

($j^2 = -1$) setzt man in (4.2) ein und erhält für $t > 0$

$$U_o = (R + j\omega L)\, A\, e^{j\omega t} + BR \quad . \tag{4.4}$$

Da die linke Seite dieser Gleichung zeitunabhängig ist, muß der Koeffizient von
$e^{j\omega t}$ verschwinden. Es wird also für $t > 0$

$$\omega = -\frac{R}{jL} \quad , \tag{4.5}$$

$$B = \frac{U_o}{R} \quad . \tag{4.6}$$

Bei $t = 0$ lautet die Anfangsbedingung $i(0) = 0$. (Die Induktivität verhindert sprung-
hafte Stromänderungen). Unter Verwendung von (4.3) und (4.6) folgt hieraus:

$$A = -\frac{U_o}{R} \quad . \tag{4.7}$$

Durch Einsetzen von (4.5) bis (4.7) in (4.3) und dann unter Verwendung von (4.2)
erhält man die gesuchten Antwortfunktionen:

$$i(t) = \frac{U_o}{R}\,(1-e^{-t/\tau}) \tag{4.8}$$

$$u_R(t) = U_o\,(1-e^{-t/\tau}) \tag{4.9}$$

$$u_L(t) = U_o\, e^{-t/\tau} \tag{4.10}$$

Hierbei ist

$$\tau = \frac{L}{R} \tag{4.11}$$

die Zeitkonstante der RL-Kombination. Zur Zeit $t = \tau$ ist $u_L(t)$ auf U_o/e abgeklungen.

Bild 4.2b zeigt die Zeitabhängigkeit der Antwortfunktionen. Man erkennt, daß
die Induktivität für schnelle Spannungsänderungen einen unendlichen Widerstand
darstellt: Zur Zeit $t = 0$ fällt die gesamte Spannung U_o an L ab. Mit der Zeitkonstanten τ nimmt die Induktivität Strom auf, um bei $t \to \infty$ wie ein gleichstrom-
mäßiger Kurzschluß zu wirken (Gleichstromverhalten).

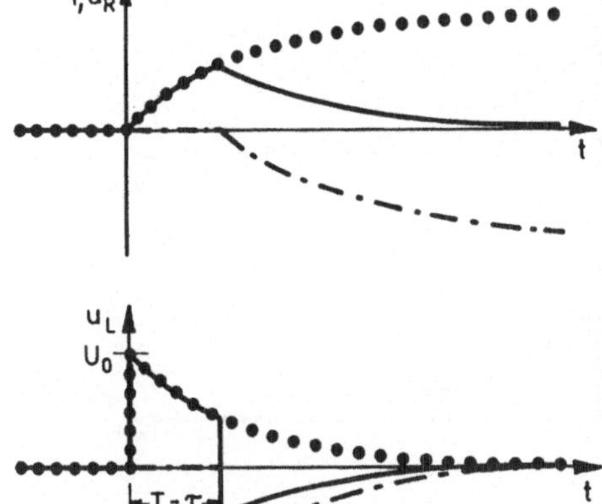

<u>Bild 4.3.</u>

Antwortfunktionen (durchgezogen) der RL-
Schaltung in Bild 4.2a für Rechteckimpulse
als Summe der Antwortfunktionen (punktiert
und strichpunktiert) eines positiven bzw.
negativen Stufenimpulses

Das Verhalten der RL-Schaltung gegenüber einem Rechteckimpuls ist in Bild
4.3 dargestellt, und zwar für die spezielle Impulslänge $T = \tau$. Es wird deutlich,
daß nach dem Rechteckimpuls die in der Induktivität gespeicherte Energie eine
negative Spannung u_L induziert, während der Strom sein Vorzeichen beibehält und
mit der Zeitkonstanten τ abklingt.

4.2 Die RC-Serienschaltung

Die Maschengleichung für die RC-Schaltung in Bild 4.4a lautet für $t \geq 0$:

$$U_0 = u_R(t) + u_C(t) = R\, i(t) + \frac{1}{C} \int_0^t i(t')dt' \quad . \tag{4.12}$$

Sie stellt eine Integralgleichung für den Strom $i(t)$ dar, die unter Berücksichtigung der Anfangsbedingung $u_C = 0$ zur Zeit $t = 0$ ebenfalls mit Hilfe des Ansatzes
(4.3) gelöst werden kann. Die Ergebnisse lauten:

$$i(t) = \frac{U_0}{R}\, e^{-t/\tau} \tag{4.13}$$

$$u_R(t) = U_0\, e^{-t/\tau} \tag{4.14}$$

$$u_C(t) = U_0(1 - e^{-t/\tau}) \quad . \tag{4.15}$$

Aus Bild 4.4b geht hervor, daß der Kondensator sich zunächst wie ein Kurzschluß
verhält: Bei $t = 0$ fällt die gesamte Spannung an R ab. Die Spannung u_C baut sich
mit der Zeitkonstanten

$$\tau = RC \tag{4.16}$$

auf. Für $t \to \infty$ wirkt der Kondensator wie ein Isolator (Gleichstromverhalten).

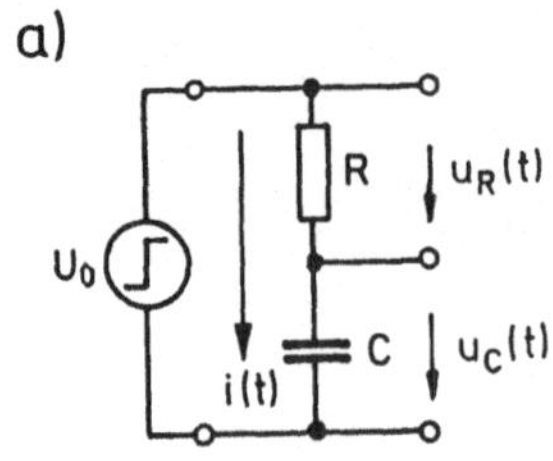

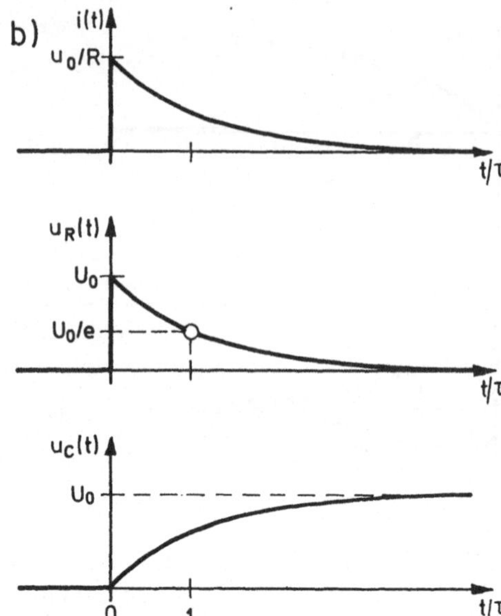

<u>Bild 4.4.</u>

RC-Netzwerk (a) und Antwortfunktion (b) für einen Stufenimpuls der Höhe U_o ($\tau = RC$)

Wie in der Hochfrequenztechnik (Abschnitt 2.2) werden die RC-Serienschaltungen
in der Impulstechnik besonders häufig verwendet, und zwar hier als sogenannte
Differenzier- und Integrierglieder. Ein Impuls mit der Form in Bild 4.4b Mitte
wird als RC-Impuls bezeichnet.

4.2.1 Das Differenzierglied

Bild 4.5 zeigt das Differenzierglied und seine Antwortfunktion gegenüber Rechteckimpulsen für verschiedene Verhältnisse von Impulslänge T zu Zeitkonstante τ.
In Bild 4.5b ist $T = 0.2\ \tau$. u_a zeigt einen sogenannten Dachabfall, der um so
geringer ist, je kleiner das Verhältnis T/τ ist. Für $T \ll \tau$ wird der Eingangsimpuls praktisch originalgetreu übertragen. Ist umgekehrt $T \gg \tau$ (Bild 4.5d),
kann u_a näherungsweise als die Ableitung der Eingangsfunktion aufgefaßt werden:
Zur Zeit $t = 0$ tritt bei der positiven Flanke des Eingangsimpulses am Ausgang
ein kurzer positiver RC-Impuls auf, bei der negativen Flanke ein negativer RC-
Impuls. Die Funktion des Differenzierens ist um so besser erfüllt, je größer
das Verhältnis T/τ ist.

Bei richtiger Dimensionierung des Differenziergliedes stellt der Kondensator
zwischen Eingangs- und Ausgangsanschluß einen unendlichen Widerstand dar für
Gleichstromanteile der Signale und praktisch einen Kurzschluß für hohe Frequenzen. Hierauf beruht die häufige Verwendung des Differenziergliedes zur Gleichstromentkopplung: Ein Differenzierglied ermöglicht die Übertragung von Impulsen
(oder Wechselspannungen) von einer elektronischen Schaltung auf eine andere,

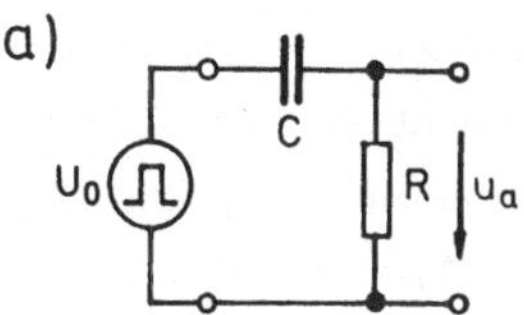

Bild 4.5.
Differenzierglied (a) und Antwortfunktionen (b bis d) für Rechteckimpulse unterschiedlicher Länge T

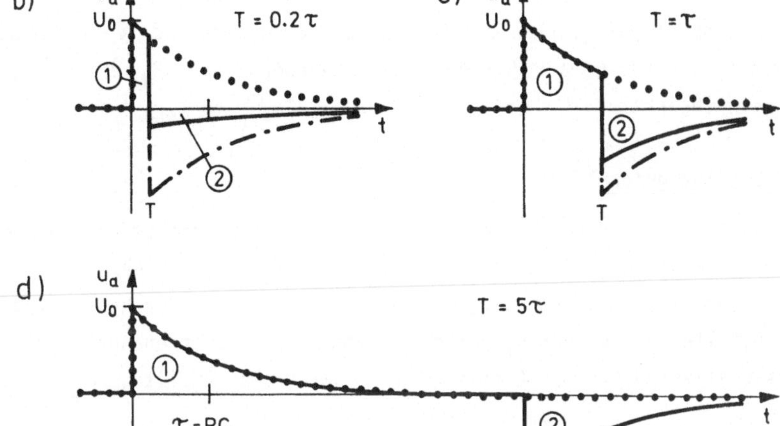

selbst wenn das Gleichstrompotential am Ausgang der Signalquelle nicht mit dem-
jenigen des Signalempfängers übereinstimmt. Die Gleichspannung fällt am Kondensator ab, während das überlagerte Wechselspannungssignal passiert.

Bei hohen Pulsraten können dabei allerdings Schwierigkeiten auftreten: Da im
zeitlichen Mittel über R nach C ebenso viel Ladung zu- wie abfließt, sind die
Flächen (1) oberhalb und (2) unterhalb der Nullinie in Bild 4.5b bis d gleich
groß. Dies führt insbesondere bei unipolaren Eingangsimpulsen zu zählratenab-
hängigen Grundlinienverschiebungen und damit zur Verfälschung der Impulshöhen.

Es ist nützlich, sich einige charakteristische Werte der Exponentialfunktion
einzuprägen (Tabelle 4.1). Soll nämlich eine Impulsfolge durch ein Netzwerk wie
das Differenzierglied amplitudengetreu übertragen werden, so hängt die zulässige
mittlere Impulsrate von der geforderten Toleranz für die Amplitudenabweichung ab.
Beträgt diese beispielsweise 1 %, so darf der mittlere Impulsabstand (für Stufen-

Tabelle 4.1. Einige charakteristische Werte der Exponentialfunktion

t/τ	0	1	2.3	4.6	6.9
$e^{-t/\tau}$	1	0.37	0.1	0.01	0.001

impulse) nicht kleiner als etwa 4.5 τ sein. Bei kleineren Abständen überlagert sich der exponentielle Ausläufer eines vorhergehenden Impulses mit der Impulsamplitude auf unzulässige Weise ('pile up'). Hinzu kommt die erwähnte Grundlinienverschiebung.

Das Rechteckimpulsverhalten des frequenzkompensierten Spannungsteilers in Bild 2.7 kann bei Verstimmung qualitativ anhand des Rechteckimpulsverhaltens des Differenziergliedes erklärt werden: Ist C_1 zu groß (Bild 2.7b), so treten in u_a bei den Impulsflanken die für das Differenzierglied typischen Spannungsspitzen auf, bevor u_a auf den durch den Spannungsteiler R_1, R_2 gegebenen Gleichstromwert absinkt.

4.2.2 Das Integrierglied

Vertauscht man die Positionen von R und C im Differenzierglied, so erhält man das Integrierglied (Bild 4.6a). Das Netzwerk verdankt den Namen seiner Funktionsweise in dem in Bild 4.6b dargestellten Fall $T \ll \tau$. Hier kann bei $t = 0$ der exponentielle Anstieg von u_a durch die Gerade $U_0 \cdot t/\tau$ angenähert werden. Das Ausgangssignal enthält einen Anstieg bis zur maximalen Amplitude $U_{am} \simeq U_0 \frac{T}{\tau}$ und

<u>Bild 4.6.</u>
Integrierglied (a) und Antwortfunktionen (b bis d) für Recheckimpulse unterschiedlicher Länge T

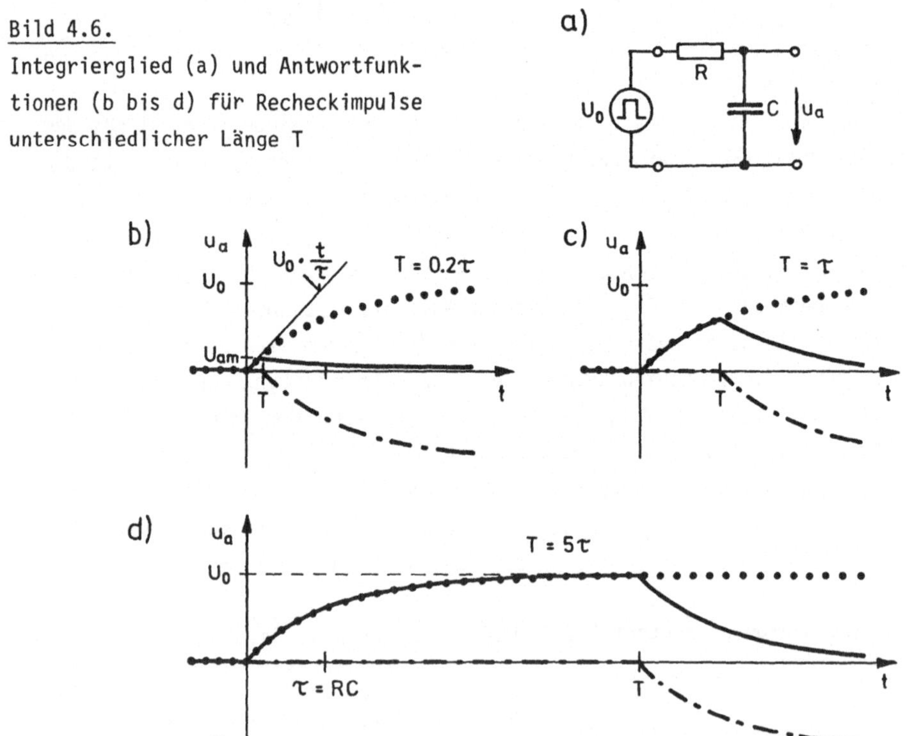

fällt dann mit der vergleichsweise großen Zeitkonstanten τ = RC wieder ab. U_{am} ist aber proportional zu

$$\int_0^T u_e(t')dt' \simeq U_0T \quad . \tag{4.17}$$

Das Integrierglied überträgt Impulse annähernd formgetreu, wenn T >> τ (Bild 4.6 d). Die Flanken erscheinen lediglich nach Maßgabe der Zeitkonstanten τ abgerundet. Von dieser Eigenschaft des Integriergliedes wird in der Impulstechnik häufig zur Impulsformung Gebrauch gemacht.

Die für das Integrierglied typischen abgerundeten Impulsflanken beobachtet man beim frequenzkompensierten Spannungsteiler (Bild 2.7b), wenn dort die Kapazität C_1 zu klein ist.

4.3 RCL-Schaltungen

RCL-Schaltungen enthalten zwei Energiespeicher (C und L) und einen Energieabsorber (R). Je nach den relativen Werten dieser drei Größen wird bei Anregung durch einen Stufenimpuls entweder die Energie zwischen den beiden Speichern in Form einer gedämpften Schwingung periodisch ausgetauscht (Schwingfall), oder die Dämpfung ist so stark, daß keine Oszillation möglich ist (Kriechfall). Zwischen beiden Bereichen liegt der aperiodische Grenzfall, bei dem der Endzustand auf schnellstmögliche Weise erreicht wird.

Die in diesem Abschnitt behandelten RCL-Schaltungen sind die Schaltungen, deren Verhalten im Rahmen erzwungener Schwingungen in Abschnitt 2.3 untersucht wurde. Die dortige Kennfrequenz ω_0 (2.31) stimmt nicht streng mit den Eigenfrequenzen ω_e der hier behandelten freien Schwingungen überein. Bei Kreisen großer Güte ist die Differenz jedoch vernachlässigbar gering.

4.3.1 Die RCL-Serienschaltung

Die Maschengleichung für den Serienschwingkreis in Bild 4.7a lautet für $t \geq 0$

$$U_0 = u_R(t) + u_C(t) + u_L(t) = Ri(t) + \frac{1}{C}\int_0^t i(t')dt' + L\frac{di(t)}{dt} \quad . \tag{4.18}$$

Diese Integraldifferentialgleichung soll für $t \geq 0$ unter Berücksichtigung der Anfangsbedingung $i(t = 0) = 0$ gelöst werden. Diese Anfangsbedingung folgt aus der Tatsache, daß L für einen Stufenimpuls bei $t = 0$ einen unendlichen Widerstand darstellt.

Setzt man den Lösungsansatz

$$i(t) = A\,e^{j\omega t} \tag{4.19}$$

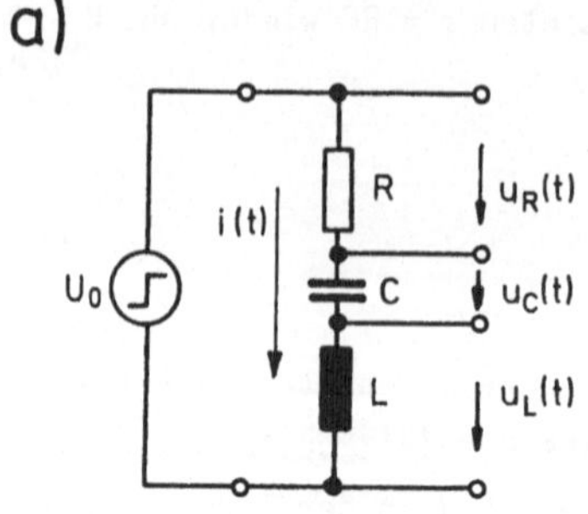

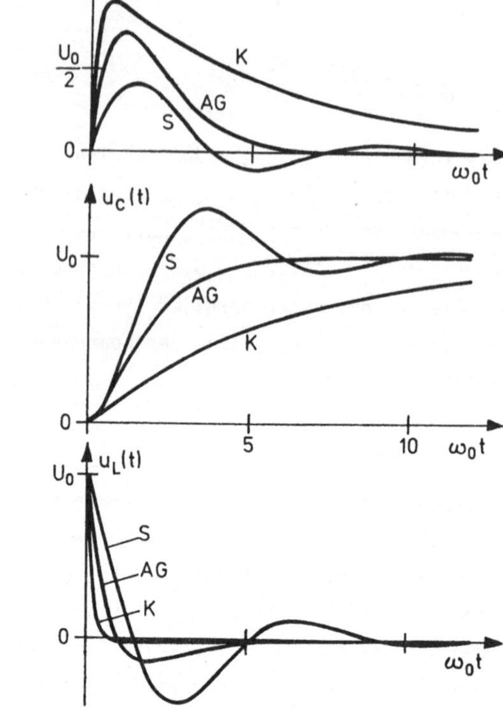

Bild 4.7.
Serieller Schwingkreis (a) und
Antwortfunktionen (b) für Stufenimpulse, und zwar für den Schwingfall (S), den aperiodischen Grenzfall (AG) und für den Kriechfall
(K). $\omega_0 = (LC)^{-1/2}$.

in die Maschengleichung ein, so erhält man

$$U_0 = A\, e^{j\omega t}\, (R + \frac{1}{j\omega C} + j\omega L) - \frac{A}{j\omega C} \quad . \tag{4.20}$$

Da U_0 nicht von der Zeit abhängt, muß der Klammerausdruck gleich Null sein.
Diese Bedingung ergibt zwei 'Eigenfrequenzen':

$$\omega_{1,2} = j\,\frac{R}{2L} \pm \sqrt{\frac{1}{LC} - \frac{R^2}{4L^2}} \tag{4.21}$$

Der allgemeine Ansatz wird somit

$$i(t) = A_1\, e^{j\omega_1 t} + A_2\, e^{j\omega_2 t} \quad . \tag{4.22}$$

Aus $i(0) = 0$ folgt $A_2 = -A_1$. Der zeitunabhängige Teil der resultierenden
Maschengleichung ergibt $A_1 = j\, U_0\, C\, \omega_1\omega_2/(\omega_1 - \omega_2)$. Unter Benutzung der aus
(4.21) resultierenden Identität $j\, \omega_1\omega_2\, C = -(\omega_1 + \omega_2)/R$ wird der Maschenstrom

$$i(t) = - \frac{U_o}{R} \frac{\omega_1 + \omega_2}{\omega_1 - \omega_2} (e^{j\omega_1 t} - e^{j\omega_2 t}) \quad . \tag{4.23}$$

Je nach der Größe von R werden ω_1 und ω_2 entweder komplex oder rein imaginär. Hieraus ergibt sich die zuvor erwähnte Fallunterscheidung:

- Im <u>Schwingfall</u> ist

$$R < 2 \sqrt{L/C} \quad . \tag{4.24}$$

Der Wurzelausdruck in Gleichung (4.21) ist reell und wird als Eigenfrequenz bezeichnet:

$$\omega_e = \sqrt{\frac{1}{LC} - \frac{R^2}{4L^2}} \tag{4.25}$$

Der Imaginärteil von (4.21) ergibt die Dämpfungszeitkonstante

$$\tau = 2 \frac{L}{R} \quad . \tag{4.26}$$

Nun können ω_1 und ω_2 in (4.23) durch ω_e und τ ausgedrückt und entsprechend (4.18) die Ausgangsspannungen ermittelt werden. Mit der Abkürzung

$$\phi = \arctan \frac{1}{\omega_e \tau} \tag{4.27}$$

wird für den Schwingfall:

$$u_R(t) = 2 U_o \tan\phi \cdot e^{-t/\tau} \sin\omega_e t \tag{4.28}$$

$$u_C(t) = U_o \left(1 - \frac{e^{-t/\tau}}{\cos\phi} \cos(\omega_e t - \phi)\right) \tag{4.29}$$

$$u_L(t) = U_o \frac{e^{-t/\tau}}{\cos\phi} \cos(\omega_e t + \phi) \tag{4.30}$$

Diese Funktionen sind in Bild 4.7b über $\omega_o t$ aufgetragen (Kurven S). Bei $t = 0$ fällt die gesamte Spannung U_o an der Induktivität ab. Für große Zeiten oszillieren u_R und u_L exponentiell abklingend um den Nullwert, während u_C sich erwartungsgemäß dem Mittelwert U_o nähert.

Die Eigenfrequenz ω_e und insbesondere τ hängen von R ab. Für $R = 0$ wird ω_e gleich der Kennfrequenz ω_o des fremderregten Schwingkreises (Gleichung (2.31)), die Schwingung verläuft ungedämpft ($\tau \to \infty$), und die Phasendifferenz zwischen u_C

und u_L beträgt 180°. Die Diagramme S in Bild 4.7b sind für den Fall $R = \frac{2}{3}\sqrt{L/C}$ gezeichnet.

Die Güte Q' eines frei schwingenden Kreises ist proportional zu der Anzahl der Oszillationen, nach der die Energie des Schwingkreises um einen Faktor e abgefallen ist:

$$Q' = \frac{1}{2}\,\tau\,\omega_e \qquad (4.31)$$

Aus dieser Definition folgt für den frei schwingenden Serienkreis

$$Q' = \sqrt{\frac{L}{R^2 C} - \frac{1}{4}} \qquad (4.32)$$

in leichter Abweichung von Gleichung (2.39) für den Fall der Fremderregung. Würde man in (4.31) ω_e durch die Resonanzfrequenz ω_o des fremderregten Schwingkreises ersetzen, so wären Q' und Q identisch.

- Im <u>Kriechfall</u>, d.h. bei

$$R > 2\sqrt{L/C} \quad , \qquad (4.33)$$

wird auch der Wurzelausdruck in (4.21) imaginär, und es treten zwei Zeitkonstanten auf:

$$\frac{1}{\tau_{1,2}} = \frac{R}{2L} \pm \sqrt{\frac{R^2}{4L^2} - \frac{1}{LC}} \qquad (4.34)$$

Die Antwortfunktionen ergeben sich zu $(\tau_2 > \tau_1)$:

$$u_R(t) = U_o\,\frac{\tau_1 + \tau_2}{\tau_2 - \tau_1}\,(e^{-t/\tau_2} - e^{-t/\tau_1}) \qquad (4.35)$$

$$u_C(t) = U_o - \frac{U_o}{\tau_2 - \tau_1}\,(\tau_2 e^{-t/\tau_2} - \tau_1 e^{-t/\tau_1}) \qquad (4.36)$$

$$u_L(t) = \frac{U_o}{\tau_2 - \tau_1}\,(\tau_2 e^{-t/\tau_1} - \tau_1 e^{-t/\tau_2}) \qquad (4.37)$$

Die mit K gekennzeichneten Diagramme in Bild 4.7b gelten für $R = 6\sqrt{L/C}$.

- Zwischen Schwing- und Kriechfall liegt der <u>aperiodische Grenzfall</u> mit

$$R = 2\sqrt{L/C} \quad . \qquad (4.38)$$

Es tritt nur noch die Zeitkonstante $\tau = \sqrt{LC}$ auf. Die Antwortfunktionen werden gewonnen, indem man für den vorhergehenden Fall $\tau_1 = \tau$ und $\tau_2 = \tau + \Delta\tau$ einsetzt und den Grenzübergang $\Delta\tau \to 0$ vollzieht. Es ergibt sich dann für den aperiodischen Grenzfall:

$$u_R(t) = 2U_o \frac{t}{\tau} \, e^{-t/\tau} \tag{4.39}$$

$$u_L(t) = U_o \left(1 - \frac{t}{\tau}\right) e^{-t/\tau} \tag{4.40}$$

$$u_C(t) = U_o \left\{ 1 - \left(1 + \frac{t}{\tau}\right) e^{-t/\tau} \right\} \tag{4.41}$$

Ist ein Schwingkreis aperiodisch gedämpft, so erreichen die Antwortfunktionen ihre asymptotischen Endwerte ohne Oszillation auf die schnellstmögliche Weise (Kurven AG in Bild 4.7b).

4.3.2 Die RCL-Parallelschaltung

Zur Behandlung der Parallelschaltung von R, C und L in Bild 2.5a kann die Knotenanalyse herangezogen werden. Für einen Stromstufenimpuls ($i(t) = 0$ für $t < 0$, $i(t) = I_o$ sonst) lautet die Knotengleichung für $t \geq 0$

$$I_o = i_R(t) + i_C(t) + i_L(t) = \frac{u(t)}{R} + C \frac{du(t)}{dt} + \frac{1}{L} \int_o^t u(t')dt' \quad . \tag{4.42}$$

Formal geht diese Gleichung in die Maschengleichung (4.18) über, wenn man
- Ströme und Spannungen vertauscht,
- L mit C vertauscht und
- R durch den Leitwert 1/R ersetzt.

Die Berechnung von u(t) erfolgt dann wie diejenige von i(t) für den seriellen Schwingkreis, da auch die Anfangsbedingungen analog sind. Hier ist $u(t = 0) = 0$, da sich C im Moment des Einschaltens des Stromes I_o wie ein Kurzschluß verhält:
- Für den _Schwingfall_

$$R > \frac{1}{2} \sqrt{L/C} \quad , \tag{4.43}$$

werden Eigenfrequenz, Zeitkonstante und Güte

$$\omega_e = \sqrt{\frac{1}{LC} - \frac{1}{4R^2C^2}} \quad , \tag{4.44}$$

$$\tau = 2RC \quad , \tag{4.45}$$

$$Q' = \sqrt{\frac{R^2C}{L} - \frac{1}{4}} \quad . \tag{4.46}$$

Als Knotenpotential erhält man gemäß (4.23) mit (4.27)

$$u(t) = 2I_0 R \, \text{tg}\,\phi \, e^{-t/\tau} \sin \omega_e t \quad . \tag{4.47}$$

- Für den <u>Kriechfall</u>,

$$R < \frac{1}{2} \sqrt{L/C} \quad , \tag{4.48}$$

ergeben sich die beiden Zeitkonstanten

$$\frac{1}{\tau_{1,2}} = \frac{1}{2RC} \pm \sqrt{\frac{1}{4R^2C^2} - \frac{1}{LC}} \quad , \tag{4.49}$$

und das Knotenpotential wird nach (4.35)

$$u(t) = I_0 R \, \frac{\tau_1 + \tau_2}{\tau_2 - \tau_1} \, (e^{-t/\tau_2} - e^{-t/\tau_1}) \quad . \tag{4.50}$$

- Im <u>aperiodischen Grenzfall</u>

$$R = \frac{1}{2} \sqrt{L/C} \quad , \tag{4.51}$$

erhält man als Knotenpotential gemäß (4.39) mit $\tau = \sqrt{LC}$:

$$u(t) = 2I_0 \, R \, \frac{t}{\tau} \, e^{-t/\tau} \tag{4.52}$$

Die resultierenden Antwortfunktionen $i_R(t)$, $i_C(t)$ und $i_L(t)$ gehen aus den entsprechenden Größen $u_R(t)$, $u_L(t)$ und $u_C(t)$ in Abschnitt 4.3.1 durch Multiplikation mit I_0/U_0 hervor. Insbesondere ist für alle drei Fälle $i_C(0) = I_0$ und $i_R(0) = i_L(0) = 0$.

4.4 Zwei weitere RC-Netzwerke

4.4.1 Das Integrier-Differenzierglied

Dieses Netzwerk ist in Bild 4.8 dargestellt. Die Maschengleichungen lauten für $t \geq 0$:

$$U_0 = R_1 i_1 + \frac{1}{C_1} \int_0^t \{i_1(t') - i_2(t')\} \, dt' \quad , \tag{4.53}$$

$$0 = \frac{1}{C_1} \int_0^t \{i_2(t') - i_1(t')\} \, dt' + \frac{1}{C_2} \int_0^t i_2(t') dt' + R_2 i_2 \quad . \tag{4.54}$$

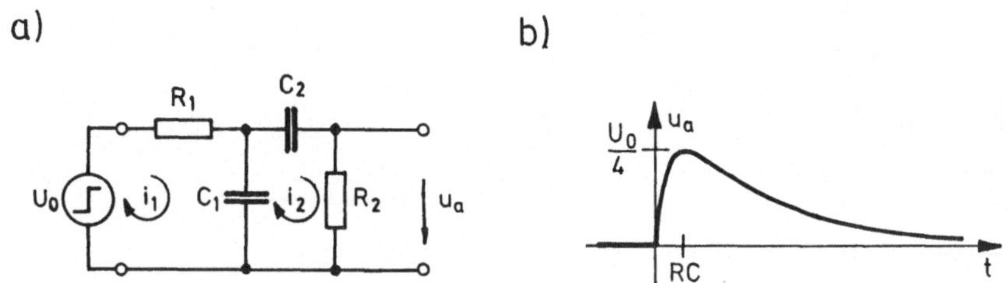

Bild 4.8. Integrier-Differenzierglied (a) und Antwortfunktion (b) für einen Stufenimpuls für den Fall $R_1 = R_2 = R$ und $C_1 = C_2 = C$

Zur Berechnung der Antwortfunktion $u_a(t) = R_2 i_2(t)$ wird zunächst die zweite Maschengleichung differenziert und i_1 durch i_2 ausgedrückt. Dies in die erste Maschengleichung eingesetzt, ergibt eine Integraldifferentialgleichung, die wie beim RCL-Netzwerk unter Berücksichtigung der Anfangsbedingung $i_2(t = 0) = 0$ gelöst werden kann. (C_1 wirkt im Moment des Pulsanstieges wie ein Kurzschluß.) Man erhält zwei Zeitkonstanten τ_1 und τ_2, und die Lösung für die Antwortfunktion lautet

$$u_a = U_0 \frac{R_2 C_2}{\tau_1 - \tau_2} (e^{-t/\tau_1} - e^{-t/\tau_2}) \quad . \tag{4.55}$$

Für den Sonderfall gleicher Widerstände R und gleicher Kapazitäten C wird

$$\tau_{1,2} = \frac{3 \pm \sqrt{5}}{2} RC \quad , \tag{4.56}$$

$$u_a = 0.45\, U_0 (e^{-\frac{t}{2.62\,RC}} - e^{-\frac{t}{0.38\,RC}}) \quad . \tag{4.57}$$

Das Integrier-Differenzierglied ist ein Filter, das z.B. Rauschspektren nach hohen und nach tiefen Frequenzen hin unterdrückt. Es wird zur Impulsformung verwendet, beschreibt aber auch einen Störeffekt, wenn beispielsweise C_1 aus einer Schaltkapazität und C_2 aus einem Koppelkondensator besteht.

4.4.2 Das Doppeldifferenzierglied

Dieses Netzwerk besteht aus zwei hintereinandergeschalteten Differenziergliedern. Die Berechnung der Ausgangsspannung $u_a(t)$ erfolgt wie beim Integrier-Differenzierglied im Abschnitt 4.4.1.

Die Maschengleichungen lauten für $t \geq 0$:

$$U_0 = \frac{1}{C_1} \int_0^t i_1(t')dt' + (i_1 - i_2)R_1 \tag{4.58}$$

$$0 = \frac{1}{C_2} \int_0^t i_2(t')dt' + i_2 R_2 + (i_2 - i_1)R_1 \tag{4.59}$$

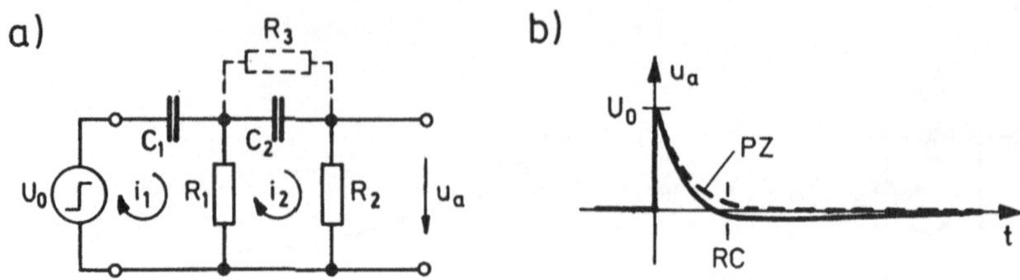

__Bild 4.9.__ Doppeldifferenzierglied (a) und Antwortfunktionen (b) für Stufenimpulse für den Fall $R_1 = R_2 = R$ und $C_1 = C_2 = C$. Der Widerstand R_3 dient zur PZ-Kompensation.

Mit der Anfangsbedingung $u_a(0) = U_0$ und mit $u_a = i_2 R_2$ erhält man eine Lösung mit zwei reellen Zeitkonstanten τ_1 und τ_2:

$$u_a = \frac{U_0}{\tau_2 - \tau_1}\,(\tau_2\,e^{-t/\tau_1} - \tau_1\,e^{-t/\tau_2}) \tag{4.60}$$

Für den Sonderfall gleicher Widerstände R und gleicher Kapazitäten C sind auch hier τ_1 und τ_2 durch (4.56) gegeben, und es wird

$$u_a = U_0(1.17\,e^{-\frac{t}{0.38\,RC}} - 0.17\,e^{-\frac{t}{2.62\,RC}}) \quad . \tag{4.61}$$

Auf einen kurzen Impulsabfall mit der Zeitkonstanten $\tau_1 = 0.38\,RC$ folgt ein langer Unterschwung mit $\tau_2 = 2.62\,RC$ (Bild 4.9b). Dieser Unterschwung tritt bei gleichstromentkoppelten und in Serie geschalteten elektronischen Kreisen ebenfalls auf. Er ist bei hohen Pulsraten wegen Verfälschung der Impulsamplituden unerwünscht. Der Unterschwung läßt sich mit Hilfe der Pol-Nullstellen- oder PZ-Kompensation ('pole zero cancellation') beheben. (Die Bezeichnung stammt aus der eingangs erwähnten Berechnung von elektronischen Netzwerken mit Hilfe der Laplace-Transformationen. Dabei werden Übertragungsfunktionen durch ihre sogenannten Pole und Nullstellen - in der komplexen Frequenzebene - beschrieben. Pole können durch Nullstellen kompensiert werden, wenn sie bei derselben komplexen Frequenz liegen.)

Für das Doppeldifferenzierglied in der speziellen Dimensionierung wird die PZ-Kompensation durch einen dritten Widerstand $R_3 = R$ parallel zur C_2 erreicht. Dann beschreibt

$$u_a = U_0\,e^{-3t/RC} \tag{4.62}$$

wieder einen reinen RC-Impuls mit einer Zeitkonstanten RC/3. Bei komerziellen Verstärkern ist R_3 variabel und kann an die Impulsform angepaßt werden.

4.5 Antwortfunktionen für beliebige Eingangsimpulse

Ein beliebiges Eingangssignal kann durch eine dichte zeitliche Folge von schmalen Rechteckimpulsen (Zeiten t_e, Höhe $u_e(t_e)$, Breite Δt_e) angenähert und im Grenzfall $\Delta t_e \to 0$ exakt beschrieben werden. Nach dem Überlagerungstheorem erhält man dann das Ausgangssignal u_a zur Zeit t, wenn alle zu dieser Zeit auftretenden Antworten der Eingangs-Rechteckimpulse aufsummiert bzw. integriert werden.

Die Antwort Δu_a des Netzwerks für einen Rechteckimpuls ergibt sich aus seiner Antwortfunktion u_s für Einheitsstufenimpulse (Höhe 1):

$$\Delta u_a = u_e(t_e) \left[u_s(t-t_e) - u_s(t - t_e - \Delta t_e) \right] = u_e(t_e)\, \frac{du_s(t-t_e)}{dt}\, \Delta t_e \qquad (4.63)$$

Definiert man die charakteristische Übertragungs- oder Gewichtsfunktion $g(t)$ als

$$g(t) = \frac{du_s(t)}{dt} \qquad \text{für } t \geq 0 \quad ,$$

$$= 0 \qquad \text{sonst} \quad , \qquad\qquad (4.64)$$

so erhält man mit (4.63) die Antwortfunktion des Netzwerks für beliebige Eingangsimpulse $u_e(t_e)$ in Form des Faltungsintegrals

$$u_a(t) = \int_0^t u_e(t_e)\, g(t-t_e)\, dt_e \quad . \qquad\qquad (4.65)$$

Ist $u_s(t)$ bei $t = 0$ unstetig wie beispielsweise u_R in Gleichung (4.14), so enthält du_s/dt eine Singularität, die durch die δ-Funktion beschrieben werden kann. Diese hat die Eigenschaft

$$\int_{-\infty}^{+\infty} u_e(t_e)\, \delta(t-t_e)\, dt_e = u_e(t) \quad . \qquad\qquad (4.66)$$

Als Beispiele für die Anwendung von (4.65) sollen hier die Antwortfunktionen von Differenzier- und Integrierglied auf RC-Impulse berechnet werden:

$$u_e(t) = U_0\, e^{-t/\tau} \text{ für } t \geq 0 \quad ,$$

$$= 0 \qquad \text{sonst} \quad . \qquad\qquad (4.67)$$

Zur Vereinfachung der Rechnung wird für die RC-Kombinationen die gleiche Zeitkonstante $\tau = RC$ angenommen wie für die Eingangsimpulse.

Für das Integrierglied (Bild 4.6a) wird nach Gleichung (4.64) mit (4.15)

$$g(t) = \frac{c}{\tau}\, e^{-t/\tau} \qquad\qquad (4.68)$$

und nach (4.65)

$$u_a(t) = \int_0^t U_o\, e^{-t_e/\tau}\, \frac{e^{-(t-t_e)/\tau}}{\tau}\, dt_e = U_o\, \frac{t}{\tau}\, e^{-t/\tau} \quad . \tag{4.69}$$

Für das Differenzierglied (Bild 4.5a) wird unter Verwendung von (4.14)

$$g(t) = \delta(t) - \frac{e^{-t/\tau}}{\tau} \quad , \tag{4.70}$$

$$u_a(t) = \int_0^t U_o\, e^{-t_e/\tau}\, \left(\delta(t-t_e) - \frac{e^{-(t-t_e)/\tau}}{\tau}\right) dt_e = U_o(1 - \frac{t}{\tau})\, e^{-t/\tau} \quad . \tag{4.71}$$

Diese Antwortfunktionen sind den Antwortfunktionen u_R bzw. u_L für den Fall
AG in Bild 4.7b ähnlich. Sie weichen erwartungsgemäß von den Antwortfunktionen (4.57) bzw. (4.61) für das Differenzier-Integrier- und Doppeldifferenzierglied ab. Würde man in diesen Schaltungen (Bilder 4.8a und 4.9a) zwischen dem
Differenzierglied R_2, C_2 und der $R_1 C_1$-Kombination einen Impedanzwandler (große
Eingangs-, kleine Ausgangsimpedanz, Spannungsverstärkung = 1) einfügen, d.h.
die Teilnetzwerke entkoppeln, so könnten die Ausgangsspannungen (4.69) und
(4.71) tatsächlich beobachtet werden.

Die Empfindlichkeit der Antwortfunktion von Netzwerken gegenüber der Impuls-
form wird in speziellen Techniken ausgenutzt, um Spektren mit verschiedenen
Impulsanstiegszeiten voneinander zu trennen und gesondert zu verarbeiten
(Impulsformdiskriminierung oder 'pulse shape discrimination').

4.E DO IT YOURSELF

<u>4.E.1 Das Verhalten von RC- und RL-Serienschaltungen gegenüber Rechteckimpulsen</u>

Der Rechteckimpulsgenerator in Bild 4.10 erzeugt am Ausgang A positive Rechteckimpulse der Dauer T = 6 µs und der Amplitude $U_o \cong 2.7$ V. Das Verzögerungskabel

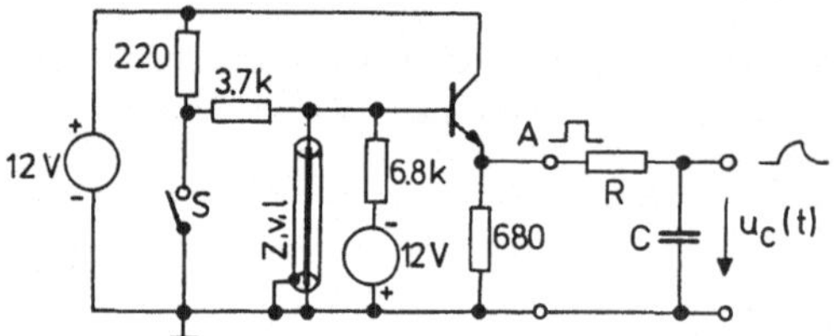

<u>Bild 4.10.</u>
Rechteckimpulsgenerator mit
'clipping cable'. Am Ausgang A
ist ein Integrierglied (R, C)
angeschlossen.

(Z = 2.2 kΩ, v = 5·10^5 m/s, l = 1.5 m) wird hier als 'clipping cable' verwendet:
An seinem Eingang überlagern sich beim Öffnen des 100-Hz-Schalters S ein positiver und ein verzögerter negativer Stufenimpuls. Der Transistor arbeitet als
Impedanzwandler (Emitterfolger, siehe Abschnitt 6.3.2) und überträgt den Anteil
des Rechteckimpulses, der etwa 0.6 V übersteigt. Die Spannungsquelle für -12 V
bewirkt, daß Störungen durch Kabelverluste nicht auf den Ausgang übertragen

werden. Die Ausgangsimpedanz des Generators beträgt einige 10 Ω bei geöffnetem und 680 Ω bei geschlossenem Schalter.

Die folgenden Serienschaltungen können mit dem Generator untersucht werden:

a) <u>Integrierglied</u>: Für $R = 1$ kΩ wird die Zeitkonstante $\tau = RC$ des RC-Gliedes durch Auswechseln des Kondensators C (1 nF, 10 nF, 100 nF und 1 µF) verändert und $u_C(t)$ oszilloskopisch beobachtet. Für $\tau \ll T$ wird τ bestimmt, indem man den Impulsanstieg von $u_C(0) = 0$ bis $u_C(\tau) = (1-1/e)U_0 = 0.63\ U_0$ mißt. Für $\tau \gg T$ wird der Impulsanstieg $\Delta u_C/\Delta t$ gemessen und mit dem erwarteten Wert U_0/τ verglichen, der sich durch Differenzieren von (4.15) für $t = 0$ ergibt. Finden Sie die berechneten Ergebnisse bestätigt?

b) <u>Differenzierglied</u>: Beobachtet man bei vertauschten Rollen von R und C die Spannung $u_R(t)$ am Widerstand (Gleichung (4.14)), so findet man die Differenz von Generatorsignal und dem zuvor beobachteten Signal $u_C(t)$. Im Fall $\tau \ll T$ wird die differenzierende Wirkung deutlich. Für $\tau \gg T$ erkennt man nach dem nahezu originalgetreu übertragenen Signal den langen Unterschwung.

c) <u>RL-Serienschaltung</u>: Ersetzt man C in Bild 4.10 durch eine Induktivität L (1 H), so können die Impulsformen gemäß Bild 4.2b und 4.3 beobachtet werden. Die Zeitkonstante $\tau = L/R$ wird durch Auswechseln von R (100 Ω, 1 kΩ, 10 kΩ, 100 kΩ) variiert.

Störeffekte treten durch die parallel zur Spule liegende Störkapazität C_S (parasitäre Spulenkapazität, Kabelkapazität und Eingangskapazität des Oszilloskops) auf:

- Der Impulsanstieg ist abgeflacht. Er kann näherungsweise durch (4.15) beschrieben werden.

- Schwingungen treten auf, wenn R größer ist als $\sqrt{L/C_S}/2$ (siehe Gleichung (4.43)).

C_S kann für kleine R-Werte (z.B. 1 kΩ) aus (4.16), für große Werte (z.B. 100 kΩ) aus der Schwingungsdauer $2\pi/\omega_e \cong 2\pi\sqrt{LC}$ entsprechend (4.44) bestimmt werden. Ferner kann mit einem 100-kΩ-Potentiometer der aperiodische Grenzfall eingestellt und C_S nach (4.51) berechnet werden. Erhalten Sie für die drei Methoden zur Bestimmung von C_S vergleichbare Resultate?

4.E.2 Das Verhalten von Schwingkreisen gegenüber Stufenimpulsen

Der Generator nach Bild 4.11 zeigt bei geöffnetem 100-Hz-Schalter S am Ausgang A eine einstellbare negative Gleichspannung, die bei Schließen des Schalters auf 0 V springt. Die Antwortfunktion des angeschlossenen Serienschwingkreises wird nach dem positiven Spannungssprung beobachtet, da nur in diesem Bereich der Innenwiderstand des Generators Null ist (Kurzschluß gegen Masse). Das Signal zur externen Triggerung des Oszilloskops wird von A abgenommen (Triggerschalter auf ext +).

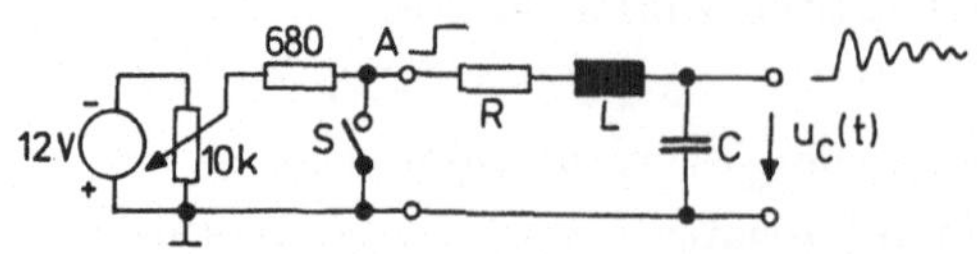

Bild 4.11.

Rechteckimpulsgenerator mit 100-Hz-
Schalter S. Am Ausgang A ist ein
Serienschwingkreis angeschlossen.

Bei unveränderter Induktivität L (1 H) wird die Eigenfrequenz ω_e (Gleichung (4.25)) durch Auswechseln des Kondensators C (1 nF, 10 nF, 100 nF) variiert.

Aus den Beobachtungen am Oszilloskop wird jeweils bestimmt:

- Der Widerstand R_{AG}, bei dem gerade noch keine Schwingung auftritt (aperiodischer Grenzfall).

- Für R = 0 die Schwingungsdauer T(0) und die Zeitkonstante $\tau(0)$, mit der die Schwingung abklingt.

- Für $R \cong R_{AG}/2$ die Werte T(R) und $\tau(R)$.

Aus $\tau(0)$ ergibt sich mit (4.26) ein Ersatzdämpfungswiderstand R_0 des Kreises, der hauptsächlich von Verlusten im Kernmaterial der Spule herrührt und der mit der Frequenz erheblich anwächst. Die Schwingungsdauern T(0) und T(R) werden benutzt, um Gleichung (4.25), die Zeitkonstante $\tau(R)$, um Gleichung (4.26) zu bestätigen. Die Gleichung (4.38) wird anhand der gemessenen Werte von R_{AG} überprüft.

4.E.3 PZ-Kompensation beim Doppeldifferenzierglied

An den Impulsgenerator nach Bild 4.11 wird das Doppeldifferenzierglied nach Bild 4.9 angeschlossen (z.B. $R_1 = R_2 = R = 1\,k\Omega$, $C_1 = C_2 = C = 3.3$ nF). Zunächst ist bei $R_3 = \infty$ die Gleichung (4.61) zu überprüfen, und zwar anhand der Zeitkonstanten des raschen Impulsabfalls, τ_1, des langen Unterschwungs, τ_2, sowie der Zeit t(0) = 0.86 RC bis zum Nulldurchgang des Signals. Dann wird mit variablem Widerstand R_3 die PZ-Kompensation vorgenommen. Finden Sie die Vorhersage $R_3 = R$ und $\tau = RC/3$ gemäß (4.62) bestätigt ?

a)
```
DOPPELDIFFERENZIERGLIED, PZ-KOMPENS.
 R1 2 0 1K
 R2 3 0 1K
 C1 1 2 1N
 C2 2 3 1N
 .PARAM RPZ=1K
 R3 2 3 {RPZ}
 V0 1 0 PULSE (0 1 1U 1N 1N 10U 20U)
 .STEP PARAM RPZ LIST 1G 1K 100
 .TRAN 50N 8U
 .PROBE
 .END
```

b)

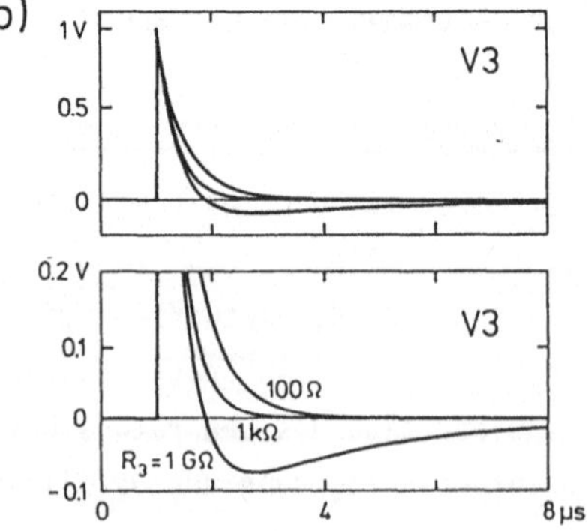

Bild 4.12. Doppeldifferenzierglied mit PZ-Kompensation: PSPICE-Eingabe (a) und Augangsspannung V3 (b) für Stufenimpulse am Eingang.

4.E.4 Simulation eines Doppeldifferenziergliedes

Bild 4.12a zeigt Eingabedaten für PSPICE (siehe Anhang E) zur Darstellung von
Antwortfunktionen eines Doppeldifferenziergliedes gemäß Bild 4.9 mit der Dimensionierung $R_1 = R_2 = 1$ kΩ, $C_1 = C_2 = 1$ nF. Als Eingangssignal werden 1-V-Impulse von
10 µs Dauer verwendet. R_3 dient zur PZ-Kompensation.

    Das Programm rechnet den nichtkompensierten Fall ($R_3 = 1$ GΩ), den richtig und
den überkompensierten Fall (Bild 4.12b). Die Ergebnisse sind mit (4.60) und (4.61)
zu vergleichen.

5. Dioden und Diodenschaltungen

Unter Dioden versteht man zweipolige Bauelemente mit asymmetrischer Strom-Spannungskennlinie. Eine ideale Diode hat bei Polung in Vorwärts- oder Durchlaßrichtung einen unendlichen Leitwert, in Rückwärts- oder Sperrichtung einen
unendlichen Widerstand. Früher verwendete man hierzu Röhren, heute durchweg
Halbleiterdioden. Der bei ihnen vorherrschende Leitungsmechanismus, der PN-
Übergang, wird anhand der Flächendiode erklärt (Abschnitt 5.1). Bei Spezialdioden wird die eine oder andere spezielle Eigenschaft der Flächendiode durch geeignete Dotierung verstärkt nutzbar gemacht, oder es sind zusätzliche Leitungs-
mechanismen überlagert. Einige Beispiele werden in Abschnitt 5.2 besprochen.
In Abschnitt 5.3 wird eine Auswahl von Diodenschaltungen behandelt, wobei die
Kaskadenschaltung und Kippschaltungen mit Tunneldioden einen relativ breiten
Raum einnehmen: Sie sind als Versuchsaufbau besonders geeignet, bereiten er-
fahrungsgemäß jedoch häufig Verständnisschwierigkeiten.

5.1 Die Flächendiode

Die Bezeichnung einer normalen Halbleiterdiode als Flächendiode erfolgt hier
zur Unterscheidung von Spezialdioden. (Spitzendioden fanden früher in Rundfunk-
empfängern mit Kristalldetektoren Anwendung und werden heute nur noch in der
Höchstfrequenztechnik eingesetzt.)

5.1.1 Kennlinie und Schaltverhalten

Die üblichen Halbleiterdioden bestehen aus einem flächenhaft ausgebildeten PN-
Übergang in einem Halbleitermaterial wie Germanium (Ge) oder Silizium (Si)
(Bild 5.1). In reinem Zustand und bei Zimmertemperatur ist das Halbleiterma-

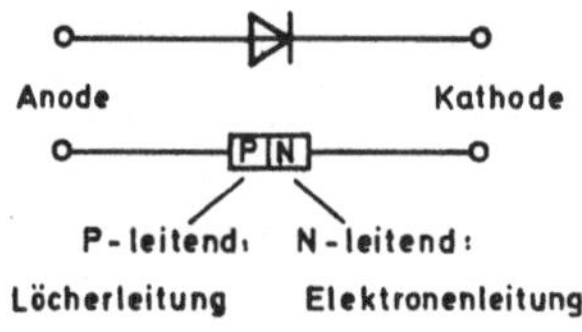

Bild 5.1.

Die Flächendiode als PN-Übergang. Der Pfeil des
Symbols gibt die Stromrichtung (von + nach -) der
leitenden Diode an.

terial praktisch nichtleitend. Der N-leitende Teil der Diode wird mit Fremdatomen mit Elektronenüberschuß dotiert. Diese 'Donatoren' sind als positive Fehlstellen im Kristallgitter verankert und geben bewegliche Ladungsträger (Elektronen) in das Leitungsband des Halbleiters ab. Im P-leitenden Teil der Diode binden 'Akzeptoren' Elektronen aus dem Valenzband, die dort bewegliche Defizitelektronen ('Löcher') mit positiver effektiver Ladung hinterlassen. Die Potentialdifferenz zwischen Donatoren und Leitungsband einerseits und zwischen Valenzband und Akzeptoren anderseits ist so klein, daß sie durch thermische Anregung der Elektronen überwunden werden kann. Hierauf beruht die starke Temperaturabhängigkeit des Diodenstromes. Undotiertes Material verhält sich aufgrund der viel größeren Potentialdifferenz zwischen Leitungs- und Valenzband bei Raumtemperatur praktisch wie ein Isolator.

Im spannungslosen Zustand diffundieren bewegliche Elektronen in das P-Gebiet und rekombinieren mit den Löchern: Es bildet sich eine Verarmungsschicht ('depletion layer') mit nur wenigen beweglichen Ladungsträgern aus. Wird die Diode in Sperrichtung gepolt (Anode negativ, Kathode positiv), so werden zunehmend bewegliche Ladungsträger abgesaugt, bis bei großen Spannungen nur noch der Sperrstrom I_S fließt. Er beruht auf thermischer Anregung in der Verarmungszone und nimmt pro 10 K Temperaturerhöhung etwa um einen Faktor 2 zu. I_S hängt vom Diodenquerschnitt ab und beträgt bei Hochfrequenzdioden (etwa 1 mm^2) und Raumtemperatur etwa 10^{-6} A für Ge und 10^{-9} A für Si. Die Verarmungszone oder -schicht wird auch als Sperrschicht bezeichnet.

In Durchlaßrichtung gepolt zeigt die Diode einen exponentiellen Stromanstieg. In den beiden genannten Arbeitsbereichen läßt sich die Kennlinie (Bild 5.2) der Diode näherungsweise durch den Ausdruck

$$I = I_S(e^{U/U_T} - 1) \qquad\qquad (5.1)$$

beschreiben. Hier ist U_T der Effektivwert des thermischen Elektronenpotentials

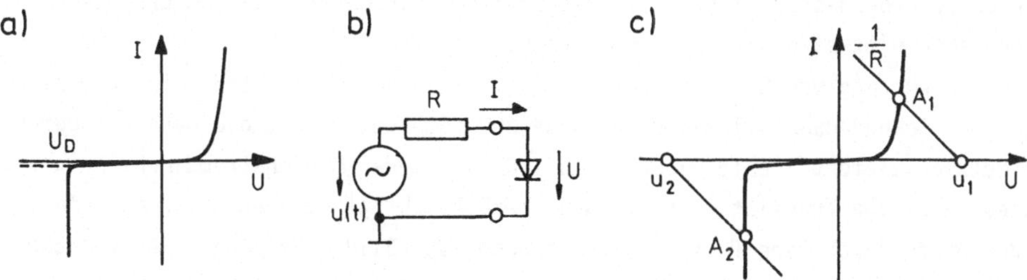

Bild 5.2. Kennlinie der Flächendiode (a), Prinzipschaltung (b) zur Messung der Kennlinie und Kennlinie mit Arbeitsgeraden (c) für zwei willkürliche Momentanwerte u_1 und u_2 von u(t)

kT/e. U_T ist proportional zur absoluten Temperatur T und beträgt bei Raumtemperatur 30 bis 50 mV. Bei konstantem Diodenstrom ist der Temperaturkoeffizient $\partial U/\partial T$ der Diodenspannung etwa - 2 mV/K.

Abweichungen von (5.1) treten im Durchlaßbereich durch den ohmschen Widerstand des Halbleitermaterials auf. Im Sperrbereich knickt die Kennlinie bei der 'Durchbruchspannung' U_D ab: Es werden bewegliche Elektronen im Halbleiter so stark beschleunigt, daß sie sich durch Stoßionisation vervielfachen. Der Spannungsdurchbruch führt unter Umständen zur Überhitzung und Zerstörung der Diode. U_D liegt je nach Diodentyp zwischen -5 V und -10 kV.

Gesperrte Dioden besitzen aufgrund der räumlichen Anordnung beweglicher Ladungsträger eine Diodenkapazität, die von dem Querschnitt der Diode abhängt und zusammen mit der begrenzten Beweglichkeit der Ladungsträger im Halbleiter die Schaltgeschwindigkeit der Diode begrenzt. Der maximal zulässige Strom (Nennstrom) hängt ebenfalls vom Diodenquerschnitt und zusätzlich von den Kühlungsverhältnisen ab. Bei Überhitzung verändern sich die Dotierungsprofile und/oder die Kontaktierung wird unterbrochen, d.h., das Bauelement wird - unabhängig von der Polung der angelegten Spannung - entweder nieder- oder hochohmig. Hierauf beruht die Prüfung einer Diode mit dem Ohmmeter: Ändert sich die Anzeige bei Vertauschung der Anschlüsse nicht drastisch, so ist die Diode defekt.

Bei der Aufnahme einer Diodenkennlinie mit einem Kennlinienschreiber oder mit der Schaltung in Bild 2.10 kann man die Überlastung des Bauelements vermeiden, indem man zwischen Wechselspannungsgenerator u(t) und Diode einen Schutzwiderstand R legt (Bild 5.2b). In der Darstellung der Kennlinie in Bild 5.2c läßt sich anhand der Arbeitsgeraden mit der Neigung -1/R durch den Momentanwert u auf der U-Achse der Spannungsabfall an R ermitteln. Der Schnittpunkt von Arbeitsgeraden und Kennlinie definiert den momentanen Arbeitspunkt A: $(u-U_A)/R = I_A$ oder $R \cdot I_A + U_A = u$.

5.1.2 Linearisierte Ersatzschaltungen

Je nach Erfordernissen kann die Diodenkennlinie durch verschiedene Ersatzschaltungen abschnittweise linearisiert werden.

Zur Berechnung von Schaltungen, in denen Spannungen auftreten, die groß sind gegen den Spannungsabfall zwischen Anode und Kathode, genügt die Näherung durch das Netzwerkelement ideale Diode (Bild 5.3a). Bei der Gleichstromdimensionierung, insbesondere von Transistorschaltungen, berücksichtigt man den Spannungsabfall an der Diode durch eine feste 'Knickspannung' U_K (Bild 5.3b). Da im Durchlaßbereich die Abweichung der Diodenspannung U von U_K aufgrund des steilen Anstiegs der Kennlinie normalerweise vergleichbar ist mit den Unsicherheiten, die in einer Schaltung beispielsweise durch Widerstandstoleranzen auftreten, ist diese Näherung für viele Anwendungen ausreichend. Die Knickspannung beträgt 0.3 bis

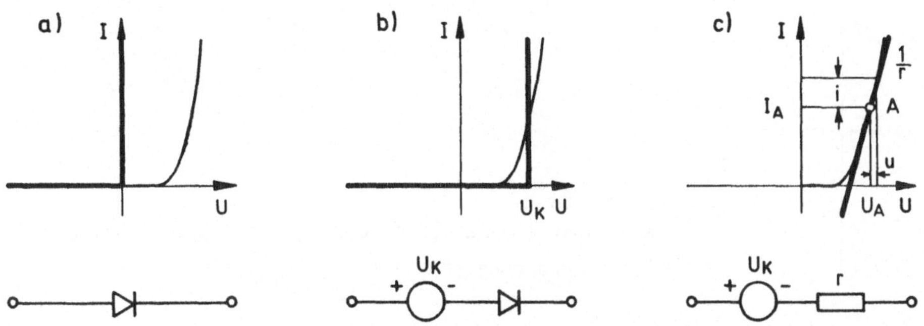

Bild 5.3. Linearisierte Ersatzschaltungen für die Flächendiode: Ideale Diode (a), für Gleichstromdimensionierung (b) und für das Kleinsignalverhalten im Arbeitspunkt (c).

0.4 V bei Ge- und 0.6 bis 0.8 V bei Si-Dioden. Die Knickspannung wird auch als Schleusenspannung bezeichnet.

Das Kleinsignalverhalten der Diode in der Umgebung des Arbeitspunktes A in Bild 5.3c wird durch den dynamischen oder differentiellen Widerstand r beschrieben:

$$r = \frac{dU}{dI} = \frac{u}{i} \tag{5.2}$$

Er besteht aus dem Verhältnis einer Änderung u der Diodenspannung U_A zu der von ihr bewirkten Änderung i des Stromes I_A im Arbeitspunkt. Die Verschiebung der Näherungsgeraden (Steigung 1/r) gegenüber dem Nullpunkt wird bei der Beschreibung des Gleichstromverhaltens berücksichtigt (Bild 5.3b).

Durch Differenzieren von (5.1) erhält man $r = U_T/(I_A + I_S)$, d.h., im Durchlaßbereich ist

$$r \cong U_T / I_A \tag{5.3}$$

und im Sperrbereich oberhalb U_D

$$r \gtrsim U_T / I_S \quad . \tag{5.4}$$

(5.3) ist weitgehend unabhängig vom Halbleitermaterial.

5.2 Spezialdioden

5.2.1 Die Zener-Diode

Zener-Dioden (heute meist Z-Dioden genannt) sind Si-Dioden, die aufgrund entsprechender Dotierung und Konstruktion im Bereich des Spannungsdurchbruchs betrieben werden können. Im Zener- oder Stabilisierungsbereich $U \cong -U_Z$ ist der

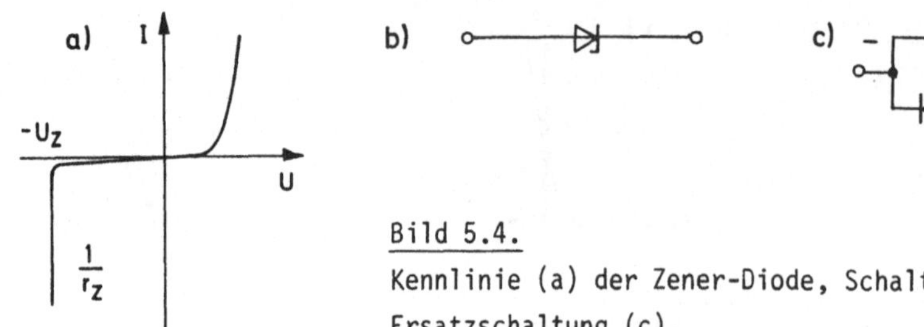

Bild 5.4.
Kennlinie (a) der Zener-Diode, Schaltsymbol (b) und
Ersatzschaltung (c)

Stromanstieg steil (Bild 5.4a), der differentielle Widerstand (Zener-Impedanz)
r_Z ist von der Größenordnung 10 Ω. Dieser Stromanstieg beruht auf zwei Effekten:

- Wenn die Feldstärke in der Verarmungszone einen kritischen Wert (etwa 10^4
V/mm) überschreitet, werden Elektronen aus dem Valenzband in das Leitungsband
gehoben und können hier zum Strom beitragen (Aufbruch kovalenter Bindungen).
Dieser Zener- oder Feldstärke-Effekt besitzt einen positiven Temperaturkoeffizienten (TK) und herrscht bei Zener-Spannungen $U_Z < 5.6$ V vor, d.h. TK<0 für U_Z.

- Bei $U_Z > 5.6$ V überwiegt der Lawinen- oder Avalanche-Effekt: Elektronen
im Leitungsband werden auf ihrer freien Weglänge so stark beschleunigt, daß sie
Stoßionisation durchführen und sich lawinenartig vermehren können. Da die mittlere freie Weglänge mit zunehmender Temperatur abnimmt, hat der Lawineneffekt
einen negativen Temperaturkoeffizienten, d.h. TK>0 für U_Z.

Zener-Dioden werden vorwiegend als Konstantspannungsquellen und als Schutzdioden eingesetzt. Die technisch realisierbaren Zener-Spannungen liegen zwischen
2 und 200 V. Bei $U_Z = 5.6$ V heben sich die Temperaturkoeffizienten von Zener- und
Avalanche-Effekt annähernd auf, wodurch hier die Zener-Diode eine besonders
temperaturunabhängige Vergleichsspannung liefert.

5.2.2 Die Tunnel- und die Backwarddiode

Die Tunneldiode wird nach ihrem Erfinder auch Esaki-Diode genannt. Sie beruht
auf einem zusätzlichen Leitungsmechanismus, dem Tunneleffekt: Durch hohe Dotierungen wird erreicht, daß sich das Valenzband im P-Material mit dem Leitungsband
im N-Material energetisch teilweise überlappt. Dabei bleiben diese Bänder durch
eine dünne Sperrschicht räumlich getrennt. Die energetische Überlappung nimmt
bei Anlegen einer positiven Diodenspannung ab und bei Anlegen einer negativen
Spannung zu. Die Sperrschicht ist so dünn, daß Elektronen sie aufgrund des
quantenmechanischen Tunneleffekts 'durchtunneln' können, und zwar nach Maßgabe
des Überlappungsgrades: Tunnel- und Diodenstrom addieren sich zu einer höcker-
artigen Kennlinie (Bild 5.5a).

Bei der Aufnahme der Kennlinie einer Tunneldiode wird der Bereich negativen
differentiellen Widerstands zwischen Höcker- oder Gipfelpunkt ('peak') und Tal-

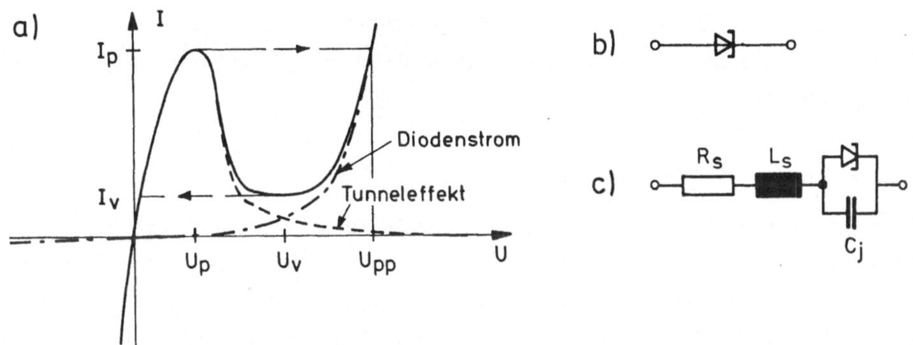

Bild 5.5. Die Tunneldiode: Statische Kennlinie (a), Schaltsymbol (b) und Ersatzschaltung (c) zur Beschreibung des dynamischen Verhaltens. p, v, pp bedeuten
'peak', 'valley' und 'projected peak'.

punkt ('valley') normalerweise nicht sichtbar. Der Arbeitspunkt springt längs der
Arbeitsgeraden vom Gipfelpunkt zum hochohmigen Teil der Kennlinie und vom Tal-
punkt zurück zum niederohmigen Teil. Diese Spannungssprünge erfolgen in außeror-
dentlich kurzen Zeiten. Ihr zeitlicher Verlauf kann nur unter Berücksichtigung
der Elemente der Ersatzschaltung in Bild 5.5c erklärt werden. Bei Verwendung
kleiner Serienwiderstände (R in Bild 5.2b), die im ganzen Kennlinienbereich nur
einen Schnittpunkt zwischen Arbeitsgeraden und Kennlinie zulassen, treten Schwingungen auf, die durch das Zusammenwirken der Diodeninduktivität L_s und der Diodenkapazität C_j entstehen. Diese Schwingungen lassen sich oft nur durch sehr
kleine Serienwiderstände (R = 1 bis 10 Ω) aperiodisch dämpfen.

Die Tunneldiode war nach ihrer Entdeckung (1958) das schnellste elektronische
Schaltelement. Je nach Halbleitermaterial (Ge, GaSb, GaAs) sind die Kenndaten
verschieden. Für eine Ge-Diode ist beispielsweise U_p = 0.1 V, U_v = 0.4 V, I_p/I_v = 10.
Für eine solche mit I_p = 5 mA (Type RCA 3857) ist ferner $R_s \cong 3 \Omega$, $L_s \cong 0.5$ nH,
$C_j \cong 8$ pF. Die Schaltzeiten reichen hinab bis zu einigen 100 ps.

Die Tunneldiode wird in der Höchstfrequenz- und Impulstechnik in Oszillatoren
und Kippschaltungen verwendet. Der Bereich negativen Widerstands kann zur Verstärkung benutzt werden.

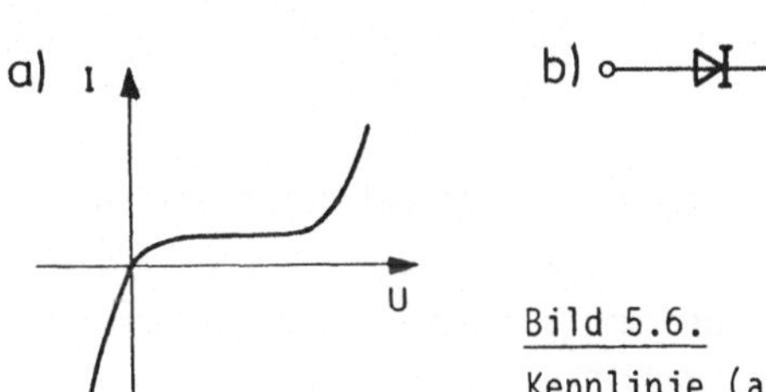

Bild 5.6.
Kennlinie (a) und Schaltsymbol (b) der Backwarddiode

Die Backwarddiode ist eine auf $I_p/I_v = 1$ gezüchtete Tunneldiode. Sie findet als Hochfrequenzgleichrichter für kleine Spannungen und als Schalter für höchste Frequenzen Verwendung.

5.2.3 Kapazitäts- und Schottky-Dioden

In einer gesperrten Flächendiode fällt die angelegte Spannung zwischen Raumladungen ab, deren Abstand mit der Sperrspannung zunimmt. Dieser Mechanismus kann durch eine Sperrschichtkapazität C_D beschrieben werden, die parallel zum differentiellen Widerstand geschaltet ist und ihn bei hohen Frequenzen überbrückt.

Kapazitätsdioden (Varaktoren) sind Halbleiterdioden, bei denen die spannungsgesteuerte Variation von C_D durch Wahl des Halbleitermaterials und geeignete Dotierungen verstärkt ist. C_D kann um Faktoren 2 bis über 10 verändert werden. Varaktoren dienen zur Frequenzmodulation und zur automatischen Abstimmung von Resonanzkreisen in Meßbrücken, Einrastverstärkern oder in der Unterhaltungselektronik.

Schottky-Dioden bestehen aus einem Metall-Halbleiter-Übergang mit Gleichrichterwirkung. Ihre Ladungsträger, insbesondere im Metall, haben eine große Beweglichkeit, die Sperrkapazität ist klein, und der Sperrstrom I_s in Gleichung (5.1) läßt sich durch gezielte Dotierung um mehrere Größenordnungen variieren. Es gibt Schottky-Dioden mit Knickspannungen hinab bis zu 0.2 V und einem besonders steilen Stromanstieg in Durchlaßrichtung.

Schottky-Dioden werden in großem Umfang in digitalen Bausteinen, aber auch bei sehr hohen Frequenzen sowie bei der Gleichrichtung großer Ströme bei niedrigen Spannungen, z.B. Thermospannungen, eingesetzt.

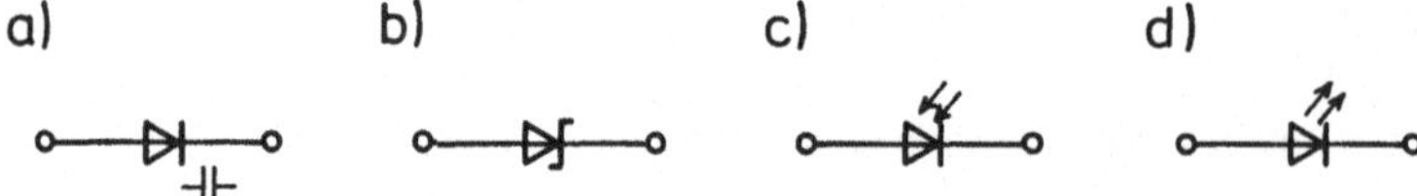

Bild 5.7. Schaltsymbole für den Varaktor (a), die Schottky-Diode (b), die Fotodiode (c) und die Luminiszenzdiode (d) oder LED ('light emitting diode')

5.2.4 Foto- und Luminiszenzdioden

Bestrahlt man eine in Sperrichtung gepolte Diode mit Licht geeigneter Wellenlänge, so steigt der Sperrstrom I_s (Gleichung (5.1)) an. Dioden, bei denen diese Eigenschaft stark ausgebildet ist, bezeichnet man als Fotodioden. Umgekehrt können in einer in Durchlaßrichtung gepolten Diode Elektronen im Leitungsband mit Löchern im Valenzband unter Aussendung von Lichtquanten rekombinieren, de-

ren Energie dem Bandabstand entspricht. Derartige Dioden werden als Luminiszenzdioden oder LEDs ('light emitting diode') bezeichnet. Dabei kann der Bandabstand
und damit die Farbe des emittierten Lichts durch geeignete binäre oder ternäre
Zusammensetzung des Halbleiters aus Elementen der II. bis VI. Gruppe der chemi-
schen Elemente über den gesamten sichtbaren Bereich (1.5 bis 3 eV) kontinuierlich synthetisiert werden (z.B. Ga, Al (III) und As, P (V)).

Optokoppler bestehen aus Kombinationen von LEDs und Fotodioden, die elektrisch
keinen Kontakt haben. Sie dienen zur masseentkoppelten Übertragung insbesondere
digitaler Signale. Zur Verstärkung arbeitet dabei die Fotodiode häufig als Basis-
Emitter-Diode eines Transistors (Fototransistor). Zur Lichtübertragung über
größere Strecken finden Glasfaserkabel Verwendung.

5.3 Einige Diodenschaltungen

In diesem Abschnitt wird anhand einiger teilweise technisch wichtiger Diodenschaltungen die rechnerische Behandlung nichtlinearer Schaltelemente eingeführt.
Sofern sich die Schaltungen ersatzweise als Generatoren beschreiben lassen, wird
ihr innerer Widerstand als Ausgangsimpedanz Z_a bezeichnet, und nicht als R_i wie
in Kapitel 1.

5.3.1 Die Vollweggleichrichtung

Aufgabe einer Vollweggleichrichterschaltung (Bild 5.8) ist es, aus einer Wechselspannung u_e der Amplitude U_0 und der Frequenz f eine Gleichspannung zu erzeugen.
Vernachlässigt man den Innenwiderstand der Wechselspannungsquelle und betrachtet
die Dioden als ideale Schalter (Bild 5.3a), so ergibt sich folgendes Bild:

Im Bereich der Scheitelwerte von u_e erdet eine der Dioden D_1 oder D_2 einen
Pol von u_e, während der andere Pol über die Dioden D_4 bzw. D_3 den Kondensator C

a)

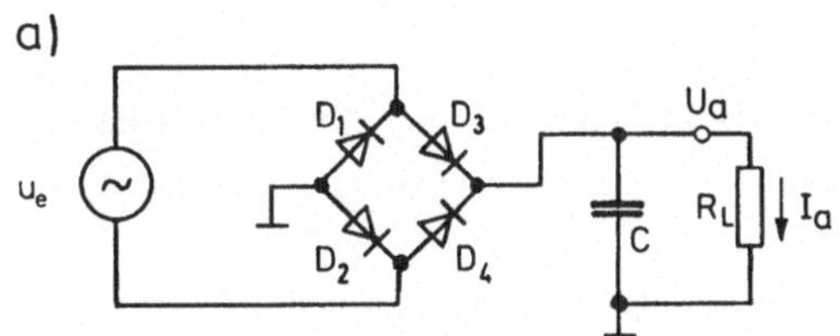

c)

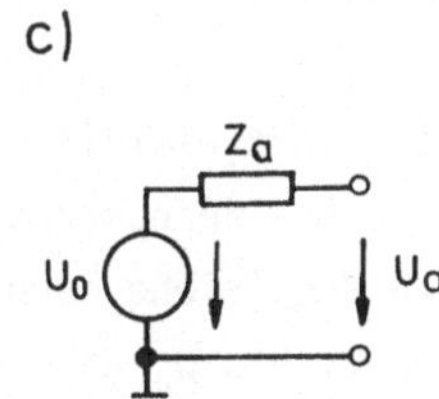

b)

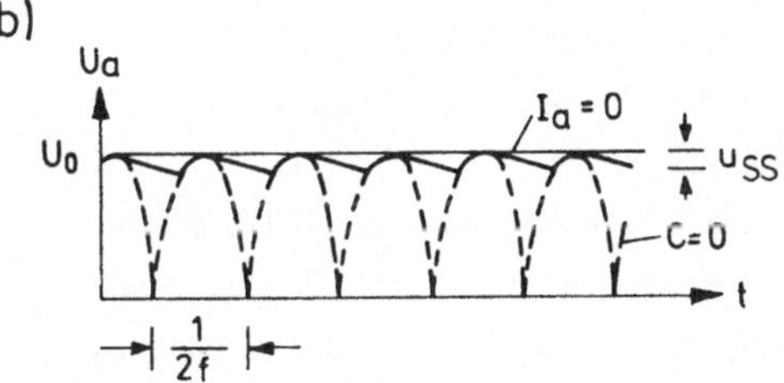

Bild 5.8.
Die Vollweggleichrichtung: Schaltung
(a), Ausgangsspannung (b) und Gleichstromersatzschaltung (c).

auf den Scheitelwert U_o auflädt. Bis zur nächsten Aufladung bleiben die Dioden gesperrt. In der Zwischenzeit entlädt sich C über den Lastwiderstand R_L. Dabei führt der Verlust der Ladung $I_a/(2f)$ zu einem Spannungsverlust u_{SS} 'von Spitze zu Spitze':

$$u_{SS} = \frac{I_a}{2fC} \tag{5.5}$$

Die mittlere Ausgangsspannung U_a kann durch $U_o - u_{SS}/2$ angenähert werden, woraus sich die Ausgangsimpedanz

$$Z_a \cong 1/4fC \tag{5.6}$$

der Ersatzschaltung in Bild 5.8c zur Beschreibung des Gleichstromverhaltens am Ausgang ergibt. Hohe Frequenz und große Pufferkapazität C verbessern die Qualität der Schaltung.

5.3.2 Die Kaskadenschaltung

Diese auch nach Villard benannte Schaltung dient zur Erzeugung einer Gleichspannung, die ein Vielfaches des Scheitelwertes U_o einer Wechselspannung u_e beträgt.

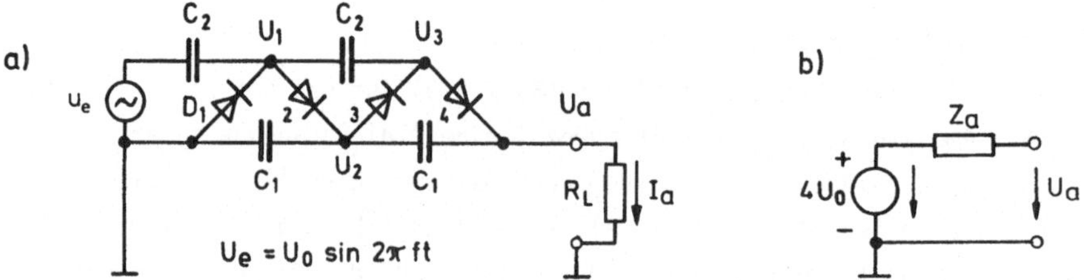

Bild 5.9. Zweistufige Kaskade: Schaltung (a) und Ersatzschaltung (b) für das Gleichstromverhalten.

Bild 5.9 zeigt eine zweistufige Kaskade und die Ersatzschaltung für ihr Gleichstromverhalten. Ihre Berechnung kann unter den folgenden vereinfachenden Annahmen durchgeführt werden (siehe auch Bild 5.10):

- Die Dioden D_1 bis D_4 sind ideale spannungsgesteuerte Schalter (ideale Dioden).
- Sie sind zu den Schaltzeiten T_{13} und T_{24} (Bild 5.10a) nur unendlich kurze Zeit leitend, die aber zum Ladungstransport ausreicht.
- Die Kaskade ist im stationären und linearen Zustand, d.h. der Laststrom I_a ist konstant und klein genug, um U_a nur unwesentlich zu beeinflussen.

Unter diesen Voraussetzungen kann die zweistufige Kaskade in Bild 5.9a durch die drei Ersatzschemata d bis f in Bild 5.10 dargestellt werden. Zu den Schaltzeiten T_{13} sind die Dioden D_1 und D_3 leitend, zu den Zeiten T_{24} die Dioden D_2

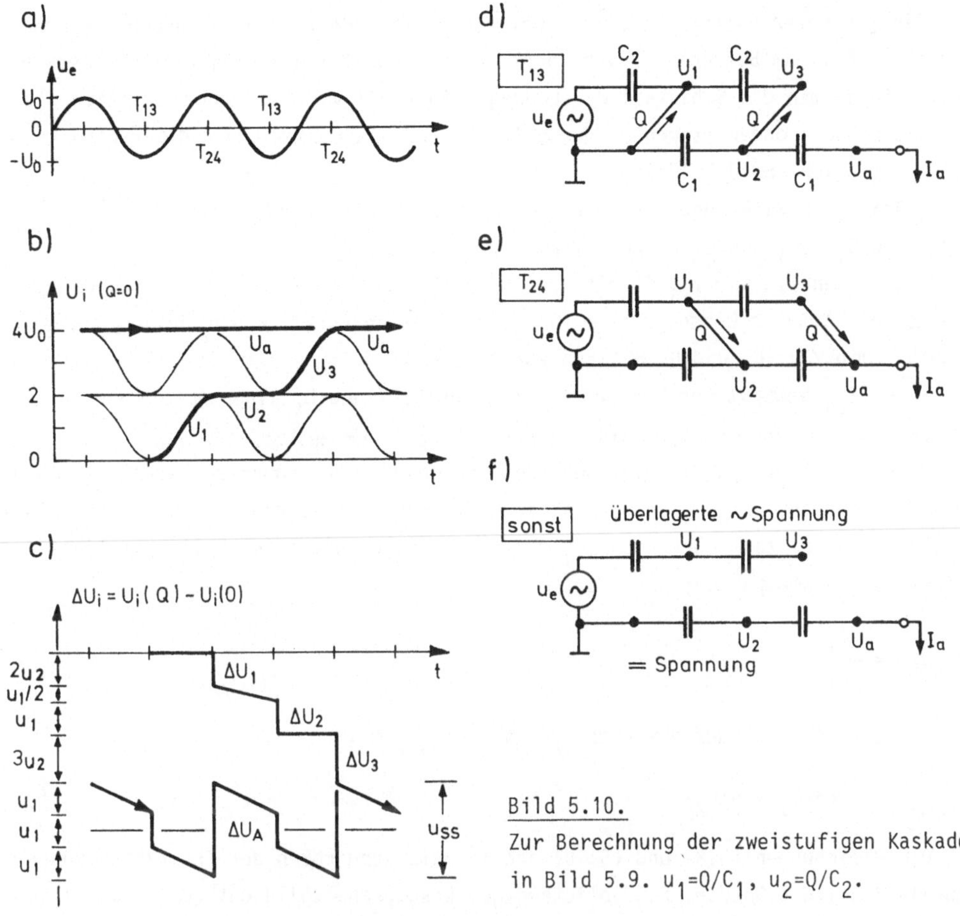

Bild 5.10.
Zur Berechnung der zweistufigen Kaskade
in Bild 5.9. $u_1 = Q/C_1$, $u_2 = Q/C_2$.

und D_4. Aus Gründen der Ladungserhaltung transportieren die Dioden zu den jeweiligen Schaltzeiten die Ladung

$$Q = I_a/f \quad , \tag{5.7}$$

die während der Wechselspannungsperiode $1/f$ durch I_a abgeführt wird.

Zur Berechnung der Leerlaufspannung der unbelasteten Kaskade ($I_a = 0$) verfolgen wir das Schicksal einer infinitesimalen Probeladung (Bild 5.10b). Zu einem Zeitpunkt T_{13} gelangt sie über D_1 von Masse zu U_1. Bis zum nächsten Schaltvorgang bei T_{24} wird sie über den linken Kondensator C_2 auf $2U_0$ 'hochgepumpt' und kommt darauf mit diesem Potential über D_2 zu U_2. Dieses Potential bleibt bis zum nächsten Schaltvorgang bei T_{13} unverändert und wird dann gleich U_3. Hier erhöht sich das Potential unserer Testladung von $2U_0$ auf $4U_0$ und bestimmt zur nächsten Schaltzeit T_{24} das stationäre Ausgangspotential

$$U_a(I_a=0) = 4U_0 \quad . \tag{5.8}$$

Die genannten Potentiale U_i der belasteten Kaskade werden gegenüber dem unbelasteten Fall um Beträge ΔU_i verändert. Diese erhält man analog zum unbelasteten Fall, indem man das Schicksal der Ladung Q in (5.7) verfolgt und zusätzlich die Entladung der Kondensatoren C_1 durch I_a während einer Schwingungsdauer berücksichtigt (siehe Bild 5.10c):

- Bei T_{13} bewirkt der Transport von Q durch D_3 einen Abfall von U_2 und U_a um $u_1 = Q/C_1$. (U_1 und U_3 nehmen um $2u_2$ bzw. $3u_2$ zu, $u_2 = Q/C_2$.)

- Zwischen T_{13} und T_{24} fließt die Ladung Q/2 bei U_a ab und bewirkt an den in Serie geschalteten Kondensatoren C_1 einen linearen Abfall von U_a um u_1, sowie von U_2 um $u_1/2$. (U_1 und U_3 bleiben konstant.)

- Bei T_{24} bewirkt der Transport von Q durch D_2 und D_4 einen Abfall von U_1 und U_3 um $2u_2$ bzw. $3u_2$. Gleichzeitig nehmen U_a und U_2 um $3u_1$ bzw. $2u_1$ zu.

Berücksichtigt man die Gleichheit entsprechender benachbarter Potentiale nach dem Ladungstransport zu den Schaltzeiten T_{13} und T_{24}, so erhält man die in Bild 5.10c dargestellten Änderungen ΔU_i gegenüber dem unbelasteten Fall. Man liest direkt die Brummspannung $u_{SS} = 3u_1$, mit (5.7)

$$u_{SS} = \frac{3I_a}{fC_1} \quad , \tag{5.9}$$

ab und erhält durch Aufsummieren $U_a = 4U_0 - I_a Z_a$ mit

$$Z_a = \frac{1}{f}\,(3/C_1 + 5/C_2) \quad . \tag{5.10}$$

Die Gleichungen (5.8) und (5.10) stellen die Kenngrößen der Ersatzspannungsquelle in Bild 5.9b dar. Ein vollständiges Ersatzschaltbild enthielte zusätzlich eine Quelle für den Kleinsignalanteil von ΔU_A (Bild 5.10c) mit der Amplitude $u_{SS}/2$.

Aufgrund entsprechender Überlegungen erhält man für eine n-stufige Kaskade folgende Kenngrößen:

$$U_a(I_a = 0) = 2nU_0 \tag{5.11}$$

$$Z_a = \frac{n}{6f}\,\Big(\frac{2n^2 + 1}{C_1} + \frac{(2n+1)(n+1)}{C_2}\Big) \tag{5.12}$$

$$u_{SS} = \frac{n(n+1)}{2fC_1}\,I_a \tag{5.13}$$

Mit zunehmender Stufenzahl nimmt die Qualität der Kaskade schnell ab. Bild 5.11 zeigt die technische Realisierung einer dreistufigen Kaskade am Kernforschungszentrum Karlsruhe. Sie diente zur Erzeugung einer Beschleunigungsspannung von 900 kV für einen Cockroft-Walton-Beschleuniger.

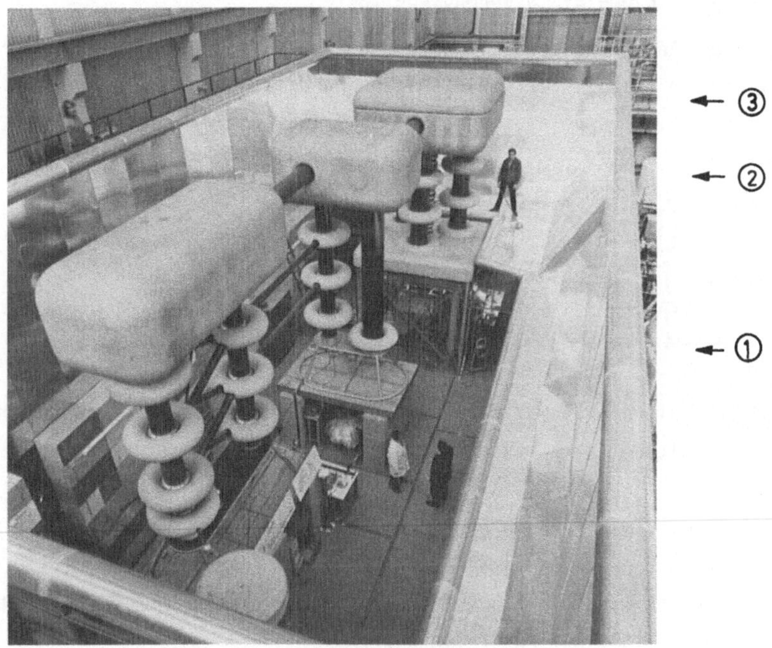

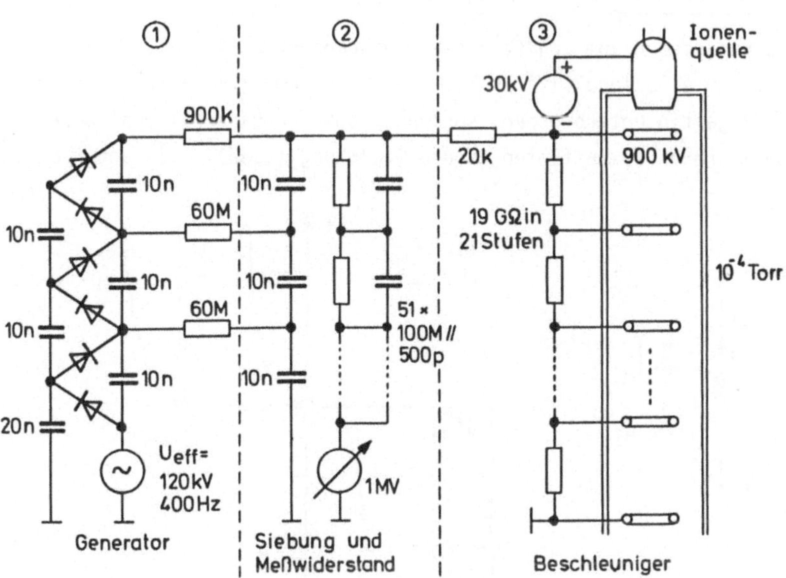

Bild 5.11. Dreistufige Kaskade zur Erzeugung einer Beschleunigungsspannung von 900 kV am Kernforschungszentrum Karlsruhe

5.3.3 Die Zener-Diode als Spannungsquelle

Eine typische Anwendung der Zener-Diode besteht darin, aus einer ungeregelten
Spannung U eine stabilisierte Gleichspannung U_Z zu erzeugen (Bild 5.12a). Der
Diodenstrom ist bei unbelastetem Ausgang maximal und wird um den Laststrom

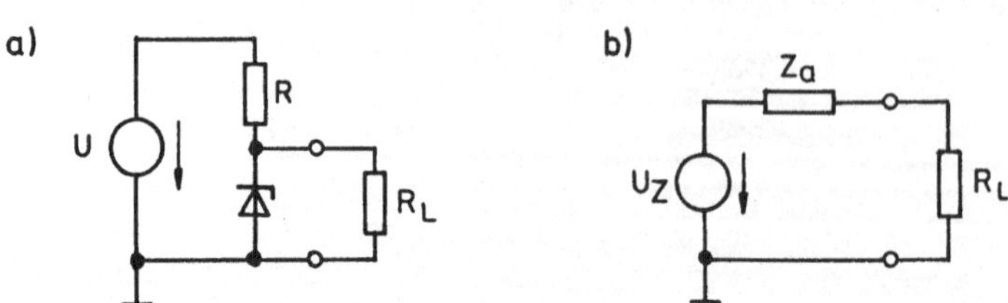

<u>Bild 5.12.</u> Schaltung (a) zur Erzeugung einer stabilisierten Gleichspannung U_Z
und Ersatzschaltung (b) zur Beschreibung des Gleichstromverhaltens

U_Z/R_L verringert. Wählt man R groß gegenüber der Zener-Impedanz r_Z, so wird der
Innenwiderstand Z_a einer äquivalenten Gleichstromersatzschaltung (Bild 5.12b)
etwa gleich r_Z (2 bis 10 Ω). Schwankungen der Primärspannung U übertragen sich
auf den Ausgang mit einem Abschwächungsfaktor

$$(r_Z\|R_L)/(r_Z\|R_L + R) \cong r_Z/R \quad . \tag{5.14}$$

5.3.4 Eine Klammerschaltung mit Zener-Dioden

Klammerschaltungen dienen zum Schutz gegen Überspannungen. Bild 5.13a zeigt eine
Schutzschaltung für eine Induktivität L. Wird ihr Strom, z.B. durch Lösen der
Anschlüsse, schlagartig unterbrochen, so können ohne Schutzschaltung Induktions-
spannungen von mehreren kV auftreten (siehe Gleichung (1.32)), die unter Umstän-

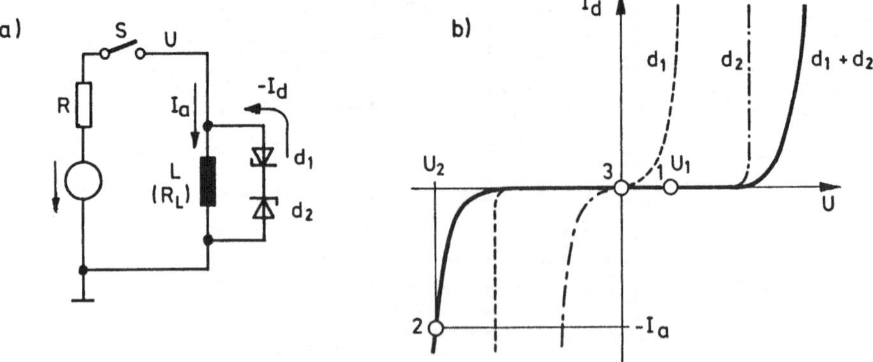

<u>Bild 5.13.</u> Schutzschaltung für eine Induktivität L mit Zener-Dioden (a) und
Kennlinie der in Serie geschalteten Klammerdioden d_1 und d_2 (b)

den die Isolation der Wicklungen zerstören oder nach Maßgabe der gespeicherten
Energie (1.35) den Experimentator gefährden.

Die Arbeitsweise der Schutzschaltung wird anhand der in Bild 5.13b dargestellten Kennlinie erläutert. Diese erhält man, wenn man bei vorgegebenem Diodenstrom
I_d die Summe der an den Schutzdioden d_1 und d_2 abfallenden Spannungen aufträgt.
Bei geschlossenem Schalter S fällt an der Spule eine Spannung $U_1 = I_a R_L$ ab. In
dem entsprechenden Arbeitspunkt 1 der Kennlinie ist die Diodenschaltung hochohmig und daher $I_d \cong 0$. Beim Öffnen von S kann der Spulenstrom I_a nicht springen.
Er fließt als $I_d = -I_a$ durch d_2 und d_1 und erzeugt dabei nach Maßgabe der Kennlinien $(d_1 + d_2)$ die Spannung U_2 im Arbeitspunkt 2. Der Diodenstrom nimmt dann
mit der Relativgeschwindigkeit $(dI_d/dt)/I_d = -(r+R_L)/L$ ab bis der stromlose Zustand erreicht ist (Arbeitspunkt 3). Hierbei nimmt der dynamische Widerstand
$r = dU/dI_d$ der gezeigten Diodenschaltung während des Abklingens von I_d zu, wodurch sich der Abbau der gespeicherten Spulenenergie zwischen Punkt 2 und 3
beschleunigt.

Die gezeigte Schaltung ist für beide Stromrichtungen wirksam. Für unipolaren
Gleichstrom würde eine gegenüber I_a in Sperrichtung gepolte Flächendiode theore-
tisch ausreichen.

5.3.5 Kippschaltungen mit Tunneldioden

Das Schaltverhalten der Tunneldiode soll zunächst anhand des astabilen Multivibrators in Bild 5.14 erklärt werden. Dieser besteht aus einer Serienschaltung
des Widerstandes R (13 Ω), der äußeren Induktivität L (100 µH) und einer Tunneldiode. Diese ist gemäß Bild 5.5c durch ihr induktions- und kapazitätsfreies
Analogon (offenes Symbol) und ihre Kapazität C_j ersetzt zu denken. Die abschnittweise linearisierte Ersatzkennlinie in Bild 5.14b entspricht der Diode 1N3857.
Der Arbeitspunkt liegt im instabilen Bereich negativen dynamischen Widerstandes r
(-22 Ω). Hier ergibt sich die linearisierte Ersatzkennlinie aus der Serienschaltung einer Spannungsquelle U_{34} (0.24 V) mit r. Zwischen den Punkten 1 und 2
bzw. 5 und 6 ist r positiv (10 bzw. 28 Ω), und die entsprechenden Spannungen betragen 0 V bzw. $U_{56} = 0.51$ V. Zwischen den Punkten 2 und 3 sowie 4 und 5 verhält
sich die Diode wie eine Stromquelle mit $I_p = 5$ mA bzw. $I_v = 0.5$ mA.

Die Schaltung in Bild 5.14a stellt einen Schwingkreis dar, in welchem der
Strom i durch die ideale Tunneldiode der statischen (linearisierten) Kennlinie
und der Strom I durch die reale Tunneldiode der dynamischen Kennlinie (Punkte
1-2-6-5-1) folgt. Die Differenz I - i lädt die Diodenkapazität C_j um. Da diese
sehr klein ist (8 pF), sind die Übergänge längs der statischen Kennlinie sehr
schnell, und I bleibt in den horizontalen Bereichen praktisch konstant. Eine
quantitative Berechnung, bei der in den Knickpunkten der statischen Kennlinie
Stetigkeit in u und $du/dt = (I-i)/C_j$ zu berücksichtigen ist, gibt in guter Nähe-

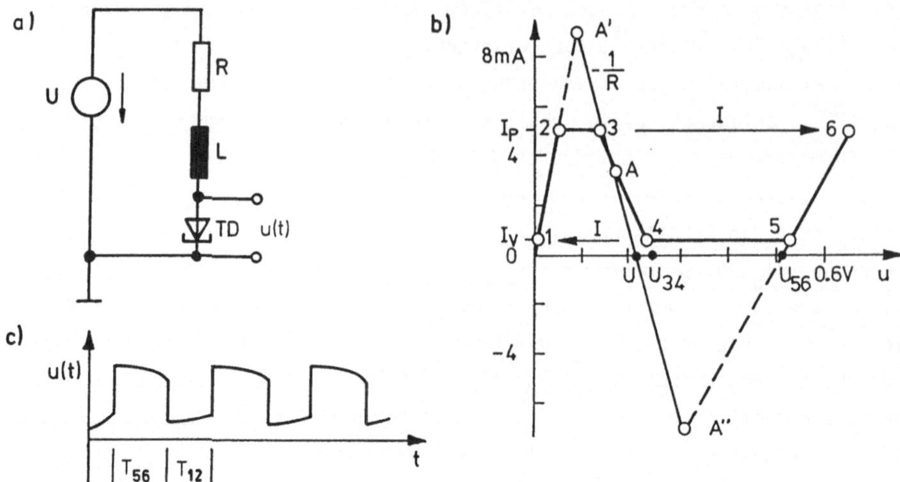

Bild 5.14. Tunneldiodenmultivibrator: Schaltung (a), statische und dynamische Kennlinie (b) und Ausgangsspannung (c).

rung folgendes Bild:

- Übergang 1-2: Kriechfall mit den beiden Zeitkonstanten $\tau_1 = L/(R+r) = 7.7$ µs und $\tau_2 = rC_j = 80$ ps. Während die τ_2-Komponente schnell abgeklungen ist, strebt der momentane Arbeitspunkt wie bei einer RL-Kombination dem Punkt A' zu. Die zwischen den Punkten 1 und 2 benötigte Zeit (5.7 µs) ergibt sich aus

$$T_{12} = \frac{L}{R+r} \ln \frac{I_{A'}-I_v}{I_{A'}-I_p} \tag{5.15}$$

mit $I_{A'} = U/(R+r)$.

- Übergang 2-3: Schwingfall mit $\omega_e = 1/\sqrt{LC_j} = 3.5 \cdot 10^7$/s und $\tau = 2L/R$. Nach $T_{23} = 39.5$ ns ist Punkt 3 erreicht.

- Übergang 3-4: 'Kriechfall' mit $\tau_1 = L/R$ und $\tau_2 = rC_j = -176$ ps. Die Amplitude der langsamen Komponente ist vernachlässigbar, und der exponentielle Anstieg der τ_2-Komponente führt zu $T_{34} = 910$ ps.

- Übergang 4-5: Schwingfall, wie Übergang 2-3. Nach $T_{45} = 500$ ps ist Punkt 5 erreicht.

- Übergänge 5-6-5: Wie Übergang 1-2, jedoch sind die Amplitudenverhältnisse so, daß Punkt 6 nach $T_{56} = 680$ ps erreicht wird und anschließend der momentane Arbeitspunkt mit der großen Zeitkonstante τ_1 dem Schnittpunkt A'' mit der Arbeitsgeraden zustrebt. Punkt 5 ist nach

$$T_{65} = \frac{L}{R+r} \ln \frac{I_p-I_{A''}}{I_v-I_{A''}} \quad , \tag{5.16}$$

in diesem Beispiel nach 3.65 μs, erreicht.

- Die Übergänge zwischen 5 und 1 verlaufen entsprechend den Übergängen von 2 nach 6 und sind vergleichbar schnell.

Die Neigung der dynamischen Kennlinie zwischen den Punkten 2, 3 und 6 läßt sich aus der Abnahme $LI_p\Delta I$ der Spulenenergie und der Zunahme $C_j(U_{pp}^2-U_p^2)/2$ der Kondensatorenergie abschätzen, mit dem Ergebnis $\Delta I/(U_{pp}-U_p) = 5.6$ μS oder $\Delta I/I_p = 5.6\cdot10^{-4}$. Hierbei sind weitere Verluste, z.B. durch Abstrahlung, nicht berücksichtigt. Die dynamische Kennlinie zwischen den Punkten 2 und 6 verläuft also praktisch horizontal. Das gleiche trifft für den Übergang von 5 nach 1 zu.

Die Schaltung in Bild 5.14a läßt sich durch Veränderung der Arbeitsgeraden leicht in weitere interessante Kippschaltungen verwandeln:

- Durch Verringern von U kann man den nun stabilen Arbeitspunkt zwischen die Punkte 1 und 2 verlegen. Man erhält auf diese Weise einen Univibrator ('one shot'). Wird ein kurzer positiver Stromimpuls zwischen Induktivität und Diode eingekoppelt, der I über I_p anhebt, so wird die dynamische Kennlinie einmal durchlaufen. u(t) besteht dann näherungsweise aus einem relativ langen Rechteckimpuls mit extrem steilen Flanken. In einem Tunneldiodendiskriminator ist U und damit die Ansprechschwelle des Univibrators einstellbar.

- Durch Vergrößern von U läßt sich der stabile Arbeitspunkt zwischen die Punkte 5 und 6 verlegen. Man erhält damit einen Univibrator oder Diskriminator für negative Stromimpulse.

- Durch Vergrößern von U und R lassen sich zwei stabile Arbeitspunkte A_1 (zwischen 1 und 2) und A_2 (zwischen 5 und 6) realisieren mit dem Ergebnis einer bistabilen Kippstufe (Speicherzelle oder 'flip-flop'). Diese befindet sich nach einem positiven Stromimpuls im Zustand A_2 und schaltet nach dem nächsten negativen Stromimpuls von A_2 nach A_1.

5.E DO IT YOURSELF

5.E.1 Diodenkennlinien

Diodenkennlinien können mit Hilfe der Schaltung nach Bild 1.16 oszilloskopisch dargestellt werden. Zwischen dem 1-kΩ-Potentiometer und Punkt 3 sollte jedoch eine Diode eingefügt werden, um so mit Halbwellen der einen oder anderen Polarität Durchlaß- und Sperrbereich getrennt darstellen zu können. Bei den Untersuchungen ist die Einhaltung der vom Hersteller angegebenen Grenzwerte zu beachten. Als Meßobjekte dienen:

    eine Si-Allzweckdiode   (z.B. 1N4004),
    eine Si-Schottky-Diode   (z.B. 1N5818),
    eine Si-Zener-Diode   (z.B. ZD6.8),
    eine Ge-Allzweckdiode   (z.B. OA85),

eine Ge-Tunneldiode   (z.B. 1N3717) und

eine Ge-Backwarddiode (z.B. BD3).

An die Übersicht über die charakteristischen Kennlinien dieser Dioden können sich einige Detailmessungen anschließen:

a) Aus der inversen Steigung der Durchlaßkennlinie in einem Punkt A, d.h. dem dynamischen Widerstand r bei einem Strom I_A (z.B. $I_A = 50$ mA bei der Si-Diode 1N4004), erhält man mit (5.3) den Wert von U_T und weiter mit (5.1) den Wert von I_s für diese Diode.

b) Die inverse Steigung der Kennlinie der Zener-Diode im Zener-Gebiet bei einem Strom I_A ergibt die Zener-Impedanz r_Z (vergl. Abschnitt 5.2.1). Diese Steigung ist aber so groß, daß die Ablesung am Oszilloskop Schwierigkeiten macht. Daher wird mit der modifizierten Schaltung nach Bild 5.15 der Arbeitspunkt A ($I_A \approx 35$ mA) mit einer Gleichspannungsquelle eingestellt und mit Hilfe der Wechselspannungsquelle nur ein Bereich von etwa ± 5 mA um A dynamisch durchlaufen.

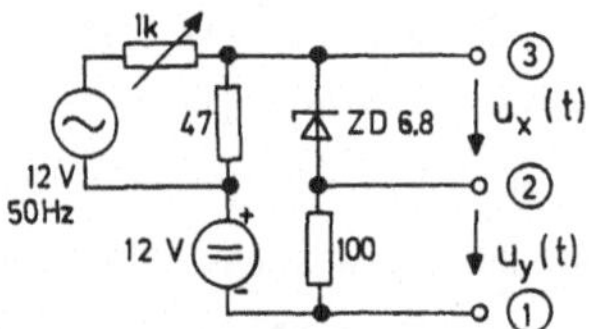

Bild 5.15.
Schaltung zur oszilloskopischen Bestimmung der Zener-Impedanz

Am Oszilloskop wird bei gleichspannungsentkoppelten Eingängen (Eingangsschalter auf AC) eine Gerade dargestellt, deren Steigung problemlos meßbar ist. (Die Gleichspannungsentkopplung, d.h. ein eingefügter Kondensator, bewirkt eine geringe Phasenverschiebung, die sich dadurch äußert, daß die Gerade zu einer schmalen Ellipse wird.)

c) Aus der oszilloskopischen Darstellung der Tunneldiodenkennlinie werden die in Bild 5.5 definierten Größen U_p, U_v, U_{pp}, I_v, I_p sowie die Steigungen der linearisierten Näherung gemäß Bild 5.14b ermittelt.

5.E.2 Vollweggleichrichtung

Die Schaltung nach Bild 5.8a wird mit einer 12-V-Wechselspannungsquelle, vier Si-Allzweckdioden und einem Ladekondensator $C = 10$ µF aufgebaut. Die Gleichspannung U_0 am unbelasteten Ausgang ($R_L = \infty$) wird mit dem Scheitelwert der Wechselspannung verglichen. Dann wird mit einem Lastwiderstand ($R_L = 2.2$ kΩ) der Spannungsverlust u_{SS} und die mittlere Ausgangsspannung U_a gemessen. Aus U_0, U_a und R_L ergibt sich die Ausgangsimpedanz Z_a:

$$Z_a = (U_0 - U_a) R_L / U_a \tag{5.17}$$

Finden Sie die Näherungsformeln (5.5) und (5.6) bestätigt?

5.E.3 Spannungsquelle mit Zener-Diode

Die Schaltung nach Bild 5.12 wird mit $R = 220\ \Omega$ aufgebaut. Die Zenerimpedanz r_Z der verwendeten Diode wird nach zwei Methoden bestimmt:

- Aus der Änderung ΔU_Z der Leerlaufspannung bei Wechsel der Betriebsspannung U zwischen 12 und 24 V wird r_Z unter Verwendung von (5.14) berechnet. Der Eingangsschalter des Oszilloskops steht dabei auf DC.

- Bei konstanter Betriebsspannung U und bei unterschiedlicher Belastung wird die Ausgangsimpedanz $Z_a = R_L \| r_Z \cong r_Z$ gemäß (5.17) ermittelt. Zur Erhöhung der Meßgenauigkeit wird der Lastwiderstand R_L (1kΩ oder 330 Ω) über den 100-Hz-Schalter angeschlossen und die Änderung der Ausgangsspannung mit dem Oszilloskop gemessen. Dabei steht dessen Eingangsschalter zur Bestimmung von U_Z auf DC, zur Bestimmung deren Änderung auf AC.

5.E.4 Spannungsvervielfacher

Die Schaltung nach Bild 5.9 wird mit $u_e = 12\ V_{eff}$, vier Si-Allzweckdioden und $C_1 = 10\ \mu F$ und $C_2 = 1\ \mu F$ aufgebaut und die mittlere Ausgangsspannung U_a und die Brummspannung u_{SS} in Abhängigkeit von der Belastung ($R_L = \infty$, 1 MΩ, 470 kΩ und 220 kΩ) oszilloskopisch gemessen. Bei der Messung von U_a steht der Oszilloskop-Eingangsschalter auf DC (Eingangsimpedanz R_e typisch 1 MΩ), bei der Messung von u_{SS} auf AC ($R_e = \infty$). Die zusätzliche Belastung der Kaskade durch R_E kann durch Verwendung eines 10:1-Tastkopfes (frequenzkompensierter Spannungsteiler, R_E typisch 10 M) verringert werden.

Die Ausgangsimpedanz Z_a wird gemäß (5.17) ermittelt und mit (5.6) verglichen, ebenso u_{SS} mit (5.5).

5.E.5 Kippschaltungen mit einer Tunneldiode

a) <u>Multivibrator</u>: Die Schaltung nach Bild 5.16 ist geeignet zur Erzeugung von Kippschwingungen über einen breiten Frequenzbereich. Der 680-Ω-Widerstand dient dem Schutz der Tunneldiode (TD), der 100-Ω-Widerstand am Ausgang verhindert einen zu starken Einfluß der Oszilloskopzuleitung. Die Spannungsquelle mit Spannungsteiler hat einen nahezu konstanten Innenwiderstand von 22 Ω über den Spannungsregelbereich von 0 bis 0.4 V. Die zugehörige Arbeitsgerade kann so verschoben werden, daß sie die TD-Kennlinie an einer beliebigen Stelle negativen differenziellen Widerstandes oder auch außerhalb dieses Bereichs schneidet. Im ersteren Fall treten Kippschwingungen auf, deren Amplituden und

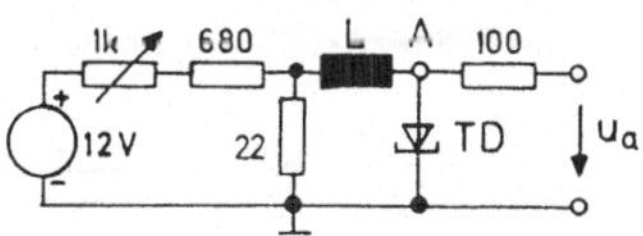

Bild 5.16. Tunneldiodenmultivibrator an einer Spannungsquelle mit Spannungsteiler. Die Frequenz des Multivibrators hängt von der Induktivität L (z. B. 15 μH oder 1 H) ab.

Zeiten oszilloskopisch gemessen werden. Wenn die zuvor beobachtete TD-Kennlinie entsprechend Bild 5.14 linearisiert wird, können die gemessenen Zeiten mit den nach (5.15) und (5.16) berechneten Zeiten verglichen werden. Die Amplituden sollten $U_6 - U_2$ bzw. $U_5 - U_1$ in Bild 5.14 entsprechen.

b) <u>Univibrator</u>: Bei kleinstmöglicher Spannung am 22-Ω-Widerstand schneidet die Arbeitsgerade die TD-Kennlinie vor dem Peak. Kurze Stromimpulse zum Triggern dieses Univibrators liefert folgende Schaltung: -12 V an Spannungsteiler 10 kΩ (variabel) und 10 Ω (an Masse) legen; Spannung am 10-Ω-Widerstand mit 100-Hz-Schalter periodisch kurzschließen und resultierendes Signal über 2.2-kΩ-100-pF-Serienschaltung dem Punkt A in Bild 5.16 zuführen.

c) <u>Flipflop</u>: Eine Arbeitsgerade, die zwei stabile Arbeitspunkte aufweist, erhält man, wenn die Tunneldiode - jetzt ohne Induktivität - an einem entsprechend hochohmigen Spannungsteiler betrieben wird, z.B. 12-V-Quelle mit Vorwiderstand 3.3 kΩ und Parallelwiderstand 470 Ω. Nach kurzzeitigem Kurzschließen der Tunneldiode bleibt sie anschließend im Arbeitspunkt mit der kleineren Spannung (etwa 20 mV), nach kurzzeitigem Parallelschalten von 10 kΩ zu den 3.3 kΩ bleibt sie bei der größeren Spannung (etwa 0.5 V).

5.E.6 Simulation des Einschaltverhaltens einer 2-stufigen Kaskade

Bild 5.17a zeigt die Eingabe für PSPICE (siehe Anhang E) zur Simulation einer zweistufigen Kaskade nach Bild 5.9. Am Eingang liegt eine 50-Hz-Sinusspannung mit 10 V Spitzenwert. Das Einschwingverhalten der Ausgangsspannung wird für verschiedene Lastwiderstände R_L berechnet (Bild 5.17b).

Vergleichen Sie auch für andere Dimensionierungen die mittlere Ausgangsspannung und die überlagerte Brummspannung mit den Näherungen (5.12) und (5.13).

a)
```
2-STUFIGE KASKADE, C1=10µF, C2=1µF
VE 1 0 SIN (0 10 50)
D1 0 2 D1N4148
C21 1 2 1U
D2 2 3 D1N4148
C11 0 3 10U
D3 3 4 D1N4148
C22 2 4 1U
D4 4 5 D1N4148
C12 3 5 10U
RL 5 0 {R}
.PARAM R 100G
.STEP PARAM R LIST 100G 100K 20K
.LIB C:\LIB\EVAL.LIB
.TRAN 5M 2
.PROBE
.END
```

b)
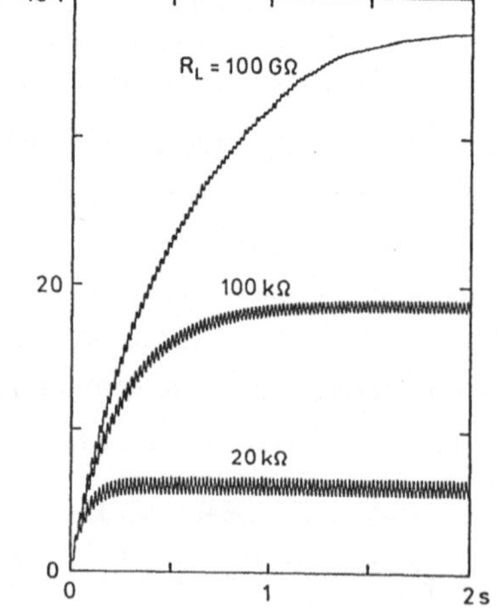

<u>Bild 5.17.</u> Eingabe für PSPICE (a) und Einschaltverhalten (b) der Ausgangsspannung einer 2-stufigen Kaskade für verschiedene Lastwiderstände R_L

6. Transistoren und Eintransistorschaltungen

Transistoren sind drei- oder mehrpolige steuerbare Halbleiterbauelemente, die zur Strom- und/oder Spannungsverstärkung elektrischer Signale dienen.

In diesem Kapitel werden zunächst die Eigenschaften und Kenngrößen des bipolaren Transistors sowie linearisierte Ersatzschaltungen behandelt. Darauf folgt anhand zweier Beispiele eine ausführliche Erklärung der Dimensionierung von Eintransistorschaltungen (Abschnitt 6.2). Die anschließende detaillierte Durchrechnung mehrerer Eintransistorschaltungen mit Hilfe der Methoden der linearen Netzwerkanalyse und die Dimensionierungsbeispiele sollen den Leser in die Lage versetzen, übliche Näherungen (Abschnitt 6.5) sinnvoll anzuwenden und die Grenzen dieser Näherungen zu erkennen.

6.1 Der bipolare Transistor

Der bipolare Transistor ist ein stromgesteuertes stromverstärkendes Halbleiterbauelement. Er besteht aus einem Halbleiterkristall (Substrat aus Ge oder Si), welcher zwischen drei Dotierungszonen zwei PN-Übergänge aufweist. Nach der Dotierungsfolge unterscheidet man zwei komplementäre Typen: Den NPN- und den PNP-Transistor (Bild 6.1).

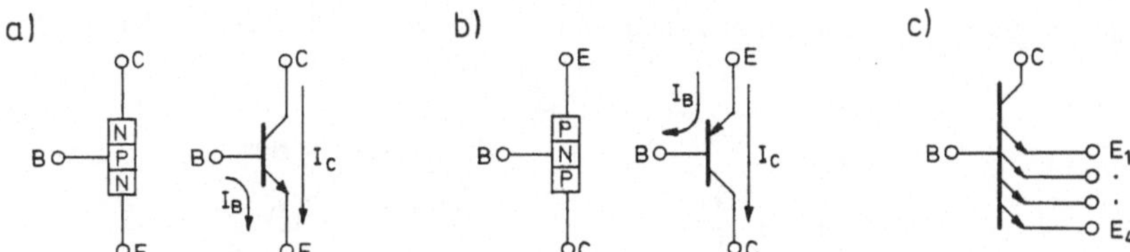

Bild 6.1. Aufbauprinzip und Schaltsymbol von bipolaren NPN- (a) und PNP-Transistoren (b) und Multiemittertransistor (c). C = Kollektor, B = Basis, E = Emitter.

Im normalen Betriebszustand ist die Basis-Emitter-Diode in Durchlaßrichtung gepolt, und es fließt ein Basisstrom I_B. Dabei werden bewegliche Ladungsträger in die benachbarte, in Sperrichtung gepolte Basis-Kollektor-Diode injiziert, so daß ein Kollektorstrom I_C zwischen Kollektor und Emitter fließen kann. Das Verhältnis zwischen Kollektor- und Basisstrom nennt man Stromverstärkung $\beta = I_C/I_B$. Durch dünne Basisschichten (ein bis einige Mikrometer) und spezielle Dotierungen erzielt man β-Werte bis zu etwa 1000. Entsprechend dem Aufbau des Transistors kann die Rolle von Kollektor und Emitter vertauscht werden. Allerdings ist β im inversen Betrieb etwa um einen Faktor 10 geringer als im normalen Betrieb.

Für höchste Frequenzen verwendete man früher vorzugsweise Legierungstransistoren (Bild 6.2a). Heute hat sich die Technik der Planartransistoren (Bild 6.2b) weitgehend durchgesetzt, insbesondere für integrierte Schaltungen.

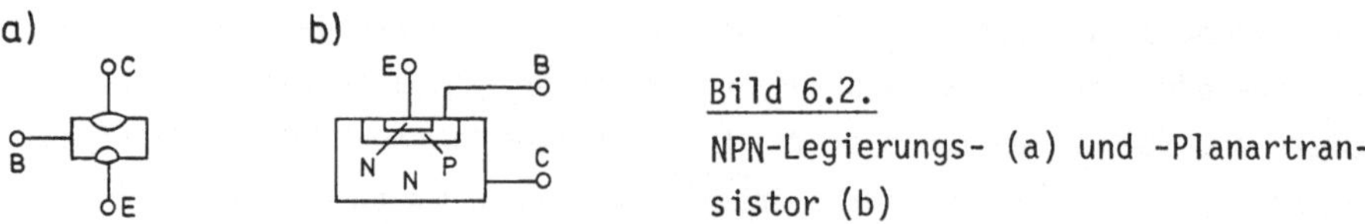

Bild 6.2.
NPN-Legierungs- (a) und -Planartransistor (b)

Beim Multiemittertransistor (Bild 6.1c) sind mehrere Emitter E_i in eine Basis-Kollektor-Anordnung eingebettet. Es fließt nur dann kein Kollektorstrom, wenn alle Basis-Emitter-Dioden gesperrt sind. Multiemittertransistoren finden in Digital-Bausteinen Verwendung.

In den folgenden Abschnitten wird nur der NPN-Transistor behandelt. PNP-Transistoren haben vergleichbare Eigenschaften. Lediglich die Vorzeichen der Spannungen zwischen Emitter, Basis und Kollektor sind umgekehrt.

Aufgrund ihres Aufbaus aus Basis-Emitter-Diode und Basis-Kollektor-Diode können bipolare Transistoren wie gewöhnliche Dioden mit einem Ohmmeter grob auf ihre Funktionstüchtigkeit geprüft werden.

6.1.1 Kennlinien und Kenngrößen

Die Eingangskennlinie eines NPN-Transistors ist in Bild 6.3b dargestellt. Im Durchlaßbereich unterscheidet sie sich nur wenig von der einer gewöhnlichen Diode. Die

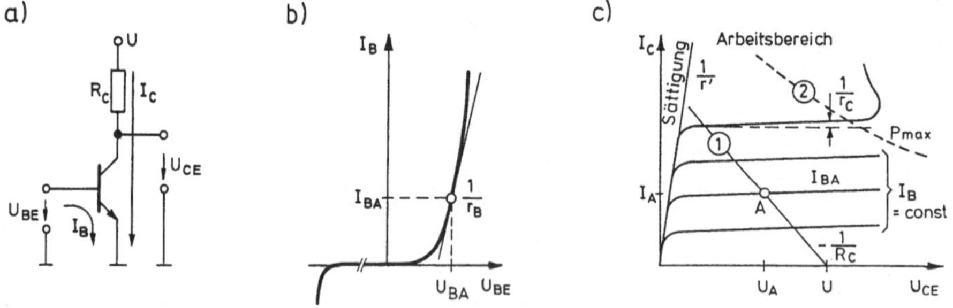

Bild 6.3. Emittergrundschaltung (a), Eingangs- (b) und Ausgangskennlinien (c) eines NPN-Transistors. A = Arbeitspunkt, U = positive Betriebsspannung, 1 = Arbeitsgerade, 2 = Leistungshyperbel.

Durchbruchspannung der Basis-Emitter-Diode ist jedoch meist geringer als die einer Flächendiode und beträgt oft nur 5 bis 10 V. Aus diesem Grund werden zuweilen Schutzdioden mit der Basis-Emitter-Diode in Serie geschaltet.

Die Ausgangskennlinien (Bild 6.3c) bestehen aus einer Schar von Strom-Spannungs-Kurven (Arbeitsbereich). Jede gehört zu einem bestimmten Basisstrom I_B. Der gemeinsame Anstieg im sogenannten Sättigungsbereich ist um Größenordnungen steiler. Für die in Bild 6.3 als Beispiel gezeigte Emittergrundschaltung bestimmt der mit der Spannung U_{BA} verknüpfte Basisstrom I_{BA} den Arbeitspunkt A, definiert durch den Kollektorstrom I_A und die Kollektor-Emitter-Spannung U_A. A liegt im Schnittpunkt der zu I_{BA} gehörenden Ausgangskennlinie mit der Arbeitsgeraden 1. Dabei ist $U-U_A$ der Spannungsabfall am Kollektorwiderstand R_C. Die im Transistor in Wärme umgesetzte Leistung ist $P = I_C U_{CE}$. Sie darf den Maximalwert P_{max} nur während kurzer Zeit überschreiten. Daher muß der statische Arbeitspunkt A unterhalb der Leistungshyperbel 2 liegen.

Die Eingangs- und Ausgangskennlinien des Transistors werden formal durch zwei Funktionen beschrieben. Üblich sind

$$U_{BE} = f_1(I_B, U_{CE}) \quad , \qquad\qquad (6.1)$$

$$I_C = f_2(I_B, U_{CE}) \quad . \qquad\qquad (6.2)$$

In der Umgebung von A können - wie in jedem genügend kleinen Bereich - diese Funktionen als linear in I_B und U_{CE} angenommen werden. Differentielle Änderungen der Ströme und Spannungen (Kleinsignalanteile), die wie üblich mit kleinen Buchstaben bezeichnet werden, sind durch die Hybridparameter h_{ik}^e für die Emittergrundschaltung miteinander verknüpft:

$$u_{BE} = h_{11}^e i_B + h_{12}^e u_{CE} \qquad\qquad (6.3)$$

$$i_C = h_{21}^e i_B + h_{22}^e u_{CE} \qquad\qquad (6.4)$$

$$(U_{BE} = U_{BA} + u_{BE}, \quad I_B = I_{BA} + i_B, \quad U_{CE} = U_A + u_{CE}, \quad I_C = I_A + i_C.)$$

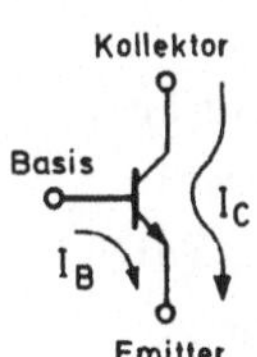

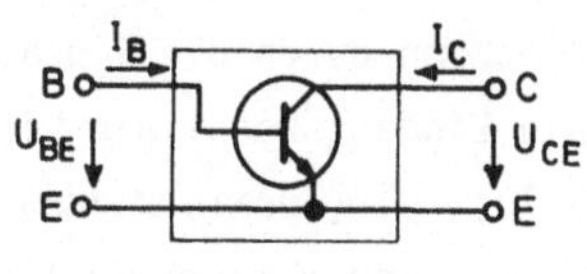

Bild 6.4.
Der Transistor als Vierpol

Die Hybridparameter stellen einen Satz von Vierpolparametern dar, der so gewählt wurde, daß die Transistoreigenschaften besonders einfach aus ihnen hervorgehen:

- Die <u>Kurzschlußeingangsimpedanz</u> oder der dynamische Basis-Emitter-Widerstand

$$h_{11}^e = u_{BE}/i_B \Big|_{u_{CE}=0} \qquad\qquad (6.5)$$

wird auch als h_i ('input') bezeichnet und beträgt nach Gleichung (5.3) bei Zimmertemperatur $r_B = (30 \text{ bis } 50 \text{ mV})/I_{BA}$. ($u_{CE} = 0$ bedeutet: bei konstanter Kollektorspannung $U_{CE} = U_A$.)

- Die <u>Leerlaufspannungsrückwirkung</u>

$$h_{12}^e = u_{BE}/u_{CE}\Big|_{i_B = 0} \tag{6.6}$$

wird auch als h_r ('reverse transfer') bezeichnet. Sie beträgt typisch 10^{-3} bis 10^{-6} und kann meistens vernachlässigt werden.

- Die <u>Kurzschlußstromverstärkung</u>

$$h_{21}^e = i_C/i_B\Big|_{u_{CE} = 0} \tag{6.7}$$

wird auch als h_f ('forward transfer') oder schlicht als Stromverstärkung β bezeichnet. Sie ist schwach arbeitspunkt- und temperaturabhängig und liegt je nach Transistortyp zwischen 20 und 1000. β ist zuweilen erheblichen Exemplarstreuungen unterworfen.

- Der <u>Leerlaufausgangsleitwert</u>

$$h_{22}^e = i_C/u_{CE}\Big|_{i_B = 0} \tag{6.8}$$

wird auch als h_o ('output') bezeichnet. Sein Kehrwert, der differentielle oder dynamische Kollektor-Emitter-Widerstand r_C, nimmt mit zunehmendem Strom ab und liegt im Bereich von 5 kΩ bis 1 MΩ.

Wird der Transistor im Sättigungsbereich betrieben, so kommt als Kenngröße der

- <u>Sättigungswiderstand</u>

$$r' = u_{CE}/i_C\Big|_{\text{Sättigung}} \tag{6.9}$$

hinzu. Er hängt vom Basisstrom I_B ab und beträgt z.B. bei dem NPN-Hochfrequenztransistor 2N2219A etwa $1.3 \ \Omega + 1 \ \text{mV}/I_B$.

6.1.2 Linearisierte Ersatzschaltungen

Zur Berechnung von Schaltungen können Transistoren durch die linearisierte Ersatzschaltung in Bild 6.5 ersetzt werden. Die Eingangskennlinie wird hierbei durch die Netzwerkelemente U_K (Spannungsquelle), D_1 (ideale Diode) und r_B (differentieller Basis-Emitter-Widerstand) bereichsweise linearisiert. Die Knickspannung U_K liegt wie bei Dioden in den folgenden Bereichen:

$$\begin{aligned} U_K &= 0.2 \text{ bis } 0.4 \text{ V für Ge-Transistoren} \\ U_K &= 0.5 \text{ bis } 0.8 \text{ V für Si-Transistoren} \end{aligned} \tag{6.10}$$

Zur linearisierten Beschreibung der Ausgangskennlinien dient die Stromquelle βI_B, D_2 (ideale Diode), r_C (differentieller Kollektor-Emitter-Widerstand) und r' (Sät-

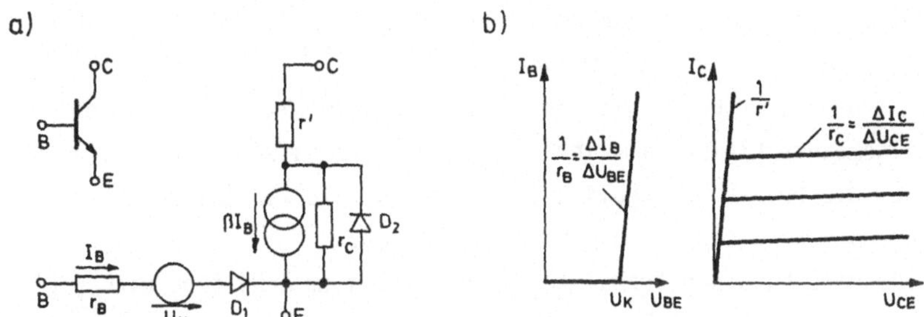

Bild 6.5. Ersatzschaltung (a) zur Linearisierung der Kennlinien (b) eines NPN-Transistors ($r' \ll r_C$)

tigungswiderstand). Bei Sättigung ist D_2 leitend, schließt den Strom βI_B und r_C kurz, und der Transistor wird durch den Widerstand r' beschrieben. Im Arbeitsbereich wirkt der Transistor wie eine Stromquelle βI_B mit dem Innenwiderstand r_C. In diesem Bereich kann r' gegenüber r_C vernachlässigt werden.

r_C hängt vom Arbeitspunkt ab. Für einen Bipolartransistor gilt näherungsweise $r_C = U_Y / I_C$. U_Y wird als Early-Spannung bezeichnet. Sie liegt bei NPN-Transistoren zwischen 80 und 200 V (170 V beim 2N2219A), bei PNP-Transistoren bei 40 bis 150 V.

Der Entwurf einer Transistorschaltung erfolgt in mehreren Schritten (Abschnitt 6.2.2). Ein Schritt besteht aus der Gleichstromdimensionierung zur Festlegung des Arbeitspunktes. Hier genügt es, sofern die Basis-Emitter-Diode nicht gesperrt ist, diese durch eine Spannungsquelle U_K zu ersetzen, die von dem Basisstrom I_B durchflossen wird (Bild 6.6a und b). Je nachdem, ob der Transistor im Arbeits- oder Sättigungsbereich betrieben werden soll, wird die Ausgangskennlinie durch einen Stromgenerator βI_B oder durch den Sättigungswiderstand r' dargestellt.

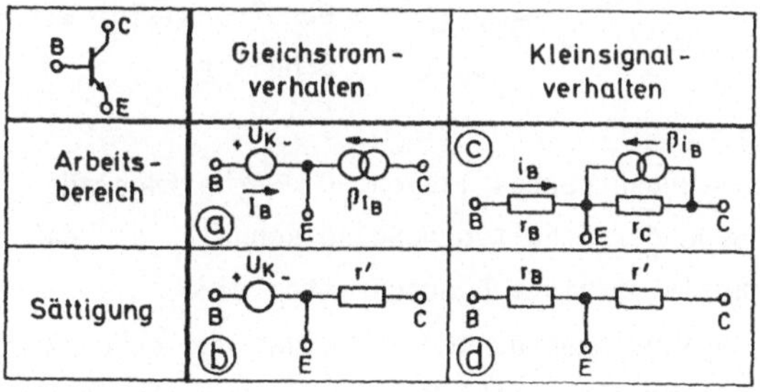

Bild 6.6.
Linearisierte Esatzschaltungen eines NPN-Transistors

Bei der Berechnung des Kleinsignalverhaltens einer Transistorschaltung wird nach dem Überlagerungstheorem vorgegangen: Quellen für konstante Ströme und Spannungen werden durch ihren inneren Widerstand ersetzt. Daher wird die Basis-Emitter-Strecke nur noch durch den Widerstand r_B dargestellt, der den Kleinsignalstrom i_B führt (Bild 6.6c und d). Zur Beschreibung der Kollektor-Emitter-Strecke dient eine Stromquelle βi_B mit dem Innenwiderstand r_C im Arbeitsbereich oder der

Sättigungswiderstand r' im Sättigungsbereich. Bei gesperrter Basis-Emitter-Diode ($I_B = 0$) darf normalerweise mit $r_B = \infty$ gerechnet werden.

Die effektive Stromverstärkung eines Transistors für die Gleichstromdimensionierung ist im allgemeinen kleiner als ihr Kleinsignalwert in Gleichung (6.7). Da der Unterschied für die Praxis unerheblich ist, wird auf die zusätzliche Definition der entsprechenden Stromverstärkung hier verzichtet.

Eine genauere Beschreibung der Transistoreigenschaften im Arbeitsbereich gibt das Ebers-Moll-Modell. Es zeigt sich nämlich, daß eine exponentielle Beziehung zwischen I_C und U_{BE} entsprechend (5.1) über weite I_C-Bereiche besser erfüllt ist als eine entsprechende Beziehung zwischen I_B und U_{BE}. Im Ebers-Moll-Modell wird der bipolare Transistor daher durch seine Transduktanz $i_C/u_{BE} \cong I_C/U_T$ bei $u_{CE} = 0$ beschrieben. Die Steigung der Ausgangskennlinien oder der dynamische Kollektor-Emitter-Widerstand r_C wird auf eine Beeinflussung von U_{BE} gemäß (6.6) zurückgeführt (Early-Effekt).

6.1.3 Der Transistor als Schalter

In integrierten oder diskreten Kippschaltungen wird der Transistor als Schalter verwendet. Die betreffende Funktionsweise eines NPN-Transistors ist in Bild 6.7 dargestellt. Die beiden Arbeitspunkte $A(I_C=U/(R_C+r'),\ U_{CE}=Ur'/(R_C+r'))$ und

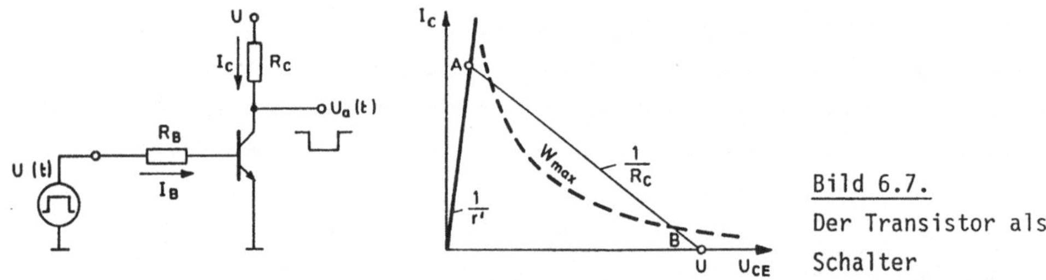

Bild 6.7.
Der Transistor als
Schalter

$B(I_C=0,\ U_{CE}=U)$ müssen unterhalb der Leistungshyperbel liegen. Die Arbeitsgerade darf die Leistungshyperbel schneiden, wenn der Schaltvorgang so schnell ist, daß die maximal zulässige Temperatur im Transistor nicht überschritten wird.

Der Basiswiderstand R_B erhöht die Eingangsimpedanz der Schaltung und schützt die Basis-Emitter-Diode vor Stromüberlastung. I_B sollte bei Hochfrequenztransistoren einige mA nicht überschreiten.

Im Arbeitspunkt A ist der Transistor gesättigt, und die Basis-Kollektor-Diode enthält einen Überschuß an beweglichen Ladungsträgern. Ihr Abtransport erfolgt vergleichsweise langsam. Daher ist der Übergang von A nach B langsamer als der von B nach A. Aus diesem Grund vermeidet man bei schnellen Kippschaltungen die Sättigung der Transistoren (siehe Abschnitt 7.3.3).

6.2 Transistorschaltungen

In diesem Abschnitt werden Eintransistorschaltungen beschrieben, die der Verarbeitung analoger Signale dienen: die Transistoren werden dabei weder gesperrt noch in Sättigung betrieben. Dabei interessiert insbesondere das Kleinsignalverhalten, zu dessen Beschreibung Kenngrößen der Schaltungen definiert und berechnet werden.

Die wechselseitige Abhängigkeit von Kleinsignalverhalten und Gleichstromdimensionierung bereitet häufig Verständnisschwierigkeiten. Es müssen nämlich Impedanzen vorangehender und nachfolgender Schaltungsteile berücksichtigt werden. Dies wird anhand einer Serienschaltung zweier Eintransistorschaltungen dargelegt, deren jede für sich zuvor unter Berücksichtigung der Gleichstromdimensionierung im Detail erklärt wird.

6.2.1 Kenngrößen von Transistorschaltungen

Für das Kleinsignalverhalten von Transistorschaltungen werden die folgenden Kenngrößen verwendet:

- Die Spannungsverstärkung

$$v_u = u_a/u_e \big|_{i_a=0} \quad , \tag{6.11}$$

- die Stromverstärkung

$$v_i = i_x/i_e \big|_{i_a=0} = v_u Z_e/R_x \quad , \tag{6.12}$$

- die Eingangsimpedanz

$$Z_e = u_e/i_e \big|_{i_a=0} \quad , \tag{6.13}$$

- die Ausgangsimpedanz

$$Z_a = u_a/i_a \big|_{u_e=0} \quad . \tag{6.14}$$

Diese Kenngrößen sind zweckmäßige Rechengrößen zur Beschreibung der Prinzipschaltungen, die nur die das Kleinsignalverhalten kennzeichnenden Netzwerkelemente enthalten. Bei der Anwendung von Transistorschaltungen sind die Bedingungen $i_a=0$ und $u_e=0$ aber unrealistisch. Die Beeinflussung der Schaltungseigenschaften durch Speisung am Eingang und durch Belastung am Ausgang muß stets zusätzlich berücksichtigt werden.

In Gleichung (6.12) ist R_x der Widerstand, der vom Ausgang direkt zu einem kon-

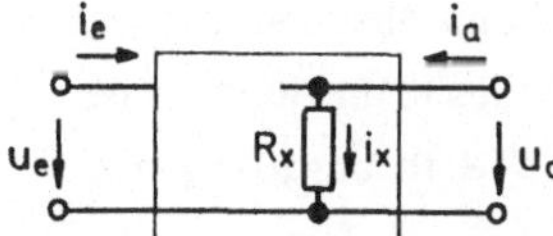

Bild 6.8.
Vierpol zur Beschreibung des Kleinsignalverhaltens einer Transistorschaltung

stanten Potential führt, wie in Bild 6.8 symbolisch dargestellt. R_x wäre R_E in Bild 6.9 oder R_C in Bild 6.12. Da $u_a=R_x i_x$ gilt, läßt sich die Stromverstärkung v_i durch v_u, Z_e und R_x ausdrücken.

6.2.2 Der Entwurf einer Transistorschaltung

Der Entwurf einer Transistorschaltung kann nach dem folgenden Schema erfolgen:

1. Wahl des Schaltungstyps und des Transistors sowie der Versorgungsspannungen entsprechend der Aufgabenstellung

2. Festlegung der statischen Arbeitsgeraden (Gleichstromdimensionierung):
   - Berechnung der Arbeitswiderstände für die Arbeitsgerade
   - Ermittlung der Transistorkenngrößen aus dem Datenblatt oder aus den Kennlinien
   - Berechnung des Basisstroms und Festlegung des Basispotentials durch geeignete Widerstandskombinationen unter Verwendung der Gleichstromersatzschaltung

Wenn die Schaltung an eine vorangehende gleichstromgekoppelt angeschlossen werden kann, d.h. ohne eingefügten Koppelkondensator, ergeben sich hieraus bereits die Gleichstrompotentiale. Ist dies nicht möglich oder unerwünscht, so ist Gleichstromentkopplung erforderlich, und die Gleichstromdimensionierung muß für jede Stufe gesondert durchgeführt werden.

3. Berechnung der Schaltungskenngrößen unter Verwendung des linearisierten Kleinsignalersatzschaltbildes

4. Gegebenenfalls Ermittlung der dynamischen Arbeitsgeraden und Berechnung von Kondensatoren zur Gleichstromentkopplung oder zur Erzeugung virtueller Ruhepotentiale. Dabei werden die Kenngrößen der Schaltung benötigt, und der Innenwiderstand der Signalquelle sowie der Lastwiderstand sind zu berücksichtigen.

5. Erforderlichenfalls Korrektur der Dimensionierung.

6.2.3 Beispiel 1: Der Emitterfolger

Der Emitterfolger (Bild 6.9) hat eine Spannungsverstärkung nahe bei 1. Er dient dazu, eine Spannungsquelle stärker belastbar, d.h. niederohmiger zu machen. Er wird daher auch als Impedanzwandler bezeichnet. In diesem Beispiel möge er zur Übertragung von bipolaren Impulsen der Amplitude 3 V dienen. Zur Verfügung stehe ein NPN-Transistor.

- <u>Gleichstromdimensionierung</u>: Es wird eine Betriebsspannung $U = 12$ V gewählt, denn das sei die nächste verfügbare Normspannung oberhalb 6 V. Der Arbeitspunkt A wird durch $I_C = 20$ mA und $U_A = 7$ V festgelegt. 7 V bieten genügend Abstand vom Sättigungs- wie vom Sperrbereich des Transistors, 20 mA ist ein plausibler Wert. (Je schneller eine Schaltung sein soll, desto niederohmiger ist sie ie auszulegen.)

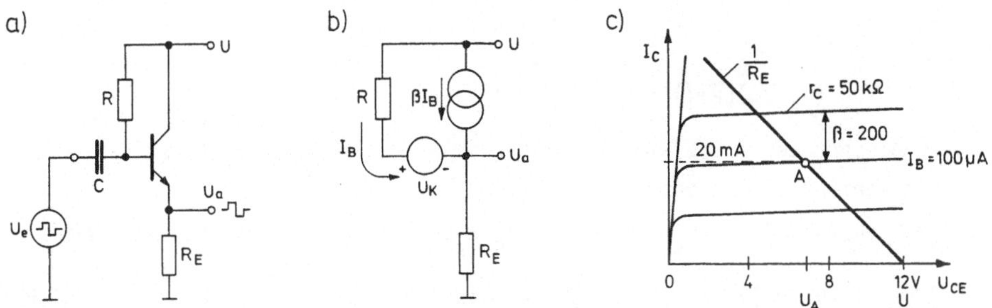

Bild 6.9. Emitterfolger (a), linearisierte Ersatzschaltung (b) zur Gleichstromdimensionierung und Ausgangskennlinien des Transistors (c)

Durch die Wahl des Arbeitspunktes liegen das Emitterpotential $U_a = 5$ V und der Emitterwiderstand

$$R_E = 5 \text{ V}/20 \text{ mA} = 250 \ \Omega \cong 270 \ \Omega \tag{6.15}$$

fest. Aus dem Datenblatt oder dem Kennlinienfeld sei in der Umgebung von A die Stromverstärkung $\beta = 200$ ermittelt worden. Somit wird

$$R = (U-U_a-U_K)/(I_C/\beta) = 6.3 \text{ V}/0.1 \text{ mA} = 63 \text{ k}\Omega \cong 68 \text{ k}\Omega \quad . \tag{6.16}$$

270 Ω und 68 kΩ sind handelsübliche Normwerte. Wird U_a durch Exemplarstreuung zu klein, so verwende man für R den nächstniedrigeren Normwert.

- <u>Berechnung des Kleinsignalverhaltens</u>: Man geht von der Kleinsignalersatzschaltung in Bild 6.10b aus. Es ist in erster Näherung unabhängig von dem gewählten Arbeitspunkt, abgesehen von dem dynamischen Basis-Emitter-Widerstand

$$r_B = U_T/I_B = 40 \text{ mV}/0.1 \text{ mA} = 400 \ \Omega \quad . \tag{6.17}$$

Mit Hilfe der Ersatzschaltung können die Kenngrößen des Emitterfolgers berechnet werden. $u_a = u_e - r_B i_B$ und die Knotengleichung $(1+\beta)i_B = u_a/(R_E \| r_C)$ für Punkt 1 in Bild 6.10b ergeben die Spannungsverstärkung $(r_C \gg R_E)$

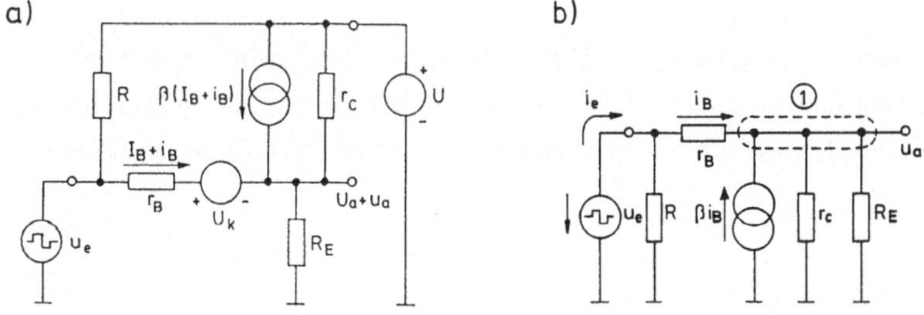

Bild 6.10. Zum Emitterfolger: Durch Ersetzen aller Gleichstrom- und -spannungs-
quellen durch ihren inneren Widerstand erhält man aus der vollständigen Ersatzschaltung (a) diejenige für das Kleinsignalverhalten (b).

$$v_u = \frac{u_a}{u_e} = \cfrac{1}{1 + \cfrac{r_B}{(R_E\|r_C)(\beta+1)}} \cong \cfrac{1}{1 + \cfrac{400\ \Omega}{270\ \Omega\cdot 200}} = \frac{1}{1.007} \cong 1 \quad . \tag{6.18}$$

Die Änderung einer der Transistorkenngrößen im Arbeitsbereich um einen Faktor 2 würde v_u um weniger als 1% ändern.

Aus $i_e = i_B + u_e/R$ und $u_a = u_e - r_B i_B = (1+\beta)i_B(R_E\|r_C)$ folgt die Eingangsimpedanz

$$Z_e = R\|\{(\beta+1)(R_E\|r_C)+r_B\} = 68\ k\Omega\|(54\ k\Omega + 400\ \Omega) \cong 30\ k\Omega \quad . \tag{6.19}$$

Der zur Einstellung des Arbeitspunktes dienende Widerstand R halbiert also praktisch die Eingangsimpedanz. Kann man den Emitterfolger gleichstrommäßig an eine vorangehende Stufe ankoppeln, so entfällt R, und man erhält

$$Z_e = (\beta+1)(R_E\|r_C) + r_B \cong \beta R_E \quad , \tag{6.20}$$

sofern man $r_B/\beta \ll R_E \ll r_C$ wählt. βR_E wird zuweilen als Eingangsimpedanz des Emitterfolgers angegeben. Bei Berücksichtigung von R und einer Ausgangslast R_L wird jedoch (unter den genannten Bedingungen)

$$Z_e \cong R\|\{\beta(R_E\|R_L)\} \quad . \tag{6.21}$$

Die Ausgangsimpedanz Z_a wird für $u_e=0$ berechnet. Dann ist R in Bild 6.10b kurzgeschlossen, und man erhält die Ersatzschaltung in Bild 6.11. Aus $u_a = -i_B r_B$ und

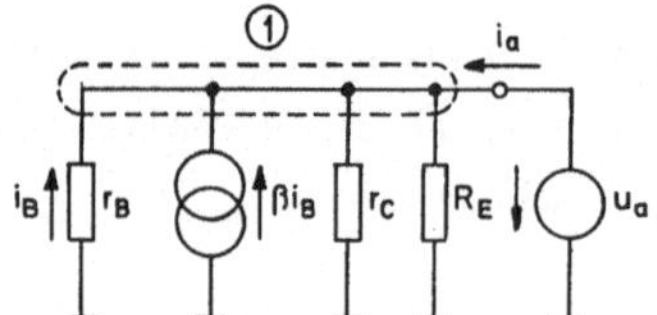

Bild 6.11.

Ersatzschaltbild des Emitterfolgers zur Berechnung der Ausgangsimpedanz $Z_a = u_a/i_a$

der Knotengleichung $i_a + (1+\beta)i_B = u_a/(R_E\|r_C)$ in Punkt 1 folgt

$$Z_a = \frac{r_B}{\beta+1} \| R_E \| r_C \cong \frac{r_B}{\beta} = 2\ \Omega \quad . \tag{6.22}$$

Diesen Wert könnte man am Ausgang des Emitterfolgers messen, sofern man ihn mit einer idealen Spannungsquelle betreibt. Er wird aber normalerweise an Quellen mit großem Innenwiderstand R_i angeschlossen. Dann ist r_B durch $r_B + R_i\|R$ zu ersetzen und man erhält

$$Z_a = \frac{r_B + R_i\|R}{\beta+1} \| R_E \| r_C \quad . \tag{6.23}$$

R_i läßt sich also bestenfalls um einen Faktor β verringern. Erforderlichenfalls müssen weitere Impedanzwandler angeschlossen werden.

- <u>Dimensionierung des Koppelkondensators</u>: Die Kapazität C in Bild 6.9a blieb in der Kleinsignalersatzschaltung unberücksichtigt. Es wurde stillschweigend vorausgesetzt, daß sie genügend groß ist, um für das Eingangssignal einen Kurzschluß darzustellen. Die Größe von C hängt von der Impulsdauer T und dem zulässigen Dachabfall ε des Impulses (siehe Abschnitt 4.2.1) ab. Unter Verwendung von (6.19) wird beispielsweise für $T = 1$ µs und $\varepsilon = 1$ %

$$C = \frac{T}{\varepsilon Z_e} = \frac{10^{-6}\ s}{0.01 \cdot 30000\ \Omega} = 3 \cdot 10^{-9}\ F = 3\ nF \quad . \tag{6.24}$$

Aus der Diskussion der Ein- und Ausgangsimpedanzen geht hervor, daß oft nicht die in Abschnitt 6.2.1 definierten Kenngrößen einer Transistorschaltung maßgebend sind, sondern die modifizierten Werte bei Berücksichtigung von Quell- und Lastwiderständen.

6.2.4 Beispiel 2: Der stromgegengekoppelte Verstärker

Der in Bild 6.12a dargestellte Verstärker arbeitet nach folgendem Prinzip: Der Transistor mit dem Emitterwiderstand R_E wirkt wie ein Emitterfolger. Das Basis-

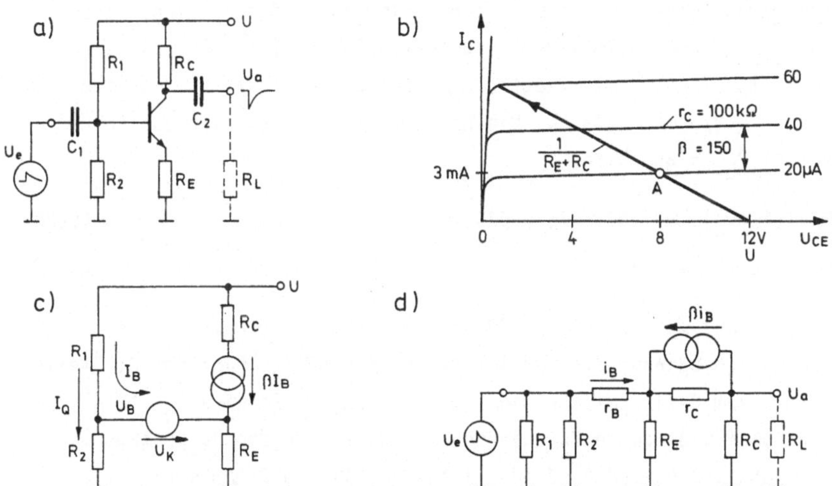

Bild 6.12. Stromgegengekoppelter Verstärker (a), Ausgangskennlinien des Transistors (b), Ersatzschaltungen für die Gleichstromdimensionierung (c) und für das Kleinsignalverhalten (d)

potential wird hier durch den Spannungsteiler R_1, R_2 festgelegt. Hierdurch erzielt man eine bessere Temperaturstabilität des Arbeitspunktes als beim vorigen Beispiel. Das Emitterpotential folgt einem beispielsweise positiven Signal an der Basis, d.h. $u_e \cong i_c R_E$. Der Kleinsignalanteil i_c des Kollektorstromes bewirkt gleichzeitig eine Abnahme des Kollektorpotentials. Der Kleinsignalersatzschaltung in Bild 6.12d entnimmt man, daß der effektive Kollektorwiderstand aus der

Parallelschaltung von R_C und dem Lastwiderstand R_L besteht. Man erhält somit $u_a \cong -i_C(R_C \| R_L)$ und damit die Spannungsverstärkung

$$v_u = u_a/u_e \cong -(R_C \| R_L)/R_E \quad . \tag{6.25}$$

Die Dimensionierung des stromgegengekoppelten Verstärkers wird anhand der folgenden Aufgabenstellung erklärt: Positive RC-Impulse von $\tau = 1$ µs Länge und maximaler Amplitude $u_m = +1$ V sollen um einen Faktor $v_u = -5$ verstärkt werden. Die Koppelkondensatoren am Ein- bzw. Ausgang der Verstärkerstufe sind so zu dimensionieren, daß der Überschwung am Ausgang etwa $\varepsilon = 1$ % beträgt.

- <u>Wahl des Transistors und der Versorgungsspannung U</u>: Bei unipolaren Eingangsimpulsen wählt man den Transistortyp, der 'in den Strom gesteuert' wird. Hierdurch wird die Verlustleistung der Schaltung im Ruhezustand geringer und der Ausgang kann stärker belastet werden. Außerdem wird in dem vorliegenden Fall das Sperren der Basis-Emitter-Diode verhindert. Es stehe ein Si-NPN-Transistor zur Verfügung. U_{CE} muß im Arbeitspunkt größer als $u_m(1+|v_u|) = 6$ V sein. Es bietet sich $U = 12$ V an.

- <u>Gleichstromdimensionierung</u>: Da die Eingangsimpulse unipolar sind, kann der Arbeitspunkt A in den unteren Teil der Ausgangskennlinien (Bild 6.12b) gelegt werden: $U_{CE} = 8$ V, $I_C = 3$ mA. Damit liegt die Arbeitsgerade fest, und es wird $R_E + R_C = (U - U_{CE})/I_C = 4$ V/3 mA $= 1.33$ kΩ. Die Einzelwerte ergeben sich aus (6.25), wobei wir zunächst $R_L = \infty$ annehmen.

$$R_E = (R_C + R_E)/(1+|v_u|) = 1.33 \text{ k}\Omega/6 \cong 220 \ \Omega \tag{6.26}$$

$$R_C = |v_u|R_E = 1.1 \text{ k}\Omega \cong 1.2 \text{ k}\Omega \tag{6.27}$$

Mit $\beta = 150$ (Bild 6.12b) wird $I_B = I_C/\beta = 20$ µA. Ein plausibler Querstrom I_Q (Bild 6.12c) durch den Spannungsteiler ist $I_Q = (5 \text{ bis } 50)I_B$. Dann ist die Teilspannung nur wenig vom Basis-Emitter-Widerstand abhängig. Es wird $I_Q = 10 I_B$ gewählt. Dieser Strom fließt durch R_2, während R_1 zusätzlich den Basisstrom I_B führt. Daraus folgt $I_B(11R_1 + 10R_2) = U$ oder $1.1R_1 + R_2 = 12$ V/0.2 mA $= 60$ kΩ. Die Einzelwerte ergeben sich aus dem erforderlichen Basispotential $U_B = R_E I_C + U_K$ $= 0.66 + 0.7 = 1.4$ V:

$$R_2 = U_B/I_Q \cong 6.8 \text{ k}\Omega \tag{6.28}$$

$$R_1 = (60 \text{ k}\Omega - 6.8 \text{ k}\Omega)/1.1 \cong 47 \text{ k}\Omega \tag{6.29}$$

- <u>Kenngrößen für das Kleinsignalverhalten</u>: Die Leerlaufspannungsverstärkung ergibt sich aus (6.25) bis (6.27) zu

$$v_u = -R_C/R_E = -5.5 \quad . \tag{6.30}$$

Mit einem Lastwiderstand $R_L = 12$ kΩ erhielt man den Sollwert $v_u = -5$.

Die Eingangs- und Ausgangsimpedanz werden zur Dimensionierung der Koppelkapazitäten benötigt. Für die Eingangsimpedanz verwenden wir den Näherungswert (6.20) für den Emitterfolger und berücksichtigen den Spannungsteiler R_1, R_2. Mit $\beta = 150$ wird

$$Z_e = R_1 \| R_2 \| (\beta R_E) = 5 \text{ k}\Omega \quad . \tag{6.31}$$

Als Ausgangsimpedanz verwenden wir

$$Z_a = R_C = 1.2 \text{ k}\Omega \quad . \tag{6.32}$$

Die Genauigkeit der benutzten Näherungen ergibt sich, wenn man β, $r_B = U_T/I_B$ und r_C in die vollständigen Ausdrücke (6.61), (6.62) und (6.65) einsetzt. Die Näherungsfehler betragen etwa 10%. Eine genauere Dimensionierung wäre hier nicht sinnvoll.

- Gleichstromentkopplung: Aus der Forderung eines maximal 1%-igen Überschwingens der verstärkten RC-Impulse erhält man

$$C_1 = 100 \ \tau/Z_e \cong 20 \text{ nF} \quad , \tag{6.33}$$

$$C_2 = 100 \ \tau/Z_a \cong 100 \text{ nF} \quad . \tag{6.34}$$

Die Kondensatoren können kleiner dimensioniert werden, wenn der Innenwiderstand der Signalquelle oder der Lastwiderstand groß ist gegen Z_e bzw. Z_a.

Wenn die Schaltung mit einem niederohmigen Verbraucher belastet wird, bricht die Ausgangsspannung gemäß (6.25) zusammen. Um dies zu vermeiden, muß ein Impedanzwandler angeschlossen werden, z.B. ein Emitterfolger.

6.2.5 Serienschaltung von Verstärker und Emitterfolger

Es soll an den im vorhergehenden Abschnitt beschriebenen stromgegengekoppelten Verstärker ein Impulskabel der Impedanz $Z_0 = 50 \ \Omega$ angeschlossen werden. In Bild 6.13 wird die Aufgabe dadurch gelöst, daß an den Verstärker T_1 der Emitterfolger

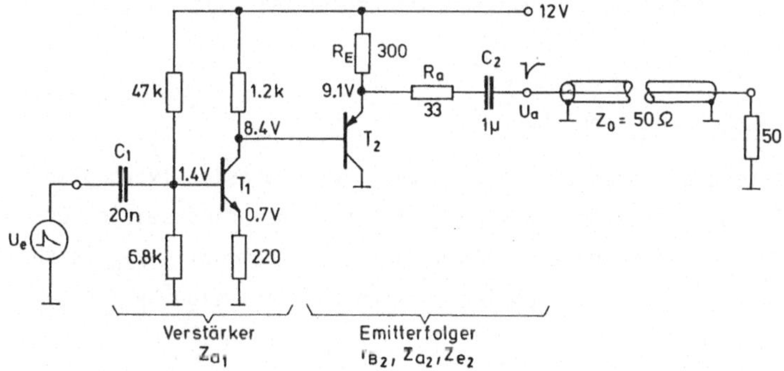

<u>Bild 6.13.</u> Serienschaltung von stromgegengekoppeltem Verstärker (T_1) und Emitterfolger (T_2) mit Gleichstromentkopplung am Ein- und Ausgang

T_2 gleichstromgekoppelt angeschlossen wird. Dieser besteht aus einem Si-PNP-Transistor.

Durch R_E fließt ein Strom von etwa 10 mA, was mit einem angenommenen $\beta_2 = 100$ einen Wert $r_{B2} = 40$ mV$\cdot$100/10 mA = 400 Ω ergibt. Die Ausgangsimpedanz ohne R_a wird

$$Z_{a2} \cong (Z_{a1} + r_{B2})/\beta_2 = (1.2\ \text{k}\Omega + 400\ \Omega)/100 = 16\ \Omega\quad . \tag{6.35}$$

Das Impulskabel ist eingangsseitig abgeschlossen, wenn für $R_a = Z_0 - Z_{a2} = 33\ \Omega$ gewählt wird. Mit $Z_{e2} = \beta_2(R_E \| (Z_0 + R_a)) = 100(300\ \Omega \| 83\ \Omega) = 6.3$ kΩ wird die Spannungsverstärkung der Serienschaltung

$$v_u = \frac{u_a}{u_e} = -\frac{1.2\ \text{k}\Omega \| Z_{e2}}{220\ \Omega} \frac{Z_0}{Z_0 + R_a} = -4.6 \cdot 0.6 = -2.8\quad . \tag{6.36}$$

Während die Kapazität C_1 durch (6.33) gegeben ist, wird

$$C_2 = \tau/(\varepsilon \cdot 2Z_0) = 100\ \mu\text{s}/100\ \Omega = 1\ \mu\text{F}\quad . \tag{6.37}$$

Der Verstärkungsverlust von (6.36) gegenüber (6.30) ist hauptsächlich durch die Kabelanpassung bedingt. Ohne Emitterfolger und bei direktem Anschluß des Kabels an T_1 würde die Spannungsverstärkung des stromgegengekoppelten Verstärkers auf $-(1.2\ \text{k}\Omega \| 50\ \Omega)/220\ \Omega = -0.2$ sinken.

6.3 Die Transistorgrundschaltungen

Die drei Transistorgrundschaltungen werden nach der Elektrode bezeichnet, die jeweils auf konstantem Potential liegt. In den Abschnitten 6.3.2 bis 6.3.4 werden die Prinzipschaltungen berechnet. Diese enthalten neben dem Transistor nur die Widerstände, die für das Kleinsignalverhalten der Schaltung wesentlich sind. Zur Gleichstromversorgung sind zusätzliche Schaltelemente erforderlich. Auch Signalquelle und Lastwiderstand verändern die Eigenschaften der Schaltung. Die korrigierten Kenngrößen der vollständigen Schaltungen lassen sich jedoch anhand der linearisierten Ersatzschaltungen und der Kenngrößen für die Prinzipschaltungen leicht ableiten.

6.3.1 Die formale Berechnung der Kenngrößen

Die linearisierten Ersatzschaltungen zur Beschreibung des Kleinsignalverhaltens von Eintransistorschaltungen enthalten zwei Generatoren. Diese sind bei der Berechnung von v_u, v_i und Z_e die Spannungsquelle u_e und die Stromquelle βi_B (siehe Bild 6.10b). Nach dem Überlagerungstheorem lassen sich die Kleinsignale i_e, u_a und i_B darstellen als

$$i_e = a_{11} u_e + a_{12} \beta i_B\quad , \tag{6.38a}$$

$$u_a = a_{21}u_e + a_{22}\beta i_B \quad , \tag{6.38b}$$

$$i_B = a_{31}u_e + a_{32}\beta i_B \quad . \tag{6.38c}$$

Aus (6.38c) erhält man $i_B(u_e)$, womit sich (6.38a) und (6.38b) nach $i_e(u_e)$ und $u_a(u_e)$ auflösen lassen. Daraus gewinnt man $v_u = u_a/u_e$ sowie $Z_e = u_e/i_e$, und nach Gleichung (6.12) auch v_i.

Auf gleiche Weise wird bei der Berechnung von Z_a vorgegangen (siehe Bild 6.11). Der Eingang wird kurzgeschlossen ($u_e=0$), dafür der Ausgang mit der Spannungsquelle u_a verbunden. Es wird

$$i_a = b_{11}u_a + b_{12}\beta i_B \quad , \tag{6.39a}$$

$$i_B = b_{21}u_a + b_{22}\beta i_B \quad . \tag{6.39b}$$

Hieraus ergibt sich

$$Z_a = \frac{u_a}{i_a} = \frac{1-\beta b_{22}}{b_{11}-\beta(b_{11}b_{22}-b_{12}b_{21})} \quad . \tag{6.40}$$

Für die folgenden Eintransistorschaltungen werden die Gleichungen (6.38) und (6.39) der Einfachheit halber in Matrizenform angegeben und die Zwischenrechnungen übersprungen.

6.3.2 Die Kollektorgrundschaltung (Emitterfolger)

Die Prinzipschaltung der Kollektorgrundschaltung oder des Emitterfolgers ist in Bild 6.14a dargestellt. Für sie ist der Eingangsstrom i_e gleich dem Basisstrom i_B,

a) 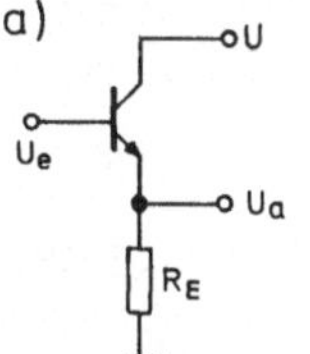
b) 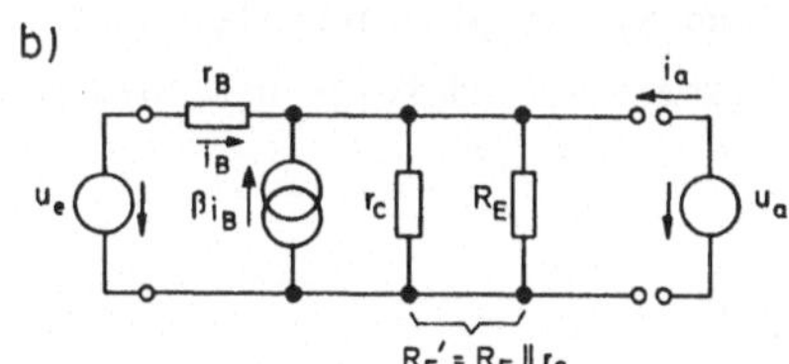

Bild 6.14.

Prinzipschaltung (a) und Ersatzschaltung (b) für das Kleinsignalverhalten des Emitterfolgers

so daß sich die Beziehungen (6.38) zur Beschreibung des Kleinsignalverhaltens auf zwei Gleichungen reduzieren. Für $i_a=0$ wird

$$\begin{pmatrix} i_B \\ u_a \end{pmatrix} = \frac{1}{r_B+R_E'} \begin{pmatrix} 1 & -R_E' \\ R_E' & R_E' r_B \end{pmatrix} \begin{pmatrix} u_e \\ \beta i_B \end{pmatrix} \quad . \tag{6.41}$$

Daraus gewinnt man

$$v_u = \left(1 + \frac{r_B}{(\beta+1)(R_E\|r_C)}\right)^{-1} \cong 1 \quad , \tag{6.42}$$

$$Z_e = (\beta+1)(R_E\|r_C)+r_B \cong \beta(R_E\|r_C) \quad . \tag{6.43}$$

Die Stromverstärkung ist das Verhältnis des Stromes i_E durch den Emitterwiderstand R_E zu dem Eingangsstrom i_B:

$$v_i = \frac{i_E}{i_B} = \frac{\beta+1}{1+R_E/r_C} \cong \beta \tag{6.44}$$

Die Ausgangsimpedanz erhält man aus der Ersatzschaltung in Bild 6.14b, indem man den Eingang kurzschließt ($u_e=0$) und u_a anlegt:

$$\begin{pmatrix} i_a \\ i_B \end{pmatrix} = \begin{pmatrix} \frac{1}{R_E' \| r_B} & -1 \\ -\frac{1}{r_b} & 0 \end{pmatrix} \begin{pmatrix} u_a \\ \beta i_B \end{pmatrix} \tag{6.45}$$

$$Z_a = \frac{r_B}{\beta+1} \| R_E \| r_C \cong \frac{r_B}{\beta} \tag{6.46}$$

Der Emitterfolger ist ein Impedanzwandler ($v_u \cong 1$, $Z_e \gg Z_a$). Wegen seiner geringen Rückwirkung vom Ausgang auf den Eingang kann oft das Spannungsquellenäquivalent in Bild 6.15a verwendet werden. Für das Dimensionierungsbeispiel (Bild 6.15b) werden

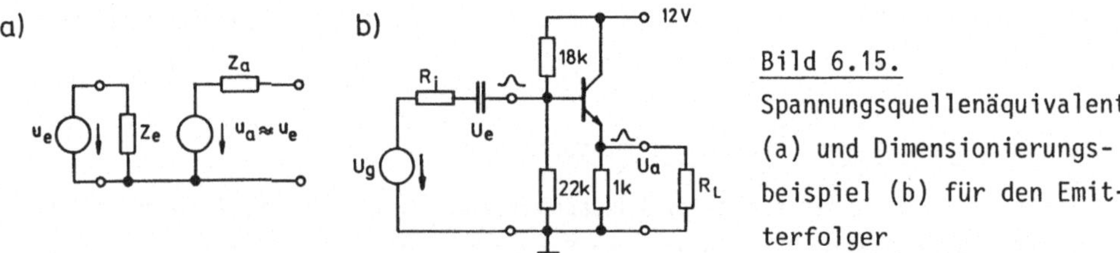

Bild 6.15.
Spannungsquellenäquivalent (a) und Dimensionierungsbeispiel (b) für den Emitterfolger

Z_e und Z_a durch den Innenwiderstand R_i der Signalquelle, durch den Spannungsteiler an der Basis und durch den Lastwiderstand folgendermaßen beeinflußt ($r_C \gg R_E$):

$$Z_e = 18 \text{ k}\Omega \| 22 \text{ k}\Omega \| \beta(1 \text{ k}\Omega \| R_L) \tag{6.47}$$

$$Z_a = (r_B + 18 \text{ k}\Omega \| 22 \text{ k}\Omega \| R_i)/\beta \tag{6.48}$$

6.3.3 Die Basisgrundschaltung

Für die Prinzipschaltung (Bild 6.16a,b) ergibt sich bei $i_a=0$

$$\begin{pmatrix} i_e \\ u_a \\ i_B \end{pmatrix} = \begin{pmatrix} 1 & \frac{-r_B}{R_E+r_B} \\ (r_B \| (R_C+r_C)) \frac{R_C}{R_C+r_C} & -R_C \\ \frac{-(r_C+R_C)}{r_B+r_C+R_C} & \frac{-R_E}{R_E+r_B} \end{pmatrix} \begin{pmatrix} \frac{u_e}{R_E+r_B \| (R_C+r_C)} \\ \frac{\beta i_B r_C}{r_C+R_C+R_E \| r_B} \end{pmatrix}, \tag{6.49}$$

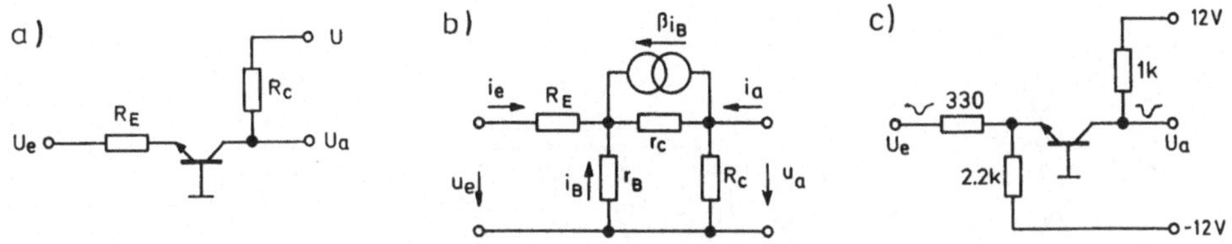

__Bild 6.16.__ Prinzipschaltung (a), Ersatzschaltung (b) für das Kleinsignalverhalten und Dimensionierungsbeispiel (c) für die Basisgrundschaltung

$$v_u = \frac{R_C(\beta r_C + r_B)}{R_E((\beta+1)r_C + R_C) + r_B(r_C + R_C + R_E)} \cong \frac{R_C}{R_E} \quad , \tag{6.50}$$

$$Z_e = R_E + \frac{r_B(r_C + R_C)}{(\beta+1)r_C + R_C + r_B} \cong R_E + \frac{r_B}{\beta} \quad , \tag{6.51}$$

$$v_i = \frac{i_C}{i_e} = \frac{\beta r_C + r_B}{(\beta+1)r_C + R_C + r_B} \cong 1 \quad . \tag{6.52}$$

Hierbei ist i_C der Strom durch den Kollektorwiderstand R_C.

Zur Berechnung der Ausgangsimpedanz erhält man für $u_e = 0$

$$\begin{bmatrix} i_a \\ i_B \end{bmatrix} = \begin{bmatrix} \dfrac{1}{R_C \| (r_C + r_B \| R_E)} & 1 \\ -\dfrac{R_E}{(r_C + R_E \| r_B)(r_B + R_E)} & -\dfrac{R_E}{R_E + r_B} \end{bmatrix} \begin{bmatrix} u_a \\ \dfrac{\beta i_B r_C}{r_C + R_E \| r_B} \end{bmatrix} \quad , \tag{6.53}$$

$$Z_a = R_C \frac{(\beta+1)R_E r_C + r_B(r_C + R_E)}{R_E((\beta+1)r_C + R_C + r_B) + r_B(r_C + R_C)} \cong R_C \quad . \tag{6.54}$$

Die Basisgrundschaltung ist eine schnelle nichtinvertierende Schaltung. Die
Sperrkapazität der Basiskollektordiode kann sich ungehindert umladen, d.h. es
tritt kein Miller-Effekt auf (siehe Abschnitt 7.6). Die Eingangsspannung fällt
praktisch ganz an R_E ab, das Emitterpotential bleibt konstant (virtuelle Masse).
Bei dem Dimensionierungsbeispiel in Bild 6.16c ist der Versorgungswiderstand
parallel zu r_B in Bild 6.16b einzusetzen. Er hat praktisch keinen Einfluß auf Z_e:

$$Z_e = 330\ \Omega + (r_B \| 2.2\ k\Omega)/\beta \cong 330\ \Omega \tag{6.55}$$

6.3.4 Die Emittergrundschaltung

Bei dieser Schaltung (Bild 6.17) wird der Eingangsstrom $i_e = u_e/(R_B + r_B)$ um den Faktor β verstärkt und über R_C abgeführt. Die Kenngrößen der Prinzipschaltung lassen
sich aus der Ersatzschaltung in Bild 6.17b direkt ablesen:

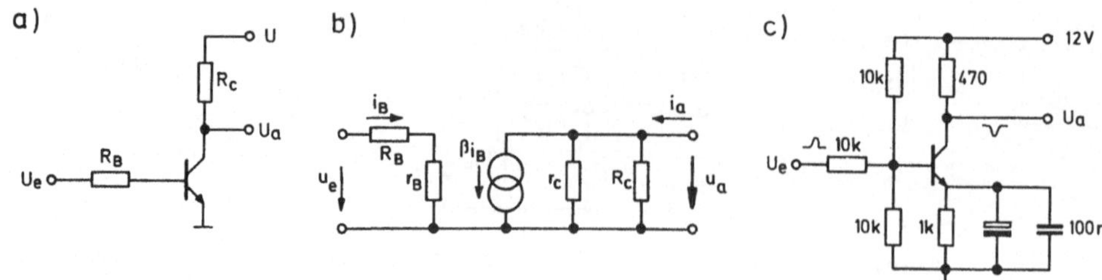

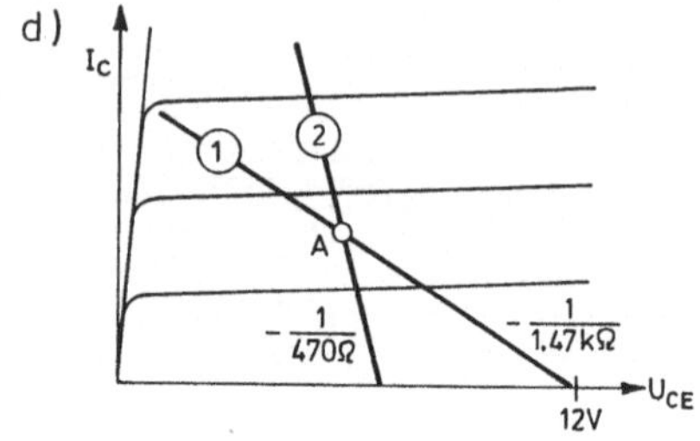

<u>Bild 6.17.</u>

Emittergrundschaltung: Prinzipschaltung
(a), Ersatzschaltung (b) für das Kleinsignalverhalten, Dimensionierungsbeispiel (c) mit Ausgangskennlinien (d) des
Transistors. 1 = statische, 2 = dynamische
Arbeitsgerade, A = Arbeitspunkt.

$$v_u = - \frac{\beta(R_C \| r_C)}{R_B + r_B} \tag{6.56}$$

$$Z_e = R_B + r_B \tag{6.57}$$

$$v_i = \frac{i_C}{i_B} = \frac{\beta}{1 + R_C/r_C} \tag{6.58}$$

$$Z_a = R_C \| r_C \tag{6.59}$$

Die gleichen Ergebnisse erhält man, wenn man in dem spannungsgegengekoppelten
Verstärker (Bild 6.19a) den Widerstand R_2 entfernt, d.h. ihn in den Kenngrößen
unendlich werden läßt.

Die Emittergrundschaltung kann als Schalter verwendet werden oder in Schaltungen, bei denen es auf große Spannungsverstärkung ankommt ohne hohe Anforderungen an Linearität und Schnelligkeit. Die Linearität nimmt mit R_B zu, die Schnelligkeit ab (Miller-Effekt). Der Basisstrom darf bei Hochfrequenztransistoren
einige mA nicht überschreiten.

In dem Dimensionierungsbeispiel (Bild 6.17c) ist der Emitter durch eine C-Kombi-
nation gegen Masse abgeblockt. Der Elektrolytkondensator (Elko, asymmetrisches
Symbol) muß groß sein gegenüber $\beta T/r_B$, wobei T die Dauer des Eingangssignals
oder dessen Schwingungsdauer ist. Die wirksame Kapazität des Elko nimmt mit zunehmender Frequenz ab. Daher wird für hohe Frequenzen ein Keramikkondensator
parallelgeschaltet. - Die Gleichstromdimensionierung entspricht der statischen
Arbeitsgeraden 1 in Bild 6.17d. Das Kleinsignalverhalten wird durch die dynamische Arbeitsgerade 2 beschrieben. Durch diese Technik wird die Stabilität des

Arbeitspunktes A gegenüber thermischen Schwankungen oder gegenüber Exemplarstreuung verbessert.

6.4 Zwei weitere Eintransistorschaltungen

Diese Schaltungen sind Beispiele für elektronische Gegenkopplung, die die Linearität und Stabilität gegenüber Temperaturschwankungen sowie Exemplarstreuung der Transistorkenngrößen verbessern. Wir kommen hierauf in Kapitel 7 zurück.

6.4.1 Der stromgegengekoppelte Verstärker

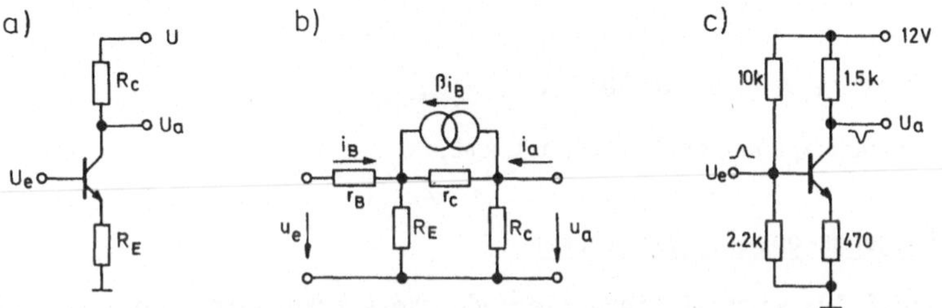

Bild 6.18. Stromgegengekoppelter Verstärker: Prinzipschaltung (a), Ersatzschaltung (b) für das Kleinsignalverhalten und Dimensionierungsbeispiel (c)

Diese Schaltung wurde bereits in Abschnitt 6.2.4 besprochen. Es handelt sich um einen mittelschnellen invertierenden Verstärker großer Eingangs- und mittlerer Ausgangsimpedanz. Die Kenngrößen der Prinzipschaltung (Bild 6.18a) erhält man aus der Ersatzschaltung in Bild 6.18b. Es ist $i_e = i_B$, und für $i_a = 0$ wird

$$\begin{pmatrix} i_B \\ u_a \end{pmatrix} = \begin{pmatrix} 1 & -\dfrac{R_E}{R_E+r_B} \\ \dfrac{R_E R_C}{R_E+r_C+R_C} & -R_C \end{pmatrix} \begin{pmatrix} \dfrac{u_e}{r_B+R_E\|(r_C+R_C)} \\ \dfrac{\beta i_B r_C}{r_C+R_C+r_B\|R_E} \end{pmatrix} \quad , \tag{6.60}$$

$$v_u = \frac{-R_C(\beta r_C - R_E)}{R_E((\beta+1)r_C+R_C+r_B)+r_B(r_C+R_C)} \cong -\frac{R_C}{R_E} \quad , \tag{6.61}$$

$$z_e = \frac{R_E((\beta+1)r_C+R_C+r_B)+r_B(r_C+R_C)}{r_C+R_C+R_E} \cong \frac{\beta R_E}{1+(R_C+R_E)/r_C} \quad , \tag{6.62}$$

$$v_1 = -\frac{i_C}{i_B} = \frac{\beta r_C - R_E}{r_C+R_C+R_E} \cong \frac{\beta}{1+(R_C+R_E)/r_C} \quad . \tag{6.63}$$

Für $u_e = 0$ ergibt sich

$$\begin{pmatrix} i_a \\ i_b \end{pmatrix} = \begin{pmatrix} \dfrac{1}{R_C \| (r_C + r_B \| R_E)} & 1 \\[2ex] \dfrac{-R_E}{(r_C + r_B \| R_E)(R_E + r_B)} & \dfrac{-R_E}{R_E + r_B} \end{pmatrix} \begin{pmatrix} u_a \\[2ex] \dfrac{\beta i_B r_C}{r_C + r_B \| R_E} \end{pmatrix} \quad , \tag{6.64}$$

$$Z_a = \frac{R_C(R_E((\beta+1)r_C + r_B) + r_C r_B)}{R_E((\beta+1)r_C + R_C + r_B) + r_B(r_C + R_C)} \cong R_C \quad . \tag{6.65}$$

Der stromgegengekoppelte Verstärker wird häufig als invertierender, eingangsseitig hochohmiger Verstärker verwendet. Für das Dimensionierungsbeispiel in Bild 6.18c ist

$$Z_e \cong 10 \ \text{k}\Omega \| 2.2 \ \text{k}\Omega \| (\beta \cdot 470 \ \Omega) = 1.8 \ \text{k}\Omega \quad , \tag{6.66}$$

also wesentlich durch den Spannungsteiler bestimmt.

6.4.2 Der spannungsgegengekoppelte Verstärker

Diese Schaltung (Bild 6.19) wird als invertierender Verstärker mit niedriger Eingangsimpedanz verwendet. Für $i_a = 0$ ergibt die Ersatzschaltung in Bild 6.19b

$$\begin{pmatrix} i_e \\ u_a \\ i_B \end{pmatrix} = \begin{pmatrix} 1 & \dfrac{r_B \| R_1}{R_1} \\[2ex] \dfrac{r_B R_C'}{r_B + R_C' + R_2} & -(R_2 + R_1 \| r_B) \\[2ex] \dfrac{r_B \| (R_2 + R_C')}{r_B} & -\dfrac{r_B \| R_1}{r_B} \end{pmatrix} \begin{pmatrix} \dfrac{u_e}{R_1 + r_B \| (R_2 + R_C')} \\[2ex] \dfrac{\beta i_B R_C'}{R_C' + R_2 + R_1 \| r_B} \end{pmatrix} \quad , \tag{6.67}$$

$$v_u = -\frac{(\beta R_2 - r_B)R_C'}{R_1((\beta+1)R_C' + R_2 + r_B) + r_B(R_2 + R_C')} \cong -\frac{R_2}{R_1} \quad , \tag{6.68}$$

$$Z_e = R_1 + \frac{r_B(R_2 + R_C')}{(\beta+1)R_C' + R_2 + r_B} \cong R_1 \quad , \tag{6.69}$$

$$v_i = \frac{i_C}{i_e} = \frac{R_C'(\beta R_2 - r_B)}{R_C((\beta+1)R_C' + R_2 + r_B)} \cong \frac{R_2}{R_C} \quad . \tag{6.70}$$

Der Kleinsignalstrom i_e durch R_1 fließt demnach über R_2 zum Kollektor. Die Basis nimmt praktisch keinen Strom auf, und ihr Potential ist praktisch konstant (virtuelle Masse). Bei $R_1 = 0$ arbeitet die Schaltung als stromempfindlicher Verstärker (oder Stromspannungswandler):

$$u_a \cong -R_2 i_e \tag{6.71}$$

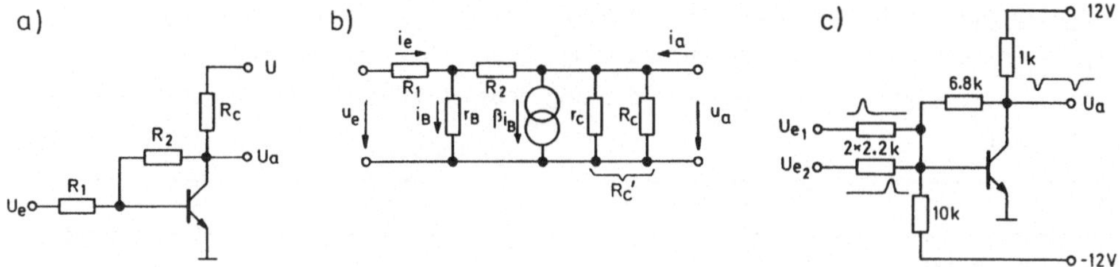

Bild 6.19. Spannungsgegengekoppelter Verstärker: Prinzipschaltung (a), Ersatz-schaltung für das Kleinsignalverhalten (b) und Addierverstärker (c) als Dimensionierungsbeispiel

Die Ausgangsimpedanz erhält man aus Bild 6.19b mit $u_e{=}0$:

$$
\begin{pmatrix} i_a \\[2ex] i_B \end{pmatrix} = \begin{pmatrix} \dfrac{1}{R_C'\|(R_2+R_1\|r_B)} & 1 \\[3ex] \dfrac{R_1}{(R_2+R_1\|r_B)(r_B+R_1)} & 0 \end{pmatrix} \begin{pmatrix} u_a \\[2ex] \beta i_B \end{pmatrix} \tag{6.72}
$$

$$
Z_a = \frac{R_C'(R_1R_2+r_B(R_1+R_2))}{R_1((\beta+1)R_C'+R_2)+r_B(R_1+R_2+R_C')} \cong \frac{R_2}{\beta}\left(1 + \frac{r_B}{R_1\|R_2}\right) \tag{6.73}
$$

Die Schaltung ist also auch ausgangsseitig niederohmig.

Bei mehreren Eingängen (Bild 6.19c) stellt die Schaltung einen Addierverstärker dar. Zur Berücksichtigung des Versorgungswiderstandes zwischen Basis und -12 V ist in den angegebenen Kenngrößen r_B durch $r_B\|10$ kΩ zu ersetzen.

6.5 Eintransistorschaltungen (Zusammenfassung)

In Tabelle 6.1 sind die Kenngrößen der in diesem Kapitel behandelten Schaltungen zusammengefaßt. Die angegebenen Näherungen gelten unter der Voraussetzung, daß die Stromverstärkung β groß gegen 1 und groß gegen alle Verhältnisse der äußeren Widerstände (R_B, R_E, R_C) und des dynamischen Emitterwiderstandes r_B ist. Ferner ist vorausgesetzt, daß der dynamische Kollektor-Emitter-Widerstand r_C groß ist gegenüber den genannten Widerständen. Im Rahmen dieser Näherungen verhalten sich die Schaltungen folgendermaßen:

- Die Kollektorgrundschaltung: Spannungsverstärkung ist gleich 1 (Emitterfolger), große Eingangs- und kleine Ausgangsimpedanz (Impedanzwandler). Eine Zunahme des Basisstroms hat die β-fache Zunahme des Stroms durch R_E zur Folge, so daß R_E eingangsseitig um den Faktor β vergrößert, ausgangsseitig r_B um den gleichen Faktor verkleinert erscheint.

Tabelle 6.1. Übersicht über die Kenngrößen von Eintransistorschaltungen. v_u, v_i = Spannungs- und Stromverstärkung, Z_e, Z_a = Eingangs- und Ausgangsimpedanz. Die Voraussetzungen für die angegebenen Näherungswerte sind im Text erläutert.

	Prinzipschaltbild	v_u	v_i	z_e	z_a
6.3.2 Kollektorgrundschaltung (Emitterfolger)	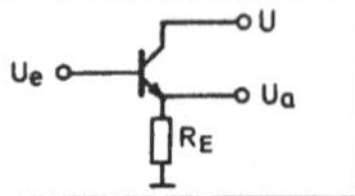	1	β	$\beta\,R_E$	$\dfrac{r_B}{\beta}$
6.3.3 Basisgrundschaltung	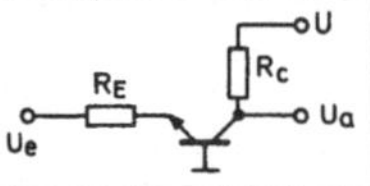	$\dfrac{R_C}{R_E}$	1	R_E	R_C
6.3.4 Emittergrundschaltung	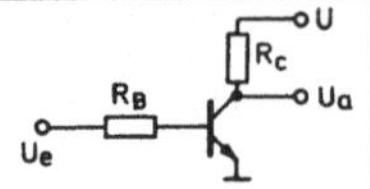	$-\dfrac{\beta\,R_C}{R_B + r_B}$	β	$R_B + r_B$	R_C
6.4.1 Stromgegengekoppelter Verstärker	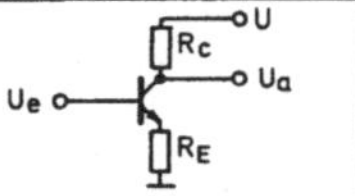	$-\dfrac{R_C}{R_E}$	β	$\beta\,R_E$	R_C
6.4.2 Spannungsgegengekoppelter Verstärker	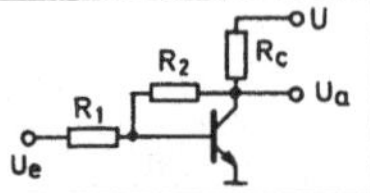	$-\dfrac{R_2}{R_1}$	$\dfrac{R_2}{R_C}$	R_1	$\dfrac{R_2}{\beta}\left(1+\dfrac{r_B}{R_1\|R_2}\right)$

- Die Basisgrundschaltung: Schnelle nichtinvertierende Schaltung. Der Basisstrom stellt sich so ein, daß der Kleinsignalstrom u_e/R_E über den Kollektor abgeführt wird. Kein Miller-Effekt.

- Die Emittergrundschaltung: Invertierende Schaltung mit großer Spannungsverstärkung. Der Eingangsstrom $u_e/(R_B+r_B)$ wird um den Faktor β verstärkt. Nichtlinear, ausgeprägter Miller-Effekt.

- Der stromgegengekoppelte Verstärker: Stabile eingangsseitig hochohmige invertierende Schaltung. Durch R_C und R_E fließt der gleiche Kleinsignalstrom u_e/R_E.

- Der spannungsgegengekoppelte Verstärker: Stabile eingangs- und ausgangsseitig niederohmige invertierende Schaltung. Der Kleinsignalstrom u_e/R_1 fließt über R_2 zum Kollektor. Virtuelle Masse an der Basis.

6.E DO IT YOURSELF

6.E.1 Transistorkennlinien und Transistorkenngrößen

Die Schaltung nach Bild 6.20 stellt einen einfachen Schreiber für Ausgangskennlinien eines NPN-Transistors dar.

Die positiven Halbwellen einer Wechselspannungsquelle dienen als periodisch steigende und fallende Kollektor-Emitter-Spannung. Der von derselben Wechsel-

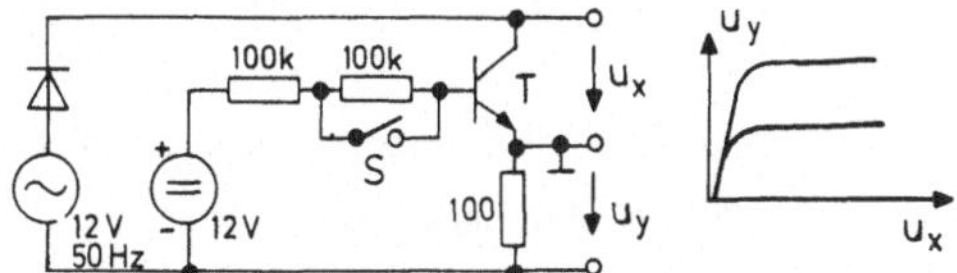

Bild 6.20.
Ein einfacher Schreiber für zwei
Ausgangskennlinien des NPN-Tran-
sistors T. S = 100-Hz-Schalter.

spannung betriebene 100-Hz-Schalter schaltet während dieser Halbwellen zwischen
zwei verschiedenen Basisströmen hin und her. Durch passende Einstellung des Stromes durch die Relaisspule und damit der Schaltzeitpunkte lassen sich zwei Ausgangskennlinien am Oszilloskop darstellen.

Die Basisströme können berechnet werden. Der Kollektorstrom ergibt sich aus
dem Spannungsabfall am 100-Ω-Emitter-Widerstand.

Der oszilloskopischen Darstellung sind die Stromverstärkung β und der dynamische Kollektor-Emitter-Widerstand r_C zu entnehmen. Diese Größen werden bei den
folgenden Experimentiervorschlägen benutzt, bei denen derselbe Transistor verwendet wird. Der ebenfalls benötigte dynamische Basis-Emitter-Widerstand r_B wird für
den jeweiligen Basisstrom nach der Näherungsformel (5.3) mit $U_T = 40$ mV berechnet.

6.E.2 Kenngrößen von Eintransistorschaltungen

Einige der Schaltungen nach den Bildern 6.15 bis 6.19 werden aufgebaut, ihre Funktion untersucht und nach den Näherungsformeln in Tabelle 6.1 berechnete Kenngrößen
(v_u und Z_a) überprüft. Ein dafür geeigneter Impulsgenerator ist in Bild 6.21 dargestellt. Die vom Spannungsteiler mit 100-Hz-Schalter erzeugten Rechtecksignale

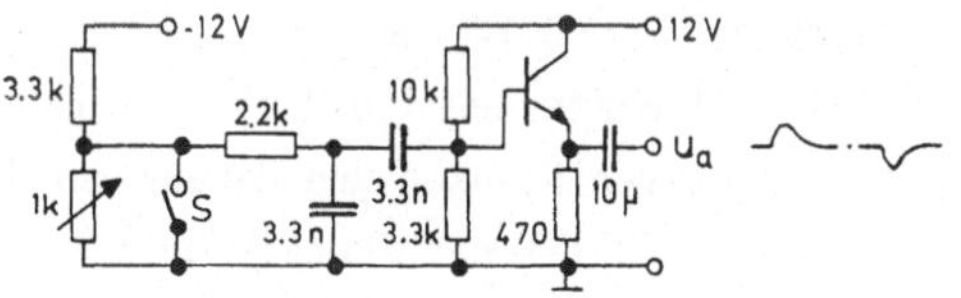

Bild 6.21. Impulsgenerator für
positive und negative RC-Impulse
mit einstellbarer Amplitude. S =
100-Hz-Schalter.

werden mit einem Integrier-Differenzierglied (vergl. Abschn. 4.4.1) geformt. Das
Maximum der Impulse, negativ beim Öffnen, positiv beim Schließen des Schalters,
wird in etwa 6 µs erreicht. Der Impulsabfall hat eine Zeitkonstante von etwa
20 µs. Die einstellbare Impulsamplitude beträgt maximal 0.8 Volt. Ein Impedanzwandler sorgt für einen genügend kleinen Innenwiderstand des Generators.

Die Spannungsverstärkung v_u wird aus den gemessenen Werten der Eingangs- und
der Ausgangsimpulshöhe berechnet. Die Ausgangsimpedanz wird aus der Leerlaufim-
pulshöhe, der Impulshöhe bei Belastung und der Größe des Lastwiderstandes gemäß
(1.11) berechnet. Zur Vermeidung von Arbeitspunktverschiebungen muß der Lastwiderstand über einen Kondensator angeschlossen werden, dessen Wert anhand von (6.24)
bestimmt wird. Der Wert von R_L ist so zu wählen, daß sich deutlich meßbare Effekte ergeben.

6.E.3 Verstärker mit Emitterfolger

Die Schaltung nach Bild 6.13 wird aufgebaut und ihre Funktion untersucht. Sowohl die Gleichspannungspotentiale als auch die Signalgrößen und damit die Verstärkung werden gemessen. Untersucht wird auch der Amplitudenbereich, innerhalb dessen positive bzw. negative Signale unverzerrt übertragen werden. Geringfügige Abweichungen von den angegebenen Werten lassen sich durch Abweichungen der Transistorkenngrößen von den in Abschnitt 6.2.5 angenommenen Werten erklären. Als Impulsgenerator dient wieder die Schaltung nach Bild 6.21.

6.E.4 Marx-Generator: Der Transistor als Schalter

Der Marx-Generator nach Bild 6.22 wird aufgebaut und untersucht. Er erzeugt Impulse hoher Spitzenspannung mit Hilfe von Transistoren, die als Schalter arbeiten.

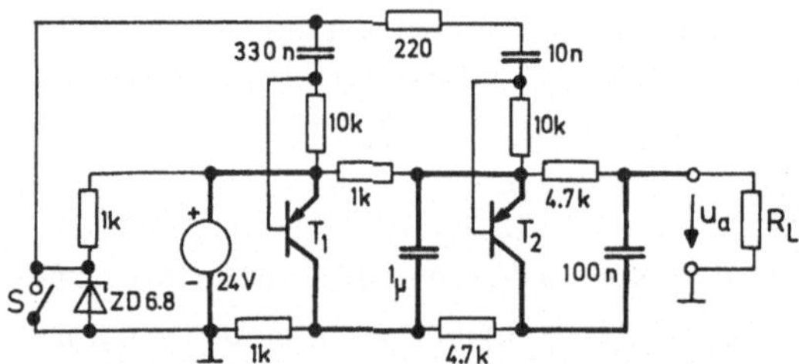

Bild 6.22.
Zweistufiger Marx-Generator zur Erzeugung großer Impulsspannungen. S = 100-Hz-Schalter.

Von der 24-V-Gleichspannungsquelle werden die Kondensatoren (1 µF und 0.1 µF) über die Widerstände (1 kΩ und 4.7 kΩ) parallel aufgeladen. Während dieser Zeit sind die Emitter-Kollektor-Strecken der Transistoren T_1 und T_2 nichtleitend, denn die Basis liegt jeweils auf dem Emitterpotential. Mit Hilfe des 100-Hz-Schalters werden Rechtecksignale mit großer Steilheit der negativen Flanken und daraus durch Differentiation kurze negative Impulse erzeugt und der Basis der Transistoren zugeführt. Während der Impulsdauer von etwa 4 µs werden die PNP-Transistoren leitend bis zur Sättigung. Über die sehr niederohmige Emitter-Kollektor-Strecke werden so die Spannungsquelle und beide geladene Kondensatoren in Serie geschaltet. Das ist in Bild 6.22 durch größere Strichstärke verdeutlicht. Während des Impulses beträgt die Ausgangsspannung 72 V statt 24 V sonst.

Zur Bestimmung der Ausgangsimpedanz wird die Abnahme der Ausgangsspannung bei Anschluß eines Lastwiderstandes R_L (z.B. 10 kΩ) gemessen.

6.E.5 Spannungsstabilisiertes Netzgerät

Das spannungsstabilisierte Netzgerät gemäß Bild 6.23 enthält den Emitterfolger T, dessen Basisspannung mit Hilfe einer Zener-Diode stabilisiert wird. Der Widerstand R_1 begrenzt die Verlustleistung in T auf 0.6 W und macht die Schaltung kurzschlußfest. (In einer realistischen Schaltung wäre R_1 durch eine aktive Begrenzung des

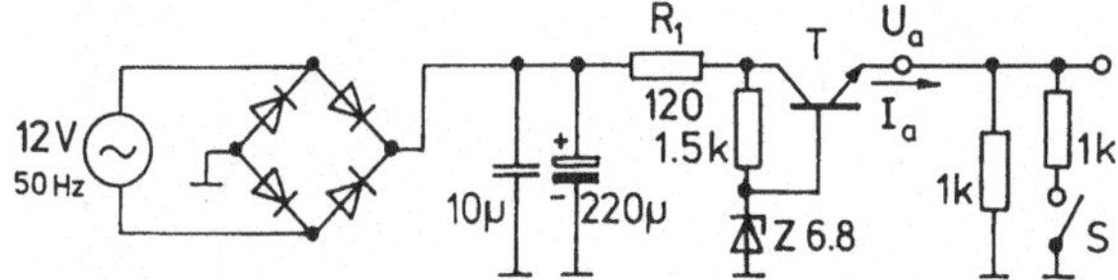

Bild 6.23. Erzeugung einer stabilisierten Gleichspannung $U_a = 6$ V aus einer 12-V-Wechselspannung. S = 100-Hz-Schalter.

Ausgangsstroms I_a zu ersetzen.)

Übersteigt I_a 60 mA, so sinkt die Kollektorspannung unter 6.8 V, die Zenerdiode wird stromlos, und T geht in Sättigung. Im Stabilisierungsbereich beträgt die Ausgangsimpedanz Z_a der Schaltung nach (6.46) mit (5.3) etwa $U_T / I_a + r_Z/\beta$ (r_Z = Zener-Impedanz). Z_a läßt sich unter Verwendung der in Bild 6.23 dargestellten Lastwiderstände mit 100-Hz-Schalter bestimmen. Aus $\Delta U_a = Z_a \cdot \Delta I_a$ folgt $Z_a \cong \Delta U_a / 6$ mA. Die Strom-Spannungs-Charakteristik $U_a(I_a)$ der Schaltung kann durch Messen von $U_a(R_L)$ für Lastwiderstände R_L bis hinab zu 5 Ω ermittelt werden.

6.E.6 Simulation der Kennlinien eines Bipolartransistors

Der 2N2222A ist ein typischer NPN-Hochfrequenztransistor. Seine Kennlinien werden mit Hilfe der PSPICE-Eingabedaten in Bild 6.24a,b generiert. Aus dem Ausgangskennlinienfeld in Bild 6.24d kann die Stromverstärkung β ermittelt werden, und zwar für das Gleichstrom- wie auch für das Kleinsignalverhalten im Arbeitsbereich.

Welchen Mittelwert erhalten Sie für die Early-Spannung $U_{Ey} = (r_C \cdot I_C) - U_{CE}$?

a)
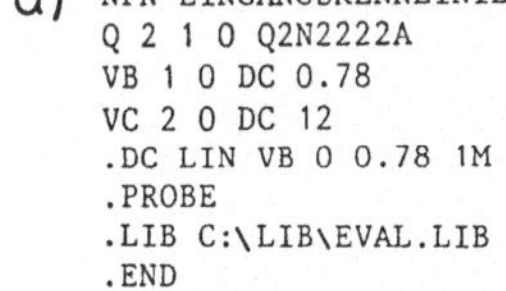
```
NPN-EINGANGSKENNLINIE
Q 2 1 0 Q2N2222A
VB 1 0 DC 0.78
VC 2 0 DC 12
.DC LIN VB 0 0.78 1M
.PROBE
.LIB C:\LIB\EVAL.LIB
.END
```

b)
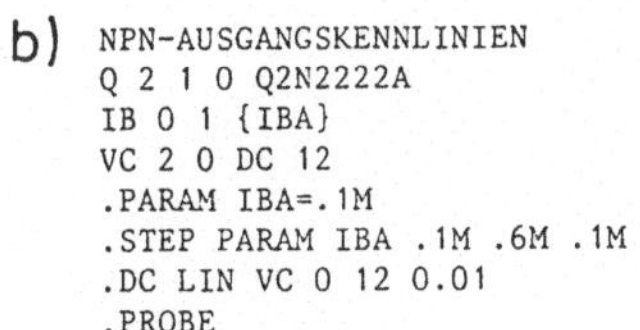
```
NPN-AUSGANGSKENNLINIEN
Q 2 1 0 Q2N2222A
IB 0 1 {IBA}
VC 2 0 DC 12
.PARAM IBA=.1M
.STEP PARAM IBA .1M .6M .1M
.DC LIN VC 0 12 0.01
.PROBE
.LIB C:\LIB\EVAL.LIB
.END
```

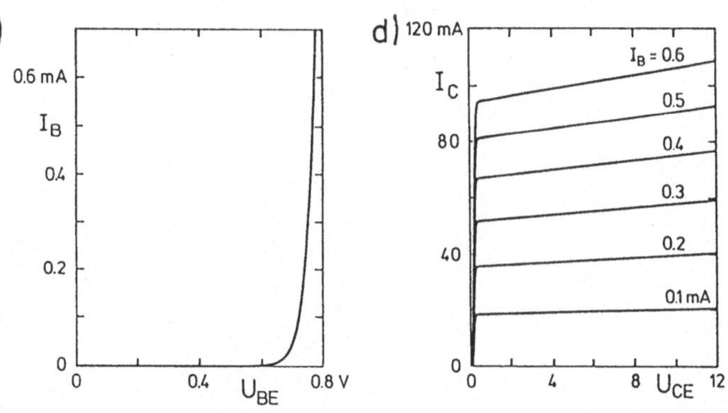

Bild 6.24. Der NPN-Transistor 2N2222A: PSPICE-Eingabedaten (a,b) und Ein- und Ausgangskennlinien (c bzw. d).

6.E.7 Simulation eines Marx-Generators

Bild 6.25a zeigt die Eingabedaten für PSPICE zur Simulation eines Marx-Generators gemäß Bild 6.22. Die Steuerimpulserzeugung ist dabei durch eine Spannungsquelle VR ersetzt, die Rechteckimpulse von 14 µs Dauer erzeugt. Die Ausgangsspannung V5

a)
```
MARX-GENERATOR
VG 1 0 DC 24
R1 0 2 1K
Q1 2 7 1 Q2N2907A
R2 1 3 1K
C1 3 2 1U
R3 2 4 4.7K
Q2 4 9 3 Q2N2907A
R4 3 5 4.7K
C2 5 4 100N
VR 6 0 PULSE (6.8 0 4U 10N 10N 14U 10M)
C3 6 7 330N
R6 7 1 10K
R5 6 8 220
C4 8 9 10N
R7 9 3 10K
RL 5 0 {LAST}
.PARAM LAST=1G
.STEP PARAM LAST LIST 1G 10K
.LIB C:\LIB\EVAL.LIB
.TRAN 10N 22U
.PROBE
.END
```

b)
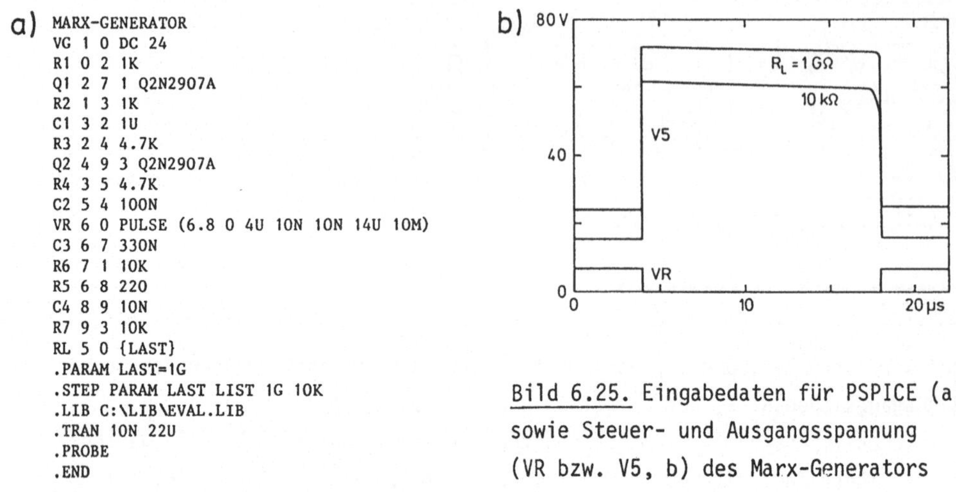

__Bild 6.25.__ Eingabedaten für PSPICE (a) sowie Steuer- und Ausgangsspannung (VR bzw. V5, b) des Marx-Generators

hängt von der Belastung ab (Bild 6.25b). Dies ist hauptsächlich auf die bei Belastung reduzierte Aufladung der Kondensatoren zurückzuführen, bedingt durch die veränderte Teilung der Versorgungsspannung VG (24 V). Hinzu kommt die bei Belastung stärkere Entladung der Kondensatoren.

Diskutieren Sie das Verhalten des Generators unter Belastung quantitativ. Dabei ist es hilfreich, nicht nur Potentiale gegen Masse sondern auch Potentialdifferenzen darzustellen.

7. Weitere Transistorschaltungen

In diesem Kapitel wird auf einige lineare und nichtlineare Transistorschaltungen
eingegangen. In den Abschnitten 7.1 und 7.2 werden zuvor allgemeine Begriffe erläutert, die bereits in Kapitel 6 benutzt worden sind, und deren Verständnis
bei der Besprechung insbesondere auch von Schaltungen mit Operationsverstärkern
benötigt wird.

Das Hauptanwendungsgebiet von diskreten Schaltungen mit bipolaren Transistoren liegt bei schnellen Spezialschaltungen und bei Endstufen hoher Leistung.

7.1 Rückkopplung

Wird ein Bruchteil γ des Ausgangssignals a eines Verstärkers mit der Leerlaufverstärkung A zum Eingangssignal e addiert, so spricht man von Rückkopplung

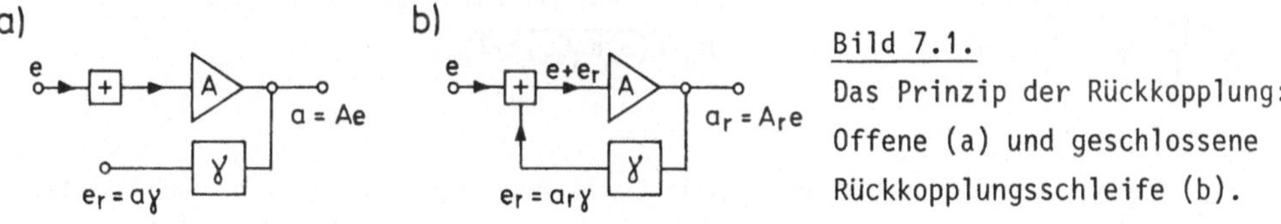

Bild 7.1.
Das Prinzip der Rückkopplung:
Offene (a) und geschlossene
Rückkopplungsschleife (b).

(Bild 7.1). Eine einfache Rechnung ergibt die Verstärkung A_r des rückgekoppelten Verstärkers. Aus $a_r = (e+e_r)A = eA_r$ folgt mit $e_r = a_r\gamma$

$$A_r = \frac{A}{1 - \gamma A} = \frac{A}{1 - G} \quad . \tag{7.1}$$

Dabei ist $G = \gamma A$ die Schleifenverstärkung, d.h. der Faktor, um den das Ausgangssignal beim Durchlaufen der Rückkopplungsschleife verstärkt wird. Je nachdem,
ob G positiv oder negativ ist, liegt Mitkopplung oder Gegenkopplung vor.

7.1.1 Mitkopplung: G > 0

Bei positiver Rückkopplung $(0 < G < 1)$ wird A_r größer als die Leerlaufverstärkung
A. In analogen Schaltungen wird hiervon kaum Gebrauch gemacht, da sich die Verstärkereigenschaften generell verschlechtern. Bei Kippschaltungen mit zwei

stabilen (oder quasistabilen) Zuständen führt Mitkopplung zur Verkürzung der
Schaltzeiten zwischen diesen Zuständen. Im Idealfall würde mit $G \to 1$ A_r gegen
Unendlich und die Schaltzeit gegen Null streben (siehe Abschnitt 7.3).

Ein Sonderfall liegt vor, wenn nur für eine bestimmte Frequenz ω_0 $\gamma A = 1$
wird, oder

$$\gamma(\omega_0) = 1/A \quad . \tag{7.2}$$

Unter diesen idealisierten Umständen ist die Amplitude einer Sinusschwingung der
Frequenz ω_0 indifferent, d.h. jede Amplitude behält ihren Wert bei, und zwar ohne
äußeres Eingangssignal e. Unter realistischen Umständen hängt dann aber A_r nicht
nur von der Frequenz, sondern - wenn auch nur schwach - auch von der Amplitude
ab. Angenommen, für kleine Amplituden sei $\gamma A > 1$. Dies führt zu einem exponentiellen Anstieg der Amplitude bei einer infinitesimalen Anregung von ω_0, beispielsweise durch Rauschen, bis sich der Vorgang durch eine Nichtlinearität
(z.B. Sättigung) stabilisiert. Gleichung (7.2) ist dann nur im zeitlichen Mittel
erfüllt. Auf diesem Prinzip beruhen die analogen Sinusgeneratoren, für die wir
hier stellvertretend den RC-Oszillator in Bild 7.2 anführen.

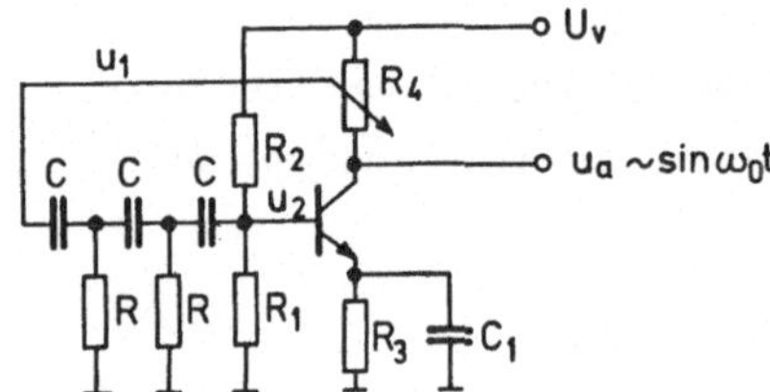

Bild 7.2.
RC-Oszillator. Die Berechnung im Text erfolgt
unter der Annahme $R_1 \| R_2 \| r_B = R$ und $r_B/\beta \gg$
$R_3/\sqrt{(\omega_0 R_3 C_1)^2 + 1}$.

Der Transistor arbeitet dynamisch in Emittergrundschaltung, d.h. das Emitterpotential ist konstant (virtuelle Masse, siehe Abschnitt 7.2). Die Leerlaufverstärkung ist nach (6.56) $A = -\beta R_4/r_B$. Ein Bruchteil u_1 des Ausgangssignals u_a
wird an R_4 abgegriffen und durch die drei RC-Glieder phasengedreht und abgeschwächt. Nur bei der Oszillatorfrequenz $\omega_0 = (\sqrt{6} RC)^{-1}$ beträgt die Phasendrehung
180°, und das Verhältnis $u_1/u_2 = -29$ (siehe Gleichung (2.42)). Die Rückkopplung γ
wird somit negativ, und die Bedingung (7.2) läßt sich an R_4 einstellen, sofern
die Dimensionierung $\beta R_4/r_B > 29$ erfüllt ist.

7.1.2 Gegenkopplung: $G < 0$

Bei der Gegenkopplung wird A_r kleiner als die Leerlaufverstärkung A. Hängt die
Rückkopplung γ nur von passiven Schaltelementen ab und ist $-G \gg 1$ (starke Gegenkopplung), so ergibt (7.1) näherungsweise $A_r = -\gamma^{-1}$. Das bedeutet aber, daß
die Verstärkung einer Schaltung beispielsweise nur noch von Widerstandsverhält-
nissen abhängt, also weitgehend unabhängig wird von Nichtlinearitäten und von

<u>Tabelle 7.1.</u> Beispiel einer Gegenkopplung: Durch Einfügen des Rückkopplungselements R_E wird die Spannungsverstärkung v_u unabhängig von Transistorkenngrößen

	Emittergrundschaltung	Stromgegengekoppelter Verstärker
Prinzipschaltung	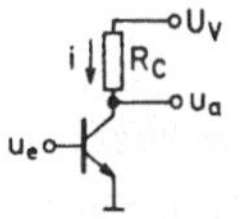 (Prinzipschaltbild)	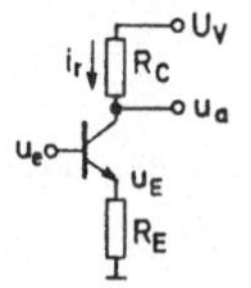 (Prinzipschaltbild)
Eingangssignal e	u_e	
Ausgangssignal a, a_r	i	i_r
Leerlaufverstärkung A	$i/u_e = \beta/r_B$	
$e + e_r$	u_e	$u_e - u_E$
$\gamma = e_r/a_r$	0	$-\dfrac{u_E}{i_r} = -R_E$
$A_r = \dfrac{A}{1 - \gamma A}$	A	$\dfrac{\beta/r_B}{1 + \beta R_E/r_B} \approx \dfrac{1}{R_E}$
Spannungsverstärkung $v_u = u_a/u_e = -A_r R_C$	$-\beta \dfrac{R_C}{r_B}$	$-\dfrac{R_C}{R_E}$

thermischen Veränderungen der aktiven Bauelemente. Dies sei anhand des stromgegengekoppelten Verstärkers erläutert, der aus der Emittergrundschaltung durch einen zusätzlichen Rückkopplungswiderstand R_E hervorgeht (Tabelle 7.1): Der Kollektorstrom übernimmt die Rolle des Ausgangssignals und erzeugt über R_E das Rückkopplungssignal u_E. Es handelt sich demnach um eine stromgesteuerte Spannungsgegenkopplung. Sie bewirkt, daß die Spannungsverstärkung $v_u = u_a/u_e$ nicht mehr die arbeitspunktabhängigen Transistorkenngrößen β und r_B enthält. Auf ähnliche Weise kann man sich überzeugen, daß der spannungsgegengekoppelte Verstärker (Abschnitt 6.4.2) durch eine spannungsgesteuerte Stromgegenkopplung aus der Emittergrundschaltung hervorgeht.

Wie diese Beispiele zeigen, ist es nicht immer sofort ersichtlich, welchen Charakter eine Schaltung im Sinne der Gegenkopplung hat. Der stromgegengekoppelte Verstärker erweist sich als spannungsgesteuerter Stromgenerator (ohne R_C in Tabelle 6.1). Der spannungsgegengekoppelte Verstärker ist als stromgesteuerter Spannungsgenerator zu betrachten (ohne R_1 in Tabelle 6.1). Auf derartig reduzierte Schaltungen hat die Gegenkopplung folgende Auswirkungen:

- Die Eingangsimpedanz von spannungsgesteuerten Generatoren nimmt zu, die von stromgesteuerten nimmt ab.

- Die Ausgangsimpedanz von Spannungsgeneratoren nimmt ab, die von Stromgeneratoren nimmt zu.

Der Verbesserungsfaktor ist durchweg gleich dem Verhältnis

$$A/A_r = 1-\gamma A \quad . \tag{7.3}$$

Dasselbe gilt für die Verstärkung des rückgekoppelten Kreises bezüglich des offenen Kreises: Nichtlinearitäten (Klirrfaktor), Exemplarstreuungen und Störeinflüsse durch Temperaturschwankungen oder Alterung werden um den Faktor $1-\gamma A$ vermindert. Aus (7.1) mit (7.3) folgt nämlich

$$\frac{\Delta A_r}{A_r} = \frac{1}{1-\gamma A} \frac{\Delta A}{A} \quad . \tag{7.4}$$

Bei starker Gegenkopplung ist der Verbesserungsfaktor praktisch gleich dem Betrag der Schleifenverstärkung $|G| \cong 1-\gamma A$.

Eine Möglichkeit zur Beibehaltung großer Schleifenverstärkung bei niedriger Ausgangsimpedanz bietet die Gegenkopplung über mehrere Transistoren. Bild 7.3

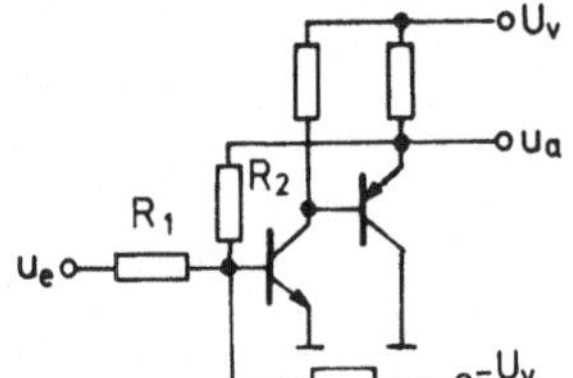

Bild 7.3.
Gegenkopplung über zwei komplementäre Transistoren. Die Spannungsverstärkung ist $v_u = -R_2/R_1$.

zeigt die Gegenkopplung über zwei Transistoren, wie sie in schnellen Schaltungen mit hoher Linearitätsanforderung anzutreffen ist.

Gegenkopplung über mehrere Transistorstufen führt häufig zum Schwingen: Jede Transistorstufe enthält Schalt- sowie innere Kapazitäten, die die Phase eines Wechselstromsignals verschieben. Addieren sich die Verschiebungen zu 180°, so wird wie beim RC-Oszillator aus der Gegenkopplung eine Mitkopplung. Eine Gegenmaßnahme besteht aus der sogenannten 'Frequenzkompensation': An geeigneter Stelle wird ein Integrierglied eingefügt, welches die Verstärkung mit zunehmender Frequenz abnehmen läßt. Bei der Frequenz ω_s mit 180° Phasenverschiebung wird dann $\gamma(\omega_s)A(\omega_s) < 1$, was ein Schwingen ausschließt.

Der Einfluß von Frequenzkompensation und Gegenkopplung auf den Frequenzgang $A_r(\omega)$ von Verstärkern wird in Abschnitt 9.5.1 behandelt.

7.2 Der Begriff der virtuellen Masse

Der Begriff der virtuellen Masse wird da verwendet, wo innerhalb einer Schaltung
ein Potential hinsichtlich des Kleinsignalverhaltens, d.h. dynamisch, konstant
gehalten wird. Dies kann ohne und mit Aufnahme von Kleinsignalstrom geschehen,
woraus sich die folgenden beiden Fälle ergeben:

- Anschlußstelle eines stromgesteuerten Verstärkers, dessen Eingangsimpedanz
durch Gegenkopplung um den Faktor G, der Schleifenverstärkung, auf einen vernachlässigbaren Wert reduziert wird. Hierbei wird der Eingangsstrom in den ver-
stärkenden Teil der Schaltung vernachlässigbar gegenüber dem gesamten Eingangsstrom. Ein Beispiel hierfür ist die Basis im spannungsgegengekoppelten Verstärker in Tabelle 6.1: Der Signalstrom durch R_1 fließt praktisch vollständig durch
R_2 zum Kollektor ab, was durch die Näherung $v_u \cong -R_2/R_1$ zum Ausdruck kommt.
Ferner stellt der invertierende Eingang eines Operationsverstärkers eine virtuelle Masse dieses Typs dar, sofern er als Umkehrverstärker betrieben wird.

- Anschlußstelle einer Schaltung, die durch eine RC-Kombination abgeblockt,
d.h. während der Signaldauer auf konstantem Potential gehalten wird. In diesem
Fall liefert der Kondensator während der Signaldauer den Signalstrom. Ein Beispiel ist das Emitterpotential des RC-Oszillators in Bild 7.2. Hier ist zu berücksichtigen, daß R_1 und C_1 mit dem β-fachen des Basisstromes belastet wird.
Soll u_2 praktisch ganz an dem dynamischen Basis-Emitter-Widerstand r_B abfallen,
muß der Wechselstromwiderstand der R_3C_1-Kombination klein gegenüber r_B/β sein.
Dies führt zu der im Bildtext angegebenen Bedingung.

Nicht unter den Begriff der virtuellen Masse fallen Versorgungsspannungen
oder reale Masseanschlüsse.

7.3 Kippschaltungen mit zwei Transistoren

Diese Schaltungen haben zwei stabile (oder quasistabile) Zustände. Die Transistoren werden als Schalter betrieben und die Schaltzeiten durch Mitkopplung
verkürzt. Neben den hier behandelten Schaltungen wird uns in einem TTL-Gatter
(Bild 11.12c) ein Schmitt-Trigger mit zwei Transistoren begegnen.

7.3.1 Das RS-Flipflop

Bild 7.4 zeigt ein symmetrisch aufgebautes RS-Flipflop. Wird an dem Eingang S
('set') kurzzeitig ein positiver Impuls ($> 1.5\,V$) angelegt, so wird T_1 leitend,
das Potential von $\bar{Q}$ sinkt auf 0.2 V ab (Sättigung von T_1), wodurch T_2 sperrt.
Damit nimmt Q ein stark positives Potential an, wodurch T_1 über R_2 noch mehr
in Sättigung getrieben wird (Mitkopplung). Beim Rückgang des Potentials an S
wird die Diode D_1 hochohmig, und der bestehende Zustand bleibt erhalten.

Da die Schaltung symmetrisch ist, bewirkt ein zuletzt an R ('reset') angeleg-

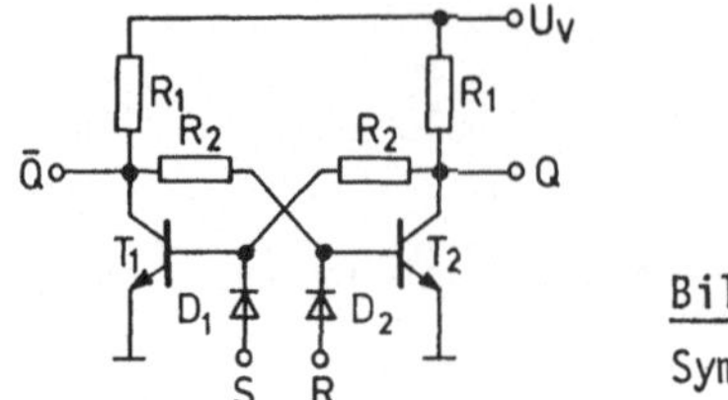

Bild 7.4.

Symmetrisches RS-Flipflop ($R_2 \gg R_1$)

ter positiver Impuls den komplementären Zustand, d. h. Q liegt bei 0.2 V und $\overline{Q}$ nimmt einen stark positiven Wert an. Das RS-Flipflop speichert somit die Information, ob zuletzt an S oder an R ein positiver Impuls angelegen hat.

7.3.2 Der Univibrator

Der Univibrator - auch 'one-shot' genannt - hat einen stabilen und einen quasi-stabilen Zustand (Bild 7.5). Im Ruhezustand (Impedanz von C gleich ∞) wird T_2 über R_3 in Sättigung gezogen, U_a liegt bei 0.7+0.2=0.9 V, und T_1 ist über R_2 gesperrt. Wird an E ein kurzer positiver Impuls >1.4 V angelegt, so beginnt T_1 zu leiten, und ein negativer Impuls gelangt über C an die Basis von T_2, dessen Kollektorpotential daraufhin zunimmt und T_1 über R_2 weiter in den Strom zieht (Mitkopplung). Ist T_1 gesättigt, liegt die Basis von T_2 zunächst auf 1.4 V-(U_V-0.9 V) = -(U_V-2.3 V). Jetzt schützt die Diode D_3 die Basis-Emitter-Diode von T_2 vor dem Durchbruch. (D_2 dient zur Symmetrisierung der Schaltung.) Nun strebt das Basispotential durch Entladen des Kondensators C über R_3 mit der Zeitkonstante R_3C gegen $+U_V$, bis es nach der Zeit τ das Potential +1.4 V erreicht hat und die Schaltung in ihren stabilen Ausgangszustand zurückkippt. Vernachlässigt man Spannungen <1 V gegen U_V, so erhält man

$$\tau \cong R_3 C \ \ln 2 \quad . \tag{7.5}$$

Während der anschließenden Erholzeit lädt sich C über R_1, die Basis-Emitter-Diode von T_2 sowie über D_3 wieder auf. R_1 ist so zu dimensionieren, daß T_2 dabei nicht zerstört wird.

Der Univibrator wird vorwiegend zur Impulsformung und zur Verzögerung digitaler Signale verwendet.

7.3.3 Der Multivibrator

Der Multivibrator in Bild 7.6 besitzt zwei quasistabile Zustände. Beim Anlegen der Versorgungsspannung U_V wird aufgrund von Schaltasymmetrien einer der beiden Transistoren leitend, der andere gesperrt. Der Wechsel zwischen den beiden quasistabilen Zuständen vollzieht sich wie beim Zurückkippen des Univibrators. Für die Aktiv- und Passivzeit τ_1 beziehungsweise τ_2 erhält man entsprechend (7.5)

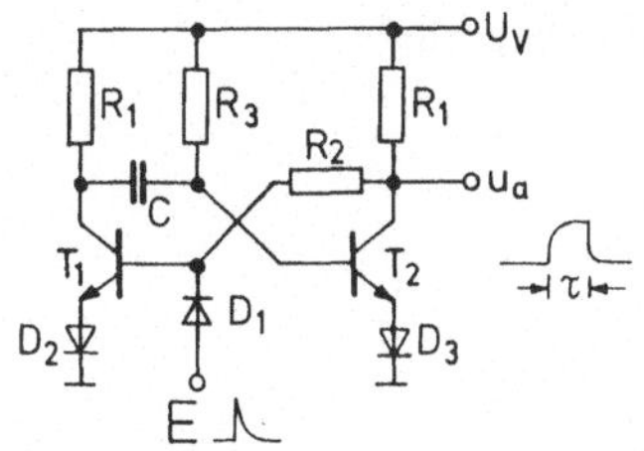

Bild 7.5. Der Univibrator oder One-shot. R_2, $R_3 \gg R_1$.

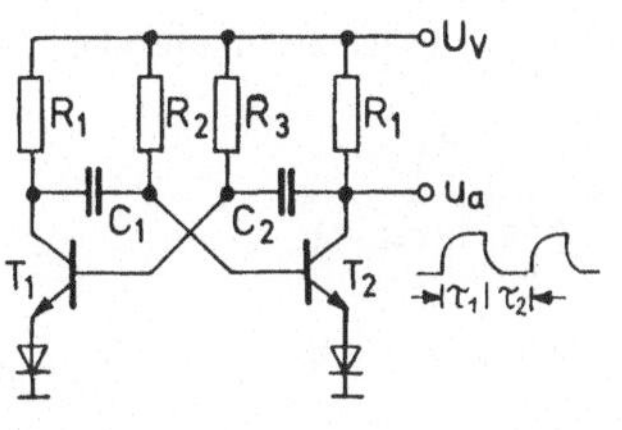

Bild 7.6. Sättigender Multivibrator. R_2, $R_3 \gg R_1$.

$$\tau_1 \cong R_2 C_1 \ln 2 \quad , \quad \tau_2 \cong R_3 C_2 \ln 2 \quad . \tag{7.6}$$

Der Multivibrator wird als Impulsgenerator verwendet.

Die Schaltzustände der Kippschaltungen in Bild 7.4 bis 7.6 beruhen darauf, daß jeweils ein Transistor gesperrt und der andere gesättigt ist. Die hohe Ladungsträgerkonzentration in gesättigten Transistoren bedingen jedoch Ausschaltzeiten, die etwa um einen Faktor fünf bis zehn größer sind als die Einschaltzeiten. Damit sind die Schaltzeiten der genannten Schaltungen relativ groß und die mit dem gezeigten Multivibrator erzielbaren Frequenzen beschränkt. Nichtsättigende Kippschaltungen nutzen nur eine Nichtlinearität der Transistorkennlinien aus, nämlich die der Basis-Emitter-Diode. Sie sind somit erheblich schneller. Als Beispiel einer solchen Schaltung zeigt Bild 7.7 einen nichtsät-

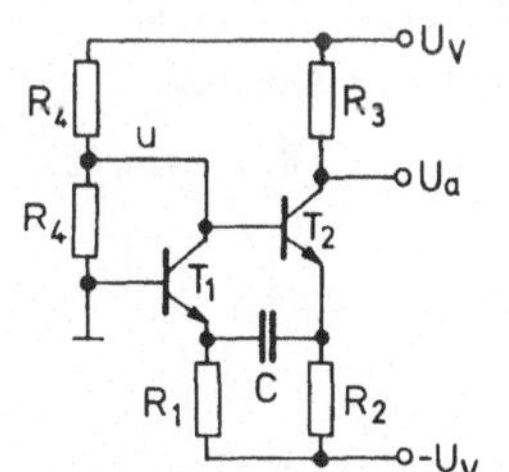

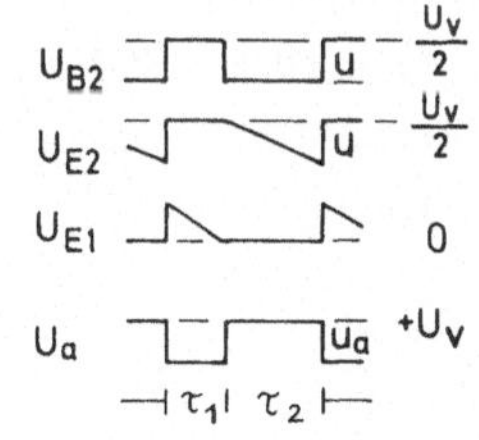

Bild 7.7.
Nichtsättigender Multivibrator mit Spannungsverlauf an Basis (B), Emitter (E) und am Ausgang (a)

tigenden Multivibrator. Unter der Annahme, daß sich die Spannung an dem Kondensator C während eines Zyklus nicht wesentlich ändert, und unter Vernachlässigung der Basis-Emitter-Spannungen an den leitenden Transistoren kann die Schaltung wie folgt erklärt werden:

Die Widerstände R_1 und R_2 sind durch C dynamisch parallel geschaltet. Der durch sie fließende Strom ist

$$I = U_V/R_1 + \frac{3}{2}U_V/R_2 = \frac{U_V}{R_1 \| (\frac{2}{3}R_2)} \quad . \tag{7.7}$$

Ist T_1 leitend, bewirkt I am Spannungsteiler R_4 einen Spannungsabfall

$$u = I\, R_4/2 = U_V \frac{R_4}{2(R_1\|(\tfrac{2}{3}R_2))} \quad . \tag{7.8}$$

Ist T_2 leitend, bewirkt I an R_3 einen Spannungsabfall

$$u_a = I\, R_3 \quad . \tag{7.9}$$

Angenommen, T_1 ist gesperrt (Phase τ_1 des Schaltzyklus). Dann führt T_2 den Strom I, und U_{B2} und damit U_{E2} betragen etwa $+U_V/2$. U_{E1} ist positiv - andernfalls wäre T_1 leitend. U_{E1} nimmt ab, da C mit dem Strom U_V/R_1 aufgeladen wird:

$$\frac{dU_{E1}}{dt} = -\frac{U_V}{R_1 C} \tag{7.10}$$

Beim Nulldurchgang von U_{E1} wird T_1 leitend, U_{B2} erfährt einen negativen Spannungssprung der Höhe u, worauf T_2 sperrt. Während der Zeit τ_2 entlädt sich C über R_2. Die zeitliche Änderung von U_{E2} beträgt

$$\frac{dU_{E2}}{dt} = -\frac{\tfrac{3}{2}U_V}{R_2 C} \quad . \tag{7.11}$$

Sobald U_{E2} den Wert $U_V/2-u$ erreicht, wird T_2 wieder leitend und T_1 sperrt. Dabei erfahren U_{B2}, U_{E2} und über C auch U_{E1} einen positiven Spannungssprung der Größe u. Der Zyklus beginnt erneut.

Die Spannungsänderung u am Kondensator C ist durch Gleichung (7.8) gegeben. Wählt man beispielsweise $R_1\|(\tfrac{2}{3}R_2) = 5R_4$, so wird $u = 0.1\, U_V$, und die Annahme kleiner Spannungsänderungen an C ist erfüllt. Wählt man ferner $R_3 = 2\, R_4$, erhält man $\tau_1 = 0.1\, R_1 C$, $\tau_2 = 0.1\, \tfrac{2}{3}R_2 C$ und $u_a = 0.4\, U_V$.

7.4 Impedanzwandler

Die klassische Transistorschaltung zur Impedanzwandlung ist der Emitterfolger. Er hat jedoch - wie in Abschnitt 6.3.2 bereits teilweise erwähnt - einige unangenehme Eigenschaften:

- Der Emitterfolger ist zur Übertragung steiler Impulsflanken nur einer Polarität geeignet. Ist nämlich der Impulsabfall in dem in Bild 7.8 dargestellten

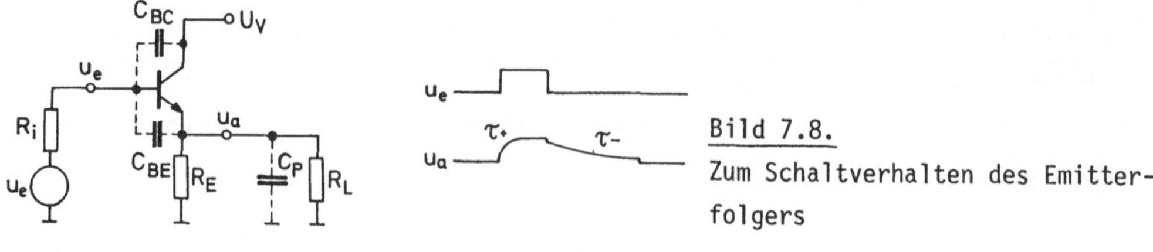

Bild 7.8.
Zum Schaltverhalten des Emitterfolgers

Beispiel so kurz, daß sich die unvermeidliche parasitäre Kapazität C_p, beispielsweise die Kabelkapazität eines am Ausgang offenen Impulskabels, nicht rechtzeitig entladen kann, so sperrt die Basis-Emitter-Diode, und man beobachtet am Ausgang einen exponentiellen Impulsabfall

$$\tau^- = C_p \ (R_E \| R_L) \quad . \tag{7.12}$$

Die Dauer τ^+ des Impulsanstiegs hängt auf komplexe Weise von dem Innenwiderstand R_i der Signalquelle, den internen Kapazitäten C_{BC} und C_{BE} zwischen Basis und Kollektor (1 bis 20 pF) bzw. Emitter (z.B. 3 pF) sowie vom Basis-Emitter-Widerstand r_B, der Stromverstärkung β, von C_p und $R_E \| R_L$ ab, ist aber in allen Fällen kleiner als τ^-.

- Aufgrund der in Bild 7.8 dargestellten Kapazitäten kann der Emitterfolger schwingen. Da r_B, β, C_{BC} und C_{BE} vom Arbeitspunkt des Transistors abhängen, kommt es unter Umständen zur Selbsterregung. Diese Schwingneigung ist um so größer, je größer C_p und je hochohmiger der Emitterfolger gegenüber dem Innenwiderstand R_i der Signalquelle ist. (In der Praxis hilft zuweilen gegen das Schwingen ein Widerstand von einigen 100 Ω in der Basiszuleitung.)

- Bei der Übertragung bipolarer Signale sind relativ große Ruheströme erforderlich.

- Das Ausgangssignal ist gegenüber dem Eingangssignal um die Basis-Emitter-Spannung (bei Si-Transistoren ca. 0.7 V) verschoben.

- Nach Gleichung (6.46) kann R_i bestenfalls um einen Faktor β verringert werden, der bei hochohmiger Schaltung begrenzt ist.

Die in diesem Abschnitt beschriebenen Schaltungstypen stellen verbesserte Impedanzwandler dar und werden häufig einzeln oder kombiniert verwendet.

7.4.1 Der Whitesche Emitterfolger

Whitesche Emitterfolger bestehen aus zwei kaskadierten komplementären Impedanzwandlern. In den in Bild 7.9 dargestellten Schaltungen wird bei positiven und negativen Impulsflanken jeweils ein Transistor in den Strom gesteuert. Sie sind

a)

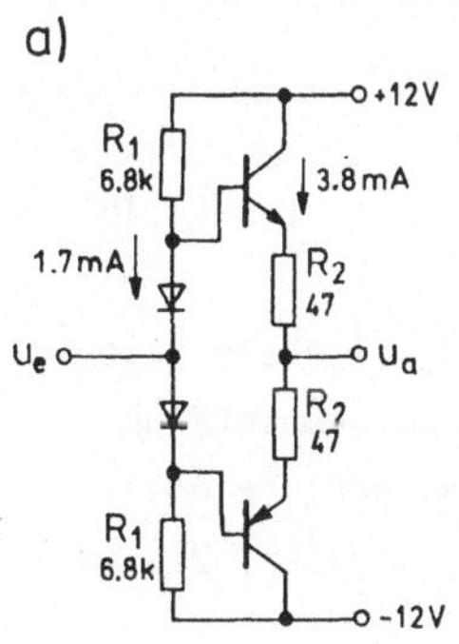

b)

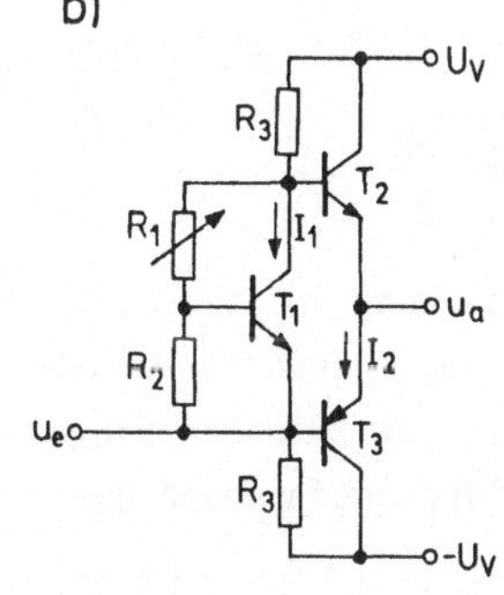

Bild 7.9.
Whitesche Emitterfolger mit verschiedenen Ruhestromeinstellungen

somit zur Übertragung schneller bipolarer Impulse geeignet, und dies bei kleinem Ruhestrom.

In Bild 7.9a wird der Ruhestrom der Dioden durch die Widerstände R_1, derjenige der Transistoren dann durch R_2 bestimmt. Zur Berechnung muß man von der Beziehung

$$I_B \cong I_s \, e^{U/U_T} \qquad (7.13)$$

ausgehen (siehe Gleichung (5.1)). Die angegebenen Ruheströme ergeben sich aus $I_s = 6$ nA, $U_T = 40$ mV für Dioden und Basis-Emitter-Kennlinien, sowie $\beta = 200$.

In der Schaltung von Bild 7.9b stellt der Transistor T_1 eine Konstantspannungsquelle dar für die Spannung

$$U_{CE1} \cong U_{BE1} \, (1 + R_1/R_2) \qquad . \qquad (7.14)$$

An R_1 lassen sich die Ruheströme I_1 und I_2 kontinuierlich einstellen, wodurch die Emitterwiderstände R_2 in Bild 9.7a entfallen können, und die Ausgangsimpedanz der Schaltung entsprechend kleiner wird. Bei hohen Anforderungen können T_1 und T_2 durch Darlington-Schaltungen ersetzt werden (siehe Abschnitt 7.4.2).

Ähnliche Eigenschaften wie Whitesche Emitterfolger haben sogenannte 'totem pole'-Endstufen wie z.B. T_4 und T_5 in Bild 11.12.b. Wenn dort T_4 aus dem Strom gesteuert wird, wird T_5 in den Strom gesteuert und sorgt für die Umladung der an y angeschlossenen Schaltkapazitäten so, daß ein Sperren von T_4 verhindert wird.

7.4.2 Darlington-Schaltungen und Spannungsfolger

Die Darlington-Schaltung besteht aus zwei Emitterfolgern in Serie (Bild 7.10a). Betrachtet man die Eingangsimpedanz von T_2 als Emitterwiderstand von T_1, so erhält man nach (6.43) die Eingangsimpedanz der Schaltung

$$Z_e = \beta_1 (r_{C1} \| (\beta_2 (r_{C2} \| R_E))) \qquad . \qquad (7.15)$$

Unter Verwendung von (6.46) ergibt sich die Ausgangsimpedanz Z_a der Schaltung, wenn man als Innenwiderstand der Signalquelle für T_2 die Ausgangsimpedanz von T_1 einsetzt. Unter Verwendung von $r_B I = U_T$ und $I_{B2} = \beta_1 I_{B1}$ wird

$$Z_a \cong \frac{r_{B2} + (r_{B1} + R_i)/\beta_1}{\beta_2} = \frac{R_i}{\beta_1 \beta_2} + 2 \frac{r_{B2}}{\beta_2} \qquad . \qquad (7.16)$$

Die Komplementär-Darlington-Schaltung in Bild 7.10b hat vergleichbare Eigenschaften wie die Darlington-Schaltung. Durch Verwendung eines komplementären Transistors wird die Potentialdifferenz zwischen Eingang und Ausgang halbiert. Auch für diese Schaltung ist die Eingangsimpedanz durch (7.15) gegeben. Die Ausgangsimpedanz ist näherungsweise $Z_a \cong (R_i + r_{B1}) / \beta_1 \beta_2$.

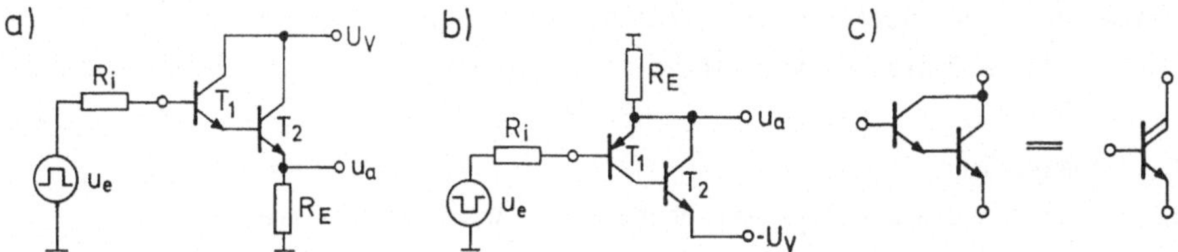

<u>Bild 7.10.</u> Darlington-Schaltung (a), Komplementär-Darlington-Schaltung (b) und 'Darlington-Transistor' mit Schaltsymbol (c)

Darlington-Schaltungen werden als integrierte Bauelemente gefertigt. Sie können als Komponenten Whitescher Emitterfolger eingesetzt werden. Möchte man dabei als Leistungstransistoren (T_2 in Bild 7.10a und b) gleiche Typen verwenden, so bietet sich die Kaskadierung eines normalen und eines Kömplementär-Darlington an.

Als Spannungsfolger bezeichnet man Impedanzwandler mit integrierten Operationsverstärkern (Bild 7.11). Sie haben Eingangsimpedanzen von vielen MΩ und Ausgangsimpedanzen im mΩ-Bereich.

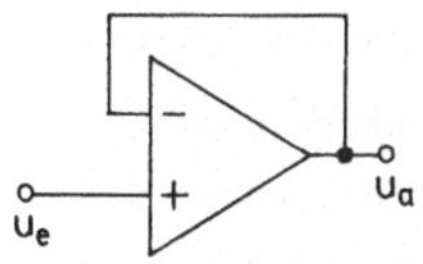

<u>Bild 7.11.</u> Spannungsfolger mit integriertem Operationsverstärker

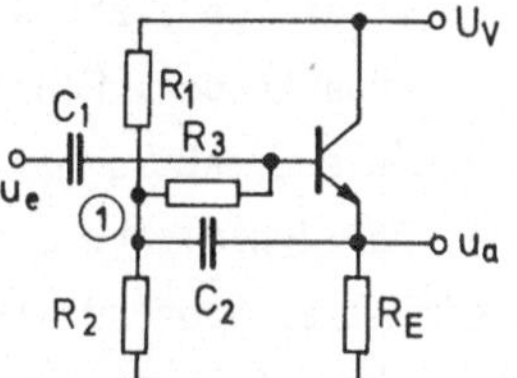

<u>Bild 7.12.</u> Emitterfolger mit Bootstrap

7.4.3 Impedanzwandler mit Bootstrap

Bei gleichstromentkoppelten Impedanzwandlern wie in Bild 6.15b wird der Arbeitspunkt durch einen ohmschen Spannungsteiler am Eingang der Schaltung eingestellt. Der Spannungsteiler verringert jedoch die Eingangsimpedanz. Wählt man ihn zu hochohmig, so wird die Schaltung thermisch instabil und die Stromverstärkung des Transistors nimmt ab. Der 'bootstrap' (Schnürsenkel) ermöglicht die Verbindung von niederohmiger Arbeitspunkteinstellung mit hoher dynamischer Eingangsimpedanz (Bild 7.12). Das Ausgangssignal $u_a = v_u u_e$ wird über den Kondensator C_2 zum Punkt 1 zurückgeführt. Hierdurch wird das Eingangssignal nicht mit dem Widerstand $R_3 + R_1 \| R_2$ zusätzlich belastet, sondern mit dem dynamischen Widerstand $R_3/(1-v_u)$ $\cong$ 100 R_3.

7.5 Schaltungen mit 'long-tailed pairs'

Diese Schaltungen enthalten zwei paarige Transistoren mit einem gemeinsamen Emitterwiderstand ('long tail'). Wir beschreiben hier die beiden Grundtypen, nämlich

das lineare Tor - auch Gatter oder 'gate' genannt - und den Differenzverstärker.
Dieser ist in jedem Operationsverstärker in der einen oder anderen Form enthalten.

7.5.1 Das lineare Tor

Das lineare Tor ist ein Schalter zur Übertragung analoger Signale, der durch
einen digitalen Impuls gesteuert wird.

In der in Bild 7.13 dargestellten Schaltung führen die beiden paarigen Transistoren den gleichen Ruhestrom $I_1 = I_2$. Liegt ein Gateimpuls u_g an, so sperrt T_2

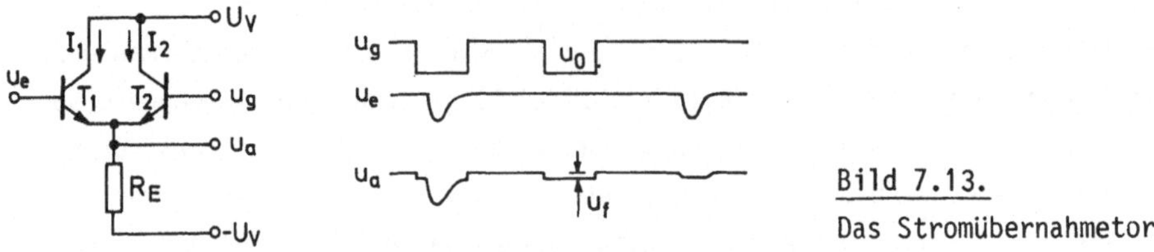

Bild 7.13.
Das Stromübernahmetor

und T_1 arbeitet als Emitterfolger. Ein synchroner analoger Eingangsimpuls u_e
wird auf den Ausgang u_a übertragen. Fehlt der Gateimpuls, so würde ein Analogsignal u_e lediglich bewirken, daß I_1 ganz oder teilweise von T_2 übernommen
wird (Stromübernahme). Der dynamische Bereich des Tores ist begrenzt durch die
Amplitude u_o der Gateimpulse. Störend wirkt beim Sperren eines der beiden Transistoren das Auftreten eines 'Fußes' oder 'pedestal' der Höhe

$$u_f = U_T \ln 2 \cong 35 \text{ mV} \quad . \tag{7.17}$$

Dieser verändert die Form übertragener Analogimpulse, wie in Bild 7.13 dargestellt. In kommerziellen Geräten wird ein erheblicher Aufwand getrieben, um u_f
zu minimieren.

7.5.2 Der Differenzverstärker

Der Differenzverstärker (Bild 7.14a) dient zur Verstärkung der Differenz $(u_p - u_N)$
der Spannungen, die am nichtinvertierenden (u_p) und invertierenden Eingang (u_N)
anliegen. Die Differenzverstärkung ist definiert als

$$v_D = u_a / (u_p - u_N) \quad . \tag{7.18}$$

Wir werden sehen, daß der Differenzverstärker auch die Summe der Eingangssignale
überträgt. Die Gleichtaktverstärkung ist definiert als

$$v_G = u_a / (\frac{u_p + u_N}{2}) \quad . \tag{7.19}$$

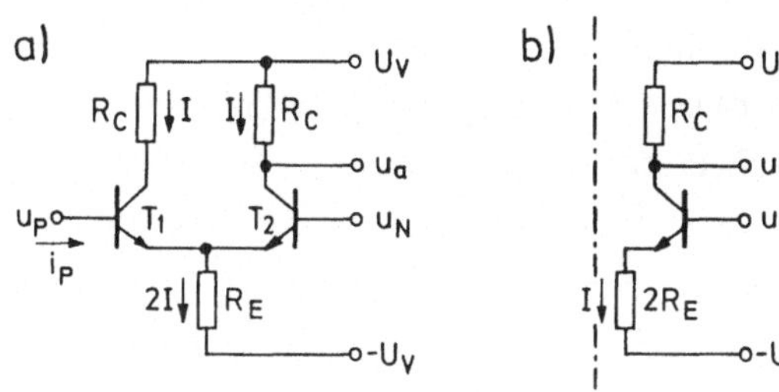

Bild 7.14.
Differenzverstärker (a) und Ersatzschaltung zur Berechnung der Gleichtaktverstärkung. Der Kollektorwiderstand von T_1 ist entbehrlich.

Ein guter Differenzverstärker besitzt eine große Gleichtaktunterdrückung - oder 'common-mode rejection ratio' -

$$CMRR = |v_D/v_G| \quad , \qquad\qquad (7.20)$$

die meist in Dezibel (dB) angegeben wird (lg = dekadischer Logarithmus):

$$CMRR\,/\,dB = 20\,\lg|v_D/v_G| \qquad\qquad (7.21)$$

Zur Ableitung dieser Kenngrößen für die Schaltung in Bild 7.14a wird angenommen, daß die Transistoren T_1 und T_2 gleiche dynamische Kenngrößen (β und r_B) haben und den gleichen Ruhestrom I führen. Ferner wird der dynamische Kollektoremitterwiderstand als unendlich angenommen.

- Die Differenzverstärkung v_D: Für $u_P = -u_N = u$ ändert sich aus Symmetriegründen das gemeinsame Emitterpotential nicht. Die Transistoren arbeiten wie in einer Emittergrundschaltung, und nach (6.56) wird

$$v_D = \frac{u_a}{2u} \cong \beta\frac{R_C}{2r_B} \quad . \qquad\qquad (7.22)$$

- Die Gleichtaktverstärkung v_G: Für $u_P = u_N = u$ kann die Schaltung in zwei symmetrische Ersatzschaltungen zerlegt werden (Bild 7.14b), die wie stromgegengekoppelte Verstärker arbeiten. Nach (6.61) erhält man

$$v_G = \frac{u_a}{u} \cong - \frac{R_C}{2R_E} \quad . \qquad\qquad (7.23)$$

- Die Gleichtaktunterdrückung CMRR: Durch Einsetzen von v_D und v_G in (7.20) und Erweitern mit I kommt man unter Verwendung von (5.3) zu dem überraschenden Ergebnis

$$CMRR \cong \frac{R_E}{r_B/\beta} \cdot \frac{I}{I} \cong \frac{U_V}{2U_T} \quad , \qquad\qquad (7.24)$$

und zwar unabhängig vom Arbeitspunkt der Transistoren. In integrierten Operationsverstärkern wird der 'long tail' R_E häufig durch eine Konstantstromquelle ersetzt, deren Innenwiderstand eine große Versorgungsspannung $-U_V$ simuliert und damit die

Gleichtaktunterdrückung auf 10^3 bis 10^5 anhebt.

- Eingangsimpedanzen: Die Eingangsimpedanzen Z_D und Z_G für Differenz- bzw. Gleichtaktansteuerung liest man aus Bild 7.14 ab:

$$Z_D = \frac{u_P - u_N}{i_P} \cong \frac{2u}{u/r_B} = 2r_B \qquad (u = u_P = -u_N) \tag{7.25}$$

$$Z_G = \frac{u_P}{i_P} = \frac{u}{u/(2\beta R_E)} = 2\beta R_E \qquad (u = u_P = u_N) \tag{7.26}$$

Im Rahmen unserer Näherungen wird somit $v_D Z_D = v_G Z_G$ oder

$$Z_G = CMRR \cdot Z_D \quad . \tag{7.27}$$

Die Gleichtakteingangsimpedanz Z_G ist bei Operationsverstärkern somit um Größenordnungen größer als Z_D und wird in Datenblättern daher teilweise nicht mehr angegeben.

Der Kollektorwiderstand von T_1 in Bild 7.14a ist funktionell nicht notwendig. Er kann weggelassen werden, ohne die angegebenen Beziehungen zu verändern.

7.6 Schnelle Schaltungen (Miller-Effekt)

Die Anstiegszeit τ der Ausgangsimpulse einer Verstärkerschaltung kann symbolisch als eine RC-Zeitkonstante beschrieben werden.

Eine erste Maßnahme zur Verkleinerung von τ ist die Verwendung kleiner Widerstände und niederohmiger Schaltungen mit großen Ruheströmen. Der zu zahlende Preis liegt in der erhöhten Verlustleistung mit den erforderlichen Kühlmaßnahmen. Hochohmige Signalquellen sind mit Impedanzwandlern zu versehen wie z.B. in Bild 7.3.

Eine nächste Maßnahme besteht aus der Verkleinerung beteiligter Kapazitäten durch geeigneten Schaltungsaufbau. Das Potential von Abschirmungen der Leitungen von hochohmigen Signalquellen kann über einen Bootstrap dem Eingangssignal nachgeführt werden. Die Abschirmkapazität verringert sich dadurch dynamisch um den Faktor $(1-v_u)$, wobei v_u die Spannungsverstärkung der Bootstrapschaltung ist (siehe Bild 8.4d).

Nicht verkleinern kann man die internen Kapazitäten der gewählten Transistoren. Besonders schädlich ist die Basis-Kollektor-Kapazität bipolarer Transistoren (C_{BC}). Die Spannungsverstärkung v_u einer Schaltung hat zur Folge, daß die über den zur Basis führenden Widerstand zu transportierende Ladung um etwa den Faktor $(1+|v_u|)$ zunimmt (siehe Bild 7.15). Die dadurch bedingte Erhöhung der Impulsanstiegszeit nennt man Miller-Effekt. (Entsprechende Schaltungen mit extern zugeschalteten Kapazitäten zwischen Basis und Kollektor werden als Miller-Integratoren bezeichnet.)

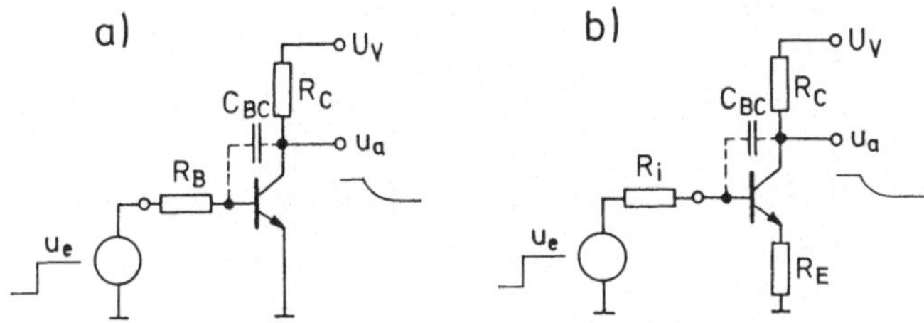

Bild 7.15. Der Miller-Effekt begrenzt die Anstiegszeit τ der Ausgangsimpulse.
$\tau \cong C_{BC}(R_C+R_B\|r_B+R_B|v_u|)$ für die Emittergrundschaltung (a), $\cong C_{BC}(R_C+R_i(1+|v_u|))$ für den stromgegengekoppelten Verstärker (b).

Zur Vermeidung des Miller-Effekts hält man in schnellen bipolaren Transistorschaltungen entweder das Kollektorpotential konstant, oder man sorgt für verschwindenden Widerstand zur Basis (Anschluß an eine reelle oder virtuelle Masse). Letzteres ist bei der Basisgrundschaltung a priori erfüllt, weshalb sie in Abschnitt 6.3.3 als besonders schnell bezeichnet wurde.

Die bekanntesten Schaltungen zur Vermeidung des Miller-Effekts sind der Differenzverstärker mit einem Eingang und die Kaskoden-Schaltung.

7.6.1 Differenzverstärker mit einem Eingang

Entfernt man den Kollektorwiderstand von T_1 in Bild 7.14a und legt den invertierenden Eingang u_N des Differenzverstärkers an Masse, so arbeitet die Schaltung als schneller nichtinvertierender Verstärker: Das Kollektorpotential von T_1 ist konstant und der Widerstand zur Basis von T_2 gleich 0. Auf dieser Technik basieren die Schaltungen der schnellsten digitalen Bausteine, nämlich die der ECL-Familie (siehe Bild 11.9).

7.6.2 Die Kaskodenschaltung

Bild 7.16 zeigt ein Beispiel für die Realisierung einer Kaskodenschaltung mit bipolaren Transistoren. Sie hat die Verstärkereigenschaften des stromgegengekoppelten Verstärkers. Der Transistor T_2 setzt das Eingangssignal in den Kleinsignalstrom $i=u_e/R_E$ um, den T_1 zum Kollektorwiderstand R_C weiterleitet. Der Miller-Effekt tritt nicht auf, da der Kollektor von T_2 auf konstantem Potential und die Basis von T_1 an Masse liegt.

7.7 Stromspiegel

Stromspiegel enthalten zwei paarige Transistoren und dienen zur Erzeugung konstanter Ströme. In der Schaltung Bild 7.17 wird der Generatorstrom I_G an R_1 eingestellt. Es ist $I_1=(U_V-U_{BE1})/R_1$, und für $R_2=0$ wird aus Symmetriegründen $I_G=I_1$.

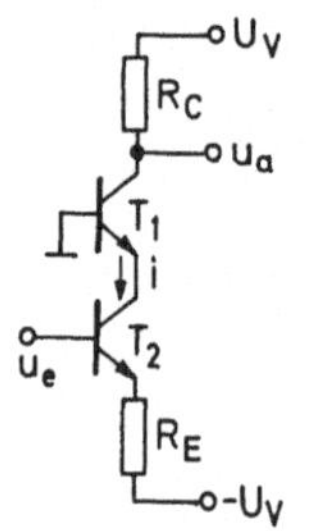

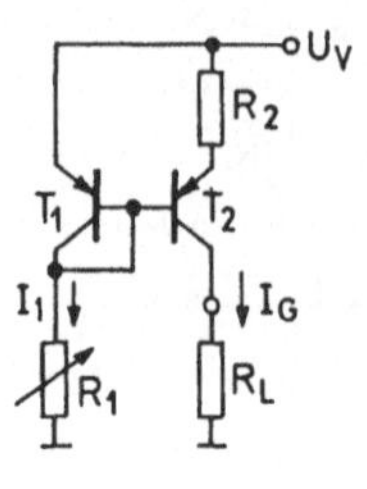

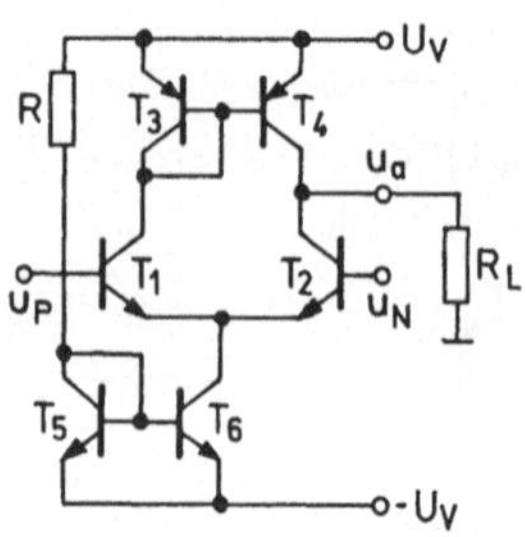

Bild 7.16. Kaskoden-Schaltung   **Bild 7.17.** Strom-spiegel   **Bild 7.18.** Differenzverstärker mit Stromspiegeln

Andernfalls wird I_G durch R_2 verkleinert. I_G ergibt sich dann näherungsweise aus der Lösung der transzendenten Gleichúng

$$I_G = (U_T/R_2)\,\ln(I_1/I_G) \quad . \tag{7.28}$$

Schaltungen mit Stromspiegeln sind thermisch sehr stabil. Sie werden in analogen integrierten Schaltungen häufig verwendet. Bild 7.18 zeigt einen Differenzverstärker in dieser Technik. Er enthält zwei Stromspiegel. Der eine (T_3, T_4) sorgt für gleiche Ströme durch T_1 und T_2, der andere (T_5, T_6) für eine konstante Summe dieser Ströme. Eine positive Spannungsdifferenz $u_P - u_N$ erhöht den Strom durch T_1 und reduziert denjenigen durch T_2. Die Kleinsignalströme werden über die dynamischen Kollektor-Emitter-Widerstände r_C abgeleitet. Mit einem (hochohmigen) Lastwiderstand R_L wird die Differenzverstärkung

$$v_D \cong \beta\,\frac{r_C \| (2R_L)}{r_B} \quad . \tag{7.29}$$

Differenzverstärkungen von 10^3 bis 10^4 lassen sich auf diese Weise ohne zusätzliche Verstärkung realisieren.

In Bild 7.17 und .18 sind die Transistoren T_1 bzw. T_3 und T_5 'als Dioden geschaltet'. Die Strom-Spannungskennlinie zwischen Kollektor und Emitter ist die der Basis-Emitter-Diode, jedoch mit dem ($\beta+1$)-fachen Strom. Die Transistoren sind dabei nicht gesättigt ($U_{CE} = U_{BE} \cong 0.7$ V).

7.E DO IT YOURSELF

7.E.1 RC-Oszillator

Der Phasenschieberoszillator gemäß Bild 7.2 ist mit der folgenden Dimensionierung aufzubauen: $R = 1$ kΩ, $R_1 = 4.7$ kΩ, $R_2 = 15$ kΩ, $R_3 = 470$ Ω, $R_4 = 1$-kΩ-Potentiometer, $C = 3.3$ nF und $C_1 = 10$ µF. Der rechte Kondensator C (1 nF) muß kleiner sein, damit er mit $r_B \| R_1 \| R_2$ etwa die gleiche Zeitkonstante bildet wie RC. Selbsterregung ($f_e \cong 20$ kHz) findet statt, wenn der Abgriff am Kollektorwiderstand so eingestellt wird, daß bei f_e die Schleifenverstärkung Eins erreicht wird. - Die Frequenz wird durch Wahl anderer Kapazitäten variiert.

7.E.2 Multivibratoren

a) Der Multivibrator nach Bild 7.6 wird mit $U_V = 12$ V, $R_1 = 470$ Ω, $R_2 = R_3 = 10$ kΩ und $C_1 = C_2 = 330$ nF in Betrieb genommen. Die Impulsdauern τ werden mit (7.6) verglichen. Durch Verändern von R_2, R_3, C_1 und C_2 kann die Frequenz des Multivibrators erhöht werden. Bei welcher Frequenz beginnt die Verzerrung des Ausgangssignals?

b) Der nichtsättigende Multivibrator gemäß Bild 7.7 ist mit $U_V = 12$ V, $R_1 = 10$ kΩ, $R_2 = 15$ kΩ, $R_3 = 1.5$ kΩ, $R_4 = 1$ kΩ und $C = 330$ nF aufzubauen. Die Beziehungen (7.7) bis (7.11) werden anhand der beobachteten Spannungen u_a, U_{E1}, U_{E2} und U_{B2} überprüft. Durch Verkleinern von C wird die Frequenz erhöht. Bei welcher Frequenz beginnt hier die Verzerrung der Ausgangsimpulse?

7.E.3 Emitterfolger mit Bootstrap

Der Emitterfolger nach Bild 7.12 wird aufgebaut mit $C_1 = C_2 = 10$ µF, $R_1 = R_2 = 4.7$ kΩ, $R_3 = 6.8$ kΩ, $R_E = 1$ kΩ, $U_V = 12$ V. Zur Untersuchung der Bootstrap-Wirkung wird er über einen 10-kΩ-Widerstand an eine Wechselspannungsquelle mit Spannungsteiler ($U = 12$ V_{eff}, 680 Ω an U, 150 Ω an Masse) angeschlossen. Die Ausgangsspannung des Emitterfolgers wird beobachtet.

Läßt man zunächst C_2 weg, so wirkt $R_3 + R_1 \| R_2$ als Eingangsimpedanz, und folglich bricht die Eingangs- und damit auch die Ausgangsspannung auf etwa den halben Wert der Leerlaufspannung der Quelle zusammen. Nach Anschließen von C_2 mißt man am Ausgang des Emitterfolgers erwartungsgemäß nahezu die volle Leerlaufspannung.

7.E.4 Lineares Tor

Die Schaltung gemäß Bild 7.19 ist gegenüber der Prinzipschaltung (Bild 7.13) für einen Testaufbau ergänzt. Die 100-Ω-Widerstände in den Kollektorleitungen dienen

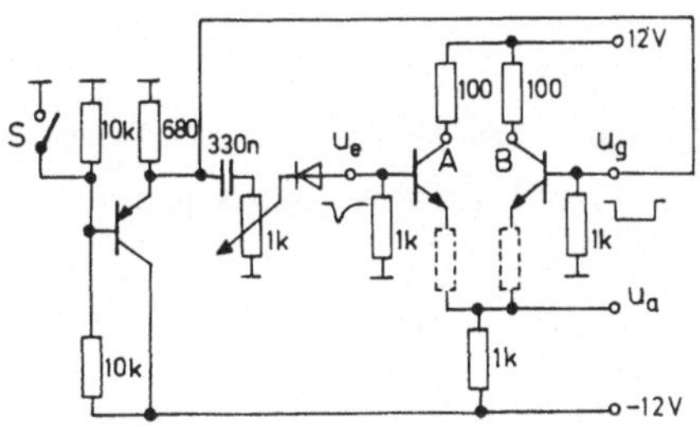

Bild 7.19.

Lineares Tor, angeschlossen an einen Testimpulsgenerator für Gate- und Analogimpulse. S = 100-Hz-Schalter.

dem Vergleich der beiden Transistorströme. Am einfachsten wird mit einem Meßinstrument direkt die Spannung zwischen den Punkten A und B gemessen. Störende Ungleichheit der Ströme kann durch Einfügen eines Widerstandes (2-20 Ω) in einer

der Emitterleitungen korrigiert werden. Der vorgesehene Testimpulsgenerator
liefert Rechtecksignale (-6 V), die direkt als Gateimpulse (u_g) und differenziert als zu übertragende Analogsignale dienen (u_e).

Wird die Zuführung der Gateimpulse unterbrochen, so erscheinen am Ausgang
nur 'pedestals'. Mit Gateimpulsen wird das Analogsignal form- und amplitudengetreu übertragen. (Vergl. auch Bild 7.13.)

7.E.5 Differenzverstärker

Die Schaltung gemäß Bild 7.20b ist gegenüber der Prinzipschaltung (Bild 7.14a)
für einen Testaufbau ergänzt. Die Gleichheit der Ströme durch beide Transistoren

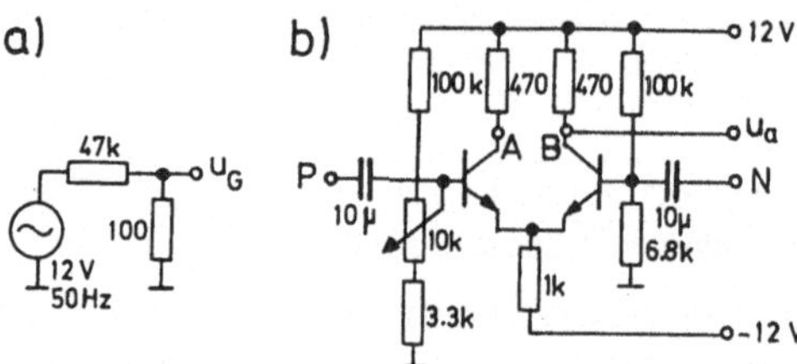

Bild 7.20.

Differenzverstärker (b) und

Testspannungsquelle (a)

wird durch Einregeln der Spannung Null zwischen den Punkten A und B mit Hilfe des
10-kΩ-Potentiometers erreicht.

Die Testspannung u_G (Scheitelspannung ca. 35 mV) wird
- an den Punkt P (N geerdet),
- an den Punkt N (P geerdet),
- an die Punkte P und N

angeschlossen und jeweils die resultierende Ausgangsspannung u_a gemessen. Die
so ermittelten Werte der Differenzverstärkung v_D und Gleichtaktverstärkung v_G
werden mit den nach (7.22) und (7.23) berechneten Werten verglichen. Finden Sie
auch deren Verhältnis durch Formel (7.24) bestätigt?

7.E.6 Miller-Integrator

Bild 7.21 zeigt die Schaltung eines stromgegengekoppelten Verstärkers, bei dem
der Miller-Effekt durch eine externe Kapazität C (1 nF) zwischen Basis und

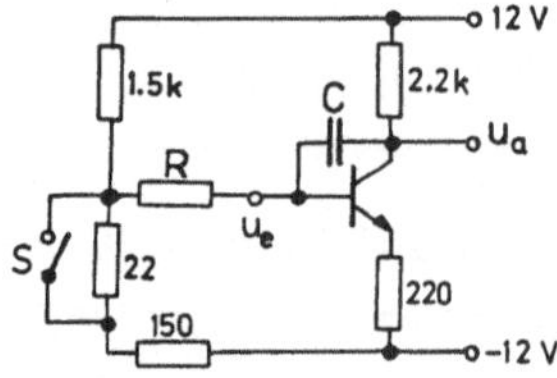

Bild 7.21.

Stromgegengekoppelter Verstärker mit Rechteck-

impulsgenerator und externer Basis-Kollektor-

Kapazität C zur Demonstration des Miller-Effekts

Kollektor verstärkt wird. Gespeist wird die Schaltung von einer realen Signalquelle (mit 100-Hz-Schalter S).

Mit $R = 1$ kΩ und $R = 10$ kΩ wird jeweils die Zeitkonstante τ des Impulsanstiegs
(oder -abfalls) des Ausgangssignals gemessen. Finden Sie die entsprechende Formel in dem Bildtext zu Bild 7.15b bestätigt?

Mit $R = 10$ kΩ und $C = 1$ µF beobachten Sie am Ausgang eine Dreiecksspannung,
das Integral der Rechteckimpulse am Eingang (u_e) der Schaltung (Miller-Integrator).

7.E.7 Stromspiegel

Die Schaltung nach Bild 7.17 wird mit $R_2 = 0$, $R_1 = 680$ Ω aufgebaut. Als Lastwiderstand R_L dient ein variabler 1-kΩ-Widerstand in Serie mit einem 47-Ω-Meßwider-
stand. Die an den 47 Ω abfallende Spannung ist ein Maß für den Strom I_G.

I_G wird in Abhängigkeit von R_L beobachtet. Bis zu welchem R_L finden Sie I_G
konstant und etwa gleichgroß wie I_1? Warum ändert I_G sich bei größeren R_L-Werten?
Finden Sie für $R_2 = 10$ Ω die Gleichung (7.28) bestätigt?

7.E.8 Emitterfolger und Darlington-Schaltungen

Der Eingangswiderstand Z_e von Impedanzwandlern ist im Versuchsaufbau meist durch
einen eingangsseitigen Spannungsteiler bestimmt (siehe z.B. Bild 6.15b). Diese
Schwierigkeit läßt sich umgehen, indem man den Impedanzwandler direkt an einen
Kondensator C anschließt, der auf eine Gleichspannung aufgeladen wird und sich
über Z_e entlädt. Am Ausgang des Impedanzwandlers wird der Signalabfall beobachtet.
Die Abklingzeitkonstante $\tau = C \cdot Z_e$ ergibt einen Mittelwert für Z_e über den durchlaufenen Arbeitspunktbereich.

Zur Messung der Ausgangsimpedanz Z_a wird der Eingang des Impedanzwandlers niederohmig auf konstantem Potential gehalten, z.B. mit einer Zener-Diode in Serie
mit einem 1-kΩ-Widerstand an 12 V.

Zu ermitteln sind Z_e und Z_a nach der vorgeschlagenen Methode für Emitterfolger,
Darlington- und Komplementär-Darlington-Schaltung (Bilder 6.14a und 7.10) mit $R_E =$
3.3 kΩ.

7.E.9 Simulation eines RC-Oszillators

Mit Hilfe von PSPICE (siehe Anhang E) wird der Phasenschieberoszillator nach Bild
7.2 simuliert. Bild 7.22a zeigt die PSPICE-Eingabeliste für die folgende Dimen-
sionierung: $R = 1$ kΩ, $R_1 = 3.3$ kΩ, $R_2 = 10$ kΩ, $R_3 = 470$ Ω, $R_4 = 1$-kΩ-Potentiometer in
Mittelstellung, $C = 3.3$ nF, $C_1 = 1$ µF. Der Oszillator wird durch einen Stimulus
(-10 mV, 5 µs über R_1) zum Schwingen gebracht. Der Spannungsteiler R_1, R_2 ist
so gewählt, daß sich die Frequenz nach (2.42) ergibt, und zwar trotz des Innen-
widerstands der Quelle am Eingang des Phasenschiebers und trotz seiner Belastung

a)
```
RC-OSZILLATOR MIT STIMULUS
CK1 1 2 3.3N
RK1 2 0 1K
CK2 2 3 3.3N
RK2 3 0 1K
CK3 3 4 3.3N
R1 4 8 3.3K
R2 4 7 10K
Q1 6 4 5 Q2N2222A
R3 5 0 470
C1 5 0 1U
R41 1 7 {P}
R42 1 6 {1K-P}
VV 7 0 DC 12
VSTIM 8 0 PULSE (0 -10M 0 0 0 5U 1)
.PARAM P=500
.LIB C:\LIB\EVAL.LIB
.TRAN .5U 400U
.PROBE
.END
```

b)

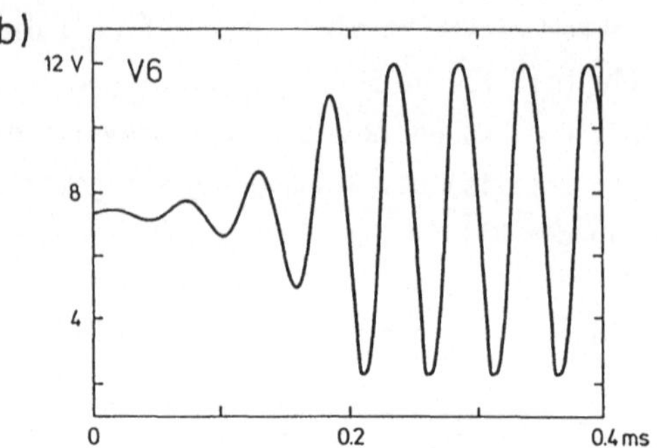

Bild 7.22. Einschwingverhalten eines RC-Oszillators: PSPICE-Eingabedaten (a) und Ausgangsspannung V6 des Oszillators (b).

an seinem Ausgang. Bild 7.22b zeigt, daß die Amplitude der Ausgangsspannung u_a = V6 nach oben durch Abschalten, nach unten durch Sättigung des Transistors begrenzt wird.

7.E.10 Simulation eines nichtsättigenden Multivibrators

Die PSPICE-Eingabedaten in Bild 7.23a dienen zur Simulation des nichtsättigenden Multivibrators gemäß Bild 7.7 mit der aus der Liste hervorgehenden Dimensionierung. Die Definition von Anfangsbedingungen (.IC), hier V4 = 0 und V5 = 5 V, und deren Verwendung bei der Transientenanalyse (Parameter UIC) ist zum Anschwingen der simulierten Schaltung erforderlich (Bild 7.13b). Vergleichen Sie Ihre Ergebnisse mit (7.8) bis (7.11) und mit den in Abschnitt 7.3.3 angegebenen Beziehungen für τ_1 und τ_2.

Bei Verkleinerung der Kapazität C kommt man zur maximalen nutzbaren Multivibratorfrequenz.

a)
```
NICHTSÄTTIGENDER MULTIVIBRATOR
Q1 3 0 4 Q2N2222A
Q2 6 3 5 Q2N2222A
R1 4 2 10K
R2 5 2 15K
R3 1 6 1.5K
R41 1 3 1K
R42 3 0 1K
C 4 5 1N
VV+ 1 0 DC 12
VV- 0 2 DC 12
.IC V(4)=0 V(5)=5
.TRAN 20N 5U UIC
.PROBE
.LIB C:\LIB\EVAL.LIB
.END
```

b)

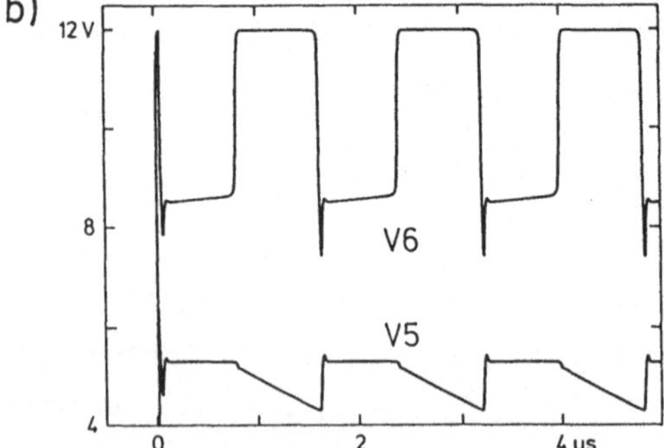

Bild 7.23. Eingabedaten (a) für PSPICE sowie Ausgangs- und Emitterspannung des Ausgangstransistors (V6 bzw. V5, b) eines nichtsättigenden Multivibrators

7.E.11 Simulation eines Differenzverstärkers mit Stromspiegeln

Die PSPICE-Eingabedaten in Bild 7.24a dienen zur Simulation des Differenzverstärkers mit zwei Stromspiegeln nach Bild 7.18. Bild 7.24b zeigt die Eingangssignale VP und VN sowie das Ausgangssignal v_D = V9, und zwar mit und ohne Belastung. Vergleichen Sie Ihr Ergebnis für v_D mit der Verstärkung nach (7.29). Die Transistorkenngrößen können dabei Bild 6.24 entnommen werden.

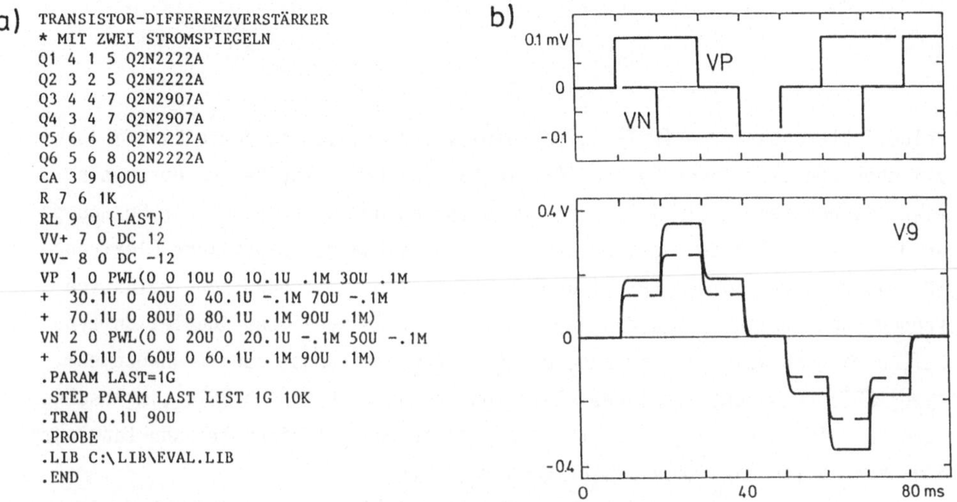

a)

```
TRANSISTOR-DIFFERENZVERSTÄRKER
* MIT ZWEI STROMSPIEGELN
Q1 4 1 5 Q2N2222A
Q2 3 2 5 Q2N2222A
Q3 4 4 7 Q2N2907A
Q4 3 4 7 Q2N2907A
Q5 6 6 8 Q2N2222A
Q6 5 6 8 Q2N2222A
CA 3 9 100U
R 7 6 1K
RL 9 0 {LAST}
VV+ 7 0 DC 12
VV- 8 0 DC -12
VP 1 0 PWL(0 0 10U 0 10.1U .1M 30U .1M
+   30.1U 0 40U 0 40.1U -.1M 70U -.1M
+   70.1U 0 80U 0 80.1U .1M 90U .1M)
VN 2 0 PWL(0 0 20U 0 20.1U -.1M 50U -.1M
+   50.1U 0 60U 0 60.1U .1M 90U .1M)
.PARAM LAST=1G
.STEP PARAM LAST LIST 1G 10K
.TRAN 0.1U 90U
.PROBE
.LIB C:\LIB\EVAL.LIB
.END
```

b)

Bild 7.24. Differenzverstärker mit zwei Stromspiegeln: PSPICE-Eingabedaten (a), die Eingangsspannungen VP und VN sowie die Ausgangsspannung V9 für Lastwiderstande von 1 GΩ und 10 kΩ (unterbrochen, b).

8. Feldeffekttransistoren (FETs)

Feldeffekttransistoren (FETs) sind Halbleiterbauelemente, deren Leitfähigkeit zwischen den Elektroden Source (Quelle, S) und Drain (Senke, D) durch ein elektrisches Feld beeinflußt wird, welches man durch Anlegen einer Spannung an die Gate-Elektrode (Tor, G) erzeugt. Hierbei werden bewegliche Elektronen (N-Leitung) oder Löcher (P-Leitung) aus dem selbstleitenden oder selbstsperrenden Kanal zwischen S und D verdrängt (Verdrängungs- oder 'depletion type' FET) beziehungsweise in ihm angereichert (Anreicherungs- oder 'enhancement type' FET). Hinsichtlich ihres Kleinsignalverhaltens können FETs (im Abschnürbereich) als spannungsgesteuerte Stromgeneratoren mit einer Transduktanz oder Steilheit S (in mA/V = mS) beschrieben werden.

Wie bei bipolaren Transistoren (NPN oder PNP) gibt es zu jedem FET ein komplementäres Analogon (P- oder N-leitend). Da sich das Vorzeichen der beweglichen Ladungsträger zwischen Drain und Source nicht ändert, wird der FET auch als unipolarer Transistor bezeichnet.

FETs stehen seit Anfang der sechziger Jahre in Konkurrenz zu bipolaren Transstoren, deren Schaltungen man fast ausnahmslos auch mit FETs realisieren kann. Aufgrund ihrer größeren Auswahl (P oder N, selbstleitend oder -sperrend) erlauben FETs zuweilen einfacheren Schaltungsaufbau. Wegen ihrer extrem hohen Eingangsimpedanz (bis zu 10^{14} Ω) werden FETs bevorzugt als leistungslose Schalter für Ströme vom pA- bis zum 10-A-Bereich eingesetzt, ferner als Pufferstufen vor und nach Operationsverstärkern sowie als spannungsgesteuerte Widerstände in Modulatoren. Die geringe Leistungsaufnahme erlaubt höchste Konzentration von FETs auf einem Halbleiterkristall, wovon in digitalen LSI-Bausteinen ('large scale integration') in großem Umfang Gebrauch gemacht wird.

In diesem Kapitel beschränken wir uns auf die Beschreibung der beiden wichtigsten Typen, nämlich des JFET ('junction'), auch SFET genannt ('Sperrschicht'), und des MOSFET ('metal oxide semiconductor'), dieser aus der Familie der IGFET ('insulated gate'). Ihre Funktion wird anhand einiger typischer Beispiele aus der analogen Elektronik erläutert.

8.1 Der JFET

Bild 8.1a zeigt den Querschnitt durch einen JFET. Der N-leitende Kanal zwischen
Drain (D) und Source (S) ist seitlich von den P-dotierten Gate-Bereichen um-
geben. Die PN-Übergänge zwischen Gate und Kanal sind in Sperrichtung gepolt.
Die Dicke der Sperrschicht (schraffiert) nimmt mit zunehmender Spannung U_{GS}
zu und verkleinert damit den Querschnitt und somit die Leitfähigkeit des Kanals.
Ferner nimmt die Dicke der Sperrschicht von Source zu Drain zu, da im Drain-
bereich die Sperrspannung am größten ist.

a)

c)

d)

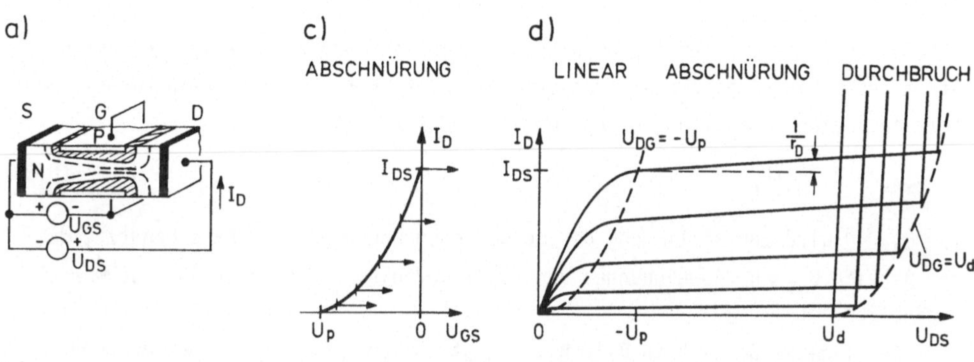

b)

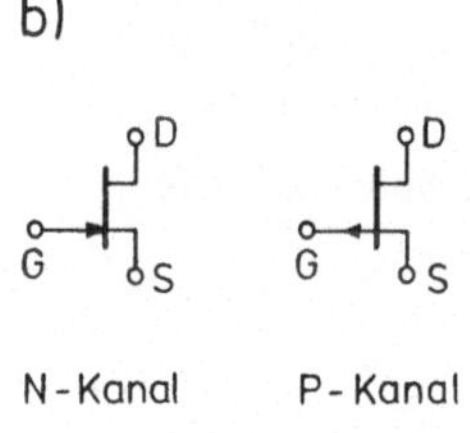

Bild 8.1. Der JFET: Querschnitt eines N-Kanal-JFET (a),
Schaltsymbole (b), Steuerkennlinie für den Abschnürbereich (c) und Ausgangskennlinienfeld (d). U_p = Schwellenspannung, U_d = Durchbruchspannung. Abschnürung setzt
bei $U_{DG} = U_{DS} - U_{GS} = -U_p$ ein.

Die Ausgangskennlinien (Bild 8.1d) enthalten drei Bereiche:

- Im Abschnürbereich ist die Sperrschicht so weit ausgedehnt, daß der Kanal
bis auf eine durch U_{GS} bestimmte Resthöhe abgeschnürt ist ('pinch-off'). Mit
zunehmender Drainspannung U_{DS} breitet sich die Abschnürung in Richtung Source
aus (gestrichelt in Bild 8.1a). Hierdurch erhöht sich der Widerstand des Kanals
derart, daß der Drainstrom I_D annähernd konstant bleibt und die Kennlinien
horizontal verlaufen. Die Reststeigung läßt sich durch einen dynamischen (oder
differentiellen) Widerstand r_D zwischen Drain und Source beschreiben. Die Steuerkennlinie (Bild 8.1c) für diesen Bereich zeigt näherungsweise eine quadratische Abhängigkeit zwischen I_D und U_{GS}:

$$I_D = k(U_{GS} - U_p)^2 = I_{DS}(1 - U_{GS}/U_p)^2 \tag{8.1}$$

Bei der Schwellenspannung $U_{GS} = U_p$ (zwischen -3 und -10 V für N-leitenden Kanal, entsprechend positiv für P-leitenden Kanal) ist der Kanal praktisch vollständig abgeschnürt. Die Konstante k ist proportional zum Verhältnis Breite/Länge des Kanals. Der maximale Strom $I_{DS} = k U_p^2$ zwischen Drain and Source stellt sich bei dem maximal zulässigen Wert $U_{GS} = 0$ ein. (Bei $U_{GS} > 0$ würde die Diode zwischen Gate und Source leitend und der JFET funktionsunfähig.)

Die verstärkende Eigenschaft des JFET im Abschnürbereich wird durch die Steilheit S beschrieben, die sich aus (8.1) ergibt:

$$S = \frac{dI_D}{dU_{GS}} = 2 \sqrt{I_{DS} I_D} / U_p \qquad (8.2)$$

Sie ist somit stark arbeitspunktabhängig, viel stärker als die vergleichbare Stromverstärkung β bipolarer Transistoren. Hierdurch ist die Verwendbarkeit von FETs in analogen Schaltungen begrenzt. Der Maximalwert

$$S_{max} = 2\, I_{DS}/U_p \qquad (8.3)$$

für $U_{GS} = 0$ wird zur Bestimmung der Schwellenspannung U_p von JFETs benutzt, da der Bereich $U_{GS} \cong U_p$ Abweichungen von (8.1) aufweist und meßtechnisch schwer zugänglich ist.

- Der <u>lineare Bereich</u> in Bild 8.1d liegt zwischen $U_{DS} = 0$ und der Abschnür-spannung ('pinch-off voltage') $U_{DS} = U_{GS} - U_p$, bei der zwischen Gate und Drain die Schwellenspannung U_p liegt und die Kanalabschnürung einsetzt. Im linea-ren Bereich erhält man für I_D eine parabelförmige Abhängigkeit von U_{DS}, die bei der Abschnürspannung stetig differenzierbar in (8.1) übergeht:

$$I_D = 2\, k\, (U_{GS} - U_p - \tfrac{1}{2} U_{DS}) U_{DS} \qquad (8.4)$$

Für kleine Spannungen U_{DS} verhält sich der JFET wie ein spannungsgesteuerter Widerstand (Kanalwiderstand)

$$R_K = \frac{U_{DS}}{I_D} = (2\, k\, (U_{GS} - U_p - \tfrac{1}{2} U_{DS}))^{-1} \quad . \qquad (8.5)$$

Eine Schaltung zur Kompensation des quadratischen Terms in (8.4) werden wir in Abschnitt 8.4.3 kennenlernen.

- Im <u>Durchbruchbereich</u> in Bild 8.1d überschreitet die Spannung zwischen Drain und Gate die Durchschlagspannung U_D (6 bis 50 V), was zur Zerstörung des Transistors führen kann.

Die Eingangsimpedanzen von JFETs liegen zwischen 10^9 und $10^{12}\ \Omega$. Sie sind niedriger als diejenigen von MOSFETs. JFETs gelten als die rauschärmsten akti-ven Halbleiterbauelemente überhaupt und eignen sich insbesondere als Eingangs-stufen rauscharmer Vorverstärker. Eingeschränkt wird die Verwendbarkeit von

JFETs durch ihre Temperaturempfindlichkeit und durch die Beschränkung von U_{GS} auf eine Polarität.

Die Schaltsymbole für JFETs (Bild 8.1b) symbolisieren den selbstleitenden Charakter des Kanals, die Pfeilspitze für den N-Kanaltyp die gesperrte Diode zwischen Gate und Substrat ($U_{GS} < 0$). Der Kanalanschluß mit der kleineren (konstruktionsbedingten) Kapazität gegenüber dem Gate wird als Drain verwendet. Die Drain-Substrat-Diode ist stärker in Sperrichtung gepolt als die Source-Substrat-Diode (daher $U_{DS} > 0$ bei N-leitendem Kanal).

8.2 Der MOSFET

Ein N-Kanal MOSFET (Bild 8.2a) besteht aus einem P-dotierten Substrat B ('bulk' oder 'body'), in welchem zwei N-dotierte Streifen für Source S und Drain D

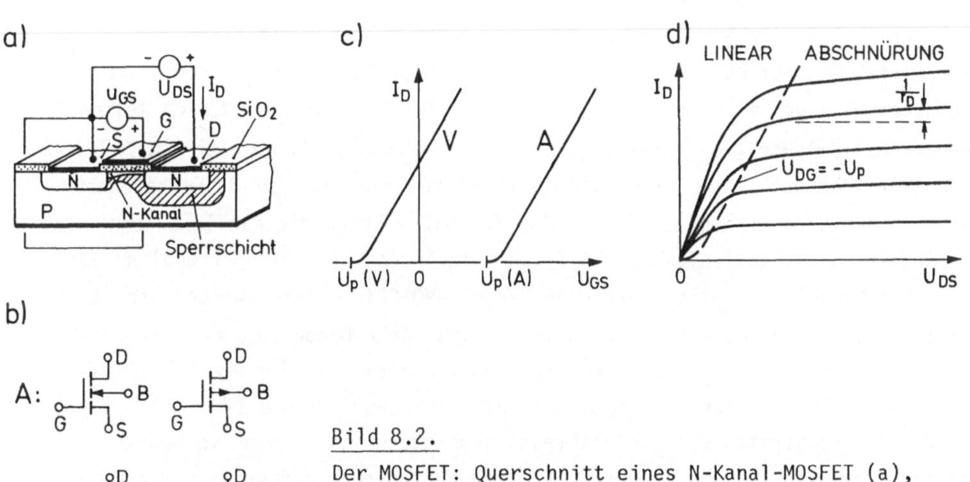

Bild 8.2.

Der MOSFET: Querschnitt eines N-Kanal-MOSFET (a), Schaltsymbole (b), Steuerkennlinie für den Abschnürbereich (c) und Ausgangskennlinienfeld (d). A = Anreicherungs-, V = Verarmungstyp.

eingebettet sind. B, D und S sind mit metallischen Kontakten versehen. Außerhalb D und S ist das Substrat mit einer isolierenden Schicht, meistens aus Siliziumdioxyd (SiO_2), bedeckt. Zunächst besteht somit zwischen Drain und Source keine Leitfähigkeit, da einer der beiden sie verbindenden PN-Übergänge immer gesperrt ist. Legt man jedoch an die durch SiO_2 isolierte metallische Gate-Elektrode G eine positive Spannung U_{GS} an, so werden zunächst die beweglichen Ladungsträger (Löcher) aus dem Bereich zwischen D und S verdrängt, und es bildet sich eine Sperrschicht in Richtung Substrat aus. Bei Erhöhung von U_{GS} über den Schwellenwert U_p hinaus wird in Gatenähe das Leitungsband des P-Halbleiters so weit abgesenkt, daß hier eine Inversionsschicht mit beweglichen negativen Ladungsträgern (Elektronen) induziert wird: Der Kanal wird N-leitend. Im linearen Bereich des Ausgangskennlinienfeldes (Bild 8.2d) wird - wie beim JFET - die Dicke und damit die Leitfähigkeit des Kanals durch U_{GS} gesteuert. Mit zunehmender Drainspannung U_{DS} nimmt die Dicke der Sperrschicht in Drainnähe zu (schraffierter Bereich in Bild 8.2a). Oberhalb der Abschnür-spannung $U_{DS} = U_{GS} - U_p$ bleibt die Kanalhöhe etwa konstant, die Abschnürung dehnt sich jedoch in Sourcerichtung aus. Es entstehen Ausgangskennlinien, die denjenigen des JFETs ähneln.

Beim MOSFET wird der Wert von U_p durch drei Effekte beeinflußt:

- Unterschiedliche Elektronenaustrittsarbeit zwischen Kontaktmetall und Halbleiter,

- Raumladungen, die bei der Herstellung des Isolators (Oxydation von Si zu SiO_2) in diesem fest eingebaut werden, und

- Kristallfehler an der Grenzfläche zwischen Bulk und Isolator.

Mit Hilfe dieser Effekte, die man technologisch weitgehend beherrscht, kann U_p zwischen plus und minus 5 V variiert werden. MOSFETs, die bei $U_{GS} = 0$ leiten, werden als V-Typen (von Verarmung, oder 'depletion type') bezeichnet. A-Typen (von Anreicherung, oder 'enhancement type') sperren bei $U_{GS} = 0$. Entsprechend sind in den Schaltsymbolen (Bild 8.2b) für die V-Typen die Kanäle durchgezogen (selbstleitend), diejenigen für A-Typen unterbrochen (selbstsperrend) angedeu-tet. Das Symbol des selbstsperrenden N-Kanal-MOSFET beispielsweise enthält einen Pfeil zur Andeutung der gesperrten Kanal-Bulk-Diode ($U_{BS} \leq 0$) Mit zuneh-mender Gatespannung wird der Kanal leitend ($U_{GS} > 0$), und die Drain-Bulk-Diode ist stärker in Sperrichtung gepolt als die Source-Bulk-Diode ($U_{DS} > 0$).

Ist der Substratanschluß nicht transistorintern mit Source verbunden, sondern extern zugängig, so kann er zur zusätzlichen Steuerung verwendet werden. Dabei muß jedoch die Diode zwischen B und S gesperrt bleiben. Daher bewirkt eine Spannung $U_{BS} \neq 0$ immer eine Verringerung des Drainstromes, die durch eine gesteuerte Ver-schiebung ΔU_p der Schwellenspannung U_p beschrieben werden kann:

$$\Delta U_p \cong \pm 0.5 \text{ V} \sqrt{\mp U_{BS}(V)} \tag{8.6}$$

Von Natur aus besitzen MOSFETs die gleichen Nichtlinearitäten wie JFETs (Gleichungen (8.1) bis (8.5)). Durch Ausnutzen der genannten drei Effekte sowie durch Wahl geeigneter Dotierungsprofile lassen sich die Kennlinien innerhalb gewisser Grenzen linearisieren, wie in Bild 8.2c und d angedeutet.

MOSFETs sind am Eingang hochohmiger (10^{12} bis 10^{14} Ω) als JFETs. Die Durch-bruchspannung U_d zwischen Gate und Kanal liegt wie beim JFET zwischen 5 und 50 V. Da beim MOSFET der Durchbruch den SiO_2-Isolator zerstört, sind beim Ein-bau diskreter MOSFETs besondere Vorsichtsmaßnahmen angebracht. (Reibung an

Kleidungsstücken kann Spannungen von mehreren kV erzeugen.) Solche Maßnahmen sind Erdung von Lötkolben und Hand, und - sofern mit Kurzschlußbügel geliefert - Entfernung desselben erst nach dem Einbau. Wenn möglich, sind MOSFETs mit eingebauten Schutzdioden zu verwenden.

Aufgrund der einfacheren Herstellung, ihrer Hochohmigkeit und der größeren Typenauswahl werden - abgesehen von Spezialschaltungen - MOSFETs gegenüber JFETs bevorzugt eingesetzt, speziell in hochintegrierten Schaltungen. Ein besonderer Vorteil der V-Typen liegt darin, daß sie ohne Gatevorspannung mit bipolaren Signalen betrieben werden können.

8.3 Linearisierte Ersatzschaltung für FETs

Bild 8.3 zeigt die linearisierte Ersatzschaltung für das Kleinsignalverhalten von FETs im Abschnürbereich. Es enthält die folgenden dynamischen Kenngrößen,

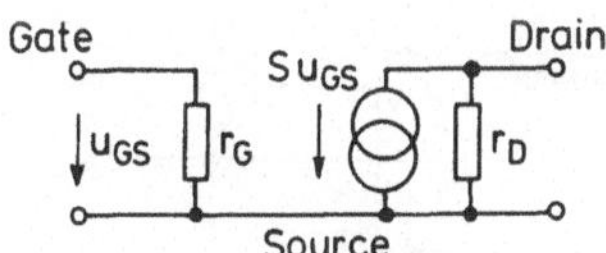

Bild 8.3.
Linearisierte Ersatzschaltung für das Kleinsignalverhalten von N-Kanal-FETs im Abschnürbereich

deren Eigenschaften für FETs niedriger Leistung hier nochmals zusammengefaßt sind:

- Der differentielle Gate-Source-Widerstand r_G (oder die dynamische Eingangsimpedanz) beträgt 10^9 bis $10^{12}\,\Omega$ für JFETs, 10^{12} bis $10^{14}\,\Omega$ für MOSFETs.

- Die Steilheit S ist arbeitspunktabhängig und beträgt bei $I_D = 1$ mA etwa 0.5 bis 3 mA/V.

- Der differentielle Drain-Source-Widerstand r_D liegt etwa zwischen 10 kΩ und 1 MΩ und hängt ebenfalls vom Arbeitspunkt ab.

Aufgrund der beschriebenen Nichtlinearitäten ist es nicht sinnvoll, auch für die Gleichstromdimensionierung eine Ersatzschaltung anzugeben. Sie muß anhand der in Datenblättern angegebenen Kennlinien vorgenommen werden. Hier nur einige Richtwerte:

- Maximaler Drainstrom I_{max}: 0.1 bis 30 mA
- Schwellenspannung $|U_p|$: 0.5 bis 10 V
- Maximale zulässige Spannung zwischen Source einerseits und Gate und Drain andersets bei gesperrtem Kanal: 5 bis 10 V

Diese Daten gelten speziell für Kleinsignal-FETs.

Das dynamische Verhalten von Kleinsignal-FETs ist gekennzeichnet durch eine niedrige Eingangskapazität (einige pF) und hohe Grenzfrequenz (einige 100 MHz). Sie sind daher als Hochfrequenzverstärker gut geeignet.

Für Hochleistungs-FETs gelten die folgenden typischen Werte: Gate-Source-Spannung 100 V maximal, Steilheit einige A/V, Drainstrom 10 A maximal. Trotz ihrer großen Eingangskapazität (einige 100 pF) sind die Schaltverzögerungen (einige 10 ns) zehn Mal kürzer als die von vergleichbaren bipolaren Transistoren.

8.4 Einige typische FET-Schaltungen

8.4.1 Sourcefolger

Sourcefolger dienen - wie die Emitterfolger - zur Impedanzwandlung und finden bei sehr hochohmigen Signalquellen Verwendung. Selbstleitende MOSFETs oder JFETs (geringes Rauschen) ermöglichen besonders einfache Ruhestromeinstellung. Bild 8.4 zeigt eine Auswahl von Sourcefolgern mit N-Kanal JFETs.

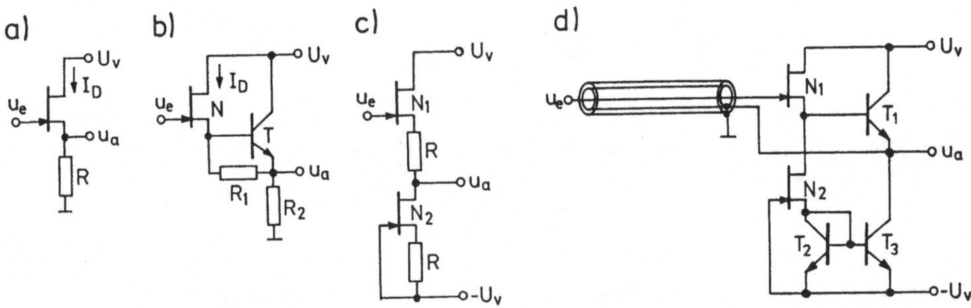

Bild 8.4. Sourcefolger mit JFETs: Grundform (a), hybride Darlington-Schaltung (b), Unterdrückung der Offsetspannung mit passiver (c) und aktiver Ruhestromeinstellung (d).

In der Grundform des Sourcefolgers (Bild 8.4a) ergibt sich der Ruhestrom I_D aus dem Schnittpunkt der Eingangskennlinie (Bild 8.4c) mit der Arbeitsgeraden der Steigung $-1/R$ durch den Ursprung. Das Ruhepotential am Ausgang ist positiv. Unter Verwendung der Ersatzschaltung in Bild 8.3 erhält man für das Kleinsignalverhalten der Schaltung $u_a = u_e(R\|r_D\|r_G)/r_G + (u_e-u_a)S(R\|r_d\|r_G)$ oder

$$v_u = \frac{(S + 1/r_G)(R\|r_D\|r_G)}{1 + S(R\|r_d\|r_G)} \cong \frac{SR}{1 + SR} \quad . \tag{8.7}$$

Die Näherung ergibt sich aus r_G (typisch 1 GΩ) $\gg r_D$ (typisch 50 kΩ) $\gg R$ (z.B. 50 Ω) bei $S = 5$ bis 10 mA/V. Bei der Berechnung der Eingangsimpedanz ist zu berücksichtigen, daß der Gatestrom durch die Spannungsverstärkung um den Faktor $1-v_u$ reduziert wird. Man erhält

$$Z_e = \frac{r_G}{1 - v_u} \cong r_G(1 + SR) \quad . \tag{8.8}$$

Die Ausgangsimpedanz für $u_e = 0$ ergibt sich aus $(i_a - Su_a)(R\|r_D\|r_G) = u_a$:

$$Z_a = \frac{R\|r_D\|r_G}{1 + S(R\|r_D\|r_G)} \cong \frac{1}{S + 1/R} \tag{8.9}$$

Die herausragende Eigenschaft des Sourcefolgers in der Grundform ist seine große Eingangsimpedanz (8.8), während v_u deutlich unter 1 liegt und Z_a nicht wesentlich kleiner als 1/S gemacht werden kann.

Bild 8.4b zeigt eine hybride Darlington-Schaltung zur weiteren Senkung der Ausgangsimpedanz. Hier wirkt R_1 näherungsweise als Konstantstromquelle für $I_D = U_{BE}/R_1$.

Störend bei den genannten Schaltungen wirkt die Gleichspannungsdifferenz ('off-set') zwischen Ein- und Ausgang. Aufgrund der Exemplarschwankungen von U_p für JFETs (bis zu einigen Volt) kann sie bei gleicher Dimensionierung von Schaltung zu Schaltung stark variieren. Paarige FETs erlauben, die Offsetspannung zu minimieren. In Bild 8.4c generiert N_2 einen konstanten Drainstrom, der von N_1 übernommen wird. Bei gleichen Widerständen R und Kenngrößen von N_1 und N_2 wird für Gleichstrom- und Kleinsignalverhalten im Idealfall $U_e - U_a = U_{G2} - (-U_V) = 0$.

Eine Verfeinerung dieser Technik zeigt Bild 8.4d: N_1 und T_1 bilden einen hybriden Darlington. Der als Diode geschaltete bipolare Transistor T_2 und N_2 bilden eine Konstantstromquelle für N_1 und - über den Stromspiegel T_2, T_3 - auch für T_1. Bei paarigen Transistoren ist also auch hier Offsetfreiheit gegeben. Ein Bootstrap von u_a zu der inneren Abschirmung des doppelt abgeschirmten Kabels zum Eingang verringert die kapazitive Last der Signalquelle. Auf diese Weise wird die originalgetreue Übertragung hochfrquenter Signale von hochohmigen Quellen über längere Kabelzuführungen möglich.

8.4.2 Kaskoden-Differenzverstärker

Wegen ihrer Rauscharmut, großen Eingangsimpedanz oder zur Erhöhung der Differenzverstärkung von Operationsverstärkern werden diesen zuweilen paarige Sourcefolger oder Differenzverstärker mit JFETs vorgeschaltet. Bild 8.5 zeigt

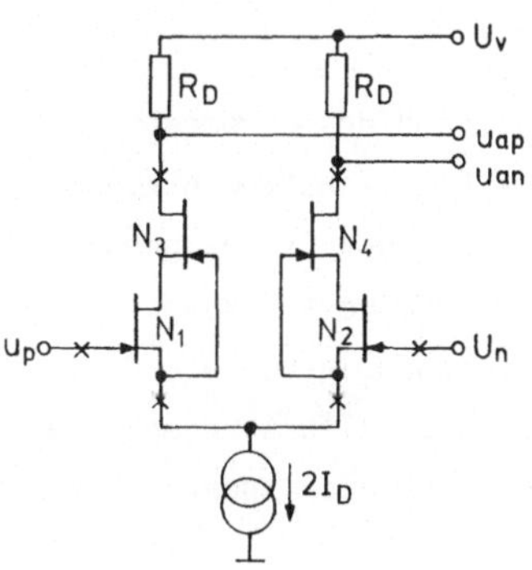

Bild 8.5.

Differenzverstärker mit JFETs in Kaskodenschaltung. Die Kreuze deuten die externen Anschlüsse eines entsprechenden monolithischen 4-FET-Bausteins an.

eine solche Schaltung: N_3 und N_4 haben einen größeren maximalen Drainstrom I_{DS} als N_1 und N_2. Diese werden im Ruhezustand bei I_{DS}, jene bei einer entsprechend negativen Gate-Source-Spannung betrieben. Im Differenzbetrieb wird der Miller-Effekt (Umladung der Gate-Kanal-Kapazität) unterdrückt, da für N_1 und N_2 die Spannungsverstärkung klein ist, für N_3 und N_4 das Gatepotential niederohmig konstant gehalten wird. Mit einem nachgeschaltetem bipolaren Operationsverstärker läßt sich eine Gleichtaktunterdrückung von 125 dB erreichen.

8.4.3 Variable Widerstände

Nach Gleichung (8.5) besitzt der Kanal von JFETs bei kleinen Drain-Source-Spannungen U_{DS} einen Kanalwiderstand R_K, der durch die Gate-Source-Spannung U_{GS} gesteuert werden kann. Dabei kann der in U_{DS} quadratische Term in (8.4) durch einen Spannungsteiler R eliminiert werden, wie in Bild 8.6 dargestellt. Für $r_G \gg R \gg R_K$ wird $U_{GS} = (U_g + U_{DS})/2$ und somit der Leitwert des Kanals linear abhängig von U_g:

$$\frac{1}{R_K} = 2\,k\,(\frac{U_g}{2} - U_p) \qquad\qquad (8.10)$$

R_K läßt sich auf diese Weise um bis zu drei Zehnerpotenzen variieren, und dies bei guter Linearität für $U_{DS} < 8$ V. (Bei höheren Drain-Source-Spannungen können erhebliche Leckströme zwischen Drain und Source fließen.) Der Minimalwert von R_K liegt für nicht zu langsame FETs zwischen 50 und 200 Ω.

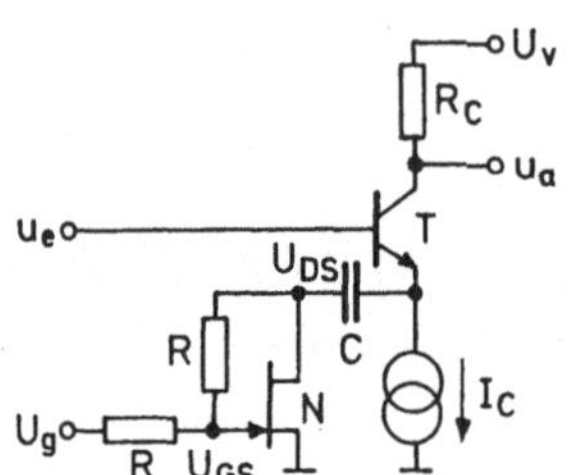

Bild 8.6.

Stromgegengekoppelter Verstärker (T) mit variablem Emitterwiderstand (N)

In Bild 8.6 arbeitet N als variabler Emitterwiderstand des stromgegengekoppelten Verstärkers T. Er ist durch den Kondensator C gleichstromentkoppelt. Hierdurch ist im Ruhezustand $U_{DS} = 0$, und eine Veränderung der Steuerspannung $U_g < 0$ beeinflußt den Ruhestrom I_C von T nicht. Die Spannungsverstärkung $v_u = u_a/u_e = -R_C/R_K$ der Schaltung ist nach (8.10) linear abhängig von U_g. Derartige Schaltungen können zur Modulation hochfrequenter Wechselspannungen, als Zweiquadrantenmultiplikator ($U_g/2 - U_p \geq 0$, $u_e \lessgtr 0$) oder auch als lineares Tor mit Umkehrverstärkung verwendet werden.

8.4.4 Lineare Schalter

Lineare Schalter, d.h. Schalter für analoge Signale, sind variable Widerstände, bei denen nur die Extremwerte R_{ON} und R_{OFF} interessieren. Ein idealer Schalter hat unabhängig von der Stromrichtung $R_{ON} = 0$ und $R_{OFF} = \infty$. Der Kanalwiderstand von Feldeffekttransistoren erfüllt diese Anforderung recht gut. Bei geeigneten Typen liegt R_{ON} bei höchstens 200 Ω. R_{OFF} besteht bei MOSFETs aus dem Sperrwiderstand eines PN-Übergangs und kann von der Größenordnung 10 GΩ (10^{10} Ω) sein.

Bild 8.7a zeigt den Grundtyp eines linearen Schalters mit einem N-Kanal-MOSFET. Die Bulkelektrode liegt auf dem Potential, welches die Steuerelektrode beim Sperren des Transistors einnimmt. Die Schaltung ist geeignet zur Über-

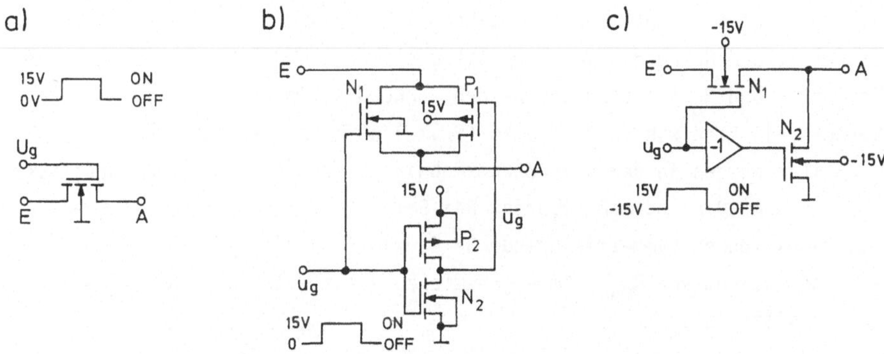

Bild 8.7. Lineare Schalter mit MOSFETs. Grundtyp (a), in CMOS-Technik für große Aussteuerbarkeit (b) und unter Verwendung paariger FETs (c) zur Vermeidung kapazitiv eingekoppelter Schaltspitzen.

tragung von positiven Impulsen zwischen 0 und + 10 V. Bei größeren Signalamplituden beginnt der Abschnüreffekt und R_{ON} steigt an. Bei negativen Spannungen wird die Diode zwischen Drain und Bulk leitend. Legt man die Bulkelektrode an -15 V, können auch bipolare Impulse übertragen werden.

Zuweilen ist es wünschenswert, den dynamischen Bereich bis zur vollen Versorgungsspannung U_V auszunutzen. Hier liegt die Lösung bei der Parallelschaltung komplementärer Transistoren (Bild 8.7b). Das Steuersignal muß dabei allerdings für den komplementären Transistor P_1 invertiert werden:

Die Bulkelektrode von P_2 liegt an der positiven Versorgungsspannung $U_V = +15$ V, während N_1 wie in Bild 8.7a arbeitet. Der Inverter (P_2,N_2) besteht ebenfalls aus komplementären Transistoren, von denen jeweils einer sperrt und der andere leitet. Bei $U_g = 15$ V ist P_2 hochohmig ($\sim 10^{10}$ Ω) und N_2 niederohmig (~ 100 Ω). Aufgrund des hohen Eingangswiderstandes von P_1 (z.B. 10^{13} Ω) ist das invertierte Steuersignal $\overline{u_g} = 0$. P_1 ist also ebenfalls niederohmig und bleibt es für Signalamplituden praktisch bis 15 V.

Die gezeigte Schaltung ist ein Beispiel für die CMOS-Technik ('complementary metal oxide semiconductor'), die sich durch hohe Aussteuerbarkeit und geringen Leistungsverbrauch, aber auch durch Wirtschaftlichkeit auszeichnet. Sie erfordert allerdings hohe Versorgungsspannungen, damit die Abschnürung (unterhalb 5 V zwischen Gate und Kanal) in den komplementären FETs nicht gleichzeitig auftreten kann.

Eine unangenehme Eigenschaft haben lineare Schalter mit MOSFETs: Die Kapazität C_{GK} zwischen Gate und Kanal (~5 pF) wird beim Ein- und Ausschalten umgeladen, wodurch bei hochohmigen Signalquellen und -verbrauchern Spannungsspitzen auf der Signalleitung auftreten. Durch Schalterkaskaden kann dem begegnet werden.

Bild 8.7c zeigt eine Serien-Parallel-Schaltung zweier FETs. Die paarigen Transistoren N_1 und N_2 werden im Gegentakt gesteuert, wodurch die Ladungen von C_{GK} zwischen N_1 und N_2 ausgetauscht werden, ohne die Signalleitung aufzuladen. Der Inverter (-1) kann wie in Bild 8.7b (P_2,N_2) aufgebaut sein.

FET-Schalter werden in der Starkstromtechnik verwendet. Hochstromtransistoren können Ströme von 20 A und mehr führen. Bei Bedarf werden sie parallel geschaltet. Dabei können symmetrisierende Serienwiderstände entfallen, da der Temperaturkoeffizient von R_{ON} - im Gegensatz zu gesättigten bipolaren Transistoren - positiv ist.

8.E DO IT YOURSELF

8.E.1 Kennlinien eines JFETs

a) Mithilfe der Schaltung nach Bild 8.8 wird die Steuerkennlinie eines JFETs (z.B. BF245C, typengleich mit 2N3819) oszilloskopisch dargestellt und in lineari-

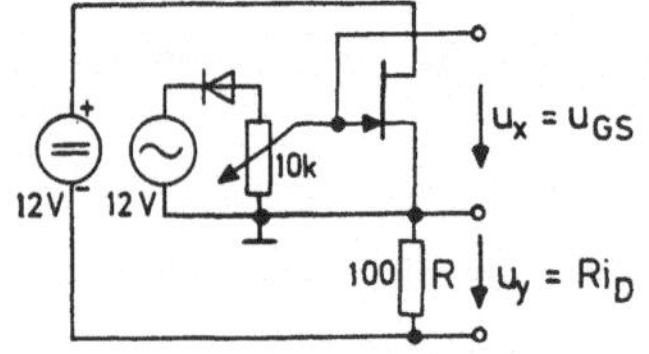

Bild 8.8.

Schaltung zur oszilloskopischen Darstellung der Steuerkennlinie eines JFETs

sierter Darstellung ($\sqrt{I_D}$ über U_{GS}) auf Papier übertragen. Daraus werden die Kenngrößen k und U_P in (8.1) entnommen. Weiter wird S_{max} abgelesen und mit dem Wert nach (8.3) verglichen.

b) Mithilfe der Schaltung nach Bild 8.9 werden einige Ausgangskennlinien des JFETs oszilloskopisch dargestellt (z.B. $U_{GS} = 0$, -1 V, -2 V, -3 V bei maxi-

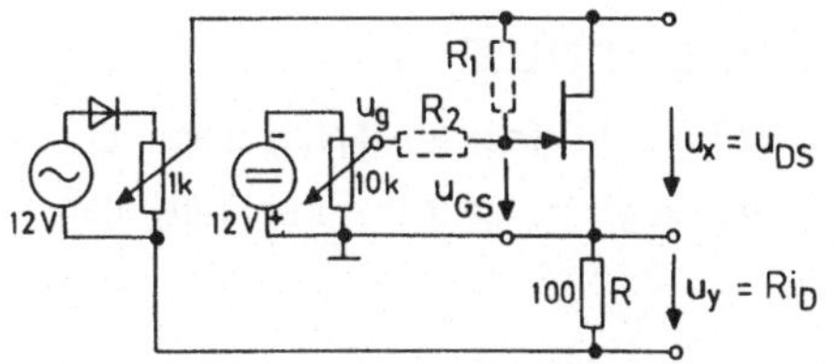

Bild 8.9. Schaltung zur oszilloskopischen Darstellung der Ausgangskennlinien eines JFETs ($R_1 = \infty$, $R_2 = 0$) und zur Demonstration der Linearitätsverbesserung ($R_1 = R_2 = 1$ MΩ).

maler u_{DS}-Amplitude). Der Darstellung wird ein mittlerer Wert des dynamischen Drain-Source-Widerstandes r_D entnommen.

c) Der lineare Bereich wird vergrößert dargestellt und der minimale Kanalwiderstand $R_K(U_{GS}=0)$ sowie ein möglichst großer Wert $R_K(U_{GS}<0)$ gemessen. Dieser ist durch die oszilloskopische Darstellbarkeit begrenzt. Die Beobachtungen werden nach Einfügen von $R_1 = R_2 = 1$ MΩ, d.h. nach Verbesserung der Linearität, wiederholt (siehe Gleichung (8.10)).

8.E.2 Kenngrößen eines Sourcefolgers

Die Schaltung gemäß Bild 8.10a ist in Betrieb zu nehmen.

- Die Spannungsverstärkung v_u ist oszilloskopisch zu ermitteln und mit (8.7) zu vergleichen. Die Steilheit S im Arbeitspunkt (5.7 mA/V) kann Bild 8.13c entnommen werden.

- Zur Bestimmung der Ausgangsimpedanz wird der Ausgang mit $R_L = 470$ Ω belastet. Aus der Abnahme von u_a ergibt sich Z_a. Finden Sie die Beziehung (8.9) bestätigt?

- Zur Abschätzung der Eingangsimpedanz Z_e wird die Aufladung eines eingangsseitigen Kondensators C am Ausgang der nach Bild 8.10b modifizierten Schaltung beobachtet. (C ist ein Kondensator mit großem Isolationswiderstand, z.B. Styroflex- oder Keramikkondensator.) Bei kurzgeschlossenem Eingang ($U_e = 0$) wird zunächst die Ausgangsspannung U_{ao} gemessen. Dann wird der Kurzschluß entfernt und die Dauer Δt gemessen, nach der U_a um 20 % von U_{ao} angestiegen ist. Näherungsweise gilt

$$Z_e = 5 \, v_u \, \Delta t \, / \, C \quad . \tag{8.11}$$

Unter Verwendung von v_u aus der ersten Teilaufgabe können Z_e und mit (8.8) auch der dynamische Gate-Source-Widerstand r_G berechnet werden.

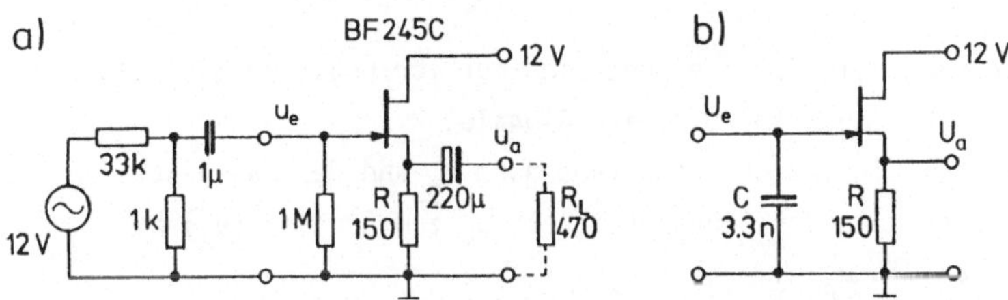

Bild 8.10. Sourcefolger mit JFET: Schaltungen zur Bestimmung von Spannungsverstärkung und Ausgangsimpedanz (a) und von der Eingangsimpedanz (b).

8.E.3 JFET als variabler Widerstand zur Verstärkungsregelung

Bei dem stromgegengekoppelten Verstärker nach Bild 8.11 ist der Arbeitspunkt
des bipolaren Transistors T_1 mit Hilfe des 100-kΩ-Reglers so einzustellen, daß

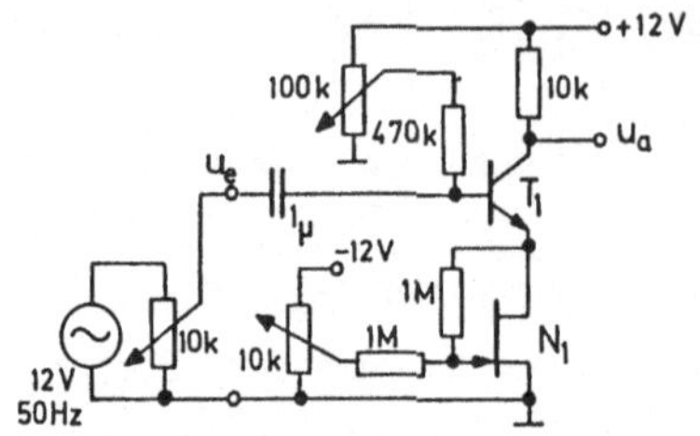

Bild 8.11.
Stromgegengekoppelter Verstärker mit bipolarem NPN-Transistor und mit N-Kanal-JFET
als steuerbarer Emitterwiderstand zur Verstärkungsregelung

bei $U_{GS} = 0$ am JFET N_1 (maximale Verstärkung) das Kollektorruhepotential von T_1
auf +5 V liegt. Damit wird erreicht, daß die Schaltung bei Verstärkungsänderung
mittels U_{GS} im Bereich geeigneter Arbeitspunkte verbleibt und der Aussteuerbereich für bipolare Signale maximal ist.

Zu untersuchen ist der Bereich einstellbarer Verstärkungen und der jeweilige
Aussteuerbereich. Bei der vorgegebenen Dimensionierung und mit den Transistor-
typen T_1 = 2N2219A, N_1 = BF245C sollten sich Verstärkungsfaktoren etwa zwischen
- 0.5 und - 50 einstellen lassen.

8.E.4 MOS-FET als linearer Schalter

In den Schaltungen nach Bild 8.12 wird ein selbstsperrender P-Kanal-MOSFET
mit getrennt herausgeführtem Bulkanschluß verwendet (MOSFET-'Tetrode', z.B.

a) 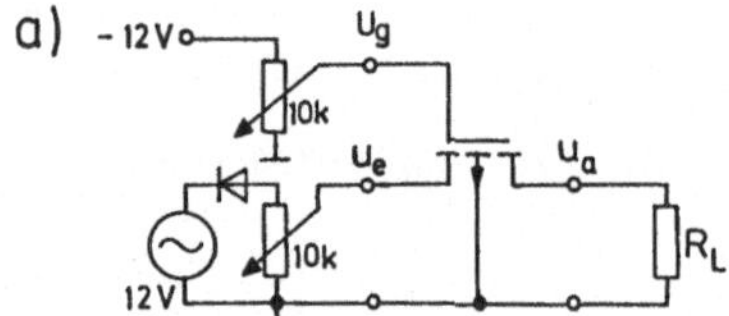

b) 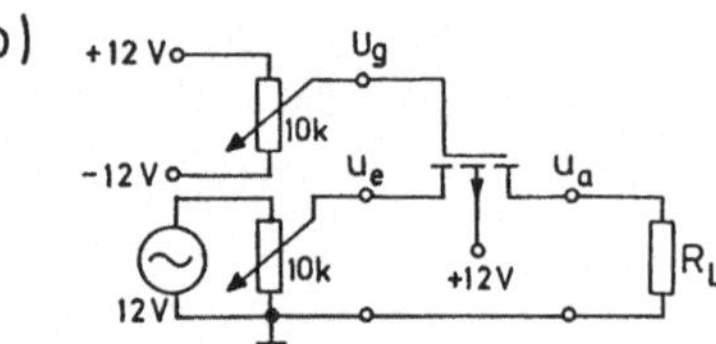

Bild 8.12. Lineare Schalter für negative (a) und bipolare Signale (b) mit
selbstsperrender P-Kanal-MOSFET-Tetrode

3N164). Die Schaltung nach Bild 8.12a eignet sich nur für negative Signale,
die nach Bild 8.12b dagegen auch für bipolare Signale.

Zu untersuchen ist der Einfluß der Schaltspannung U_g und des Lastwiderstandes R_L auf die Übertragung des Eingangssignals u_e zum Ausgang (u_a) bei
verschiedenen Amplituden von u_e.

8.E.5 Simulation der Kennlinien eines JFET

Stellen Sie für den N-Kanal-JFET 2N3819 (typengleich mit BF245) mit Hilfe von
PSPICE (siehe Anhang E) die Steuerkennlinie ($I_D = 0$ bis 12 mA über $U_{GS} = -4$ bis 0 V
bei $U_{DS} = 12$ V) und eine Ausgangskennlinienschar ($I_D = 0$ bis 12 mA über $U_{DS} = 0$ bis
12 V für $U_{GS} = -2.5$ bis 0 V in 0.5-V-Schritten) dar. Die Schaltung enthält nur den
JFET und je eine Spannungsquelle für U_{DS} und U_{GS}.

a)
```
STEUERKENNLINIE JFET
J1 2 1 0 J2N3819
VD 2 0 DC 12
VG 1 0 DC -4
.LIB C:\LIB\EVAL.LIB
.DC LIN VG -4 0 0.1
.PROBE
.END
```

b)
```
AUSGANGSKENNLINIEN JFET
J1 2 1 0 J2N3819
VD 2 0 DC 12
VG 1 0 DC {UG}
.PARAM UG=-2.5
.STEP PARAM UG 0 -2.5 -0.5
.LIB C:\LIB\EVAL.LIB
.DC LIN VD 0 12 0.1
.PROBE
.END
```

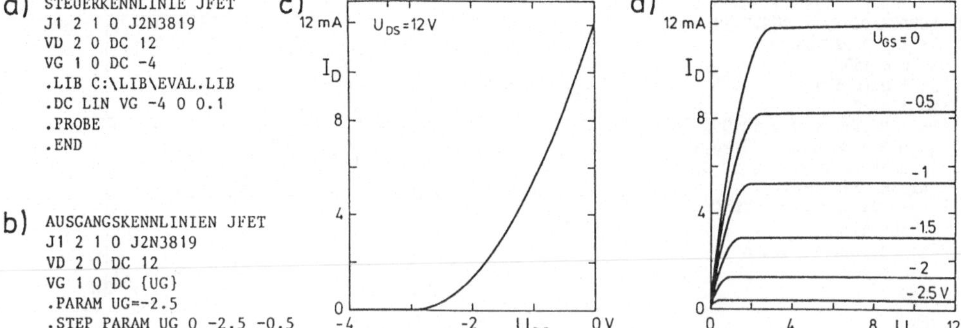

Bild 8.13. Der N-Kanal-JFET 2N3819: PSPICE-Eingabedaten (a,b) und Ein- und Ausgangskennlinien (c, d).

Bestimmen Sie die Schwellenspannung U_p, den maximalen Drainstrom I_{DS}, die Steil-
heit S bei einigen Drainströmen, den dynamischen Drain-Source-Widerstand r_D für
$U_{GS} = -1.5$ V sowie den Kanalwiderstand R_K bei kleinem U_{DS} für alle U_{GS}. Überprüfen
Sie die Beziehungen (8.2), (8.3) und (8.5).

8.E.6 Simulation von Sourcefolgern mit JFETs

a) Die Grundform des Sourcefolgers (Bild 8.4a) kann mit Hilfe der PSPICE-Eingabedaten in Bild 8.14a simuliert werden. Dabei werden R = 150 Ω und eine Signalquelle
VG für bipolare Trapezimpulse mit 0.2 V Spitzenspannung verwendet. Bei Belastung
des Ausgangs mit einem 1-kΩ-Widerstand verändern sich Offset und Kleinsignalamplitude (Bild 8.14b). Die Spannungsverstärkung v_u und die Ausgangsimpedanz Z_a
sind zu ermitteln und mit (8.7) und (8.9) zu vergleichen.

b) Die Schaltung gemäß Bild 8.4c dient zur Offset-Unterdrückung. Sie wird mit
Hilfe der Eingabedaten in Bild 8.14c mit PSPICE simuliert. R und VG sind die
gleichen wie in der vorhergehenden Teilaufgabe. Bei Verwendung von JFETs mit iden-
tischen Kenngrößen wie in PSPICE ist der Offset gleich Null. Die Spannungsverstärkung v_u und die Ausgangsimpedanz Z_a sind durch Belastung des Ausgangs (siehe Bild
8.14d) zu ermitteln und mit den folgenden Ausdrücken zu vergleichen, die sich aus

der linearisierten Ersatzschaltung ergeben (r_D = dynamischer Drain-Source-Widerstand):

$$v_u = \frac{1}{1 + \dfrac{1}{Sr_D}\dfrac{2+SR}{1+SR}} \tag{8.11}$$

$$Z_a = \frac{1 + SR}{S + 2/r_D} \tag{8.12}$$

a)
```
SOURCEFOLGER; GRUNDFORM
J1 3 1 2 J2N3819
R1 2 0 150
RL 2 0 {LAST}
VD 3 0 12
VG 1 0 PWL (0 0 0.5U 0 0.7U
+  0.2 1.3U 0.2 1.7U -0.2
+  2.3U -0.2 2.5U 0 3U 0)
.PARAM LAST=1MEG
.STEP PARAM LAST LIST 1MEG 1K
.TRAN .01U 3U
.LIB C:\LIB\EVAL.LIB
.PROBE
.END
```

b)
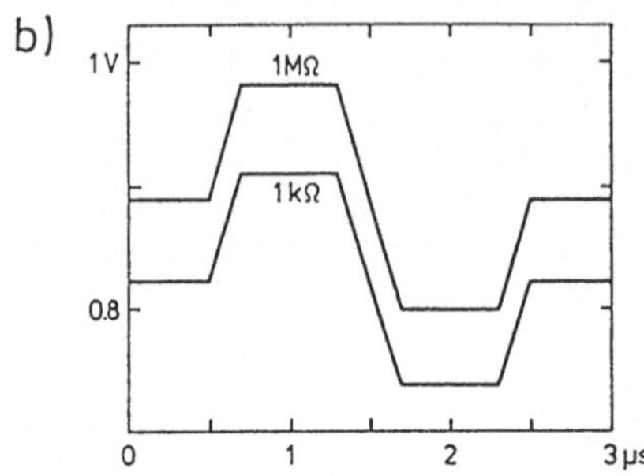

c)
```
SOURCEFOLGER MIT OFFSETUNTERDRÜCKUNG
J1 3 1 2 J2N3819
J2 4 6 5 J2N3819
R1 2 4 150
R2 5 6 150
RL 4 0 {LAST}
VDP 3 0 12
VDM 6 0 -12
VG 1 0 PWL (0 0 0.5U 0 0.7U
+  0.2 1.3U 0.2 1.7U -0.2
+  2.3U -0.2 2.5U 0 3U 0)
.PARAM LAST=1MEG
.STEP PARAM LAST LIST 1MEG 1K
.TRAN .01U 3U
.LIB C:\LIB\EVAL.LIB
.PROBE
.END
```

d)
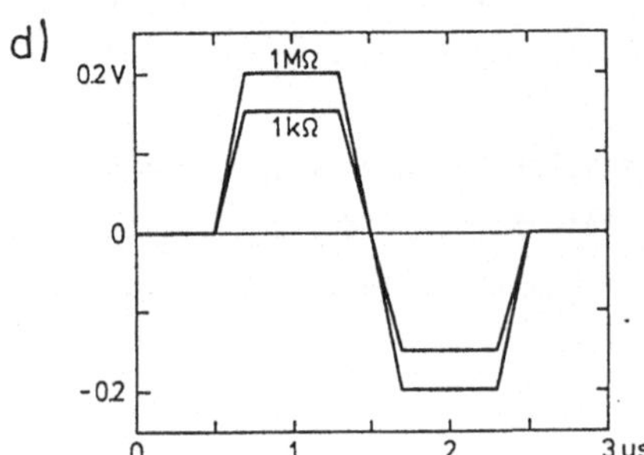

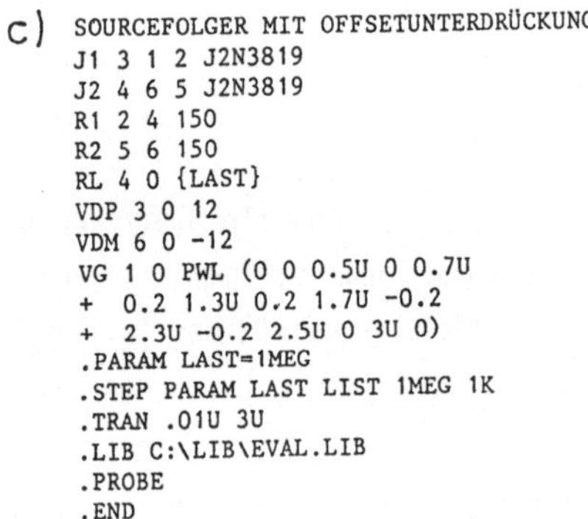

Bild 8.14. Sourcefolger mit JFETs: Eingabedaten für PSPICE (a, c) und Ausgangsspannungen (b bzw. d) bei bipolarem 0.2-V-Eingangssignal und bei unterschiedlicher Belastung am Ausgang.

8.E.7 Simulation von hybriden Sourcefolgern

a) Die hybride Darlington-Schaltung (Bild 8.4b) kann mit Hilfe der PSPICE-Eingabedaten in Bild 8.15a simuliert werden. Dabei werden R_1 = 300 Ω, R_2 = 150 Ω und eine Signalquelle VG für bipolare Trapezimpulse von 0.2 V Spitzenspannung verwendet. Bei Belastung des Ausgangs mit einem 50-Ω-Widerstand verändern sich Offset und Kleinsignalamplitude (Bild 8.15b). Die Spannungsverstärkung v_u und die Ausgangsimpedanz Z_a sind zu ermitteln und mit den folgenden Näherungen zu vergleichen:

$$v_u \cong \frac{1}{1 + \dfrac{r_B}{\beta R_2}\left(1 + \dfrac{1}{SR_1}\right)} \tag{8.13}$$

a) 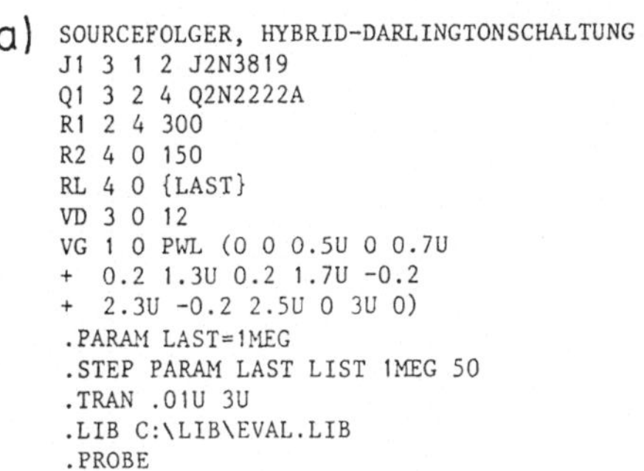

```
SOURCEFOLGER, HYBRID-DARLINGTONSCHALTUNG
J1 3 1 2 J2N3819
Q1 3 2 4 Q2N2222A
R1 2 4 300
R2 4 0 150
RL 4 0 {LAST}
VD 3 0 12
VG 1 0 PWL (0 0 0.5U 0 0.7U
+  0.2 1.3U 0.2 1.7U -0.2
+  2.3U -0.2 2.5U 0 3U 0)
.PARAM LAST=1MEG
.STEP PARAM LAST LIST 1MEG 50
.TRAN .01U 3U
.LIB C:\LIB\EVAL.LIB
.PROBE
.END
```

b) 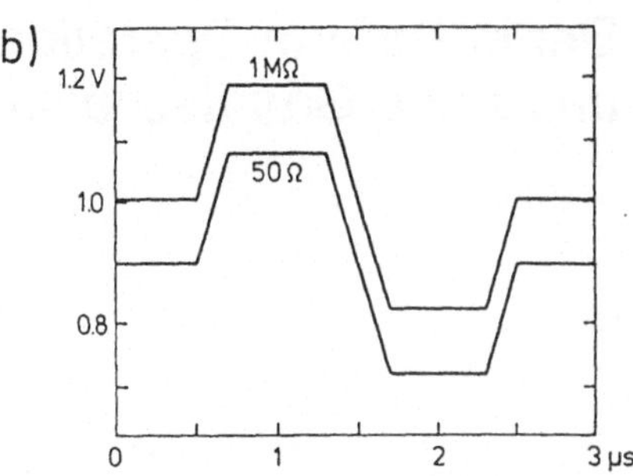

c) 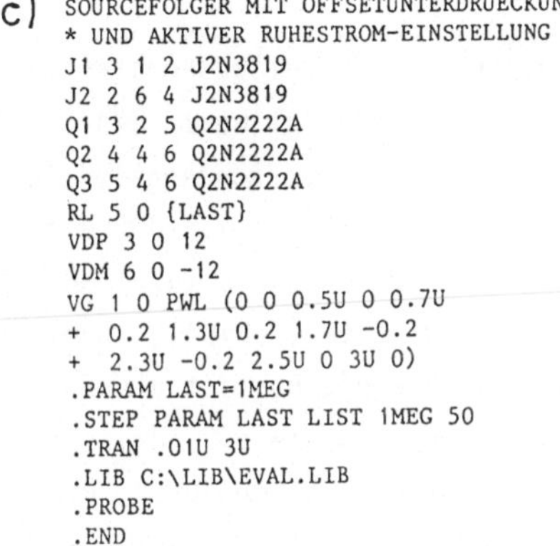

```
SOURCEFOLGER MIT OFFSETUNTERDRUECKUNG
* UND AKTIVER RUHESTROM-EINSTELLUNG
J1 3 1 2 J2N3819
J2 2 6 4 J2N3819
Q1 3 2 5 Q2N2222A
Q2 4 4 6 Q2N2222A
Q3 5 4 6 Q2N2222A
RL 5 0 {LAST}
VDP 3 0 12
VDM 6 0 -12
VG 1 0 PWL (0 0 0.5U 0 0.7U
+  0.2 1.3U 0.2 1.7U -0.2
+  2.3U -0.2 2.5U 0 3U 0)
.PARAM LAST=1MEG
.STEP PARAM LAST LIST 1MEG 50
.TRAN .01U 3U
.LIB C:\LIB\EVAL.LIB
.PROBE
.END
```

d) 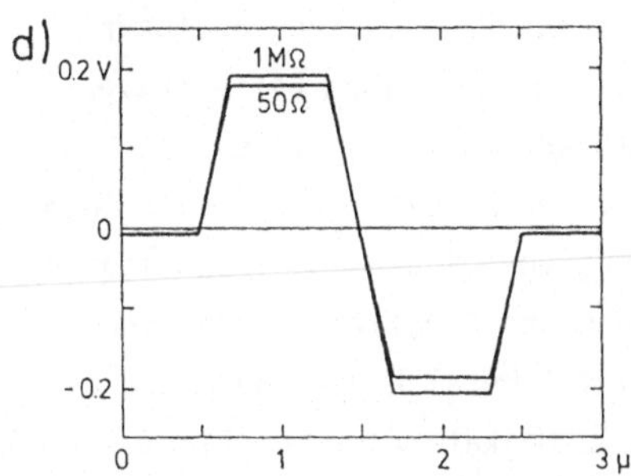

Bild 8.15. Hybride Sourcefolger: Eingabedaten für PSPICE (a, c) und Ausgangsspannungen (b bzw. d) bei bipolarem 0.2-V-Eingangssignal und bei unterschiedlicher Belastung am Ausgang.

$$Z_a \cong R_2 \parallel \left\{ \left(1 + \frac{1}{SR_1}\right)\left(\frac{r_B}{\beta} \parallel R_1\right)\right\} \tag{8.14}$$

Diese folgen aus der linearisierten Ersatzschaltung für das Kleinsignalverhalten unter Vernachlässigung des Einflusses von r_D und r_C.

b) Der hybride Sourcefolger mit aktiver Ruhestromeinstellung gemäß Bild 8.4d wird mit Hilfe der PSPICE-Eingabedaten in Bild 8.15c simuliert. Die Signalquelle ist die gleiche wie in der vorhergehenden Teilaufgabe. Die Spannungsverstärkung v_u und die Ausgangsimpedanz Z_a sind zu ermitteln und mit den folgenden Näherungen zu vergleichen:

$$v_u \cong \frac{1}{1 + \dfrac{2}{S\left(r_D \parallel \dfrac{\beta r_C}{(1+Sr_B)}\right)}} \tag{8.15}$$

$$Z_a \cong (1 + Sr_B)/\beta S \tag{8.16}$$

Der verbleibende Offset in Bild 8.15d beruht auf dem zusätzlichen Strom von etwa U_V/r_C, den T_3 gegenüber T_2 in Bild 8.4d führt. Er kann durch einen zusätzlichen Widerstand der Größe r_C zwischen Ausgang und U_V behoben werden.

9. Der integrierte Operationsverstärker und seine Grundschaltungen

Der integrierte Operationsverstärker (IOP oder auch OP-AMP genannt, von 'operational amplifier') ist heute das Standardbauelement zur Realisierung analoger Schaltungen niedriger Ausgangsleistung. Der IOP besteht aus einem Differenzverstärker (Eingangsstufe), an den ein Spannungsverstärker (Zwischenstufe) und ein Impedanzwandler (Ausgangsstufe) angeschlossen sind. Der Aufbau erfolgt auf einem Halbleiterplättchen ('chip'), wobei die Realisierung von Dioden und Transistoren technologisch einfacher ist als die von Widerständen und Kapazitäten. Übliche Gehäuseformen sind die zylindrische Transistorform mit Metallkappe und mehreren Anschlußdrähten (ähnlich TO-5), die sehr verbreitete Maikäferform aus Plastik (DIl oder Mini-DIP, von 'dual-in-line package') mit nach unten stehenden Lötfahnen ('pins') und die Wanze ('flat pack') mit kleineren Abmessungen aus Plastik oder keramik mit seitlich austretenden Anschlußdrähten. Letztere sind SMD-Bauteile ('surface mounted device'), die nicht nur bei integrierten Schaltungen, sondern auch bei Komponenten wie Widerständen, Kondensatoren, Spulen, Dioden und Transistoren stark an Bedeutung gewinnen. Diese Miniaturbauteile werden in einem Arbeitsgang auf Platinen mit 'gedruckten' Verbindungsleitungen aufgelötet.

Die Industrie bietet eine breite Auswahl von Typen an, die sich durch Merkmale wie geringen Eingangsstrom (FET-Eingänge), Schnelligkeit, interne oder externe Frequenzkompensation, geringe Offsetspannung, hohe Gleichtaktaussteuerbarkeit, geringen Stromverbrauch, geringes Rauschen oder das Vorhandensein von mehreren Verstärkern auf einem Chip unterscheiden. In Abschnitt 9.6 wird ein Überblick über die technischen Daten der im Handel befindlichen Universal- und Spezialtypen von IOPs gegeben.

Bei der Behandlung der allgemeinen Eigenschaften des IOP und seiner Grundschaltungen in diesem Kapitel wird als Beispiel der 741 verwendet, im Handel mit vorausgestellter Zusatzbezeichnung wie LM, µA, µPT, MC1, RC, RM, CA oder SG. Er ist als mäßig schneller, kurzschlußfester Allzwecktyp hoher Aussteuerbarkeit mit interner Frequenzkompensation für Versuchsaufbauten gut geeignet. Der 741 ist das Ergebnis der ersten Entwicklungsphase (1962 bis 1965) von IOPs, heute noch weit verbreitet und besonders preiswert. Mehrere Nachfolgetypen sind mit ihm austauschbar (pinkompatibel).

9.1 Der elektronische Aufbau des 741

Der 741 wird mit symmetrischen Versorgungsspannungen $\pm\,U_V$ betrieben. Empfohlene Werte sind ±15 bis ±18 oder ±22 V. ±12 V sind durchaus noch ausreichend. Seine innere Struktur (Bild 9.1) kann qualitativ wie folgt beschrieben werden:

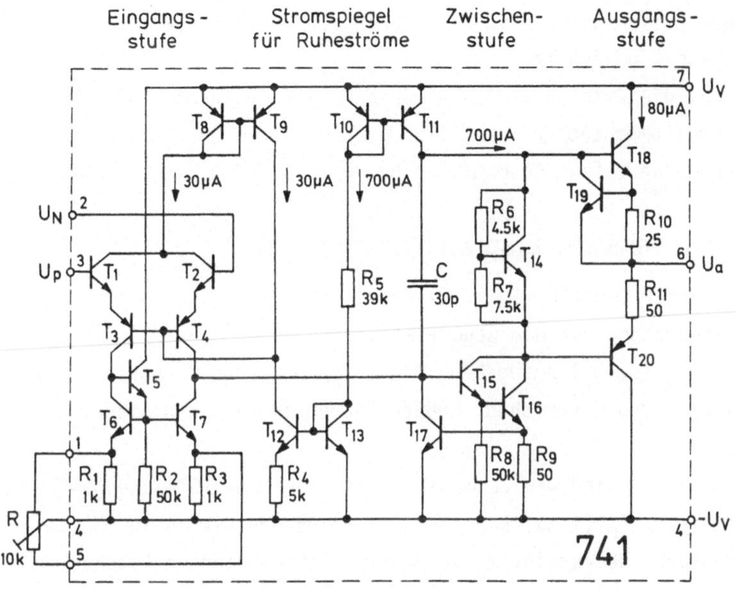

Bild 9.1. Schaltbild des integrierten Operationsverstärkers Type 741. Die eingetragenen Ruheströme sind Richtwerte für $U_V = 15$ V. Die Zahlen an den Anschlüssen entsprechen der Pinbelegung. Pin 8 ist frei (NC von 'no connection').

Der Widerstand R_5 bestimmt über die Stromspiegel T_{10}, T_{11} und T_{12}, T_{13} mit T_8, T_9 die Ruheströme der Eingangs- und der Zwischenstufe.

Die Eingangsstufe besteht aus dem Differenzverstärker T_1 bis T_4 und den Stromspiegeln T_8, T_9 und T_6, T_7. Die Emitterfolger T_1, T_2 liefern den Eingangsstrom für die Transistoren T_3 und T_4, die im Differenzbetrieb als Basisgrundschaltungen mit den Kollektorwiderständen $r_C(T_{6,7}) \| Z_e(T_{5,15})$ arbeiten. Aufgrund der großen dynamischen Kollektorwiderstände von T_1 bis T_4 sowie von T_9 und T_{12} ist die Gleichtaktaussteuerbarkeit des 741 gewährleistet. Die Ruheströme durch die Stromspiegel T_6, T_7 können an einem externen Potentiometer R (an Pin 1, 4 und 5) so abgeglichen werden, daß U_a in Ruhe 0 V beträgt. - Die Eingangsstufe ist eine erweiterte Version des Differenzverstärkers mit Stromspiegeln nach Bild 7.18.

Die Zwischenstufe besteht aus einem 'Darlington-Transistor' T_{15}, T_{16}, der mit dem dynamischen Kollektorwiderstand von T_{11} parallel mit mit der Eingangsimpedanz der Ausgangsstufe und R_9 als stromgegengekoppelter Verstärker arbeitet. Die Konstantspannungsquelle T_{14} mit R_6 und R_7 bestimmt wie in Bild 7.9b den Ruhestrom des Whiteschen Emitterfolgers T_{18}, T_{20} der Ausgangsstufe.

Aktiven Überlastschutz bietet T_{19}: Übersteigt der Strom durch R_{10} etwa 20 mA, so wird T_{19} leitend und schließt die Basis-Emitter-Strecke von T_{18} kurz, und die Spannungsverstärkung der Zwischenstufe bricht zusammen. Eine vergleichbare Funktion hat T_{17} für die Darlingtonschaltung T_{15}, T_{16} bei großen positiven Signalen am Eingang der Zwischenstufe. T_{20} ist durch den erhöhten Emitterwiderstand R_{11} zusätzlich passiv geschützt.

Die Kapazität C macht die Zwischenstufe zu einem Miller-Integrator. Sie bewirkt die interne Frequenzkompensation des 741 und begrenzt die Anstiegsgeschwindigkeit der Ausgangsspannung (siehe Abschnitt 9.5).

9.2 Kenngrößen und linearisierte Ersatzschaltung des IOP

Wie beim Differenzverstärker (Abschnitt 7.5.2) werden für den integrierten Operationsverstärker Kenngrößen für die Gegentaktaussteuerung ($U_N = -U_p$) und für die Gleichtaktaussteuerung ($U_N = U_p$) angegeben. Die entsprechenden Kenngrößen werden wie dort mit den Indices D und G versehen. Größenangaben in Klammern sind typische Werte für den 741.

- Die Eingangsimpedanzen Z sind wie beim Differenzverstärker (Gleichungen (7.25) und (7.26)) definiert. Z_D (1 MΩ) kann bei FET-Eingängen bis zu 10^6 MΩ betragen. Z_G (nicht angegeben) übersteigt Z_D um mehrere Zehnerpotenzen (siehe Gleichung (7.27)).

- Eingangsspannungen (U_o) und Eingangsströme (I_o) für 0 V Ausgangsspannung: Der Eingangsruhestrom I_{oG} (20 nA) besteht aus dem Basisstrom der Eingangstransistoren. FET-Eingänge führen zu extrem niedrigen Werten, z.B. 0.01 pA. Unvermeidliche Asymmetrien bei der Herstellung bedingen den Eingangsfehlstrom ('input offset current') I_{oD} (0.03 µA) und die Eingangsfehlspannung ('input offset voltage') U_{oD} (2 mV). Beim 741 können I_{oD} und U_{oD} mit Hilfe des externen Potentiometers R (Bild 9.1) kompensiert werden. Einer verbleibenden Temperaturabhängigkeit sowie dem Einfluß von I_{oG} kann beim Umkehrverstärker durch die Driftkompensation begegnet werden (siehe Abschnitt 9.4.1).

- Die Ausgangsimpedanz Z_a des 741 beträgt 75 Ω. Bei großen Ausgangsströmen (20 mA) wird der Ausgang hochohmig (aktiver Überlastschutz).

- Die Leerlaufspannungsverstärkungen v hängen bei niedrigen Frequenzen von der Betriebsspannung U_V (12 bis 22 V) ab. Dies gilt insbesondere für v_D ($2 \cdot 10^4$ bis $2 \cdot 10^5$) und weniger für die Gleichtaktunterdrückung CMRR = v_D/v_G (10^5 bis $3 \cdot 10^5$ oder 100 bis 110 dB).

- Die maximale Anstiegsgeschwindigkeit der Ausgangsspannung ('slew rate') SR (0.5 V/µs) ist beim 741 durch die interne Frequenzkompensation bestimmt.

Das dynamische Verhalten von Operationsverstärkern hängt von der äußeren

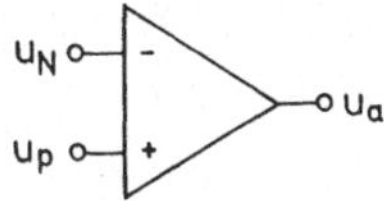

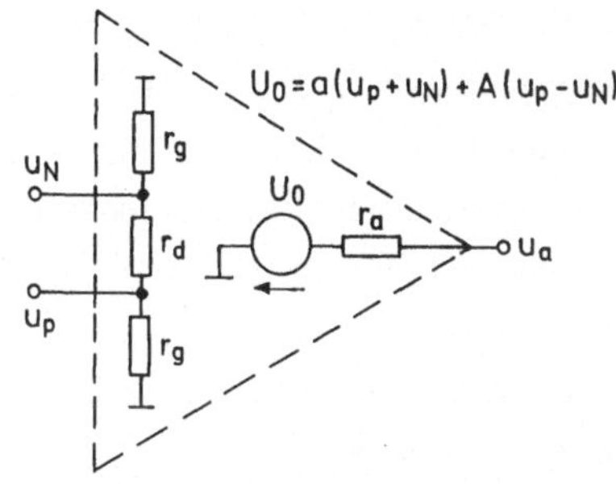

Bild 9.2.

Schaltsymbol und linearisierte
Ersatzschaltung für das Kleinsignalverhalten des IOP

Beschaltung ab. Wir kommen hierauf in Abschnitt 9.5 zurück.

Bei der Analyse von IOP-Schaltungen betrachten wir den Operationsverstärker nicht mehr als Schaltung, sondern als neues Schaltelement, nämlich als spannungsgesteuerten Spannungsgenerator. Sein Kleinsignalverhalten kann wie beim Transistor durch eine linearisierte Ersatzschaltung (Bild 9.2) beschrieben werden. Tabelle 9.1 gibt die Beziehungen zwischen den bisher in Anlehnung an Datenblätter gewählten und den bei folgenden Berechnungen von IOP-Schaltungen verwendeten dynamischen Kenngrößen an.

Tabelle 9.1. Definition der dynamischen Kenngrößen der linearisierten Ersatzschaltung des IOP in Bild 9.2 sowie Werte für den bipolaren IOP und für den idealen IOP

Kenngröße	Typische Werte	Idealer IOP
$r_g = Z_G$	10^9 bis 10^{11} Ω	∞
$r_d = Z_D \| (2Z_G)$	10^5 bis 10^7 Ω	∞
$r_a = Z_a$	10 bis 100 Ω	0
$a = v_G/2$	0.1 bis 1	0
$A = v_D$	10^4 bis 10^5	∞

9.3 Der IOP in analogen Schaltungen (Goldene Regeln)

Ein erster Blick auf die Differenzverstärkung des Operationsverstärkers gibt bereits einen Hinweis darauf, daß in linearen Schaltungen, in denen der IOP also nicht in Sättigung gerät, der IOP grundsätzlich mit Gegenkopplung betrieben werden und die Spannungsdifferenz U_P-U_N am Eingang des IOP verschwindend klein sein muß. (Eine nennenswerte Spannungsdifferenz U_P-U_N in analogen IOP-Schaltungen ist ein untrüglicher Hinweis auf einen Schaltfehler oder auf ein defektes Bauelement.) In Abschnitt 7.1.2 wurde darauf hingewiesen, daß die Gegenkopplung eines spannungsgesteuerten Spannungsgenerators dessen Eingangsimpedanz um die Schleifenverstärkung erhöht und seine Ausgangsimpedanz um denselben Faktor verringert. Daher kann der IOP in linearen Schaltungen praktisch immer als ideal betrachtet werden mit den in der letzten Spalte von Tabelle 9.1 aufgeführten Kenngrößen.

Die genannten Umstände lassen sich in den 'Goldenen Regeln' für IOPs in analogen Schaltungen zusammenfassen:

- Regel 1: Die Spannungsdifferenz zwischen invertierendem und nichtinvertierendem Eingang des IOP ist Null:

$$U_N = U_P \tag{9.1}$$

- Regel 2: Die Eingänge des IOP ziehen keinen Strom:

$$r_d = r_g = \infty \tag{9.2}$$

- Regel 3: Bis zum maximal zulässigen Ausgangsstrom ist der Ausgang beliebig belastbar:

$$r_a = 0 \tag{9.3}$$

Diese Regeln machen die Berechnung analoger Schaltungen mit IOPs besonders einfach. Wir wenden sie zunächst einmal auf die Grundschaltungen des IOP an (Bild 9.3). Deren exakte Berechnung in den folgenden Abschnitten wird Hinweise auf die Genauigkeit der Näherungsergebnisse und auf die Grenzen einer vernünftigen Dimensionierung geben.

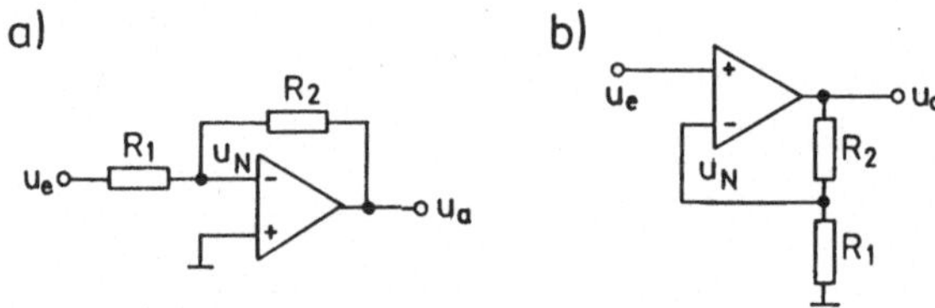

Bild 9.3. Die Grundschaltungen des IOP: Der invertierende oder operationelle Umkehrverstärker (a) und der nichtinvertierende oder Elektrometerverstärker (b).

Beim Umkehrverstärker (Bild 9.3a) wird der IOP an seinem invertierenden Eingang angesteuert, während der nichtinvertierende Eingang an Masse liegt. Nach Regel 1 ist $u_N = 0$. Nach Regel 2 wird der Eingangsstrom $i_e = u_e/R_1$ über R_2 abgeführt ($u_a = -i_e R_2$), woraus sich die Spannungsverstärkung v_u und die Eingangsimpedanz Z_e der Schaltung ergeben:

$$v_u = -\frac{R_2}{R_1} \tag{9.4}$$

$$Z_e = R_1 \tag{9.5}$$

Beim nichtinvertierenden Verstärker (Bild 9.3b) wirkt die Eingangsspannung auf den nichtinvertierenden Eingang des IOP, während u_N an dem Spannungsteiler R_1, R_2 abgegriffen wird. Da der invertierende Eingang des IOP keinen Strom zieht (Regel 2), ist $u_N = u_a R_1/(R_1 + R_2)$. Mit $u_N = u_e$ (Regel 1) wird

$$v_u = \frac{R_1 + R_2}{R_1} = 1 + \frac{R_2}{R_1} \quad . \tag{9.6}$$

Die Eingangsimpedanz des nichtinvertierenden Verstärkers wird nach Regel 2 unendlich und die Ausgangsimpedanzen für beide Schaltungen nach Regel 3 gleich Null.

9.4 Berechnung der Grundschaltungen des IOP

<u>9.4.1 Die invertierende Grundschaltung (Umkehrverstärker, Driftkompensation)</u>

Setzt man die linearisierte Ersatzschaltung des IOP (Bild 9.2) in die Schaltung des operationellen Umkehrverstärkers (Bild 9.3a) ein, so erhält man die Schaltung in Bild 9.4. Bei ihrer Berechnung kann die dynamische Gleichtaktimpedanz r_g unberücksichtigt bleiben, da $r_g \gg r_d$. (Im Prinzip könnte man in den Enderbegnissen die differentielle Eingangsimpedanz r_d durch $r_d \parallel r_g$ ersetzen).

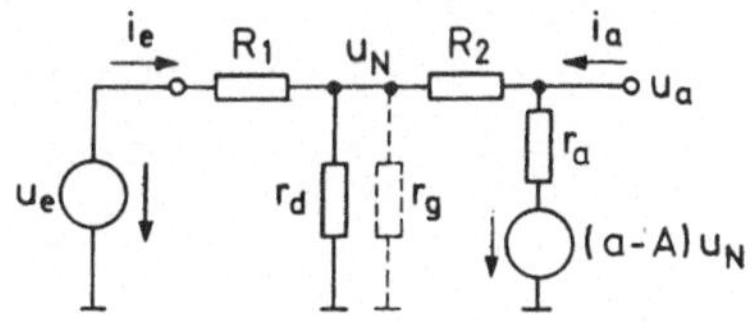

Bild 9.4.
Linearisierte Ersatzschaltung des Umkehrverstärkers in Bild 9.3a

Nach dem Überlagerungstheorem wird für $i_a = 0$

$$u_N = u_e \frac{(R_2 + r_a) \parallel r_d}{R_1 + (R_2 + r_a) \parallel r_d} - (A-a)\, u_N \frac{R_1 \parallel r_d}{R_2 + r_a + R_1 \parallel r_d} \tag{9.7a}$$

$$= \frac{u_e}{R_1} \left(\frac{R_2 + r_a}{A + 1 - a} \parallel R_1 \parallel r_d \right) \quad . \tag{9.7b}$$

Hierbei ist (9.7b) bereits das Ergebnis der Auflösung von (9.7a) nach u_N. Die Gegenkopplung bewirkt also eine Reduzierung des Widerstandes $R_2 + r_a$ um den Faktor $(A+1-a)$. Bei jeder vernünftigen Dimensionierung wird daher $u_N \ll u_e$ (1. Goldene Regel).

Unter Berücksichtigung der Stromverzweigung bei u_N wird

$$u_a = u_N - R_2 \left(\frac{u_e - u_N}{R_1} - \frac{u_N}{r_d} \right) \quad . \tag{9.8}$$

Unter Verwendung von (9.7b) läßt sich hieraus die Spannungsverstärkung $v_u = u_a/u_e$ ermitteln:

$$v_u = - \frac{R_2}{R_1} \left(1 - \frac{\frac{R_2 + r_a}{A + 1-a} \parallel R_1 \parallel r_d}{R_1 \parallel R_2 \parallel r_d} \right) \approx - \frac{R_2}{R_1} \tag{9.9}$$

Das heißt, sofern R_1, R_2, r_d groß sind gegenüber $(R_2+r_a)/(A+1-a)$, nimmt der negative Eingang des IOP tatsächlich keinen nennenswerten Strom auf (2. Goldene Regel).

Schließlich erhält man aus $i_e = (u_e - u_N)/R_1$ mit (9.7b) die Eingangsimpedanz $Z_e = u_e/i_e$ der Schaltung:

$$Z_e = R_1 + \left(\frac{R_2 + r_a}{A + 1-a} \parallel r_d \right) \cong R_1 \tag{9.10}$$

Die Ausgangsimpedanz $Z_a = u_a/i_a$ wird für $u_e = 0$ aus

$$u_N = \frac{R_1 \parallel r_d}{R_2 + R_1 \parallel r_d} \, u_a \tag{9.11}$$

und aus der Knotengleichung

$$i_a = \frac{u_a}{r_a \parallel (R_2 + R_1 \parallel r_d)} + \frac{(A-a)u_N}{r_a} \tag{9.12}$$

bei u_a gewonnen:

$$Z_a = \frac{u_a}{i_a} = r_a \, \frac{\frac{R_2 + r_a}{A + 1-a} \parallel R_1 \parallel r_d}{R_2 + r_a} \left(1 + \frac{R_2}{R_1 \parallel r_d} \right) \approx \frac{r_a}{A} \left(1 + \frac{R_2}{R_1} \right) \tag{9.13}$$

In Anbetracht der numerischen Werte in Tabelle 9.1 liegt Z_a meist weit unter 1 Ω, ist also praktisch immer vernachlässigbar gegen angeschlossene Lastwiderstände (3. Goldene Regel).

Für die Dimensionierung des Umkehrverstärkers ergeben sich somit weite Toleranzen. Bei niederohmiger Dimensionierung ist darauf zu achten, daß die Grenze der Strombelastung am Ausgang nicht überschritten wird (etwa 20 mA beim 741). Praktisch wählt man R_1 und R_2 im Bereich zwischen 1 und 500 kΩ.

Der Umkehrverstärker wird häufig mit einer Driftkompensation versehen (Bild

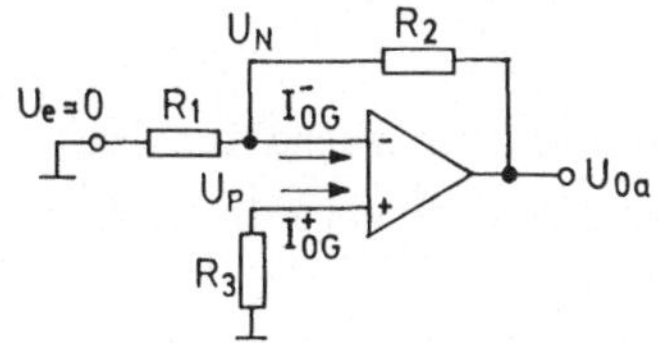

Bild 9.5.

Driftkompensation des Umkehrverstärkers. Bei $R_3 = R_1 \| R_2$ wird der Einfluß der Ruheströme I_{oG} und ihrer Drift unterdrückt.

9.5). Sie unterdrückt zunächst den Einfluß der Eingangsruheströme I_{oG} am invertierenden und nichtinvertierenden Eingang des IOP, die durch zusätzliche Stromquellen parallel zu den Gleichtakteingangswiderständen r_g in Bild 9.2 beschrieben werden können. Bei geerdetem Eingang bewirkt I_{oG} eine Gleichspannung U_{oa} am Ausgang, die sich mit Hilfe der 1. Goldenen Regel berechnen läßt. Aus $I_{oG}^+ = -U_P/R_3 = I_{oG}^- = (U_{oa} - U_N)/R_2 - U_N/R_1 = I_{oG}$ folgt mit (9.1)

$$U_{oa} = R_2 \left(1 - \frac{R_3}{R_1 \| R_2}\right) I_{oG} \quad .\tag{9.14}$$

Obwohl die Anwendung der Goldenen Regeln hier fragwürdig ist, denn I_{oG} widerspricht ja der zweiten Goldenen Regel, ist das Ergebnis sehr genau. Eine exakte Berechnung ergibt Abweichungen, die größenordnungsmäßig um einen Faktor 2a/A (Gleichtaktunterdrückung des IOP) kleiner sind als die einzelnen Terme in (9.14).

Ohne Driftkompensation ($R_3 = 0$) kann U_{oa} beispielsweise 0.5 µA x 200 kΩ = 100 mV betragen. Mit $R_3 = R_1 \| R_2$ wird nicht nur der Einfluß von I_{oG} kompensiert, sondern vor allem auch seine Temperaturabhängigkeit sowie ein Teil der Temperaturabhängigkeit der Offsetgrößen I_{oD} und U_{oD}. Bei höheren Anforderungen ist es daher zu empfehlen, erst nach der Driftkompensation die Ausgangsspannung des Umkehrverstärkers mit der Offsetkompensation (beispielsweise mit dem Widerstand R im Bild 9.1) fein einzustellen.

Die Driftkompensation, d.h. $R_3 = R_1 \| R_2$, hat praktisch keinen Einfluß auf das Kleinsignalverhalten des Umkehrverstärkers. Zur Berücksichtigung von R_3 in Bild 9.4 wäre r_g durch ($r_g + R_3$) und der Faktor (a-A) durch den Ausdruck $(a(r_g + 2R_3) - Ar_g)/(r_g + R_3)$ zu ersetzen. Nur das Näherungsergebnis (9.13) für Z_a wird hiervon berührt, und zwar durch einen zusätzlichen Faktor $(1+R_3/r_d)$.

9.4.2 Die nichtinvertierende Grundschaltung (Elektrometerverstärker und Spannungsfolger)

Die Berechnung des Elektrometerverstärkers in Bild 9.3b verläuft ähnlich wie die des Umkehrverstärkers. In der linearisierten Ersatzschaltung (Bild 9.6) dieser Grundschaltung vernachlässigen wir den Gleichstromeingangswiderstand r_g des invertierenden Eingangs. Er kann als groß gegenüber R_1 angenommen werden.

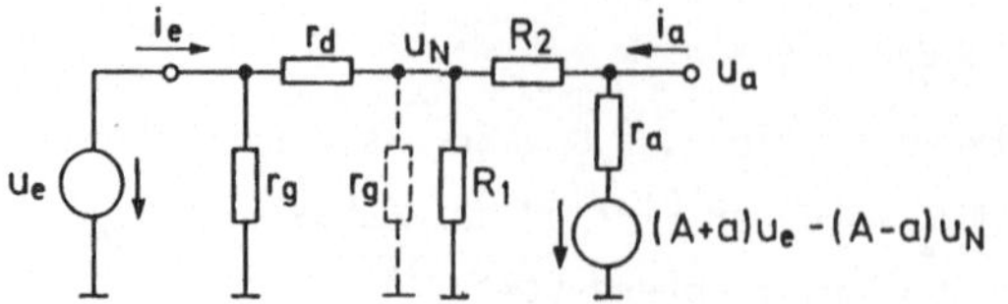

Bild 9.6.

Linearisierte Ersatzschaltung des Elektrometerverstärkers in Bild 9.3b

Nach dem Überlagerungstheorem wird für $i_a = 0$

$$u_N = u_e \frac{R_1 \| (R_2 + r_a)}{r_d + R_1 \| (R_2 + r_a)} + ((A+a)u_e - (A-a)u_N) \frac{R_1 \| r_d}{R_2 + r_a + R_1 \| r_d} \quad , \qquad (9.15)$$

woraus man u_N und speziell die Spannungsdifferenz $u_e - u_N$ zwischen nichtinvertierendem und invertierendem Eingang des IOP bestimmen kann:

$$u_e - u_N = u_e \frac{(\frac{R_2 + r_a}{A + 1 - a} \| R_1 \| r_d)}{(\frac{R_2 + r_a}{1 - 2a} \| R_1)} \quad \ll u_e \qquad (9.16)$$

Dieses Zwischenergebnis steht im Einklang mit der 1. Goldenen Regel.

Unter Berücksichtigung der Stromverzweigung bei u_N wird

$$u_a = u_N - R_2 \left(\frac{u_e - u_N}{r_d} - \frac{u_N}{R_1} \right) \quad , \qquad (9.17)$$

woraus unter Verwendung von (9.16) die Spannungsverstärkung v_u folgt:

$$v_u = 1 + \frac{R_2}{R_1} - \frac{R_2 \left(\frac{R_2 + r_a}{A + 1 - a} \| R_1 \| r_d \right)}{(R_1 \| R_2 \| r_d) \left(\frac{R_2 + r_a}{1 - 2a} \| R_1 \right)} \quad \approx \quad 1 + \frac{R_2}{R_1} \qquad (9.18)$$

Der invertierende Eingang des IOP nimmt demnach in Übereinstimmung mit der 2. Goldenen Regel praktisch keinen Strom auf.

Der Eingangsstrom

$$i_e = \frac{u_e}{r_g} + \frac{u_e - u_N}{r_d} \qquad (9.19)$$

führt zu der Eingangsimpedanz

$$Z_e = r_g \| \left(r_d \frac{\frac{R_2 + r_a}{1 - 2a} \| R_1}{\frac{R_2 + r_a}{A + 1 - a} \| R_1 \| r_d} \right) \approx \frac{A}{1 + R_2 / R_1} r_d \quad . \qquad (9.20)$$

Den Näherungswert erhält man nur unter der idealisierenden Annahme von Gleichung

(7.27) für bipolare IOPs, hier in der Form $Ar_d = 2ar_g$. Für IOPs mit unipolaren Eingangsstufen ist die Hochohmigkeit am Eingang ohnehin gegeben.

Die Ausgangsimpedanz Z_a des Elektrometerverstärkers ist identisch mit derjenigen des Umkehrverstärkers in Gleichung (9.13). Dies folgt für $u_e = 0$ aus dem Ansatz

$$u_N = u_a \frac{R_1 \parallel r_d}{R_2 + R_1 \parallel r_d} \quad , \tag{9.21}$$

$$i_a = \frac{u_a}{r_a \parallel (R_2 + R_1 \parallel r_d)} + \frac{(A-a)u_N}{r_a} \quad . \tag{9.22}$$

Ein Spezialfall des Elektrometerverstärkers ist der Spannungsfolger in Bild 7.11. Er wurde in Abschnitt 7.4.2 bereits als Impedanzwandler beschrieben. Seine Kenngrößen ergeben sich aus den hier angegebenen Beziehungen für $R_2 = 0$ und $R_1 = \infty$:

$$v_u = 1 - \frac{(1-2a)\, r_d}{(A + 1-a)r_d + r_a} \tag{9.23}$$

$$Z_e = r_g \parallel \left(\frac{(A + 1-a)\, r_d + r_a}{1 - 2a} \right) \tag{9.24}$$

$$Z_a = r_a \frac{r_d}{(A + 1-a)\, r_d + r_a} = r_d \parallel \frac{r_a}{A+1-a} \tag{9.25}$$

Den Spannungsfolger wird man in IOP-Schaltungen insbesondere da einsetzen, wo die Goldenen Regeln keine Gültigkeit haben und Schaltungsausgänge hochohmig werden, beispielsweise nach Kippstufen mit IOPs.

9.5 Das dynamische Verhalten des IOP

Das dynamische Verhalten des Operationsverstärkers unterscheidet sich von dem bisher als statisch angenommenen Verhalten durch eine Frequenzabhängigkeit der Leerlaufverstärkung (Frequenzgang), durch die damit eng verbundene endliche Anstiegsgeschwindigkeit ('slew rate') der Ausgangsspannung und durch eine endliche Verzögerung zwischen Ein- und Ausgangssignal. Wir behandeln zunächst den Frequenzgang unter Vernachlässigung der Verzögerungszeit.

9.5.1 Frequenzgang und Frequenzkompensation

Die einzelnen Stufen des IOP enthalten interne Transistor- oder Schaltkapazitäten, die mit entsprechenden Impedanzen wie mehr oder weniger entkoppelte In-

a)

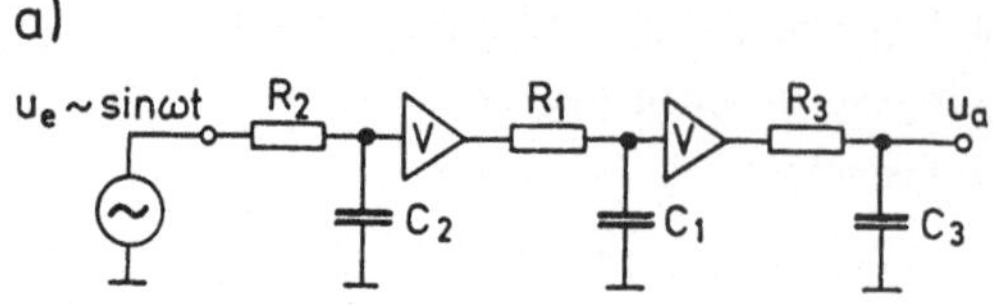

b)

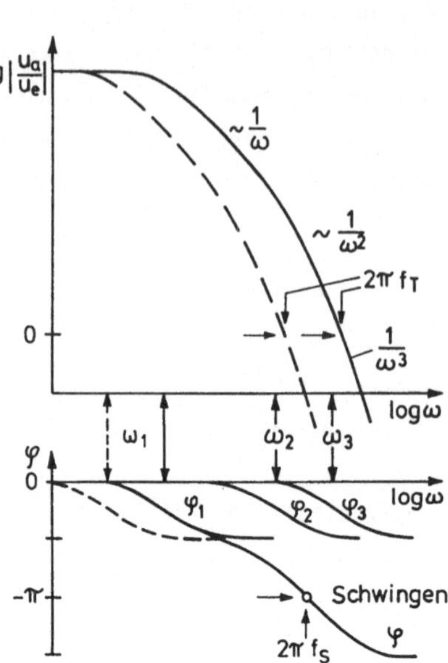

Bild 9.7.

Simulation des dynamischen Verhaltens eines IOP durch eine Serienschaltung dreier entkoppelter Integrierglieder (a), dazugehöriges Bode-Diagramm und die Phase $\phi = \phi_1 + \phi_2 + \phi_3$ in Abhängigkeit von der Kreisfrequenz ω der Eingangsspannung u_e (b). Frequenzkompensation (Vergrößerung von C_1) schiebt das Bode-Diagramm des unkompensierten IOP (durchgezogen) nach links (gestrichelt), so daß $f_S > f_T$ wird.

tegrierglieder wirken.

Werfen wir einen Blick auf das Wechselstromverhalten dreier entkoppelter (gedanklich also durch Verstärker und Impedanzwandler getrennter) RC-Glieder (Bild 9.7a). Die größte Zeitkonstante R_1C_1 könnte durch den Miller-Effekt in der (unkompensierten) Zwischenstufe, R_2C_2 und R_3C_3 in der Eingangs- bzw. Ausgangsstufe eines IOP erzeugt gedacht werden.

Die doppelt-logarithmische Auftragung von Frequenzgängen bezeichnet man als Bode-Diagramm. Das Bode-Diagramm für unsere drei entkoppelten RC-Glieder zeigt für jede Zeitkonstante einen Knick, nach dem $|u_a/u_e|$ mit einem zusätzlichen Faktor $1/\omega$ (etwa 6 und 20 dB pro Oktave bzw. Dekade) abfällt. Ferner bewirkt jede Zeitkonstante mit zunehmender Kreisfrequenz eine Änderung der Phase ϕ zwischen Ausgangs- und Eingangsspannung um bis zu -90° (siehe Abschnitt 2.2). Bei der Frequenz f_S erreicht die Phasendifferenz -180°, und eine Gegenkopplung wird zur Mitkopplung. Ist nun die Transitfrequenz f_T, bei der $|u_a/u_e|$ auf 1 abgesunken ist, größer als f_S, so kann die rückgekoppelte Schaltung des IOP schwingen. Dies ist bei nicht frequenzkompensierten Operationsverstärkern im allgemeinen der Fall. Die interne Frequenzkompensation besteht aus einer Vergrößerung von C_1, wodurch der Frequenzgang des kompensierten IOP (gestrichelt in Bild 9.7b) nach links verschoben und $f_T < f_S$ wird.

Bei Schaltungen mit extern zu kompensierenden IOPs wird die Dimensionierung der Kompensationsschaltelemente an die durch die Gegenkopplung bestimmte Verstärkung der rückgekoppelten Schaltung angepaßt und damit die Einbuße an f_T

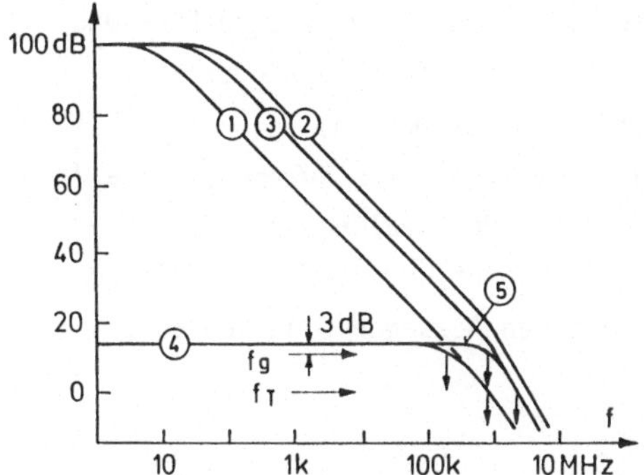

<u>Bild 9.8.</u> Bode-Diagramme von IOPs und ihrer Schaltungen: Leerlaufverstärkung
für den 741 (1), für seinen unkompensierten Bruder 748 (2) und für den auf 15 dB
($v_u = 5$) kompensierten 748 (3). Frequenzgang der Verstärkung mit Rückkopplung für
$v_u = 5$ für den 741 (4) und für den auf 15 dB kompensierten 748 (5). Kurve 5
zeigt höhere Grenzfrequenz f_g und höhere Transitfrequenz f_T als Kurve 4.

kleiner gehalten. Dies geht aus einer Anwendung von (7.1) für niedrige Frequenzen
($\omega \cong 0$) und für die Frequenz f_S hervor:

Bei niedrigen Frequenzen ist die Spannungsverstärkung v_u durch die Gegenkopplung γ gegeben:

$$v_u(0) = \frac{A(0)}{1 - \gamma A(0)} \cong - \frac{1}{\gamma} \qquad\qquad (9.26)$$

Bei der Frequenz f_S ist die Leerlaufverstärkung A auf $A(f_S)$ abgesunken und hat
durch Phasenschiebung das Vorzeichen gewechselt. Hierdurch ändert auch die Schleifenverstärkung $G = \gamma A$ Vorzeichen und Größe. Schwingen wird verhindert durch $G(f_S)$
< 1 oder

$$A(f_S) < \frac{1}{\gamma} \cong - v_u(0) \qquad . \qquad\qquad (9.27)$$

Das heißt, je größer die Spannungsverstärkung dem Betrag nach ist, desto größer
darf die Leerlaufverstärkung $A(f_S)$ betragsmäßig sein, desto schwächer kann die
Frequenzkompensation ausgelegt werden, und desto größer ist die erreichbare Slewrate.

Bild 9.8 zeigt Bode-Diagramme für den 741 sowie für seinen unkompensierten
Bruder 748, der extern kompensiert werden kann. Man sieht, daß die Grenzfrequen-
zen f_g ohne Gegenkopplung (Kurven 1 bis 3) sehr niedrig liegt. (f_g ist die Frequenz, bei der die Verstärkung um einen Faktor $\sqrt{2}$ oder etwa 3 dB abgenommen hat.
In Bild 9.7 wäre $f_g = (2\pi R_1 C_1)^{-1}$.) Mit Gegenkopplung liegen Grenzfrequenz f_g und
Transitfrequenz f_T für den 741 bei 200 bzw. 800 kHz (Kurve 4) und bei dem
auf 15 dB extern kompensierten 748 bei 800 kHz bzw. 2 MHz.

In den horizontalen Bereichen der dargestellten Frequenzgänge sind Ein- und Ausgangsspannung in Phase, d.h. $\phi \cong 0$, und das Verhalten entsprechender Schaltungen kann wie in Abschnitt 9.4 als statisch behandelt werden.

Das in diesem Abschnitt verwendete Bild des Operationsverstärkers (Bild 9.7a) ist eine Vereinfachung. Tatsächlich sind die Stufen des realen Operationsverstärkers nicht entkoppelt, und die Gegenkopplung beeinflußt die in den Bildern 9.7b und 9.8 gezeigten Frequenzgänge. Die erhaltenen Aussagen sind jedoch qualitativ richtig.

9.5.2 Anstiegsgeschwindigkeit und interne Verzögerung

Die große Ausgangsimpedanz der Eingangsstufe des 741 bewirkt, daß sich der zur internen Frequenzkompensation dienende Kondensator C in Bild 9.1 nur mit einer endlichen Geschwindigkeit aufladen kann. Die Slewrate (maximale Anstiegsgeschwindigkeit am Ausgang) des IOP beträgt beim 741 etwa 0.5 V/µs. Bei schwächerer Frequenzkompensation ist sie entsprechend größer.

Die Slewrate SR begrenzt die Amplitude U_f einer verzerrungsfrei übertragenen Sinusspannung:

$$U_f < SR/(2\pi f) \tag{9.28}$$

Schließlich beeinflußt die interne Verzögerungszeit t_v (etwa 0.25 µs beim 741) die Ausgangsimpulsform schneller Eingangsimpulse. Die Gegenkopplung kann erst mit Verspätung wirksam werden, wodurch bei steilen Flanken von Eingangsimpulsen diese am Ausgang durch Spitzen ('spikes') der Länge t_v versehen erscheinen. Hiergegen hilft nur die Verwendung eines schnelleren IOP.

9.6 Übersicht über das Angebot an Operationsverstärkern

Die Industrie bietet ein breites Spektrum von Operationsverstärkern an, welches hier nicht vollständig charakterisiert werden kann. In der Literatur werden die in Tabelle 9.2 aufgeführten Typen unterschieden:

Die Universaltypen sind am preiswertesten. Zu ihnen gehört der heute veraltete 741 (Bild 9.1) sowie der mit ihm pinkompatible TL081 mit FET-Eingängen (Bild 9.9). Dieser enthält eine Konstantstromquelle T_{13}, N_1 mit Z_1 und zwei Stromspiegel T_{12} mit T_1 bzw. T_6 zur Ruhestromeinstellung für die Eingangsstufe T_1 bis T_5 und für die Zwischenstufe T_6 bis T_9. Für den Differenzverstärker P_1, P_2 dienen der dynamische Kollektor-Emitterwiderstand von T_1 als Sourcewiderstand und diejenigen von T_3 und T_4 als Drainwiderstände. Über den Emitterfolger T_5 gelangt das resultierende Eingangssignal auf den stromgegengekoppelten Verstärker T_9 mit den Eingangsimpedanzen des Whiteschen Emitterfolgers T_{10}, T_{11} sowie dem dynamischen Kollektor-Emitterwiderstand von T_6 als Kollektorwiderstand. T_7 und T_8 bilden eine

<u>Tabelle 9.2.</u> Typenübersicht für Operationsverstärker, wie sie in der Literatur unterschieden werden (siehe TIETZE und SCHENK, S. 161ff). Es bedeuten: A Leerlaufdifferenzverstärkung, U_o Offsetspannung, U_r und I_r Rauschspannung und -strom pro $\sqrt{Hz}$ bei 1 kHz, U_V und I_V Versorgungsspannung und -strom, U_a und I_a maximale Ausgangsspannung und -strom, f_p maximale Frequenz ohne Amplitudenbegrenzung durch Slewrate (siehe (9.28)), * Aufbau in Hybridtechnik. 1 fA (Femto-Ampere) = 10^{-12} A.

Typ	Offset-spannung	Eingangs-Ruhestrom	Slewrate	Bemerkungen
Universaltypen	0.25 ÷ 3 mV	0.001 ÷ 100 nA	0.5 ÷ 35 V/µs	meist FET-Eingänge
Präzisionstypen	10 ÷ 250 µV	0.15 ÷ 25 nA	0.2 ÷ 35 V/µs	$A = 1 \div 30\cdot10^6$
Niedrige Offsetspannung	0.5 ÷ 40 µV	0.2 pA ÷ 30 nA	0.3 ÷ 35 V/µs	$dU_o/dT = 5 \div 300$ nV/K
Niedriges Rauschen	10 ÷ 500 µV	0.002 ÷ 500 nA	2 ÷ 250 V/µs	$U_r = 0.7 \div 6$ nV $I_r = 0.8$ fA ÷ 5 pA
Niedriger Eingangsstrom	0.2 ÷ 0.4 mV	40 ÷ 200 fA	0.4 ÷ 3 V/µs	$U_r = 35 \div 70$ nV $I_r = 0.1$ fA
Geringe Stromaufnahme	0.1 ÷ 1 mV	40 fA ÷ 45 nA	$5 \div 10^4$ V/ms	$I_V = 1 \div 250$ µA
Niedrige Betriebsspannung	0.01 ÷ 1 mV	0.001 ÷ 90 nA	10 ÷ 800 V/ms	$U_V \geq 0.5 \div 1.2$ V
Hohe Ausgangsspannung	0.5 ÷ 2 mV	0.005 ÷ 12 nA	2.5 ÷ 1000 V/µs	$U_a = \pm30 \div \pm500^{*}$ V $I_a = 15 \div 200^{*}$ mA
Hoher Ausgangsstrom	1 ÷ 5 mV	0.004 ÷ 300 nA	4 ÷ 50 V/µs	$I_a = 2.5 \div 30^{*}$ A $U_a = \pm13 \div \pm90^{*}$ V
Hohe Bandbreite konventionell	0.2 ÷ 6 mV	10 pA ÷ 25 µA	0.25 ÷ 1 V/ns	$I_a = 50$ mA ÷ 2^{*} A $f_p = 3 \div 43$ MHz
Hohe Bandbreite Transimpedanz	0.1 ÷ 5 mV	1 ÷ 15 µA	0.6 ÷ 6 V/ns	$I_a = 33 \div 400^{*}$ mA $f_p = 8 \div 150$ MHz

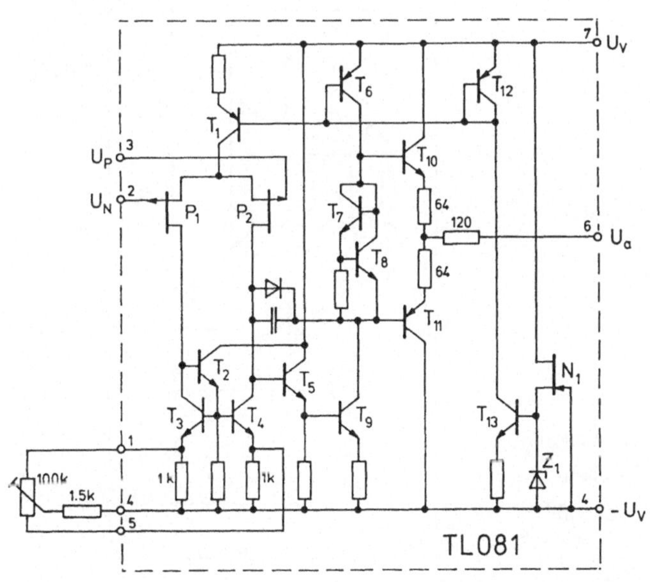

<u>Bild 9.9.</u>
Der TL081, ein Universaloperationsverstärker mit FET-Eingängen.

Konstantspannungsquelle zur Einstellung des Ruhestroms durch T_{10} und T_{11}.
Typische Daten für den TL081 sind: Leerlaufdifferenzverstärkung $2 \cdot 10^5$, CMRR 76 dB,
differentielle Engangsimpedanz 10^{12} Ω, Slewrate 13 V/μs, Transitfrequenz 3 MHz
(vollständig frequenzkompensiert), Eingangs-Offset-Spannung 5 mV.

Die Präzisionstypen zeichnen sich durch große Leerlaufdifferenzverstärkung und
geringe Offsetspannung aus und ermöglichen besonders lineare Schaltungen.

Niedrige Offsetspannung ist bei der Verstärkung kleiner DC-Signale wie Thermospannungen erwünscht, niedriges Rauschen bei der Verstärkung kleiner Wechselspannungen.

Die Operationsverstärker mit geringer Stromaufnahm und niedriger Betriebsspannung wurden für den Batterie- und Solarzellenbetrieb entwickelt.

Die schnellsten integrierten analogen Schaltelemente sind die Transimpedanzverstärker. Sie haben einen hochohmigen nichtinvertierenden und einen niederohmigen invertierenden Eingang. Aufgrund des niederohmigen Ausgangs können sie
wie konventionelle Operationsverstärker eingesetzt werden. Sie sind jedoch für
einen konstanten Rückkopplungswiderstand (R_2 in Bild 9.3) ausgelegt. Die Verstärkung wird an dem variablen Widerstan R_1 in Bild 9.3 eingestellt. Dabei verändert
man nicht nur die Verstärkung, sondern automatisch auch die Leerlaufdifferenzverstärkung A(0) bei niedrigen Frequenzen, so daß sich eine Anpassung der Frequenzkompensation an die Verstärkung erübrigt. Diese Eigenschaft läßt sich aus dem
vereinfachten Bild des Operationsverstärkers in Abschnitt 9.5.1 nicht ableiten.

Es sei hier noch auf eine Sonderform von Operationsverstärkern hingewiesen,
nämlich auf die Komparatoren mit digitalem Ausgang. Sie haben kurze Signallauf-
zeiten und große Gleichtaktunterdrückung. Am Ausgang können Digitalbausteine

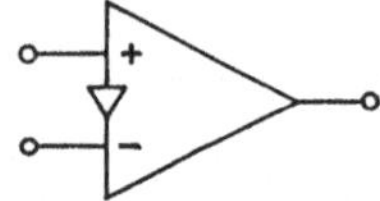

Bild 9.10. Schaltsymbol für
Transimpedanzverstärker

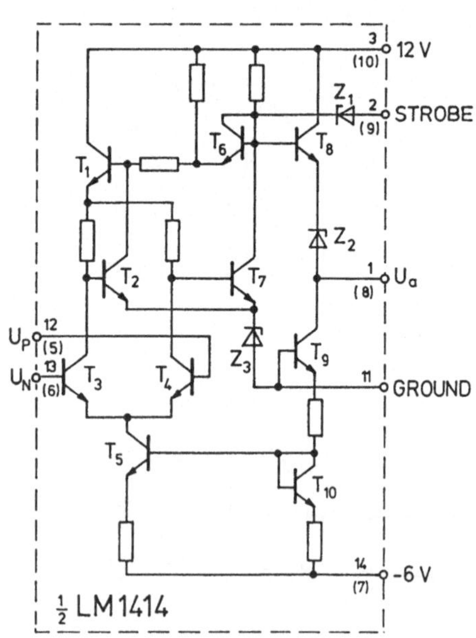

Bild 9.11.
Komparator mit TTL-kompatiblem Ausgang.
Der LM1414 enthält zwei unabhängige
Kreise mit der angegebenen Anschluß-
belegung.

direkt angeschlossen werden. Bild 9.11 zeigt als Beispiel den Typ LM1414 mit TTL-kompatiblem Ausgang. Ist $U_P - U_N \geq 7$ mV, so sperrt T_7, T_8 leitet, und dessen Emitterspannung wird über Z_2 - je nach Betriebsbedingung und Exemplarstreuung - auf eine Ausgangsspannung U_a von 2.5 bis 4 V herabgesetzt. Ist $U_P - U_N \leq -7$ mV, so führt T_7 Strom, T_8 wird gesperrt, und man erhält $U_a = -1.0$ bis 0 V. Im Zwischenbereich beträgt die Differenzverstärkung mindestens 1000 bei einer typischen Gleichtaktunterdrückung von 100 dB. Der 'strobe'-Eingang dient zur gesteuerten Unterdrückung des Ausgangssignals. Liegt sein Potential unter 0.3 V, so wird T_8 stromlos, und der Ausgang verhält sich wie bei negativer Differenz der Eingangsspannungen. Wenn diese Unterdrückung nicht benötigt wird, kann der Strobe-Eingang unbeschaltet bleiben. - Die Ansprechzeit des LM1414 beträgt 30 ns.

9.E DO IT YOURSELF

Für die Übungsbeispiele in diesem und in den folgenden Kapiteln ist der IOP 741 mit den Versorgungsspannungen ± 12 V vorgesehen (Slewrate: 0.5 V/μs). Anschlußgleiche Nachfolgetypen sind der 061 (3.5 V/μs) und 081 (13 V/μs).

9.E.1 Die Grundschaltungen des IOP

Die beiden Grundschaltungen nach Bild 9.3 sind in Betrieb zu nehmen, und zwar mit $R_1 = 10$ kΩ und $R_2 = 47$ kΩ. Als Signalquelle u_e wird eine 50-Hz-Wechselspannung verwendet, die von der 12-V-Sekundärwicklung eines Netztransformators über einen Spannungsteiler (1-kΩ-Potentiometer) abgegriffen wird.

a) <u>Umkehrverstärker</u> (Bild 9.3a): Für Scheitelspannungen $U_e < 2.5$ V für u_e verstärkt die Schaltung mit der durch (9.4) gegebenen Spannungsverstärkung v_u. Die Spannung u_N am invertierenden Eingang des IOP ist Null (virtuelle Masse). Bei $U_e > 2.5$ sättigt der IOP, und es erscheint ein Signal u_N.

Belastet man den Verstärkerausgang mit $R_L = 100$ Ω, so ändert sich u_a im linearen Bereich praktisch nicht ($Z_a \ll 100$ Ω), die Sättigungsspannung wird jedoch deutlich kleiner. Wie groß ist Z_a bei gesättigtem IOP?

Der Überlastschutz (T_{19} in Bild 9.1) bewirkt, daß ein Signal bei u_N bereits auftritt, bevor der IOP sättigt. Erhöht man u_e bei belastetem Ausgang bis zu dieser Grenze, so läßt sich die im linearen Bereich maximal zulässige Strombelastung des Verstärkers aus u_a und R_L berechnen.

b) <u>Elektrometerverstärker</u> (Bild 9.3b). Die Spannungsverstärkung (9.6) ist zu überprüfen und das Verhalten des Verstärkers im Sättigungsbereich zu untersuchen.

9.E.2 Driftkompensation und Offsetkompensation

Für die Schaltung gemäß Bild 9.5 mit $R_1 = 10$ kΩ, $R_2 = 470$ kΩ ist zunächst für $R_3 = 0$ die Ausgangsruhespannung $U_{oa}(0)$ zu messen. Nach Anbringen der Driftkompensation ($R_3 = 10$ kΩ) läßt sich nach (9.14) der Eingangsruhestrom $I_{oG} = (U_{oa}(0) - U_{oa}(R_3))/R_2$ abschätzen.

Die verbleibende Ausgangsruhespannung $U_{oa}(R_3)$ ist mit dem 10-kΩ-Potentiometer R in Bild 9.1 zu kompensieren (Offsetkompensation).

Für diese Aufgabe ist ein bipolarer IOP zu verwenden. Bei IOPs mit unipolarer Eingangsstufe ist der Strom I_{oG} zu klein, um mit der vorgeschlagenen Methode nachgewiesen werden zu können.

10. Weitere Schaltungen mit Operationsverstärkern

In diesem Kapitel beschreiben wir eine Auswahl von Schaltungen mit Operationsverstärkern, die zur Übung mit geringem Aufwand aufgebaut werden können. Dabei
ist an die Verwendung des 741 gedacht. Seine Eigenschaften (positive und negative Versorgungsspannung und Gleichtaktaussteuerbarkeit in beide Richtungen) werden bei allen Schaltungen vorausgesetzt. Hinter jedem Schaltungstyp steht eine
Vielzahl von Varianten mit verfeinerten oder weitergehenden Eigenschaften, auf
die wir in diesem Rahmen allenfalls hinweisen können.

Die Mehrzahl der Schaltungen ist analog, wie auch die in Kapitel 9 exakt
berechneten Grundschaltungen des IOP. Hier begnügen wir uns bei der Ableitung
von Schaltungseigenschaften auf die Anwendung der Goldenen Regeln (die Spannungen am positiven und negativen Eingang des IOP sind gleich, die Eingänge
nehmen keinen Strom auf, der Ausgang des IOP ist niederohmig). Die Beschaltungswiderstände bei den analogen Schaltungen sollten bei Verwendung bipolarer
IOPs zwischen 1 kΩ und 500 kΩ liegen.

Bei wesentlich nichtlinearen oder Kippschaltungen sind die Goldenen Regeln
nicht ohne weiteres anwendbar. Die Ausgangsspannung nimmt Extremwerte an, deren
Leerlaufwert, die Sättigungsspannung U_S, nur wenig von der jeweiligen Versorgungsspannung abweicht. Unter diesen Umständen ist der IOP hochohmig, seine Ausgangsimpedanz ist die des unbeschalteten IOP. Seine Eingänge nehmen den Strom
$(U_P-U_N)/r_d$ auf. Sind nun die Beschaltungswiderstände groß gegenüber r_a und klein
gegenüber r_d (75 Ω bzw. 2 MΩ beim 741), so können U_P und U_N als unabhängig voneinander behandelt werden, und die Ausgangsspannung des IOP in den stationären
(oder quasistationären) Zuständen beträgt $\pm U_S$. Der Anschluß eines Spannungsfol-
gers macht diese Schaltungen niederohmig im Sinne analoger IOP-Schaltungen,
sofern seine Aussteuerbarkeit und Belastbarkeit am Ausgang nicht überschritten
werden.

Bei der Behandlung der Schaltungen in diesem Kapitel werden die genannten
Dimensionierungsbedingungen als erfüllt vorausgesetzt. Die für die Zwischenrechnungen wichtigen Beziehungen fassen wir wie folgt zusammen:

- Analoge Schaltungen:

$$U_N = U_P \tag{9.1}$$

- Nichtlineare Schaltungen:

$U_N \neq U_P$, stellen sich unabhängig voneinander ein. (10.1)

Wenn wir nun auch für nichtlineare Schaltungen die zweite Goldene Regel (keine Stromaufnahme durch die Eingänge) anwenden, so in einer ungleich gröberen Näherung als bei linearen Schaltungen.

10.1 Analoge Rechenoperationen

10.1.1 Der Rechenverstärker

Die invertierende Grundschaltung des Operationsverstärkers erlaubt die Realisierung analoger Rechenoperationen. Dabei werden die Widerstände R_1 und R_2 in Bild 9.3a durch geeignete passive Schaltelemente A und B ersetzt (Bild 10.1).

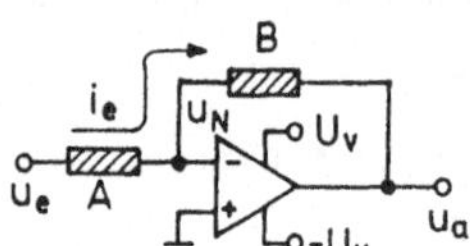

Bild 10.1.

Der Rechenverstärker. Kombinationen der passiven Zweipole A und B und die daraus resultierenden Rechenoperationen sind in Tabelle 10.1 enthalten.

Beschreibt man ihre Strom-Spannungs-Abhängigkeit symbolisch durch die Funktionen f_a und f_b (mit den Umkehrfunktionen f^{-1}), so wird unter Berücksichtigung von (9.1)

$$i_e = f_a(u_e) \quad , \tag{10.2}$$

$$u_a = -f_b^{-1}(i_e) = -f_b^{-1}(f_a(u_e)) \quad . \tag{10.3}$$

Dabei stellt u_N eine virtuelle Masse dar. Die sich ergebenden funktionalen Zusammenhänge zwischen u_a und u_e sind in Tabelle 10.1 für die einfachsten Fälle zusammengefaßt:

- Die <u>Multiplikation</u> mit einer Konstanten entspricht der Funktion des operationellen Umkehrverstärkers, der daher manchmal auch als Rechenverstärker bezeichnet wird.

- <u>Vorzeichenumkehr</u> und Multiplikation mit einer Konstanten in Serie erlauben die vorzeichengerechte Multiplikation.

- Bei der <u>Addition</u> fließt die Summe der Teilströme $i_1 = u_1/R_1$ und $i_2 = u_2/R_2$ über R_3 zum Ausgang. Die Anzahl der Eingänge kann erhöht werden, woraus sich die Möglichkeit zu einer gewichteten Addition ergibt.

- Bei der <u>Integration</u> ist zu beachten, daß sich bei unipolaren Eingangssignalen der Rückkopplungskondensator auflädt und daher u_a nach $+U_s$ oder $-U_s$ auswandert.

- Bei der <u>Differentiation</u> sättigt der Operationsverstärker, wenn die Flanken der Eingangsspannung zu steil werden. (Passive RC-Kombinationen integrieren und

Tabelle 10.1. Operationen des Rechenverstärkers in Bild 10.1

Operation	A	B	$i_e = f_a(u_e)$	$f_b^{-1}(i_e)$	u_a
1 × Konstante	R_1	R_2	u_e/R_1	$R_2 i_e$	$-(R_2/R_1)u_e$
2 Vorzeichenumkehr	R	R	u_e/R	$R i_e$	$-u_e$
3 Addition	$u_1\!\circ\!\!-\!\!\boxed{R_1}\!\!-\!\!\bullet$ $u_2\!\circ\!\!-\!\!\boxed{R_2}$	R_3	$\dfrac{u_1}{R_1} + \dfrac{u_2}{R_2}$	$R_3 i_e$	$-R_3\left(\dfrac{u_1}{R_1} + \dfrac{u_2}{R_2}\right)$
4 Integration	R	C	u_e/R	$\dfrac{1}{C}\int i_e\,dt$	$-\dfrac{1}{RC}\int_0^t u_e(t')\,dt'$
5 Differentiation	C	R	$C\dfrac{du_e}{dt}$	$R i_e$	$-RC\dfrac{du_e}{dt}$
6 'Log'	R	$\rightarrow\!\!\vdash$	u_e/R	$U_T\ln(i_e/I_S)$	$-U_T\ln(u_e/RI_S)$
7 'Antilog'	$\dashv\!\!\leftarrow$	R	$I_S e^{u_e/U_T}$	$R i_e$	$-RI_S e^{u_e/U_T}$

differenzieren nur näherungsweise oder unter bestimmten Voraussetzungen. Bei der hier beschriebenen aktiven Integration und aktiven Differentiation werden die Operationen im mathematischen Sinn ausgeführt.)

– Logarithmieren ('Log') und Exponenzieren ('Antilog') ist in der dargestellten Form nur für unipolare Eingangsimpulse möglich. Es sind Spezialdioden im Handel, die bei Verwendung von IOPs mit FET-Eingängen über sieben Dekaden einwandfrei arbeiten. Die Log- und Antilog-Funktionen mit dazwischengeschalteten Addierern und Vorzeichenumkehr öffnen den Weg zu den Grundrechenarten Multiplikation und Division sowie zum Potenzieren. Der Teilchenidentifizierer in Abschnitt 16.2 enthält einen solchen Analogrechner (siehe Bild 16.4).

10.1.2 Die analoge Subtraktion

Die analoge Subtraktion erfordert gegenüber der analogen Addition einen zusätzlichen Schaltaufwand (Bild 10.2). Der nichtinvertiernde IOP-Eingang liegt an einem symmetrischen Spannungsteiler, so daß $u_p = u_2/2$ wird. Mit $u_a = u_N-(u_1-u_N)$ erhält man unter Verwendung von (9.1)

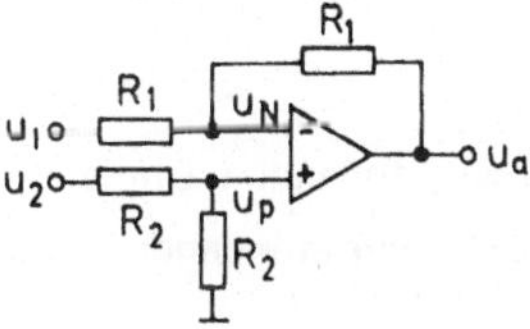

Bild 10.2.
Die analoge Subtraktion

$$u_a = u_2 - u_1 \quad . \tag{10.4}$$

In Bild 10.2 ist wie auch in den folgenden Schaltbildern die in Bild 10.1 noch eingezeichnete symmetrische Spannungsversorgung des IOP weggelassen.

10.2 Schwellenwertdetektoren

Schwellenwertdetektoren ändern ihren Ausgangszustand beim Über- oder Unterschreiten bestimmter Schwellenwerte U_t ('threshold') durch die Eingangsspannung diskontinuierlich. Die Ausgangsspannung nimmt (bei symmetrischer Spannungsversorgung des IOP) dabei die Sättigungswerte $+U_s$ oder $-U_s$ ein.

10.2.1 Der Komparator

Der Komparator (Bild 10.3) wird ohne Rückkopplung betrieben. An einem der beiden Eingänge des IOP wird die Eingangsspannung u_e, an den anderen die Schwel-

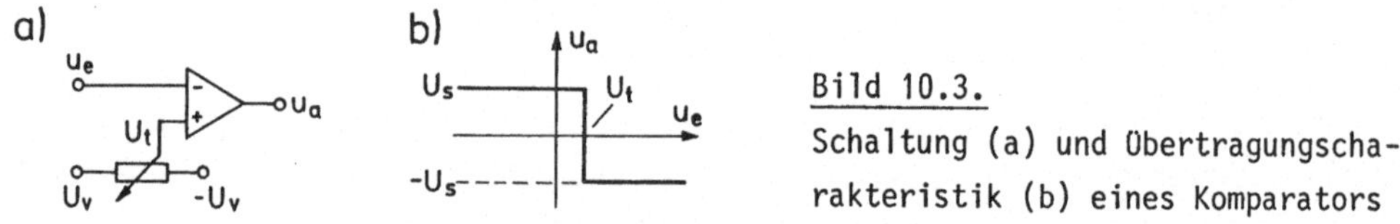

Bild 10.3.
Schaltung (a) und Übertragungscharakteristik (b) eines Komparators

lenspannung U_t gelegt. Über- oder unterschreitet u_e den Wert U_t, so ändert sich die Ausgangsspannung u_a um $\pm 2U_s$.

Der Schaltzustand des Komparators ist im Bereich $U_t \pm U_s/A$ undefiniert. Ferner treten bei verrauschten oder unsauberen Eingangssignalen Mehrfachumschaltungen auf, die im allgemeinen unerwünscht sind und durch Verwendung eines Schmitt-Triggers vermieden werden können.

10.2.2 Der Schmitt-Trigger mit IOP

Der Schmitt-Trigger in Bild 10.4a enthält eine Mitkopplung vom Ausgang zum nichtinvertierenden IOP-Eingang über den Spannungsteiler R_1, R_2. Hierdurch hängen die

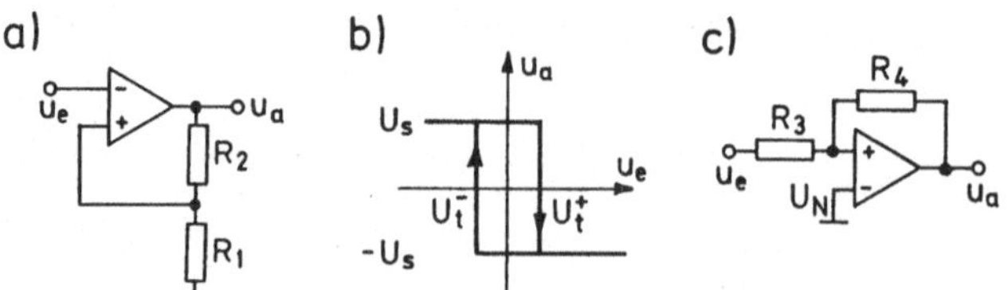

Bild 10.4. Der Schmitt-Trigger mit IOP: Ansteuerung am invertierenden Eingang (a) mit Übertragungscharakteristik (b) und Ansteuerung am nichtinvertierenden Eingang des IOP (c).

Schwellenspannungen

$$U_t^{\pm} = \pm \frac{R_1}{R_1 + R_2} \, U_s \tag{10.5}$$

vom Schaltzustand des IOP ab. Die dadurch bedingte Schalthysterese (Bild 10.4b)
ist symmetrisch zum Ursprung.

Vertauscht man die Rollen von u_e und Masse in Bild 10.4a, so erhält man die
Variante des Schmitt-Triggers in Bild 10.4c. Sie hat den Vorteil, daß man die
Hysterese verschieben kann, indem man den invertierenden IOP-Eingang an eine
Spannung U_N legt (wie U_t in Bild 10.3). Die Schwellenspannungen werden dann

$$U_t^{\pm} = U_N \left(1 + \frac{R_3}{R_4}\right) \pm U_s \frac{R_3}{R_4} \quad , \tag{10.6}$$

und die Übertragungscharakteristik geht aus Bild 10.4b durch Spiegelung an der
u_e-Achse hervor - mit zusätzlicher Nullpunktverschiebung. Dimensioniert man so,
daß eine Schwellenspannung bei $u_e = 0$ liegt, so hat man einen Schaltungstyp realisiert, der in der schnellen Impulstechnik eine Rolle spielt, nämlich den Nulldurchgangsdetektor (siehe Abschnitt 15.1.2).

Die Mitkopplung beim Schmitt-Trigger beschleunigt die Übergänge von einem
in den anderen Schaltzustand. Die Hysterese gewährleistet 'prellfreie' Schalt-
vorgänge auch bei verrauschten oder unsauberen Eingangssignalen. Man erhält
die nichtinvertierende und die invertierende Version, indem man in den Grundschaltungen des IOP (Bild 9.3) die invertierenden und nichtinvertierenden Eingänge des IOP vertauscht.

10.3 Generatoren

Die einfachste Form eines Generators mit IOP ist der Spannungsfolger (Bild 7.11)
als Spannungsquelle. Eine Stromquelle mit IOP lernen wir in Abschnitt 10.5.2
kennen. Wir beschränken uns in diesem Abschnitt auf die einfachste Realisierung
von Sinus- und Kippgeneratoren.

10.3.1 Der Phasenschieberoszillator

In dem Phasenschieberoszillator in Bild 10.5a ist IOP 1 als Integrator, IOP 2
als Spannungsfolger geschaltet. Bei sinusförmiger Selbsterregung wird u_a durch

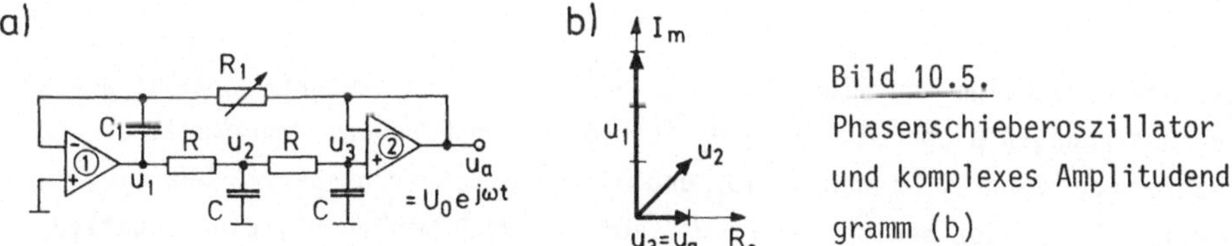

Bild 10.5.
Phasenschieberoszillator (a)
und komplexes Amplitudendia-
gramm (b)

den Integrator verstärkt und um +90° phasengedreht. Die beiden RC-Glieder drehen die Pase jeweils um -45° (Bild 10.5b).

Zur Berechnung der Dimensionierung und der Eigenfrequenz ω verwenden wir die Abkürzung $Z=1/(j\omega C)$. Es ist

$$u_3 = \frac{Z}{R+Z}\;\frac{Z\|(R+Z)}{R+Z\|(R+Z)}\;u_1 = u_1/(1+(R/Z)^2+3R/Z) \quad , \tag{10.7}$$

$$u_1 = -\frac{1}{R_1 C_1}\int u_a\,dt = -\frac{1}{j\omega R_1 C_1}\,u_a \quad . \tag{10.8}$$

Die Bedingung für Selbsterregung lautet $u_3=u_a$ und ergibt

$$3\omega^2 R_1 C_1 RC - j\omega R_1 C_1(1-(\omega RC)^2) = 1 \quad . \tag{10.9}$$

Sie wird erfüllt bei

$$\omega = 1/RC \quad , \tag{10.10}$$

$$R_1 C_1 = RC/3 \quad . \tag{10.11}$$

Die Amplitude U_o der Ausgangsspannung wird durch Sättigung von IOP 1 stabilisiert. Durch Einsetzen von (10.10) und (10.11) in (10.7) und (10.8) erhält man

$$U_o = U_s/3 \quad . \tag{10.12}$$

Minimale Verzerrung wird an R_1 eingestellt.

10.3.2 Der Rampengenerator (Spannung-Frequenz-Umsetzer)

Die Schaltung in Bild 10.6 enthält einen Integrator (IOP 1) und einen Schmitt-Trigger (IOP 2). Für positive Eingangsspannungen U_e erzeugt sie einen Rampenzug

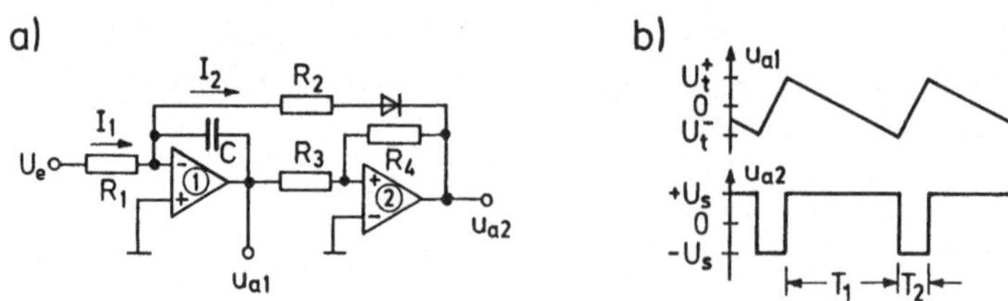

Bild 10.6. Rampengenerator (u_{a1}) und Spannung-Frequenz-Umsetzer (u_{a2}): Schaltung (a) und Spannungsverlauf (b) an den Ausgängen.

(u_{a1}) und eine Folge von Einheitsimpulsen (u_{a2}), deren Frequenz f unter geeigneten Bedingungen proportional zu U_e ist (Spannung-Frequenz-Umsetzer).

Während der Dauer T_1 ist $u_{a2} = +U_s$ und die Diode daher gesperrt. Der Eingangsstrom $I_1 = U_e/R_1$ lädt den Kondensator C auf, wodurch man an u_{a1} eine negative

Rampe der Steilheit $du_{a1}/dt = -I_1/C$ beobachtet. Erreicht u_{a1} die Schwelle
$U_t^- = -U_s R_3/R_4$, so schaltet der Schmitt-Trigger, die Diode wird leitend, und C entlädt sich mit dem Strom I_2-I_1. Während der Phase T_2 steigt daher u_{a1} linear mit
$du_{a1}/dt = (I_2-I_1)/C$ an. Beim Erreichen der positiven Schwelle U_t^+ kippt der
Schmitt-Trigger zurück, und der Zyklus beginnt von neuem.

Die Dauern $T_1 = C2U_t/I_1$ und $T_2 = C2U_t/(I_2-I_1)$ bestimmen die Frequenz
$f = (T_1+T_2)^{-1}$ des Generators. Unter Vernachlässigung des Spannungsabfalls an
der leitenden Diode wird

$$f = \frac{1}{2R_1C} \frac{R_4}{R_3} \left(1 - \frac{R_2}{R_1} \frac{U_e}{U_s}\right) \frac{U_e}{U_s} \quad . \tag{10.13}$$

Für $I_2 \gg I_1$ wird f proportional der Eingangsspannung U_e.

10.3.3 Flipflop-Schaltungen mit IOP

Bild 10.7 zeigt die klassischen Kippschaltungen in ihrer Realisierung mit Operationsverstärkern. Sie enthalten je einen Schmitt-Trigger nach der Art von
Bild 10.4a mit zusätzlichen Schaltelementen. Bei ihrer Beschreibung vernachlässigen wir den Spannungsabfall an leitenden Dioden.

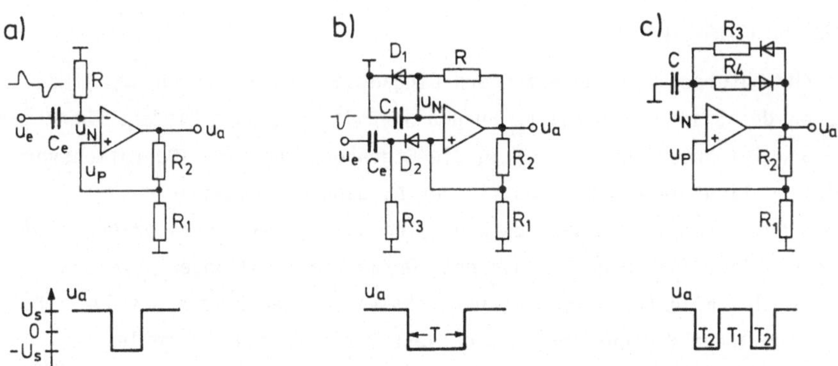

Bild 10.7. Flipflop (a), Univibrator (b) und Multivibrator (c) mit IOP

- Beim Flipflop (Bild 10.7a) wird im Ruhezustand u_N über R auf Massepotential
gehalten. Übersteigt die Amplitude u_e des über C_e dynamisch eingekoppelten Triggerimpulses die Schwellenspannung $U_t^\pm$, so kippt der Schmitt-Trigger bei geeigneter Polarität von u_e in den jeweils anderen Zustand.

- Beim Univibrator (Bild 10.7b) sind im Ruhezustand die beiden Dioden leitend
und $u_a = +U_s$. Unterschreitet u_e den Schwellenwert

$$U_t = - U_s \frac{R_1\|R_3}{R_2+R_1\|R_3} \quad , \tag{10.14}$$

so kippt die Schaltung, beide Dioden sperren, und C lädt sich mit der Zeitkonstanten RC auf. Bei $u_N=-U_s R_1/(R_1+R_2)$ kippt der Schmitt-Trigger in den Ruhezustand
zurück. Die Länge des Ausgangsimpulses beträgt

$$T = RC \ln(1+R_1/R_2) \quad . \tag{10.15}$$

Die Schaltung könnte auch ohne D_2 und R_3 funktionieren. Die Diode unterdrückt
lediglich eine Spannungsrückwirkung auf den Eingang. R_3 verhindert eine Aufladung
zwischen C_e und D_2, die die Diode blockieren könnte.

 - Beim <u>Multivibrator</u> (Bild 10.7c) wird C während der Dauer T_1 über R_3 und
während der Dauer T_2 über R_4 umgeladen. Während T_1 beispielsweise strebt u_N
von U_t^- (10.5) mit der Zeitkonstante R_3C nach $+U_s$. Erreicht u_N den Schwellenwert U_t^+, so ändert sich der Ausgangszustand. Entsprechendes gilt für T_2, und
man erhält

$$T_{1,2} = R_{3,4}C \ln(1+2R_1/R_2) \quad . \tag{10.16}$$

Bei Ersetzen von R_3 und R_4 sowie der Dioden durch einen einzigen Widerstand wird
$T_1=T_2$. Durch kapazitive Einkopplung geeigneter Signale nach u_p läßt sich der Multivibrator in gewissen Bereichen synchronisieren.

10.4 Ideale Gleichrichter

Passive Gleichrichterschaltungen erfordern Eingangsspannungen, deren Amplitude
groß ist gegen den Spannungsabfall U_D an den jeweils leitenden Dioden. Führt man
eine Diode zur Gleichrichtung seriell in die Gegenkopplung eines Operationsverstärkers ein, so kann sie als Bestandteil des Ausgangswiderstandes r_a des IOP
aufgefaßt werden. U_D wird dann ähnlich wie r_a um die Schleifenverstärkung $G=\gamma A$
auf einen vernachlässigbaren Wert reduziert. Derartige Schaltungen bezeichnet
man als ideale Gleichrichter. Sie sind bereichsweise linearer als passive Schaltungen und ermöglichen Gleichrichtung auch sehr kleiner Wechselsignale.

10.4.1 Der ideale Halbwellengleichrichter und Spitzenwertdetektor

Der ideale Halbwellengleichrichter (Bild 10.8) enthält zwei Gegenkopplungszweige.
R_1 und D_1 sind nur bei positiver, R_2 und D_2 nur bei negativer Eingangsspannung
leitend. Die Spannung u am Ausgang des IOP nimmt so lange zu, bis R_1 bzw. R_2
gerade den Eingangsstrom i_e führt. u erfährt dadurch eine Überhöhung von

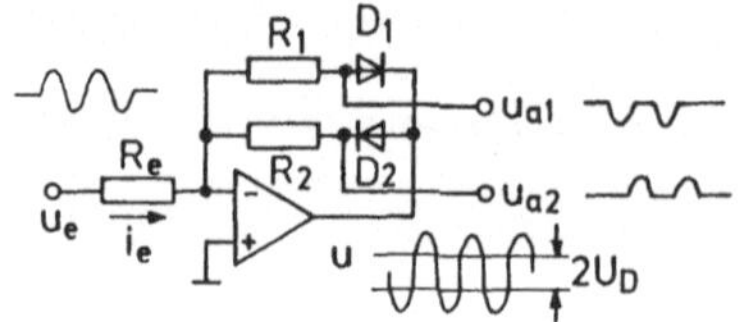

Bild 10.8.
Idealer Halbwellendetektor. U_D ist der
Spannungsabfall an einer leitenden Diode.

insgesamt $2U_D$. An u_{a1} und u_{a2} können die positiven bzw. negativen Anteile von u_e invertiert und verzerrungsfrei abgegriffen werden.

Der Spitzenwertdetektor (Bild 10.9) lädt den Kondensator C so lange wie ein Spannungsfolger auf, wie die Eingangsspannung u_e zunimmt. Nimmt u_e wieder ab,

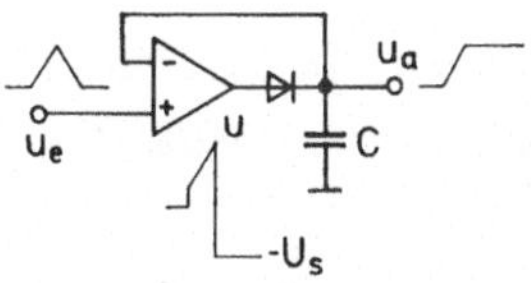

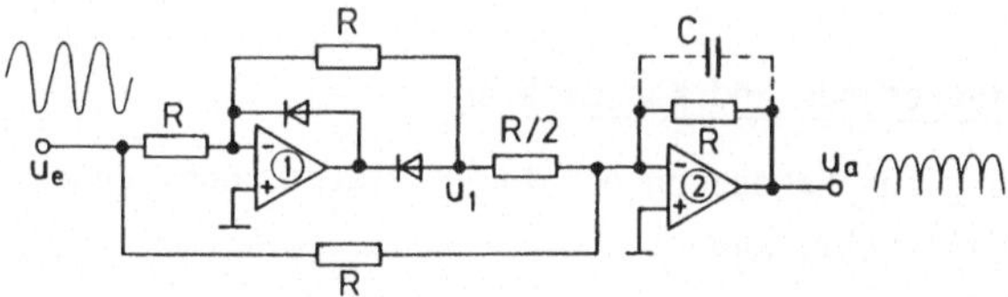

Bild 10.9.

Spitzenwertdetektor mit IOP

so sperrt die Diode, der IOP geht in negative Sättigung, und der Kondensator bleibt auf den Spitzenwert von u_e aufgeladen. Die Durchbruchspannung der Diode sollte daher mindestens doppelt so groß sein wie die Sättigungsspannung U_s.

Der Kondensator entlädt sich über den differentiellen Eingangswiderstand r_d des IOP und über die Eingangsimpedanz des angeschlossen zu denkenden Verbrauchers. Die Abklingzeitkonstante kann durch Verwendung von IOPs mit FET-Eingängen vergrößert werden. Derartige Spitzenwertdetektoren finden in 'sample-and-hold'-Schaltungen und in Pulsverlängerern ('pulse stretcher') Verwendung (siehe Experimentiervorschlag 10.E.3).

10.4.2 Der ideale Vollwellengleichrichter

Ein idealer Vollwellengleichrichter ließe sich aus zwei Halbwellengleichtern, einer Vorzeichenumkehr und einem Addierer zusammensetzen. Bild 10.10 zeigt eine

Bild 10.10. Idealer Vollwellengleichrichter. Mit dem Kondensator C kann die Ausgangsspannung geglättet werden.

einfachere Lösung. Die Ausgangsspannung des Halbwellengleichrichters IOP 1 beträgt

$$u_1 = - u_e \quad \text{für } u_e \geq 0$$
$$= 0 \quad \text{sonst} \quad .$$

(10.17)

Die Verstärkung des Addierers IOP 2 ist -1 für u_e und -2 für u_1. Seine Ausgangsspannung wird daher

$$u_a = - u_e - 2u_1 = + |u_e| \quad . \tag{10.18}$$

Durch Hinzufügen des Kondensators C kann u_a geglättet werden. C setzt die Verstärkung von IOP 2 für hohe Frequenzen herab.

10.5 NIC-Schaltungen

Der NIC ('negative impedance converter', gestrichelt umrandet in Bild 10.11) besteht aus einem Operationsverstärker mit Mitkopplung (R_p) und gleichzeitiger Gegenkopplung (R_N).

Der beschaltete NIC dient zunächst zur Erzeugung negativer Impedanzen. In dieser Eigenschaft kann er zur Kompensation von parasitären Schaltkomponenten wie Dämpfungswiderständen in Schwingkreisen oder Schaltkapazitäten Verwendung finden. Die Kombination zweier NICs zum Gyrator ermöglicht die Simulation extrem großer Induktivitäten.

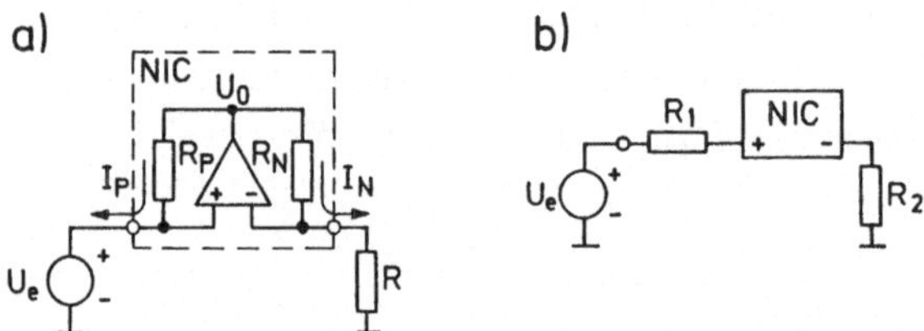

<u>Bild 10.11.</u> Beschalteter NIC (a) und Serienschaltung (b) eines Widerstandes R_1 mit einem negativen Widerstand (NIC mit R_2)

<u>10.5.1 Die Erzeugung negativer Widerstände und Kapazitäten</u>

Bild 10.11a zeigt die NIC-Schaltung zur Erzeugung negativer Widerstände. Unter Verwendung der Goldenen Regel (9.1) erhält man

$$U_0 = U_e \, (1+R_N/R) \quad , \tag{10.19}$$

$$I_p = (U_0-U_e)/R_p = U_e \, R_N/(R_pR) \quad . \tag{10.20}$$

Da I_p zur Spannungsquelle fließt, wird die Eingangsimpedanz des beschalteten NIC negativ:

$$Z_e = - \frac{U_e}{I_p} = - R \, \frac{R_P}{R_N} \tag{10.21}$$

Man überzeuge sich davon, daß U_0 dem Betrage nach größer ist als U_e. Für $U_e = 1$ V wird für $R_p = R_N = R$ beispielsweise $U_0 = 2$ V.

Die Serienschaltung eines ohmschen Widerstandes mit einem beschalteten NIC

ist mit der Gefahr verbunden, daß die Ausgangsspannung U_o des IOP auswandert.
Die Eingangsimpedanz der Schaltung in Bild 10.11b beträgt $Z=R_1-R_2R_P/R_N$. Damit
wird

$$U_o = U_e - \frac{U_e}{Z}(R_1+R_P) \tag{10.22a}$$

$$= U_e \frac{(R_N+R_2)R_P}{R_2R_P-R_1R_N} \quad . \tag{10.22b}$$

Gerade der bei Kompensationsschaltungen interessante Fall $Z\cong0$ bedingt, daß der
Nenner in (10.22b) verschwindet, was für den Operationsverstärker Sättigung bedeutet. Daher ist der beschaltete NIC zur Kompensation von Dämpfungswiderständen
oder von Verbraucherimpedanzen immer parallel zu schalten und nicht in Serie,
auch nicht in Kombination mit seriellen Schwingkreisen.

Ersetzt man den Widerstand R in Bild 10.11a durch einen Kondensator C, so wird
$Z_e=(j\omega C_{NIC})^{-1}$ mit

$$C_{NIC} = - C \frac{R_N}{R_P} \quad . \tag{10.23}$$

Parasitäre Kapazitäten gegen Masse lassen sich mit einem kapazitiv beschalteten
NIC kompensieren, und zwar auch hier in Parallelschaltung gegen Masse.

10.5.2 Konstantstromquelle mit NIC

Die Schaltung in Bild 10.12a ist eine Stromquelle, deren Kurzschlußstrom proportional ist zur Spannungsdifferenz U_2-U_1.

Die Knotengleichung für Punkt 1 ergibt

$$I_L = \frac{(U - U_1)}{R_1} \frac{R_N}{R_P} + \frac{U_2 - U_a}{R_2} \quad . \tag{10.24}$$

Da $\alpha=R_N / R_1 = R_P / R_2$ erfüllt sein soll, wird mit $U = U_a$

$$I_L = (U_2 - U_1) / R_2 \quad . \tag{10.25}$$

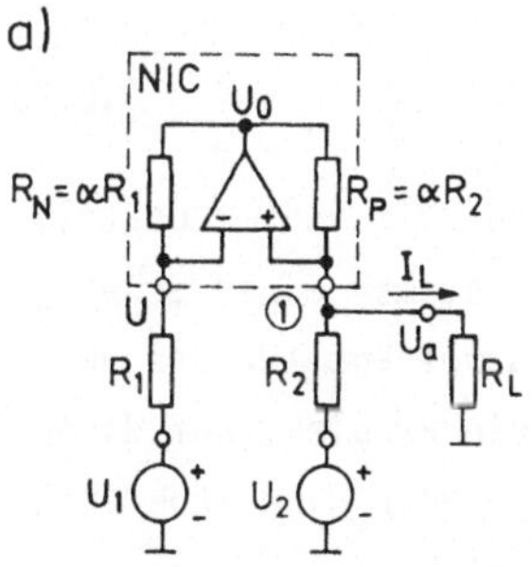

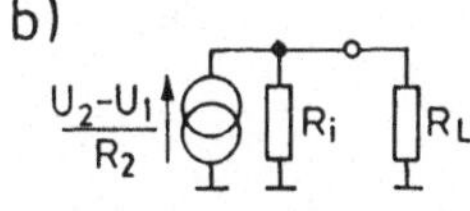

Bild 10.12.
Konstantstromquelle mit NIC (a) und Äquivalentschaltung (b)

I_L ist somit unabhängig von der Ausgangsspannung U_a.

Der Innenwiderstand R_i der Stromquelle hängt von der Gleichheit der genannten Widerstandsverhältnisse ab und ergibt sich zu

$$R_i = R_P / (\frac{R_P}{R_2} - \frac{R_N}{R_1}) \quad . \tag{10.26}$$

Für einen Versuchsaufbau wären also niederohmige Spannungsquellen zu verwenden.

10.5.3 Der Gyrator

Wie bereits erwähnt, dient der Gyrator zur Simulation großer verlustarmer Induktivitäten, deren konventionelle Realisierung sehr aufwendig oder gar unmöglich wäre.

Der Gyrator in Bild 10.13a enthält zwei NICs mit jeweils gleichen Widerständen $R_N = R_P$. Unter dieser Bedingung werden nach (10.21) die Eingangsimpedanzen

a)

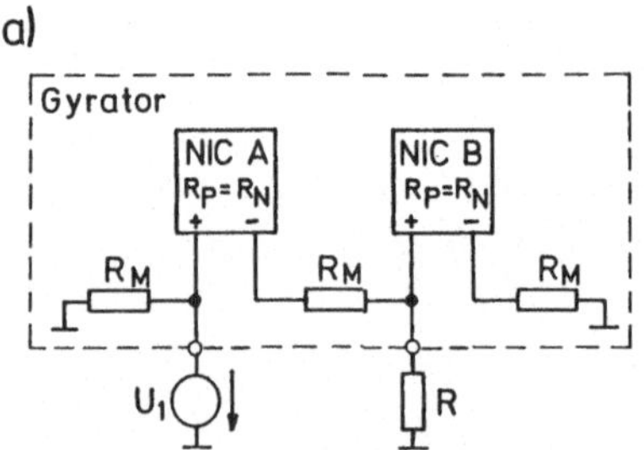

b)

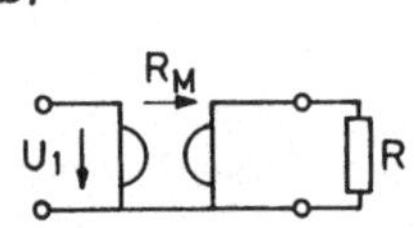

Bild 10.13.
Gyrator aus zwei NICs (a) mit Lastwiderstand R und Schaltsymbol (b)

Z_A und Z_B der NICs gleich dem negativen Wert ihrer Beschaltungswiderstände. Daraus folgt für die Eingangsimpedanz des Gyrators in Bild 10.13

$$Z_e = R_M \| Z_A = R_M \| (-(R_M + R \| Z_B)) = R_M \| (-(R_M + R \| (-R_M))) \quad . \tag{10.27}$$

Nach einer kurzen Zwischenrechnung erhält man

$$Z_e = R_M^2 / R \quad . \tag{10.28}$$

Ersetzt man nun R durch einen Kondensator C_2, so erhält die Schaltung die Eigenschaft einer Induktivität L_G. Es wird $Z_e = j\omega L_G$ mit

$$L_G = R_M^2 \, C_2 \quad . \tag{10.29}$$

Für $C_2 = 10\ \mu F$ und $R_M = 100\ k\Omega$ wird L_G beispielsweise 100 kH. Mit einem zusätzlichen Kondensator C_1 am Eingang des Gyrators (Bild 10.14) hat man einen Schwingkreis simuliert. Seine Schwingungsdauer ist $2\pi R_M \sqrt{C_1 C_2}$ und beträgt für das genannte Zahlenbeispiel mit $C_1 = C_2$ etwa 6 s. Es ist also kein Problem, auf diese Weise mit einfachen Mitteln Schwingungsdauern im Sekunden- oder Minutenbereich zu erzeugen.

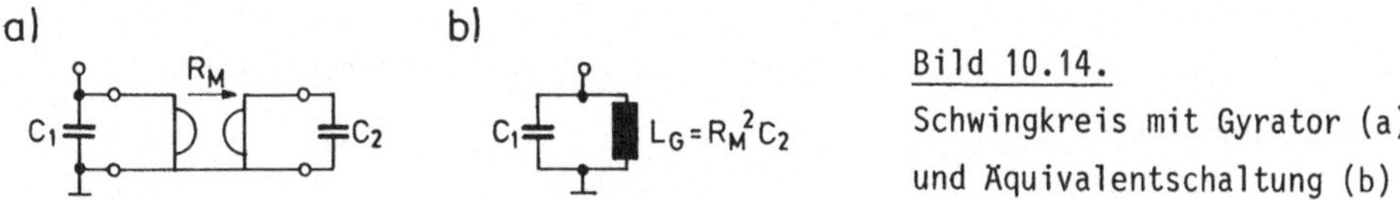

Bild 10.14.
Schwingkreis mit Gyrator (a)
und Äquivalentschaltung (b)

Die Güte der simulierten Induktivitäten oder Schwingkreise hängt von der
Paarigkeit der verwendeten Schaltelemente ab. Dies ist ein Nachteil der gezeig-
ten Schaltung. Andererseits kann man sie zur Selbsterregung bringen und als
Sinusgenerator verwenden, wenn man beispielsweise den linken Widerstand R_M in
Bild 10.13a mit einem Feinabgleich versieht (siehe Experimentiervorschlag
10.E.13).

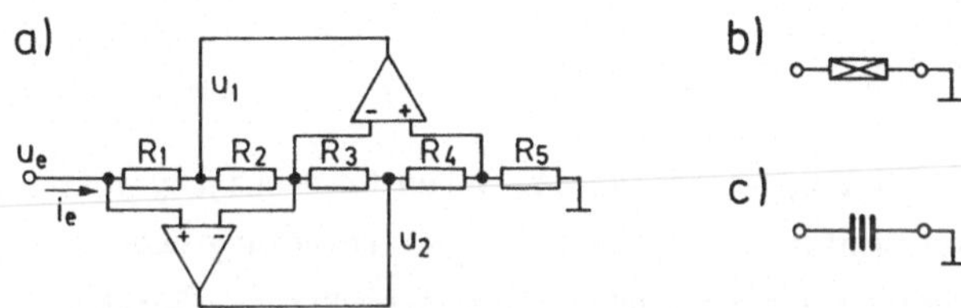

Bild 10.15. Grundschaltung (a) zur Realisierung eines Gyrators (R_4=C), eines
FDNR ($R_2 = R_4$=C, Schaltsymbol b) und eines FDNC ($R_1 = R_3$=C, Schaltsymbol c)

Eine andere Schaltung, die in einen Gyrator verwandelt werden kann, zeigt
Bild 10.15. Unter Berücksichtigung der ersten beiden Goldenen Regeln wird hier

$$u_2 = u_e(1+R_4/R_5) \quad , \tag{10.30}$$

$$u_1 = u_e + R_2(u_e - u_2)/R_3 = u_e(1 - R_2R_4/(R_3R_5)) \quad , \tag{10.31}$$

$$i_e = (u_e - u_1)/R_1 = u_e R_2 R_4/(R_1 R_3 R_5) \quad , \tag{10.32}$$

und damit die Eingangsimpedanz der Schaltung

$$Z_e = \frac{R_1 R_3 R_5}{R_2 R_4} \quad . \tag{10.33}$$

Durch Ersetzen einzelner Widerstände durch Kapazitäten realisiert man die folgenden Trickschaltungen:

- Ersetzt man R_4 durch C, so erhält man einen Gyrator mit einer simulierten
Induktivität

$$L_G = C \, R_1 R_3 R_5/R_2 \quad . \tag{10.34}$$

Die Schaltung erlaubt die ohmsche Veränderung von L_G, wenn man z.B. für R_5 ein
Potentiometer verwendet.

- Ersetzt man R_2 und R_4 durch Kondensatoren C, so ergibt sich ein FDNR ('frequency-dependent negative resistor') mit dem reellen frequenzabhängigen Eingangswiderstand

$$R_{FDNR} = - R_1 R_3 R_5 \; C^2 \; \omega^2 \quad . \tag{10.35}$$

- Durch Ersetzen von R_1 und R_3 durch Kondensatoren C realisiert man einen FDNC ('frequency-dependent negative conductor') mit

$$R_{FDNC} = - R_5 \; / \; (R_2 R_4 \; C^2 \; \omega^2) \quad . \tag{10.36}$$

Diese Schaltungen werden bevorzugt in aktiven Filtern eingesetzt. Trickschaltungen mit zwei Gyratoren oder mit drei NICs ermöglichen die Simulation massefreier Induktivitäten.

10.6 Aktive Filter

In Kapitel 2 haben wir passive RC-Netzwerke behandelt, deren Frequenzgang ausgenützt werden kann zur Gleichstromentkopplung sowie zur Unterdrückung oder Hervorhebung gewisser Bereiche des zu übertragenden Frequenzspektrums. Durch Serienschaltung derartiger passiver Filter, wie beispielsweise in Bild 9.7a, können spezielle Frequenzgänge synthetisiert werden. Dabei ordnet man jeder RC-Kombination einen Pol zu. Das Doppeldifferenzierglied in Bild 4.9a ist demnach ein zweipoliger passiver Hochpaß.

Aktive Filter enthalten einen Verstärker, an dessen Ausgang ein Element des ursprünglich passiven Filters angeschlossen ist. Je nach Verstärkung K des Verstärkers erhält das Filter bestimmte Eigenschaften. Diese wollen wir anhand der zweipoliger Filter in Bild 10.16 erklären. Sie lassen sich als lineare Netzwerke mit den Spannungsquellen u_e und $K u_1 = u_a$ beschreiben und mit den Methoden der Netzwerkanalyse berechnen. Man führt die reduzierte Kreisfrequenz $\Omega = \omega RC$ ein, erhält für jedes Filter

$$u_a(\Omega)/u_e(\Omega) = |u_a(\Omega)/u_e(\Omega)| \; e^{j\phi(\Omega)} \tag{10.37}$$

und kommt so zu den in Bild 10.16 wiedergegebenen Ausdrücken und Frequenzgängen. Diese sind bei aktiven Filtern an den Flanken steiler als bei ihren passiven Analoga (gestrichelt dargestellt), und die Selektivität der Filter wird verbessert.

Man unterscheidet bei aktiven Tief- und Hochpässen drei Grundtypen, die jeweils nach dem Namen der zur Beschreibung geeigneten mathematischen Funktion bezeichnet werden:

- <u>Bessel-Filter</u> (K = 1.268) haben eine optimal lineare Frequenzabhängigkeit der Phasenverschiebung bei $\Omega=1$ (geringe Dispersion der Gruppenlaufzeit) und sind daher

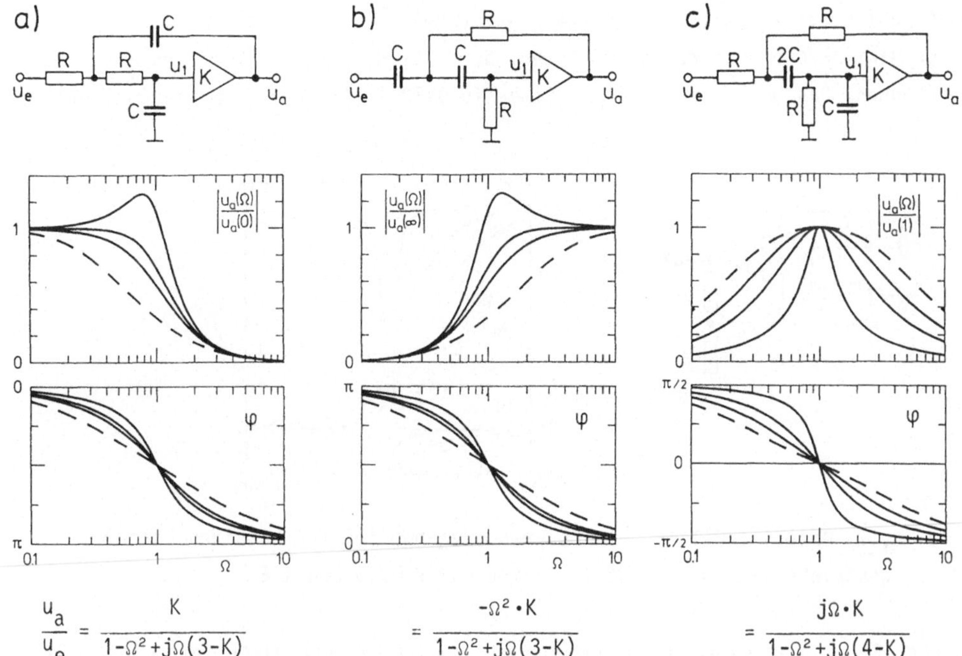

$$\frac{u_a}{u_e} = \frac{K}{1-\Omega^2+j\Omega(3-K)} \qquad = \frac{-\Omega^2\cdot K}{1-\Omega^2+j\Omega(3-K)} \qquad = \frac{j\Omega\cdot K}{1-\Omega^2+j\Omega(4-K)}$$

Bild 10.16. Aktive zweipolige Filter: Für den Tiefpaß (a) und den Hochpaß (b) sind die Frequenzgänge dargestellt für die Verstärkungen (von oben) K = 2.114 (Tschebyscheff-Filter mit 2 dB Überhöhung), K = 1.586 (Butterworth-Filter) und K = 1.268 (Bessel-Filter). Für den Bandpaß (c) wurden (von unten) K = 3.5, 2.5 und 1.5 verwendet. Die gestrichelt dargestellten Frequenzgänge beschreiben die passiven Analoga (ϕ und $|u_1/u_e|$ für K = 0).

zur verzerrungsarmen Impulsübertragung geeignet.

   - <u>Butterworth-Filter</u> (K = 3-$\sqrt{2}$ = 1.586) zeigen ein besonders konstantes Plateau der Übertragungsfunktion $|u_a(\Omega)|$ für $\Omega<1$.

   - <u>Tschebyscheff-Filter</u> ergeben eine besonders steile Flanke der Übertragungsfunktion bei $\Omega = 1$. Im Durchlaßbereich tritt allerdings eine Überhöhung auf, die mit der Flankensteilheit zunimmt. Die Frequenzgänge in Bild 10.16a,b zeigen eine Überhöhung von 2 dB (26 %) bei K = 2.114.

Durch Hintereinanderschalten von aktiven Zweipolfiltern lassen sich die genannten Eigenschaften weiter verbessern. Die optimale Dimensionierung derartiger Vielpolfilter ist tabelliert.

Der Bandpaß in Bild 10.16c unterdrückt hohe und niedrige Frequenzen mit einem Maximum der Übertragungsfunktion bei $\Omega = 1$. Er ist ein aktives Analogon zu dem Integrier-Differenzierglied in Abschnitt 4.4.1. Bandpässe mit großer Flankensteilheit werden bevorzugt mit Hilfe von RCL-Filtern realisiert, ein weites Anwendungsgebiet für kapazitiv beschaltete Gyratoren.

Es gibt jedoch auch reine RC-Filter, deren Flanken sehr scharf gestaltet werden können. Das bekannte Doppel-T-Filter in Bild 10.17 gehört zu diesen Schal-

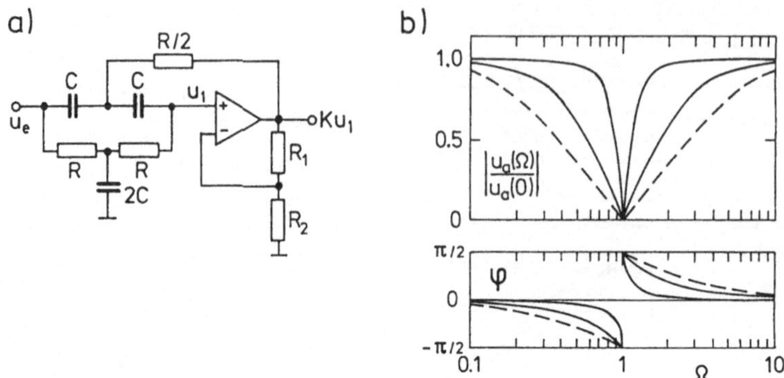

Bild 10.17. Doppel-T-Filter (a) und Frequenzgänge (b) für passives Filter
(K = 0, gestrichelt) und für aktive Filter mit K = 1.0 und 1.8

tungen. Es enthält einen Differenzierzweig (oberes T) und einen Integrierzweig
(unteres T), deren Amplituden sich bei $\Omega=\omega RC=1$ kompensieren.

Die komplexe Übertragungsfunktion der Schaltung lautet

$$\frac{u_a(\Omega)}{u_e(\Omega)} = \left|\frac{u_a(\Omega)}{u_e(\Omega)}\right| e^{j\phi} = \frac{(1-\Omega^2)\cdot K}{1-\Omega^2+2j\Omega(2-K)} \quad . \tag{10.38}$$

Die Übertragungsfunktionen für u_a in Bild 10.17b zeigen die erwartete Nullstelle.
Der Phasensprung bei $\Omega = 1$ stellt keine echte Diskontinuität dar, da hier u_a durch
Null geht. Man macht sich dies klar, indem man u_a gemäß (10.38) in der komplexen
Ebene aufträgt.

Die Bandbreite dieses Sperrfilters ist $2(2-K)/(2\pi RC)$. Bei starker Rückkopplung
($K \to 2$) können Störfrequenzen wie die Netzfrequenz sehr scharf unterdrückt werden.
Der Unterdrückungsfaktor kommerzieller Bausteine liegt bei etwa 10^3.

10.E DO IT YOURSELF

10.E.1 Multivibratoren mit IOP

a) An dem Multivibrator gemäß Bild 10.7c (C = 100 nF, $R_1 = R_2 = 22$ kΩ, $R_3 = 47$ kΩ
+100-kΩ-Potentiometer, $R_4 = 680$ Ω+10-kΩ-Potentiometer) können an R_3 und R_4 die
Zeitintervalle T_1 und T_2 kontinuierlich verändert werden.

b) Modifiziert man die Schaltung gemäß Bild 10.18, so erhält man einen
100-Hz-Generator mit IOP (siehe Gleichung (10.16)). Aus den Übergängen von u_1
zwischen $+U_s$ und $-U_s$ läßt sich die Slewrate $SR = du_1/dt$ ermitteln. Die Übergangs-

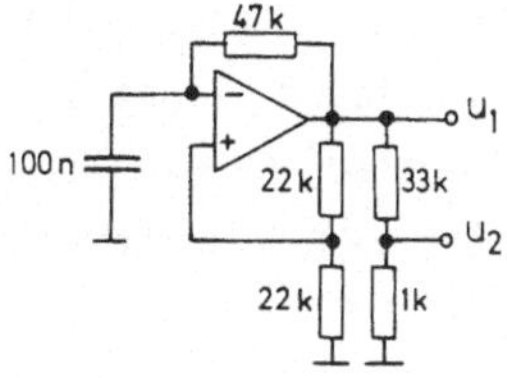

Bild 10.18.

100-Hz-Generator mit IOP

geschwindigkeit du_2/dt ist etwa um einen Faktor 30 kleiner. u_2 ist das Eingangssignal für die Experimentiervorschläge 10.E.2 und 10.E.10.

10.E.2 Aktive Integration und Differentiation

Als Eingangssignal u_e wird u_2 in Bild 10.18 verwendet.

a) Integration: Der IOP in Bild 10.1 ist mit A = 100 kΩ und B = 100 nF zu beschalten. Am Ausgang u_a des Integrators beobachtet man einen Rampenzug, der
sich aus Zeile 4 von Tabelle 10.1 berechnen läßt. Offsetströme und Asymmetrien
von u_e führen allerdings zum Auswandern von u_a. Dies läßt sich mit einer Offsetkompensation (10-kΩ-Potentiometer R in Bild 9.1) unterdrücken.

b) Differentiation: Der IOP in Bild 10.1 ist mit A = 3.3 nF und B = 10 kΩ zu
beschalten. Als Kondensator ist eine verlustarme Bauform zu verwenden (z.B.
Styroflex-Kondensator). Während der Dauer der Übergänge von u_e zwischen +0.3 V
und -0.3 V zeigt u_a Rechteckimpulse, deren Amplitude sich nach Zeile 5 von
Tabelle 10.1 berechnen läßt.

10.E.3 Pulsverlängerer

Der Pulsverlängerer ('stretcher') in Bild 10.19 besteht aus einem Spitzenwertdetektor (IOP2 und C), einem Tunneldiodendiskriminator (TD und L), einem Umkehrverstärker (T_1) und einem Schalter (T_2), dessen Strom im Ruhezustand durch den
47-Ω-Widerstand begrenzt wird. Der extrem unsymmetrisch arbeitende Multivibrator (IOP1) erzeugt als Eingangsspannung u_e Nadelimpulse variabler Amplitude.

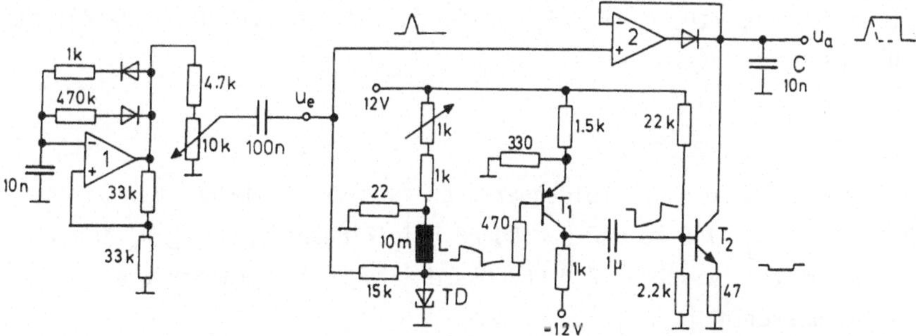

Bild 10.19. Pulsverlängerer mit Tunneldiodendiskriminator. Der Multivibrator
(IOP1) erzeugt kurze positive Eingangsimpulse.

Bei einem Eingangssignal wird der TD-Univibrator angestoßen, T_2 gesperrt, und
der Kondensator C wird auf den Spitzenwert von u_e aufgeladen. Kippt der TD-
Diskriminator zurück, so wird T_2 wieder leitend und entlädt C. Die Ansprechschwelle des Diskriminators läßt sich an dem variablen 1-kΩ-Widerstand einstellen.

10.E.4 Analoge Subtraktion

Die Schaltung gemäß Bild 10.20 erzeugt symmetrische 50-Hz-Wechselspannungen +u
und -u einstellbarer Amplitude. Mit ihr kann die analoge Subtraktion nach

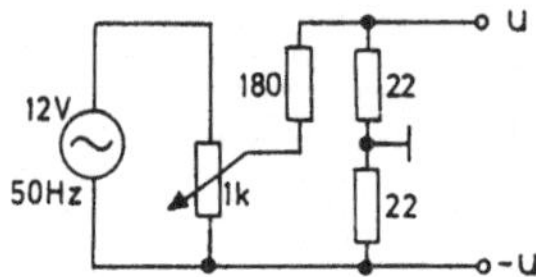

Bild 10.20.

Symmetrische 50-Hz-Spannungsquelle

Bild 10.2 (z.B. mit $R_1 = 47$ kΩ, $R_2 = 33$ kΩ) ausprobiert werden. Man erzeuge entsprechend (10.4) Ausgangsspannungen $u_a = 0$, ±u und ±2u durch geeignete Belegung
der Eingänge u_1 und u_2 mit 0 (erden) oder ±u.

10.E.5 Komparator und Schmitt-Trigger

Die Übertragungscharakteristik von Komparatoren und Schmitt-Triggern sind im
X-Y-Betrieb oszilloskopisch darzustellen (Bild 10.3 und 10.4). Die Eingangsspannung u_e greift man über einen 10-kΩ-Widerstand vom Schleifer eines 1-kΩ-
Potentiometers ab, welches an eine 50-Hz-Spannungsquelle (z.B. 12 V) angeschlossen ist. Die Bezugsspannungen U_t bzw. U_N werden ebenfalls über 10 kΩ von einem
1-kΩ-Potentiometer zwischen +12 V und -12 V abgegriffen.

    a) Komparatoren: Vertauscht man die Eingänge des IOP in Bild 10.3a, so wird
die Übertragungscharakteristik an der u_e-Achse gespiegelt.

    b) Schmitt-Trigger (Bild 10.4c): Als R_3 verwende man z.B. 10 kΩ, als R_4 100 kΩ.
Die Schaltung wird bei $U_N = \mp U_S R_3/(R_3 + R_4)$ gemäß (10.6) zum Nulldurchgangsdetektor
$(U_t^+ = 0$ bzw. $U_t^- = 0)$.

10.E.6 Spannung-Frequenz-Umsetzer

Die Schaltung gemäß Bild 10.6 ist folgendermaßen zu dimensionieren: $R_1 = 33$ kΩ,
$R_2 = 680$ Ω, $R_3 = 10$ kΩ, $R_4 = 100$ kΩ und C = 100 nF. Die Eingangsspannung U_e ist von
einem 1-kΩ-Potentiometer zwischen 12 V und Masse abzugreifen. Finden Sie
Gleichung (10.13) bestätigt?

10.E.7 Phasenschieberoszillator mit IOP

Zum Betrieb der Schaltung nach Bild 10.5 wird die folgende Dimensionierung vorgeschlagen: $R = 1$-kΩ-Potentiometer, $C = 330$ nF, $R_1 = 10$-kΩ-Potentiometer und $C_1 = 10$ nF. Bei mittleren R-Werten wird an R_1 die Schleifenverstärkung $G = 1$ eingestellt und damit der Oszillator zum Schwingen gebracht. Finden Sie bei minimaler Sättigung von IOP1 die Beziehungen (10.10) und (10.11) bestätigt?

Durch Verkleinern von C und C_1 läßt sich die Frequenz erhöhen, bis die Amplitude von u_a nicht mehr durch die Sättigungsspannung U_s von IOP1, sondern durch dessen Slewrate SR begrenzt wird. Dann läßt sich nach (9.28) SR für den verwendeten IOP bestimmen.

10.E.8 Idealer Vollwellengleichrichter

Die Schaltung gemäß Bild 10.10 ist mit $R = 10$ kΩ ($R/2 = 4.7$ k$\Omega + 1$ kΩ (variabel)) in Betrieb zu nehmen. Als Wechselspannungsquelle dient eine untersetzte 50-Hz-Wechselspannung (Bild 10.20) oder der Oszillator gemäß 10.E.7 mit einem Spannungsteiler am Ausgang. Zunächst ist die Schaltung an R/2 so abzugleichen, daß beide Halbwellen mit gleicher Amplitude übertragen werden. Darauf wird u_a mit C (20 µF bei 50 Hz) geglättet. Die minimale Amplitude, bei der die Gleichrichtung noch einwandfrei arbeitet, ist mit der Knickspannung einer Si-Diode (etwa 0.6 V) zu vergleichen.

10.E.9 Idealer Halbwellendetektor

Der Generator nach Bild 10.21 erzeugt positive und negative Impulse am Eingang B_1 des addierenden Halbwellendetektors (IOP2). Am Ausgang C erscheinen nur posi-

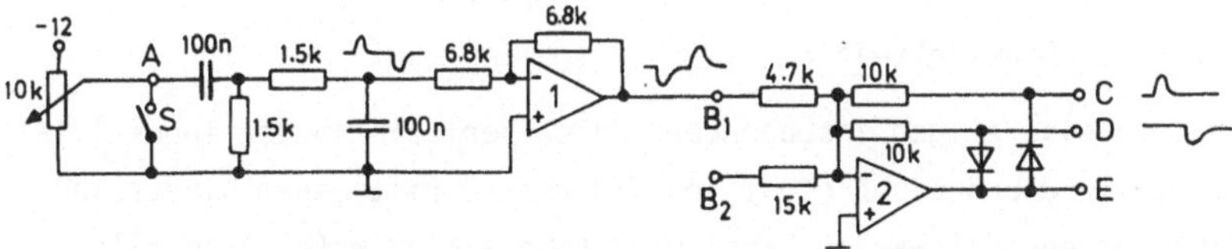

<u>Bild 10.21.</u> Impulsgenerator (100-Hz-Schalter S, IOP1) und addierender Halbwellendetektor (IOP2)

tive, am Ausgang D nur negative Impulse. An E beobachtet man die invertierten Eingangsimpulse des IOP mit einer durch den Spannungsabfall an den Dioden bedingten Überhöhung.

Legt man synchron mit den positiven Eingangsimpulsen bei B_1 negative Impulse an B_2 (z.B. durch Verbinden von A mit B_2), so werden die negativen Impulse am Ausgang D unterdrückt (lineares Tor mit IOP).

Legt man B_2 auf ein konstantes negatives Potential $-U_2$ (z.B. über ein weiteres Potentiometer zwischen -12 V und Masse), so wird auf den Ausgang D nur der Teil der positiven Eingangsimpulse übertragen, der U_2 übersteigt (Verstärker mit Nullpunktunterdrückung oder 'biased amplifier').

10.E.10 Kompensation von Impedanzen mit NICs

a) Als Impulsgenerator wird die Schaltung gemäß Bild 10.18 verwendet. Um den Ausgang u_2 niederohmig zu machen, wird ein Spannungsfolger angeschlossen (Bild 10.22a).

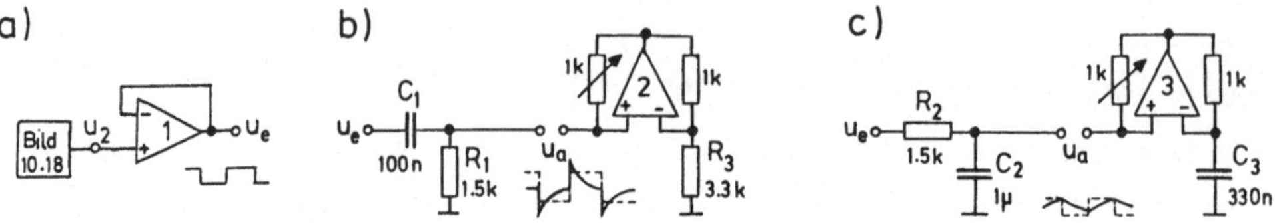

<u>Bild 10.22.</u> Impulsgenerator (a) und NIC-Schaltungen zur Kompensation von R_1 (b) sowie von C_2 (c). Die Ausgangsspannungen u_a sind dargestellt für mit (gestrichelt) und ohne Kompensation (durchgezogen).

b) Der mit R_3 beschaltete NIC nach Bild 10.22b stellt nach (10.21) einen negativen Widerstand dar. Schaltet man ihn parallel zu R_1, so kann die Differentiation durch das Differenzierglied (R_1,C_1) weitgehend kompensiert werden. Bei Überkompensation sättigt IOP2.

c) Der mit C_3 beschaltete NIC nach Bild 10.22c hat gemäß (10.23) die Eigenschaft einer negativen Kapazität. Schaltet man sie parallel zu C_2, so kann die Integration des Integriergliedes (R_2,C_2) weitgehend kompensiert werden.

10.E.11 Entdämpfen von Schwingkreisen

Ungedämpfte Schwingkreise zeigen insbesondere durch Verluste in der Induktivität eine Dämpfung, die durch einen negativen Widerstand (mit einem Widerstand beschalteter NIC) kompensiert werden kann. Die Kompensation erfolgt parallel zur Spule, also nicht in Serie (siehe Abschnitt 10.5.1). Als Komponenten der Schwingkreise verwende man $L = 10$ mH und $C = 10$ nF.

a) <u>Parallelschwingkreis</u> (stromgesteuert): Die Parallelschaltung von L und C wird über einen 100-Hz-Schalter S und einen 2.2-kΩ-Widerstand mit +12 V verbunden. Nach dem periodischen Öffnen von S beobachtet man am Schwingkreis eine mit der Zeitkonstante τ_p abklingende Schwingung. Man schalte einen Widerstand R parallel zu dem Schwingkreis, der so zu wählen ist, daß τ_p halbiert wird. Man dimensioniere die Schaltung gemäß Bild 10.11a so, daß gemäß (10.21) $Z_e = -R$ wird, und schließe sie parallel zum Schwingkreis an. Mit beispielsweise

$R = 220$ kΩ, $R_P = 1$ kΩ (variabel) und $R_N = 2.2$ kΩ kann an R_P die Dämpfung eingestellt werden. Bei zu starker Entdämpfung schwingt der Kreis ohne Fremderregung (Sinusgenerator).

b) <u>Serienschwingkreis</u> (spannungsgesteuert): Man schließe den Abgriff eines Spannungsteilers (z.B. 10-kΩ-Potentiometer zwischen +12 V und Masse) mit einem 100-Hz-Schalter S periodisch gegen Masse kurz. Parallel zu S ist die Serienschaltung von C und L (an Masse) zu legen. Nach dem periodischen Schließen von S wird am Ausgang (zwischen C und L) die Abklingzeitkonstante τ_s der Schwingung beobachtet. Parallel zu L wird ein Widerstand gelegt, der τ_s halbiert. Durch Anschluß eines variablen negativen Widerstandes parallel zu L kann die Dämpfung des Kreises wie unter a) verändert werden.

10.E.12 Konstantstromquelle mit NIC

Die Schaltung gemäß Bild 10.12a ist mit $R_1 = R_2 = 4.7$ kΩ, $R_P = 1$ kΩ (variabel), $R_N = 1$ kΩ aufzubauen. Als Lastwiderstand R_L sind zwei in Serie geschaltete 1-kΩ-Widerstände zu verwenden, von denen der bei U_a angeschlossene mit einem 100-Hz-Schalter S periodisch kurzzuschließen ist. Als Spannungsquellen dienen $U_1 = 0$ V und U_2 wahlweise +12 V, -12 V, ±5.2 V (über eine Zener-Diode ZD 6.8 an ±12 V) oder 0.

- R_P wird bei $U_2 = 12$ V so eingestellt, daß die Spannung U_k zwischen den beiden 1-kΩ-Widerständen unabhängig von dem Schaltzustand von S wird ($\Delta U_k = 0$). Damit wird der Innenwiderstand der Stromquelle $R_i = \infty$ (Bild 10.12b).

- Bei unveränderter Einstellung von R_P wird $U_2 = +5.2$ V verwendet und ΔU_k gemessen. Dabei wird R_2 um r_Z, die Zener-Impedanz, erhöht, und man erhält unter Verwendung von (10.26) $|R_i| = 1$ kΩ $U_k/\Delta U_k \cong R_2^2/r_Z$. Welche Ergebnisse für $|R_i|$ und r_Z erhalten Sie?

10.E.13 Gyratoren

Beschaltet man einen Gyrator gemäß Bild 10.14 mit Kondensatoren C_1 und C_2, so erhält man einen Schwingkreis mit der Schwingungsdauer

$$\tau = 2\pi \sqrt{C_1 L_G} \quad . \tag{10.39}$$

a) Gyrator nach Bild (10.13a): Der Gyrator ist mit der Dimensionierung $R_M = 100$ kΩ, $R_N = R_P = 68$ kΩ und 47 kΩ aufzubauen und mit $C_1 = C_2 = 1$ µF zu beschalten. C_1 ist kurz auf 12 V aufzuladen und die freie Schwingung an C_1 zu beobachten. Macht man den linken Widerstand R_M in Bild 10.13a veränderlich (100 kΩ (variabel) +10 kΩ (variabel)), so kann an ihm die Dämpfung oder Selbsterregung der Schwingung eingestellt werden. Die Schwingungsdauer τ ist zu bestimmen und mit (10.39) zu vergleichen, auch für andere Kapazitäten C_1 und C_2.

b) Gyrator nach Bild 10.15a: Die Schaltung ist mit $R_1 = R_2 = R_3 = 10$ kΩ, $R_4 = C = 10$ µF, $R_5 = 10$ kΩ (variabel) aufzubauen und am Eingang mit $C_1 = 10$ µF zu versehen. Der Gyrator ist wie unter a) zu untersuchen. Die Gyratorinduktivität beträgt nach (10.34) $L_G = C\,R_5 \cdot 10$ kΩ. Erhöht man die Eigenfrequenz ω_e durch Verkleinern der Kapazitäten C und C_1 (z.B. 10 nF), so kann während des Abklingens der Schwingung ω_e an R_5 verändert werden.

10.E.14 Logarithmierverstärker

Bild 10.23 zeigt einen Logarithmierverstäker (IOP 1) und einen Umkehrverstärker (IOP 2) mit Nullpunkteinstellung. Die Schaltung wird mit $R_1 = 4$ kΩ (3.3 kΩ + 680 Ω) in Betrieb genommen und R_3 so eingestellt, daß U_a gleich Null wird. Nun wird die Eingangsspannung dreimal jeweils um einen Faktor e erhöht, indem R_1 durch 1.38 kΩ (1.5 kΩ ‖ 15 kΩ), 412 Ω (470 Ω ‖ 3.3 kΩ) bzw. 57 Ω (47 Ω + 10 Ω) ersetzt wird. Bei jedem Schritt erhöht sich U_a um U_T. Welchen Mittelwert erhalten Sie für U_T?

Zur Bestimmung des Sperrstroms I_s der verwendeten Diode wird bei einem Wert von U_e (z.B. bei $R_1 = 57$ Ω) die Diode kurzgeschlossen, erneut $U_a = 0$ an R_3 eingestellt, und der Kurzschluß wieder entfernt. Man erhält dann I_s aus der Beziehung $I_s = (U_e/R_2)\,\exp(-U_a/U_T)$.

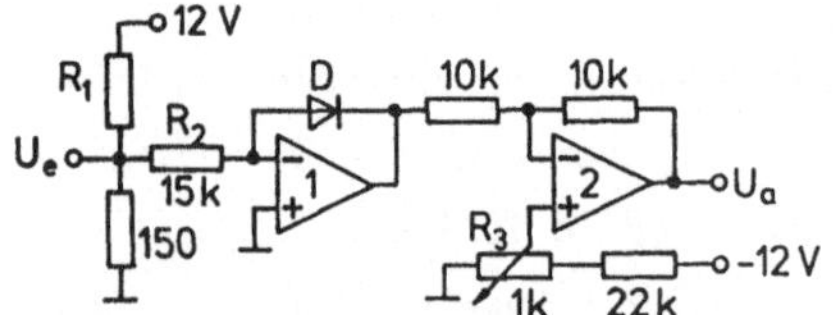

Bild 10.23.

Logarithmierverstärker mit Logarithmierer (IOP 1) und Umkehrverstärker (IOP 2)

10.E.15 Analoge Multiplikation

Der Multiplizierkreis in Bild 10.24 enthält zwei Logarithmierer (IOP 1 und 2), einen Addierer (IOP 3) und einen Delogarithmierer (IOP 4). Bei Verwendung gleicher Diodentypen für D_1 bis D_3 wird die Ausgangsspannung

$$U_a = -\frac{R_2}{R_1}\left(\frac{U_1 U_2}{R_1 I_s} + (U_1 + U_2)\right) \quad . \tag{10.40}$$

Der lineare Term ist durch die Dimensionierung stark unterdrückt. Sollen die Faktoren und das Produkt in Einheiten von 1 V dargestellt werden, so ist R_2 so einzustellen, daß z.B. für $U_1 = U_2 = 3$ V die Ausgangsspannung $U_a = -9$ V beträgt.

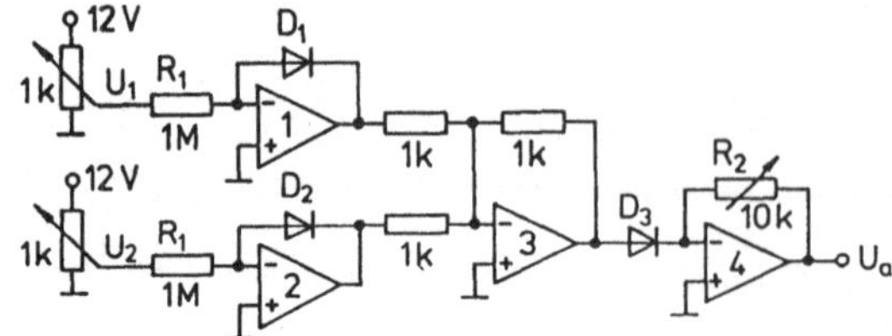

Bild 10.24.

Schaltung zur Erzeugung des Produkts $U_a \propto U_1 \cdot U_2$

10.E.16 DL-Impulsformung mit IOP

Mit Hilfe eines Operationsverstärkers kann eine DL-Impulsformung ('delay line')
vorgenommen werden mit gleichzeitiger Kompensation von Amplitudenverlusten in der
Verzögerungsleitung. Bild 10.25 zeigt eine entsprechende Schaltung für Kabelimpe-
danzen im kΩ-Bereich. Die Signalquelle mit 100-Hz-Schalter S und Spannungsfolger
liefert niederohmige 1.6-V-Stufenimpulse.

Beim Schalten von S werden die Abschlußwiderstände R_1 und R_2 auf minimale Reflexionen an den Enden des Verzögerungskabels eingestellt. Darauf wird der promp-
te Stufenimpuls an R_3 so abgeschwächt, daß nach der Verzögerungsdauer τ die Ausgangsspannung wieder Null wird.

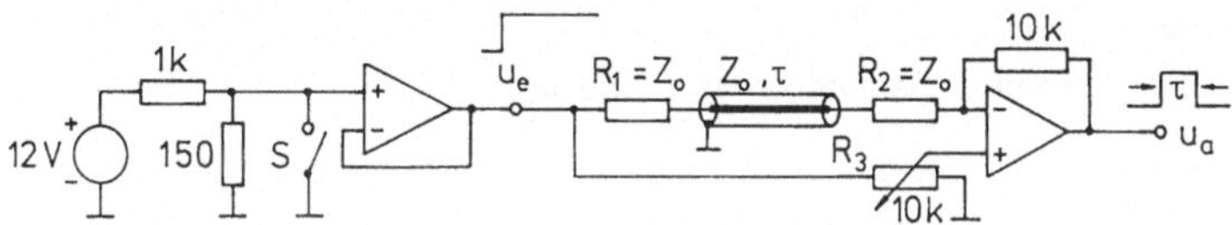

Bild 10.25. Delay-line-Impulsformung mit Kompensation von Verlusten im Verzögerungskabel. S = 100-Hz-Schalter.

10.E.17 Simulation eines Analog-Subtrahierers

Mit Hilfe von PSPICE (siehe Anhang E) wird die analoge Subtraktion gemäß Bild 10.2
simuliert. Als Eingangssignale u_1 = V+, u_2 = V- dienen hier Sinusspannungen benachbarter Frequenzen. Das Ergebnis u_a = V3 ist eine Schwebung (Bild 10.26b).

a)
```
ANALOGE SUBTRAKTION    R22 4 0 10K
XOP 4 3 6 7 5 UA741    V- 1 0 SIN (0 1 1)
VVP 6 0 DC 12          V+ 2 0 SIN (0 1 1.2)
VVM 7 0 DC -12         .TRAN 5M 5
R11 1 3 10K            .PROBE
R12 3 5 10K            .LIB C:\LIB\EVAL.LIB
R21 2 4 10K            .END
```

b)
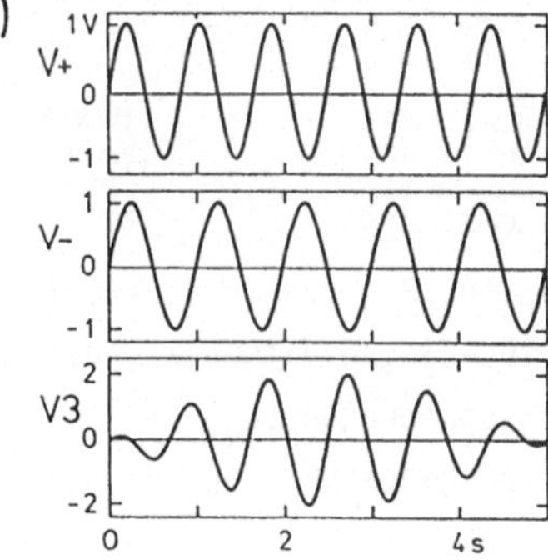

Bild 10.26. Analoge Subtraktion: PSPICE-Eingabe (a),
Eingangssignale (V+, V-) und Ausgangssignal (V3, b).

10.E.18 Simulation eines Spannung-Frequenz-Umsetzers

Die PSPICE-Eingabeliste in Bild 10.27a dient zur Simulation des Spannungs-Frequenz-
Umsetzers nach Bild 10.16, und zwar für die Dimansionierung R_1 = 33 kΩ, R_2 = 680 Ω,
R_3 = 10 kΩ, R_4 = 100 kΩ und C = 100 nF. Die Eingangsspannung U_e = V1 hat die Form einer
zweistufigen Treppe. Sie führt zu PSPICE-Graphiken für die Ausgangsspannungen u_{a1} =
V3 und u_{a2} = V5 wie in Bild 10.27b. Finden Sie Gleichung (10.13) bestätigt?

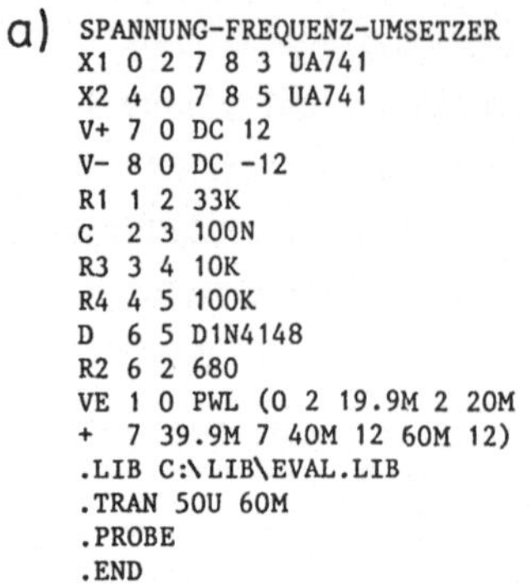

a)
```
SPANNUNG-FREQUENZ-UMSETZER
X1 0 2 7 8 3 UA741
X2 4 0 7 8 5 UA741
V+ 7 0 DC 12
V- 8 0 DC -12
R1 1 2 33K
C  2 3 100N
R3 3 4 10K
R4 4 5 100K
D  6 5 D1N4148
R2 6 2 680
VE 1 0 PWL (0 2 19.9M 2 20M
+  7 39.9M 7 40M 12 60M 12)
.LIB C:\LIB\EVAL.LIB
.TRAN 50U 60M
.PROBE
.END
```

b)
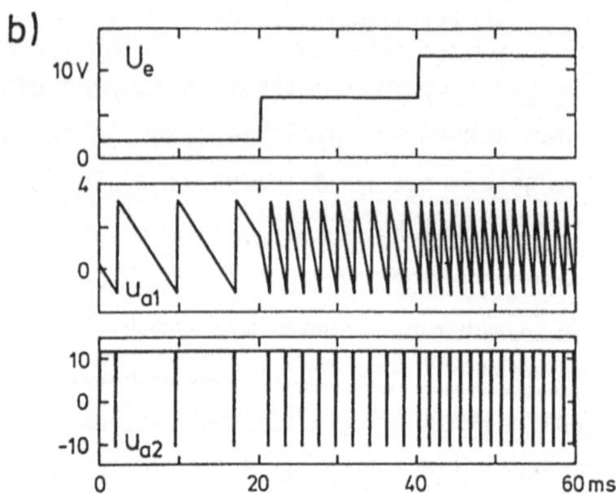

Bild 10.27. Spannung-Frequenz-Umsetzer: PSPICE-Eingabedaten (a), die Eingangs-spannung U_e sowie die beiden Ausgangsspannungen u_{a1} und u_{a2} (b).

10.E.19 Simulation eines idealen Vollwellengleichrichters

Die PSPICE-Eingabeliste in Bild 10.28a dient zur Simulation des idealen Vollwellen-gleichrichters nach Bild 10.10, und zwar für $R = 10$ kΩ. Die Gleichrichtung einer 1-kHz-Sinusspannung führt zu PSPICE-Graphiken für die gewichteten Eingangsspannungen $u_e = V1$ und $2u_1 = 2$ V4 des Addierers IOP 2 und für seine Ausgangsspannung $u_a = V7$ wie in Bild 10.28b (siehe auch Gleichung (10.18)).

a)
```
IDEALER VOLLWELLEN-      D1 3 2 D1N4148
* GLEICHRICHTER          D2 4 3 D1N4148
XOP1 0 2 8 9 3 UA741     V+ 8 0 DC 12
XOP2 0 5 8 9 7 UA741     V- 9 0 DC -12
R1 1 2 10K               VE 1 0 SIN (0 1 1K)
R2 2 4 10K               .TRAN 2U 2M
R3 1 5 10K               .PROBE
R4 4 5 5K                .LIB C:\LIB\EVAL.LIB
R5 5 7 10K               .END
```

b)
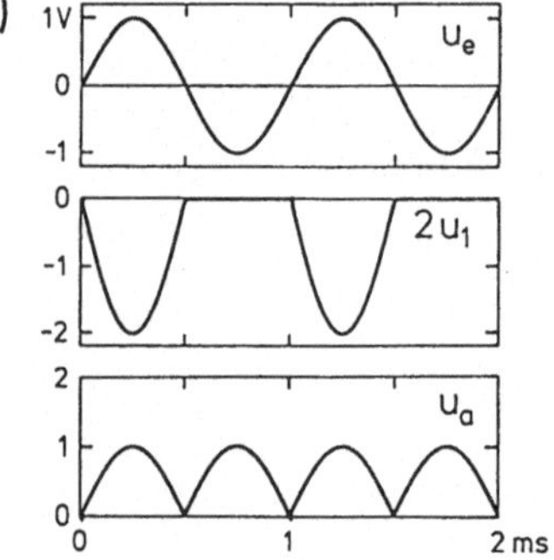

Bild 10.28. Idealer Vollwellengleichrichter: PSPICE-Eingabedaten (a), die gewichteten Ein-gangsspannungen (u_e, $2u_1$) des Addierers und die Ausgangsspannung (u_a, b).

10.E.20 Simulation der Widerstandskompensation mit einem NIC

Die PSPICE-Eingabeliste in Bild 10.29a dient zur Simulation der Kompensation des Widerstandes R1 in einem Differenzierglied mit einem NIC. Die Schaltung ent-spricht Bild 10.22b, als Eingangssignal werden jedoch 1-V-Impulse von 0.5 ms Dauer verwendet. Der Mitkopplungswiderstand RP im NIC wird so variiert, daß der praktisch unkompensierte Fall, der nahezu kompensierte und der überkompensierte Fall simuliert werden. Bei vollständiger Kompensation (RP = 1 kΩ) tritt aufgrund

der nicht-idealen Eigenschaften des verwendeten IOP (741) ein starker Offset auf.
Die Beziehung (10.21) ist zu überprüfen.

a)
```
NIC PARALLEL ZU R BEIM        XOP 1 2 3 4 5 UA741
* RC-DIFFERENZIERGLIED        VP 3 0 DC 12
VIN 6 0 PULSE                 VM 4 0 DC -12
+  (0 1 50U 1U 1U 498U 1M)    .PARAM KOMP=100K
C1 6 1 100N                   .STEP PARAM KOMP LIST 100K 1002 900
R1 1 0 1.5K                   .TRAN 2U 2.4M
RP 5 1 {KOMP}                 .PROBE
R3 2 0 3K                     .LIB C:\LIB\EVAL.LIB
RN 5 2 2K                     .END
```

b)
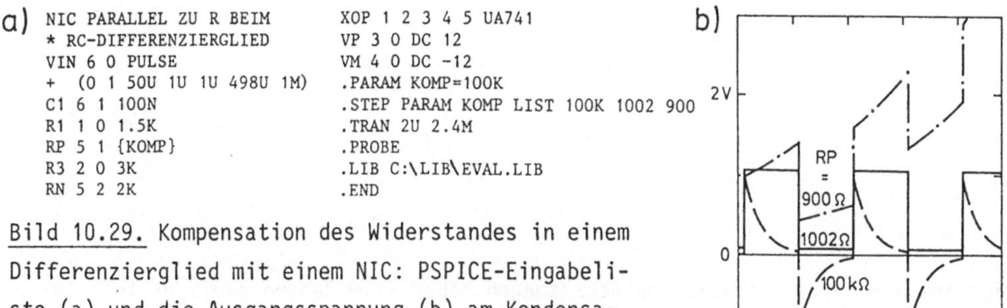

Bild 10.29. Kompensation des Widerstandes in einem Differenzierglied mit einem NIC: PSPICE-Eingabeliste (a) und die Ausgangsspannung (b) am Kondensator für verschiedene Grade der Kompensation.

10.E.21 Simulation eines aktiven Doppel-T-Sperrfilters

Die PSPICE-Eingabeliste in Bild 10.30a dient zur Simulation eines Sperrfilters nach Bild 10.17a. Die Dimensionierung entspricht einer Sperrfrequenz f_o von 50 Hz. Aufgrund der nicht-idealen Eigenschaften des verwendeten Operationsverstärkers (741) weicht die Sperrfrequenz geringfügig von ihrem Sollwert ab.

a)
```
AKTIVES DOPPEL-T-SPERR-       R4 1 2 3184
* FILTER FÜR 50 HZ           R5 2 3 3184
XOP 3 5 7 8 6 UA741           VIN 1 0 AC 1
VP 7 0 DC 12                  .PARAM SETK=900
VM 8 0 DC -12                 .STEP PARAM SETK LIST
C1 1 4 1U                     + 980 990 995
C2 3 4 1U                     .AC LIN 801 48 52
C3 2 0 2U                     .PROBE
R1 6 5 {SETK}                 .LIB C:\LIB\EVAL.LIB
R2 5 0 1000                   .END
R3 4 6 1592
```

b)
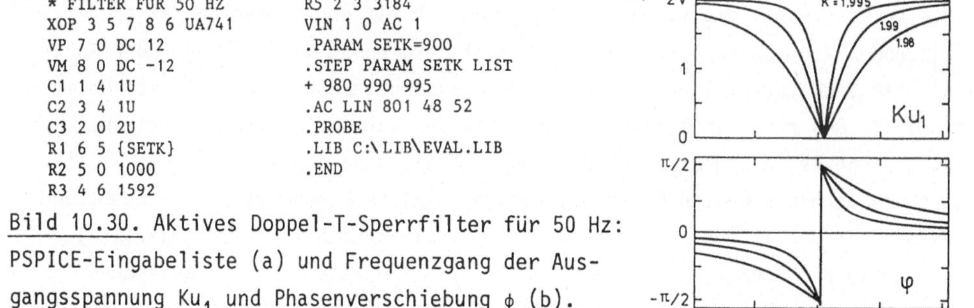

Bild 10.30. Aktives Doppel-T-Sperrfilter für 50 Hz: PSPICE-Eingabeliste (a) und Frequenzgang der Ausgangsspannung Ku_1 und Phasenverschiebung ϕ (b).

Aus den Sperrkurven in Bild 10.30b kann die Bandbreite Δf des Sperrfilters ermittelt werden. Sie ist definiert als die Differenz der Frequenzen, bei denen die Verstärkung nach (10.38) gegenüber den Grenzwerten für $f = 0$ und ∞ um 3 dB oder um einen Faktor $\sqrt{2}$ abgenommen hat. Bei diesen Frequenzen beträgt die Phasendifferenz zwischen Eingangsspannung u_e und der Ausgangsspannung Ku_1 plus und minus $\pi/4$. Δf ist aus der PSPICE-Ausgabe zu ermitteln und mit der aus (10.38) folgenden Beziehung

$$\Delta f/f_o = 2(2-K) = 2(1 - R_1/R_2) \tag{10.41}$$

zu vergleichen.

11. Grundlagen der digitalen Elektronik

Die Ein- und Ausgänge digitaler Schaltungen haben - im Rahmen gewisser Toleranzen - nur zwei diskrete Spannungswerte (bei TTL-Schaltungen 0.2 und 3.6 V). Diesen Werten ordnet man den Schaltwert 0 bzw. den Schaltwert 1 zu. Betrachtet man die Ein- und Ausgänge solcher Schaltungen als schaltalgebraische Variable, so ist ihr Schaltwert somit 0 oder 1.

Von den zahlreichen Verknüpfungen zwischen schaltalgebraischen Eingangsvariablen und einer Ausgangsvariablen bezeichnen wir diejenigen als Standardverknüpfungen, die nichttrivial und einfach zu realisieren sind. Sie werden durch Schaltsymbole dargestellt und als digitale Gatter - auch Tor oder 'gate' genannt - hergestellt. Dabei sind meist mehrere gleiche Gatter in einem integrierten Baustein enthalten.

Der Entwurf einer digitalen Schaltung beginnt mit der Ermittlung einer dem vorliegenden Problem entsprechenden schaltalgebraischen Verknüpfung (oder Funktion), die sich durch Standardverknüpfungen ausdrücken läßt. Die direkte Umsetzung dieser Ausdrücke in eine digitale Schaltung wäre oft unwirtschaftlich. Meist gelingt es, durch Umformen der Funktion die schaltungstechnische Realisierung so zu vereinfachen, daß man mit wenigen gleichartigen Gattern auskommt und die Kapazität der integrierten Bausteine optimal ausnützt. Die erforderlichen Rechenregeln der Schaltalgebra (Abschnitt 11.1.3) entstammen der Booleschen Algebra, die auch Basis der Aussagenlogik und der Mengenalgebra ist. Deshalb werden oft Begriffe aus allen diesen Bereichen durcheinander verwendet.

Als Gatter stehen die integrierten Bausteine zahlreicher Logikfamilien zur Verfügung. Ihre Standardverknüpfungen mit dem geringsten elektronischen Aufwand, ihre Grundschaltungen, werden in Abschnitt 11.3 für die wichtigsten Logikfamilien behandelt. Anschließend gehen wir näher auf die TTL-Familie ein. Ihre Bausteine sind in großer Auswahl im Handel. Sie sind preiswert, robust und weitverbreitet. Sie finden dann Verwendung, wenn dem nicht spezielle Anforderungen, z.B. Schnelligkeit, Hochohmigkeit, niedrige Verlustleistung oder hohe Integrationsdichte entgegenstehen.

11.1 Grundlagen der Schaltalgebra

11.1.1 Schaltalgebraische Variable und ihre Standardverknüpfungen

Schaltalgebraische Variable können beispielsweise sein: Spannung, Strom, Druck (in pneumatischen oder hydraulischen Steuerungen) oder Schaltzustände von Kontakten (in Relaisschaltungen). Die beiden Schaltwerte, die die Variable einnehmen kann, sind von der jeweiligen Technologie abhängige Standardwerte mit gewissen Toleranzen. Bei Kontakten sind diese naturgemäß 'offen' und 'geschlossen'. Wir bezeichnen die Schaltwerte einer Variablen symbolisch mit '0' und '1'. Meist werden Schaltwerte als '0' und 'L' oder 'low' und 'high', logische Zustände als '0' und '1' bezeichnet. Der Unterschied spielt beim Übergang zur negativen Logik eine Rolle, bei der die Zuordnung zwischen Schaltwerten und Zuständen gegenüber der hier zugrundegelegten positiven Logik umgekehrt ist (siehe z.B. Gleichung (11.26)).

Eine schaltalgebraische Funktion besteht aus der Zuordnung der Schaltwerte einer Ausgangvariablen y zu den möglichen Schaltwerten einer (oder mehrerer) Eingangsvariablen x. Die einfachste Darstellung einer schaltalgebraischen Funktion erfolgt in Tabellenform (Schaltwerttafel oder - in Anlehnung an die Aussagenlogik - Wahrheitstabelle.)

Tabelle 11.1 faßt die $2^2 = 4$ möglichen Funktionen y_i einer Variablen x zusammen.

x	y_0	y_1	y_2	y_3
0	0	1	0	1
1	0	0	1	1

Tabelle 11.1

Die Schaltfunktionen einer Variablen

men. Die Funktionen y_0 und y_3 (konstant mit dem Schaltwert 0 bzw. 1) hängen nicht von x ab. Auch y_2 (Identität) liefert keine neue Aussage. Die einzige nützliche schaltalgebraische Funktion (y_1) ist

- die Negation oder Komplementierung (NOT, NICHT)

$$y = \bar{x} \quad , \tag{11.1}$$

gesprochen als 'y ist gleich x quer'. Dies bedeutet: $y = 1$, wenn $x = 0$, und $y = 0$, wenn $x = 1$.

Die Wahrheitstabelle für die Verknüpfung zweier Variablen, x_1 und x_2, ergibt $2^4 = 16$ mögliche Funktionen y_i, von denen die folgenden fünf zu den Standardverknüpfungen gehören (Spalten 3 bis 7 in Tabelle 11.2):

- Die Konjunktion (AND, UND)

$$y = x_1 \cdot x_2 = x_1 x_2 \quad , \tag{11.2}$$

gesprochen als 'y ist gleich x_1 und x_2'. In Worten: $y = 1$ gilt dann und nur dann, wenn $x_1 = 1$ und gleichzeitig $x_2 = 1$ erfüllt ist. Der Punkt zwischen den Variablen

Tabelle 11.2 Schaltsymbole für die Standardverknüpfungen schaltalgebraischer Variabler. Die Schaltfunktionen y können als Wahrheitstabelle oder als schaltalgebraischer Ausdruck angegeben werden.

Funktion	NOT	AND	OR	EXOR	NAND	NOR
Schalt-symbol						
Wahrheits-tabelle	$\begin{array}{c\|c} x & y \\ \hline 0 & 1 \\ 1 & 0 \end{array}$	$\begin{array}{cc\|c} x_1 & x_2 & y \\ \hline 0 & 0 & 0 \\ 0 & 1 & 0 \\ 1 & 0 & 0 \\ 1 & 1 & 1 \end{array}$	$\begin{array}{cc\|c} x_1 & x_2 & y \\ \hline 0 & 0 & 0 \\ 0 & 1 & 1 \\ 1 & 0 & 1 \\ 1 & 1 & 1 \end{array}$	$\begin{array}{cc\|c} x_1 & x_2 & y \\ \hline 0 & 0 & 0 \\ 0 & 1 & 1 \\ 1 & 0 & 1 \\ 1 & 1 & 0 \end{array}$	$\begin{array}{cc\|c} x_1 & x_2 & y \\ \hline 0 & 0 & 1 \\ 0 & 1 & 1 \\ 1 & 0 & 1 \\ 1 & 1 & 0 \end{array}$	$\begin{array}{cc\|c} x_1 & x_2 & y \\ \hline 0 & 0 & 1 \\ 0 & 1 & 0 \\ 1 & 0 & 0 \\ 1 & 1 & 0 \end{array}$
Schaltalge-braischer Ausdruck	$y = \bar{x}$	$y = x_1 \cdot x_2$	$y = x_1 + x_2$	$y = x_1 \oplus x_2$	$y = \overline{x_1 \cdot x_2}$	$y = \overline{x_1 + x_2}$
Amerika-nische Symbole						
Symbole nach DIN 40700						

kann weggelassen werden.

- Die <u>Disjunktion</u> oder Adjunktion (OR, ODER)

$$y = x_1 + x_2 \quad , \tag{11.3}$$

gesprochen als 'y ist gleich x_1 oder x_2'. In Worten: $y = 1$ gilt dann und nur dann, wehn $x_1 = 1$ und/oder $x_2 = 1$ erfüllt ist.

- Die <u>Antivalenz</u> (EXOR, Exklusiv-ODER)

$$y = x_1 \oplus x_2 \tag{11.4}$$

gesprochen als 'y ist gleich x_1 exor x_2'. In Worten: $y = 0$ gilt dann und nur dann, wenn $x_1 = x_2$ erfüllt ist.

- Das <u>Komplement der Konjunktion</u> (NAND)

$$y = \overline{x_1 \cdot x_2} \tag{11.5}$$

- Das <u>Komplement der Disjunktion</u> (NOR)

$$y = \overline{x_1 + x_2} \tag{11.6}$$

Die Beziehungen (11.1) bis (11.3) stellen einen Satz von Basisfunktionen dar, durch die sich alle zuvor erwähnten 16 möglichen Funktionen y zweier schaltalgebraischer Variablen x_1, x_2 ausdrücken lassen. Anhand der Wahrheitstabellen in Zeile 3 von Tabelle 11.2 überzeugt man sich leicht, daß beispielsweise die Antivalenz (11.4) dargestellt werden kann als

$$x_1 \oplus x_2 = x_1 \bar{x}_2 + \bar{x}_1 x_2 \quad . \tag{11.7}$$

Wir bezeichnen die Verknüpfung (11.1) bis (11.6) als Standardverknüpfungen. Ihre schaltalgebraischen Symbole sind in Tabelle 11.2 zusammengefaßt. Die Schaltsymbole in Zeile 2 sind im europäischen Raum weit verbreitet. Negationen werden in dieser Symbolik durch einen vollen Punkt ausgedrückt. Die Wahrheitstabellen und die schaltalgebraischen Ausdrücke sind äquivalent, definieren also gleichermaßen die schaltalgebraische Funktion eindeutig. Die Schaltsymbole nach DIN 40700 werden in Datenblättern integrierter Bausteine verwendet. Für Schaltpläne sind wegen ihrer visuellen Erkennbarkeit jedoch die Symbole in Zeile 2 besser geeignet. Wir verwenden sie daher in diesem Buch ausschließlich.

Schaltfunktionen werden heutzutage in der Regel durch elektronische Gatter verwirklicht. Auf die innere Schaltung solcher Gatter wird in den Abschnitten 11.3 und 11.4 eingegangen. Prinzipiell lassen sich Schaltfunktionen auch mit Arbeits- und Ruhekontakten von Relais realisieren. Die Betriebsspannung am Relais entspricht dem Eingangsschaltwert 1, Fehlen der Spannung dem Schaltwert 0. Bild 11.1 zeigt die relaistechnische Realisierung der Antivalenz sowie das Venn-Diagramm ihres mengentheoretischen Analogons.

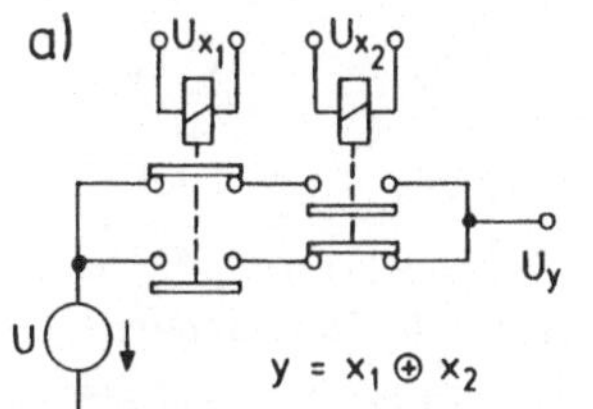

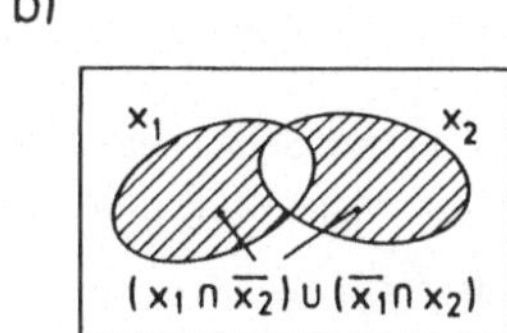

Bild 11.1.
Zur EXOR-Funktion: Realisierung mit Relais (a) und Venn-Diagramm des mengentheoretischen Analogons (b).

Schaltalgebraische Variable stehen in engem Zusammenhang mit dem Begriff 'bit' (von 'binary digit'). Eine vierstellige Dualzahl, deren Ziffern schaltalgebraische Variable sind, wird als 4-Bit-Dualzahl bezeichnet.

11.1.2 Normalformen schaltalgebraischer Funktionen

Die schaltalgebraische Funktion in Form der Wahrheitstabelle ist in praktischen Fällen aus der Aufgabenstellung direkt ablesbar. Als Beispiel zeigt Bild 11.2 die Wahrheitstabelle für die Hellsteuerung y des senkrechten Strichs links unten einer 7-Segment-Anzeige. Diese dient zur Darstellung einer 4-Bit-Dualzahl

a)

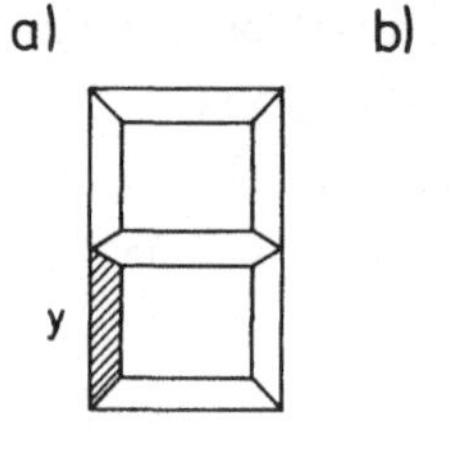

b)

N	x_3	x_2	x_1	x_0	y
0	0	0	0	0	1
1	0	0	0	1	0
2	0	0	1	0	1
3	0	0	1	1	0
4	0	1	0	0	0
5	0	1	0	1	0
6	0	1	1	0	1
7	0	1	1	1	0
8	1	0	0	0	1
9	1	0	0	1	0

Bild 11.2.

7-Segment-Anzeige (a) und Wahrheitstabelle (b) zur Hellsteuerung des senkrechten Strichs links unten

$$N = x_3 x_2 x_1 x_0 \quad \text{oder}$$

$$N = 2^3 x_3 + 2^2 x_2 + 2^1 x_1 + 2^0 x_0 \tag{11.8}$$

als Dezimalziffer. Dabei kann N die Werte 0 (dual 0000) bis 9 (dual 1001) annehmen. (Die Wahrheitstabelle ist wie üblich so angelegt, daß die Eingangsvariablen eine geordnete Folge der möglichen Dualzahlen darstellen.)

Zum Entwurf eines Schaltschemas ist es vorteilhaft und meist notwendig, die durch die Wahrheitstabelle gegebene Schaltfunktion in einen schaltalgebraischen Ausdruck umzusetzen. Dies kann mit Hilfe der folgenden beiden Normalformen geschehen:

- Die <u>disjunktive Normalform</u>: Zu allen Schaltwertkombinationen, deren Funktionswert 1 ist, werden die 'Minterme' gebildet und diese disjungiert. Die Minterme entstehen durch Konjunktion der x_i, wenn deren Schaltwert 1 ist, andernfalls der $\overline{x_i}$. Die der Tabelle in Bild 11.2 entsprechende disjunktive Normalform lautet:

$$y = \overline{x}_3\overline{x}_2\overline{x}_1\overline{x}_0 + \overline{x}_3\overline{x}_2 x_1\overline{x}_0 + \overline{x}_3 x_2 x_1\overline{x}_0 + x_3\overline{x}_2\overline{x}_1\overline{x}_0 \tag{11.9}$$

- Die <u>konjunktive Normalform</u>: Zu allen Schaltwertkombinationen, deren Funktionswert 0 ist, werden die 'Maxterme' gebildet und diese konjugiert. Die Maxterme entstehen durch Disjunktion der x_i, wenn deren Schaltwert 0 ist, andernfalls der $\overline{x_i}$. Die der Tabelle in Bild 11.2 entsprechende konjunktive Normalform lautet:

$$y = (x_3 + x_2 + x_1 + \overline{x}_0) \cdot (x_3 + x_2 + \overline{x}_1 + \overline{x}_0) \cdot (x_3 + \overline{x}_2 + x_1 + x_0) \cdot (x_3 + \overline{x}_2 + x_1 + \overline{x}_0)$$
$$\cdot (x_3 + \overline{x}_2 + \overline{x}_1 + \overline{x}_0) \cdot (\overline{x}_3 + x_2 + x_1 + \overline{x}_0) \tag{11.10}$$

Die Normalformen drücken somit die schaltalgebraische Funktion durch Verknüpfung der Eingangsvariablen x_i unter alleiniger Verwendung der Basisfunktionen AND, OR und NOT aus. Beide lassen sich mit Hilfe des Satzes von Shannon (11.23) ineinander überführen, wenn die Wertetabelle alle möglichen Schaltwertkombinationen der Eingangsvariablen enthält (kanonische Form). Das ist in dem gewählten Beispiel nicht der Fall, denn es fehlen ja die Zahlenwerte 10 (dual 1010) bis 15 (dual 1111). Man wird die Normalform bevorzugen, die weniger Terme enthält.

11.1.3 Gesetze und Regeln der Schaltalgebra

Die Boolesche Algebra liefert die Rechenregeln nicht nur für die Schaltalgebra ($\{0, 1\}$; AND, OR), sondern auch für die Aussagenlogik ($\{$falsch, wahr$\}$; $\wedge$, $\vee$) und die Mengenalgebra ($\{$alle Teilmengen einer Grundmenge$\}$; $\cap$, $\cup$). Wir formulieren hier die Grundgesetze (Axiome) und einige daraus abgeleitete Regeln der Booleschen Algebra in der bisher verwendeten Notation der Schaltalgebra. Für schaltalgebraische Variable x_i gelten folgende Grundgesetze:

- Kommutativgesetze

$$x_1 \cdot x_2 = x_2 \cdot x_1 \qquad\qquad x_1 + x_2 = x_2 + x_1 \qquad\qquad (11.11\ a,b)$$

- Assoziativgesetze

$$(x_1 \cdot x_2) \cdot x_3 = x_1 \cdot (x_2 \cdot x_3) \qquad\qquad (x_1 + x_2) + x_3 = x_1 + (x_2 + x_3) \qquad (11.12\ a,b)$$

- Distributivgesetze

$$x_1 \cdot (x_2 + x_3) = x_1 \cdot x_2 + x_1 \cdot x_3 \qquad\qquad x_1 + (x_2 \cdot x_3) = (x_1 + x_2) \cdot (x_1 + x_3) \qquad (11.13\ a,b)$$

- Absorptionsgesetze

$$x_1 \cdot (x_1 + x_2) = x_1 \qquad\qquad x_1 + (x_1 \cdot x_2) = x_1 \qquad\qquad (11.14\ a,b)$$

- Existenz neutraler Elemente 0 und 1 mit

$$x \cdot 1 = x \qquad\qquad x + 0 = x \qquad\qquad (11.15\ a,b)$$

- Existenz komplementärer Elemente $\overline{x}$ mit

$$x \cdot \overline{x} = 0 \qquad\qquad x + \overline{x} = 1 \qquad\qquad (11.16\ a,b)$$

Die wichtigsten, aus diesen Grundgesetzen abgeleiteten, mit Wahrheitstabellen leicht nachprüfbaren Regeln sind:

- Idempotenzregeln

$$x \cdot x = x \qquad\qquad x + x = x \qquad\qquad (11.17\ a,b)$$

- Regel vom doppelten Komplement

$$\overline{\overline{x}} = x \qquad\qquad (11.18)$$

- Regeln von der Absorption durch 0 und 1

$$x \cdot 0 = 0 \qquad\qquad x + 1 = 1 \qquad\qquad (11.19\ a,b)$$

- Regel über die Komplementarität von 0 und 1

$$\overline{1} = 0 \qquad\qquad \overline{0} = 1 \qquad\qquad (11.20\ a,b)$$

- Kürzungsregel: Aus $x_1 \cdot x_2 = x_1 \cdot x_3$ oder aus $x_1 + x_2 = x_1 + x_3$ folgt

$$x_2 = x_3 \quad . \tag{11.21}$$

- De Morgansche Regeln

$$\overline{x_1 \cdot x_2} = \overline{x_1} + \overline{x_2} \qquad\qquad \overline{x_1 + x_2} = \overline{x_1} \cdot \overline{x_2} \tag{11.22 a,b}$$

- Satz von Shannon: Man erhält die zu einer Funktion y komplementäre Funktion $\overline{y}$, wenn gleichzeitig alle Variablen und Konstanten durch ihre Komplemente ersetzt und die Verknüpfungen $\cdot$ (AND) und + (OR) miteinander vertauscht werden:

$$\overline{y(x_1,x_2,\ldots;\ 0,\ 1;\ \cdot,\ +)} = y(\overline{x_1},\overline{x_2},\ldots;\ 1,\ 0;\ +,\ \cdot) \tag{11.23}$$

Die De Morganschen Regeln sind ein Sonderfall des Satzes von Shannon. Ihre Nützlichkeit sei anhand zweier Beispiele erläutert.

Bild 11.3 zeigt Schaltpläne zur Realisierung der EXOR-Funktion. Der erste Fall (a) entspricht dem Ausdruck (11.7). Er erfordert fünf Gatter dreier ver-

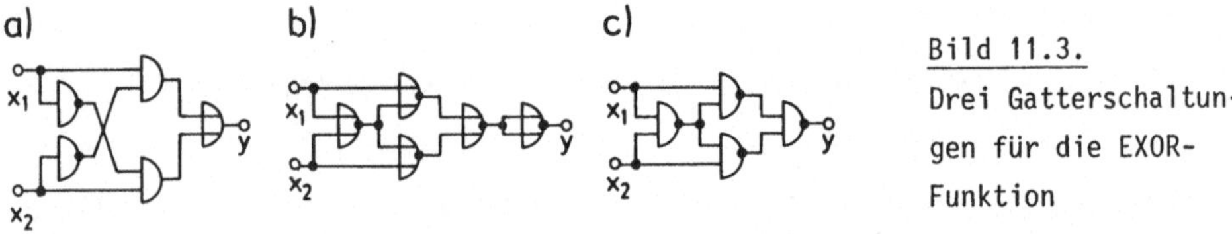

Bild 11.3.
Drei Gatterschaltungen für die EXOR-Funktion

schiedener Typen. Bei der Realisierung mit NOR-Gattern (b) ist das letzte Gatter als NOT geschaltet. Man verifiziert unter Benutzung von (11.11 a), (11.12 b), (11.16 a), (11.18) und (11.22 b) leicht die Identität

$$\overline{\overline{\overline{x_1+x_2}+x_1} + \overline{\overline{x_1+x_2}+x_2}} = (x_1+x_2)\overline{x_1}+(x_1+x_2)\overline{x_2} = \overline{x_1}x_2+x_1\overline{x_2} \quad . \tag{11.24}$$

Für die Version aus NAND-Gattern (c) werden nur noch vier Gatter benötigt. Es ist

$$\overline{\overline{\overline{x_1 x_2} \cdot x_1} \cdot \overline{\overline{x_1 x_2} \cdot x_2}} = (\overline{x_1}+\overline{x_2})x_1 + (\overline{x_1}+\overline{x_2})x_2 = x_1\overline{x_2}+\overline{x_1}x_2 \quad . \tag{11.25}$$

Das zweite Beispiel ist der Praxis entnommen. Zuweilen enthalten Gerätemoduln für logische Verknüpfungen ('logic boxes'), die zur Realisierung digitaler Funktionen in einem Versuchsaufbau mittels interner Steckverbindungen dienen, nur einen Gattertyp, nämlich NAND-Gatter. Zur Realisierung von OR-Funktionen muß man hier zur sogenannten negativen Logik übergehen. In ihr sind die Schaltwerte 0 und 1 vertauscht, NAND-Gatter arbeiten wie NOR-Gatter und umgekehrt. Aus $y = \overline{x_1 x_2}$ folgt nach den De Morganschen Regeln $\overline{y} = \overline{\overline{x_1}+\overline{x_2}}$, aus $y = \overline{x_1+x_2}$ folgt $\overline{y} = \overline{\overline{x_1}\,\overline{x_2}}$.

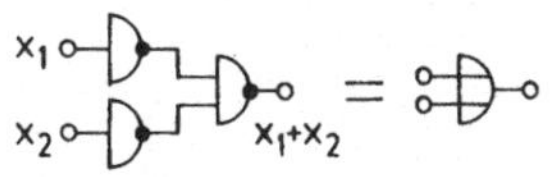

<u>Bild 11.4.</u> Realisierung der OR-Funktion mit Invertern und einem NAND-Gatter

In dem angesprochenen Beispiel besteht die Lösung zur Realisierung der OR-Funktion in der Invertierung der Eingänge eines NAND-Gatters (Bild 11.4):

$$\overline{\overline{x_1}\cdot\overline{x_2}} = x_1 + x_2 \tag{11.26}$$

11.2 Der Entwurf einer digitalen Schaltung

Der Entwurf einer digitalen Schaltung kann nach dem folgenden Schema erfolgen:

- Aufstellen der Wahrheitstabelle für die gewünschte Schaltfunktion y in Abhängigkeit von den Eingangsvariablen x_i.

- Berechnung der geeigneten Normalform $y(x_i)$ als schaltalgebraischer Ausdruck.

- Umrechnen der Normalform zur Vereinfachung und Anpassung der schalttechnischen Realisierung an verfügbare elektronische Gatter.

- Zeichnen des resultierenden Schaltschemas.

Zur Erläuterung des Verfahrens kommen wir auf die Hellsteuerung des senkrechten Strichs links unten bei der 7-Segment Anzeige zurück. Die Wahrheitstabelle ist in Bild 11.2 enthalten. Die geeignete Normalform ist die disjunktive Normalform (11.9). Sie enthält weniger Terme als die konjunktive Normalform (11.10).

Zur Vereinfachung von (11.9) wenden wir einen Trick an. Wir ergänzen die Wahrheitstabelle für die möglichen Ziffern N = 0 bis 9 (Bild 11.2b) für die - nicht vorkommenden - Dualzahlen von N = 10 bis 15. In diesem Bereich ordnen wir nur den beiden Dualzahlen 1010 (N=10) und 1110 (N=14) den Schaltwert y = 1 zu und erweitern (11.9) entsprechend:

$$y = \overline{x_3}\,\overline{x_2}\,\overline{x_1}\,\overline{x_0} + \overline{x_3}\,\overline{x_2}\,x_1\,\overline{x_0} + \overline{x_3}\,x_2\,x_1\,\overline{x_0}$$
$$+ x_3\,\overline{x_2}\,\overline{x_1}\,\overline{x_0} + x_3\,\overline{x_2}\,x_1\,\overline{x_0} + x_3\,x_2\,x_1\,\overline{x_0} \tag{11.27}$$

Nach (11.13 a), (11.16 b) kann von übereinanderstehenden Termen der Ausdruck $\overline{x_3} + x_3 = 1$ abgespalten werden, und man erhält zunächst mit (11.15 a) und (11.13 a), danach zusätzlich mit (11.16 b)

$$y = (\overline{x_2}\,\overline{x_1} + \overline{x_2}\,x_1 + x_2\,x_1)\overline{x_0} = (\overline{x_2}\,\overline{x_1} + x_1)\overline{x_0} = \overline{x_0}(x_1 + \overline{x_2}) \quad . \tag{11.28}$$

Das diesem Ergebnis entsprechende Schaltschema erfordert zwei NOT- und je ein OR- und AND-Gatter (Bild 11.5a). Die Anwendung der De Morganschen Regeln (11.22) führt zu den alternativen Ausdrücken

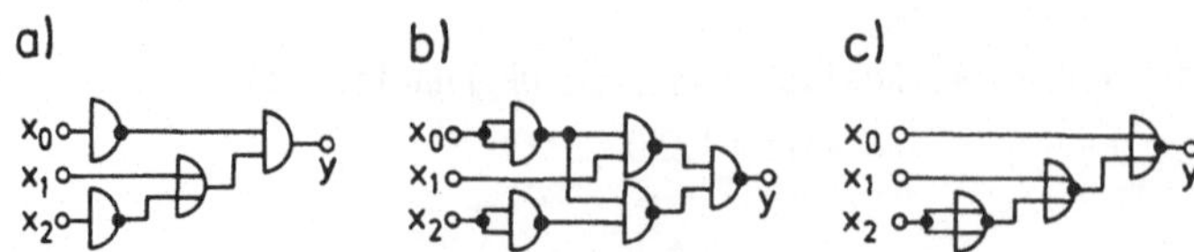

Bild 11.5. Schaltschema zur Hellsteuerung y entsprechend der Aufgabenstellung in Bild 11.2: Realisierung mit gemischten Gattern (a), mit NAND-Gattern (b) und mit NOR-Gattern (c).

$$y = \overline{\overline{x_0 x_1} \cdot \overline{x_0 x_2}} \qquad\qquad (11.29\ a)$$

$$= \overline{x_0 + \overline{x_1 + x_2}} \quad . \qquad\qquad (11.29\ b)$$

Auf ihnen beruht die Realisierung der gesuchten Schaltfunktion y mit fünf NAND-Gattern (Bild 11.5b) oder mit drei NOR-Gattern (Bild 11.5c). Durch Verifizierung der Wahrheitstabelle in Bild 11.2b anhand der gezeigten Schaltschemata überprüft man die Richtigkeit der Ergebnisse.

Abschließend sei darauf hingewiesen, daß es formale Verfahren zur Vereinfachung oder zur schalttechnischen Rationalisierung von Schaltfunktionen gibt, die auf algebraischen (Quine und McCluskey) und graphischen (Karnaugh und Veitsch) Methoden beruhen. Wir gehen auf diese Verfahren hier nicht näher ein.

11.3 Logikfamilien

Logikfamilien sind Familien integrierter Bausteine mit digitalen Schaltungen gleicher Technologie. Innerhalb einer Logikfamilie sind die Spannungspegel für die Schaltwerte 0 und 1 und deren Toleranzen sowie die Eingangs- und Ausgangswiderstände der Gatterschaltungen so festgelegt, daß die Ausgänge von Bausteinen direkt mit den Eingängen anderer Bausteine verbunden werden können. Die Versorgungsspannung ist bei allen Bausteinen einer Familie dieselbe.

Im folgenden werden die Grundschaltungen - die einfachsten Gatter mit zwei Eingängen - der vier bekanntesten Logikfamilien erklärt und miteinander verglichen. Dabei ist die DTL-Technik mehr von historischem Interesse. In TTL-Technik wird die verbreitetste Logikfamilie gefertigt und in CMOS-Technik die für besonders hohe Integrationsgrade und besonders niedrigen Stromverbrauch. ECL-Technik ermöglicht die schnellsten digitalen Schaltungen. CMOS-Bausteine sind häufig TTL-kompatibel.

Bild 11.6 zeigt für die erwähnten Logikfamilien die Versorgungsspannung U_V, die den Schaltwerten 0 und 1 zugeordneten Spannungspegel sowie die Bereiche, in denen Eingangsspannungen von Gattern noch zuverlässig als Schaltwert erkannt werden.

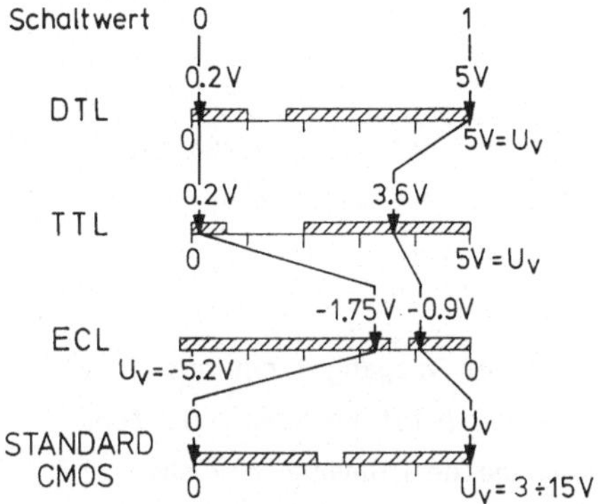

Bild 11.6.

Spannungspegel für die Schaltwerte 0 und 1 sowie Versorgungsspannungen U_V für verschiedene Logikfamilien. Spannungen in den schraffierten Bereichen werden noch zuverlässig als Schaltwert akzeptiert.

11.3.1 DTL-Grundschaltungen

DTL-Gatter ('diode transistor logic') bestehen aus einem Diodengatter und einer Transistorschaltung, die Spannungspegel restauriert und die Ausgangsbelastbarkeit erhöht.

Bild 11.7a stellt ein Dioden-OR-Gatter dar. Nur wenn beide Eingänge auf 0 V liegen, liegt auch der Ausgang bei 0 V. Liegt mindestens ein Eingang auf 5 V, so liegt der Ausgang nahe 4.3 V. Der Ausgang des Dioden-AND-Gatters (Bild 11.7b) liegt nur dann bei 5 V, wenn beide Eingänge auf 5 V liegen. Liegt ein Eingang auf 0 V, so leitet die entsprechende Diode, und der Ausgang liegt nahe 0.7 V.

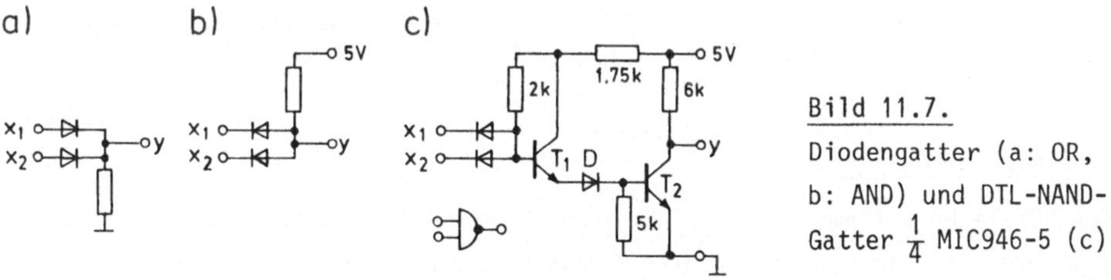

Bild 11.7.

Diodengatter (a: OR, b: AND) und DTL-NAND-Gatter $\frac{1}{4}$ MIC946-5 (c)

Bild 11.7c zeigt die Schaltung eines DTL-NAND-Gatters, wie es vierfach in dem angegebenen integrierten Baustein enthalten ist. Der Emitterfolger T_1 wirkt mit der Diode D als Potentialschieber, der Ausgangstransistor T_2 als Inverter. Wenn beide Eingänge oberhalb etwa 1.7 V liegen, sättigt T_2, und der Ausgang liegt auf etwa 0.2 V.

11.3.2 Die TTL-Grundschaltung

Bild 11.8 zeigt die Prinzipschaltung der Eingangsstufe eines TTL-NAND-Gatters ('transistor transistor logic').

Liegen beide Eingänge nahe 0 V, so sättigen die Transistoren T_1 und T_2, die

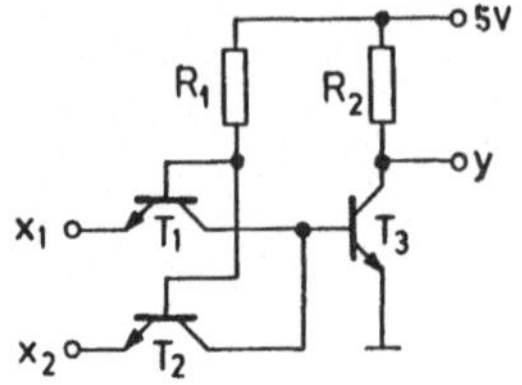

Bild 11.8. Prinzipschaltung des TTL-NAND-Gatters. Nicht dargestellt ist ein Schutzwiderstand zur Begrenzung des Basisstroms von T_3.

Basis von T_3 liegt bei 0.2 V, T_3 ist gesperrt, und der Ausgang liegt auf 5 V. Wird der Eingang x_1 auf 5 V gelegt, so sperrt T_1, T_2 bleibt weiterhin leitend und der Ausgangszustand bleibt erhalten. Erst wenn beide Eingänge gleichzeitig auf 5 V gelegt werden, werden T_1 und T_2 invers leitend (Emitter und Kollektor vertauschen ihre Funktionen), wodurch auch T_3 sättigt und der Ausgang auf etwa 0.2 V absinkt.

Das TTL-NAND-Gatter (Bild 11.12b) ist die Grundschaltung dieser Logikfamilie. In ihm sind die Eingangstransistoren zu einem Multiemittertransistor zusammengefaßt. Der invertierende Zwischenverstärker (T_3) verbessert das Schaltverhalten, die Gegentaktendstufe mit den Transistoren T_4, T_5 ('totem pole'-Stufe) erhöht die Ausgangsbelastbarkeit und verkürzt ebenfalls die Schaltzeiten. Die Dioden D_1 und D_2 schützen den Multiemittertransistor $T_{1,2}$ vor unzulässigen negativen Emitterpotentialen. D_3 wirkt als Potentialschieber und schützt T_4 vor zu großen positiven Spannungen am Ausgang der Schaltung.

Durch die Verwendung von Transistoren für die wesentlichen Schaltfunktionen sind Anstiegs- und Verzögerungszeiten von TTL-Gattern kleiner als die von DTL-Gattern. Auf TTL-Baureihen und weitere TTL-Gatter wird in Abschnitt 11.4 eingegangen.

11.3.3 Die ECL-Grundschaltung

Bei der ECL-Technik ('emitter coupled logic') vermeidet man die Sättigung von Transistoren. Die Eingangsstufen arbeiten nach dem Prinzip des Differenzverstärkers, wodurch die Stromaufnahme der Gatter weniger abhängig vom Schaltzustand wird und die geringe Spannungsdifferenz (0.8 V) der Schaltwerte noch zuverlässig erkannt werden kann. Insgesamt können dadurch die Anstiegs- und Verzögerungszeiten gegenüber TTL-Schaltungen deutlich verbessert werden.

Das ECL-OR/NOR-Gatter in Bild 11.9 enthält vier Eingänge, deren Transistoren mit T_1 einen Differenzverstärker bilden. Liegen alle Eingänge x_1 bis x_4 auf - 1.75 V (Schaltwert 0), ist T_1 leitend, an R_2 fallen 900 mV ab, was mit dem Spannungsabfall (0.85 V) an der Basis-Emitter-Diode von T_3 y = - 1.75 V ergibt. Durch R_3 fließt nur der Basisstrom von T_2, was zu $\bar{y}$ = -0.9 V führt (Schaltwert 1). Liegt mindestens einer der vier Eingänge auf - 0,9 V oder darüber, so übernehmen die Eingangstransistoren den Strom durch R_1, die Rollen

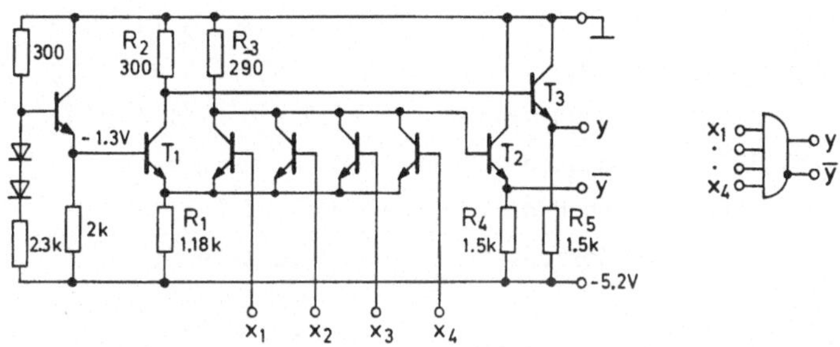

Bild 11.9. ECL-OR/NOR Gatter mit vier Eingängen ($\frac{1}{2}$ MIC1004). Die ECL-Grundschaltung, das ECL-NOR Gatter ($\frac{1}{4}$ MIC1010) hat zwei Eingänge und nur einen Ausgang $\bar{y}$.

von R_2, T_2 und R_3, T_3 sind vertauscht, und man erhält $y = -0.9$ V und $\bar{y} = -1.75$ V.

Bei extrem schnellen Schaltungen mit Anstiegs- und Verzögerungszeiten im Bereich um 1 ns sind die Widerstände R_1 bis R_3 etwa um einen Faktor 3 kleiner, die Widerstände R_4 und R_5 entfallen ('open emitter'), so daß die Impedanzen angeschlossener Impulsleitungen als Emitterwiderstände genutzt werden können.

11.3.4 CMOS-Grundschaltungen

Die CMOS- oder COSMOS-Grundschaltungen ('complementary symmetric metal oxide semiconductor') in Bild 11.10 gehen aus dem CMOS-Inverter P_2, N_2 in Bild 8.7b

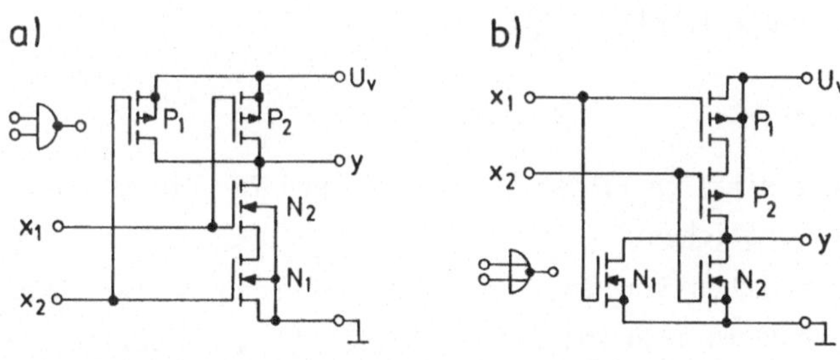

Bild 11.10. CMOS-Gatter: NAND (a, $\frac{1}{4}$ MC4011) und NOR (b, $\frac{1}{4}$ MC4001). Die Versorgungsspannung U_V kann zwischen 3 und 18V liegen, üblich sind 5 bis 15V.

durch Zuschalten weiterer FETs hervor. Sie enthalten je zwei selbstsperrende P-Kanal-FETs P_1, P_2 und N-Kanal-FETs N_1, N_2. Sie arbeiten wie lineare Schalter, leiten also, wenn zwischen Bulk und Gate eine hinreichend große Sperrspannung anliegt, und sperren, wenn diese Spannung klein ist.

Liegen die Eingänge des NAND-Gatters (Bild 11.10a) auf Masse, so sind die in Serie geschalteten FETs N_1, N_2 gesperrt und die parallel geschalteten FETs P_1, P_2 leitend. Der Ausgang y liegt somit bei U_V. Erst wenn beide Eingänge gleichzeitig nahe U_V liegen, sind beide P-Kanal-FETs gesperrt und beide N-Kanal-FETs leitend, so daß y nahe 0 V liegt.

Beim NOR-Gatter (Bild 11.10b) sind N_1 und N_2 parallel, P_1 und P_2 in Serie geschaltet. Liegen beide Eingänge nahe 0 V, so sind N_1, N_2 gesperrt und P_1, P_2 leitend, y liegt nahe U_V. Liegt ein Eingang nahe U_V, so wird ein P-Kanal-FET gesperrt und ein N-Kanal-FET leitend, wodurch y nahe 0 V zu liegen kommt.

Die CMOS-Grundschaltungen können durch Hinzufügen von P-Kanal-FETs und N-Kanal-FETs - jeweils in Parallel- bzw. Serienschaltung - zu Gattern mit je vier Eingängen erweitert werden.

Der Vorteil der CMOS-Technik gegenüber Schaltungen mit bipolaren Transistoren liegt in der Spannungssteuerung mit vernachlässigbar geringen Eingangsströmen (typisch $<10^{-11}$ A) und der daraus folgenden extrem geringen Verlustleistung (typisch 10^{-8} W) der Gatter. Nur im Moment des Umschaltens von einem in den anderen Zustand fließt kurzzeitig Strom über die FETs. Der Strom aufgrund der unvermeidlichen kapazitiven Last am Ausgang (Schaltkapazität und Eingangskapazität angeschlossener Gatter) spielt die größte Rolle. Die Leistungsaufnahme ist proportional zur Schaltfrequenz und wird in mW/100 kHz angegeben.

Bei der heutigen Standard-CMOS-Reihe (z.B. CD4000B) sind den Gatterschaltungen zwei Inverter als Ausgangspuffer nachgeschaltet. Dadurch reichen die zulässigen Eingangsspannungsbereiche fast bis $U_V/2$ (siehe Bild 11.6). Fortschrittlichere CMOS-Baureihen (HC- und AC-Baureihen in Silicon-Gate-Technologie) sind bei kleinerer Verlustleistung wesentlich schneller. Sie sind auch als TTL-kompatible Versionen erhältlich (z.B. HCT und ACT, siehe Tabelle 11.4).

11.3.5 Vergleich der Logikfamilien

In Tabelle 11.3 werden typische Werte charakteristischer Größen für die Grundschaltungen der Logikfamilien verglichen:

- Die _Verzögerungsdauer_ τ zwischen Ein- und Ausgangssignal eines Gatters hängt nicht nur von der Schaltung, sondern auch von der Lastkapazität C_L am Gatterausgang ab. Die angegebenen Werte gelten für C_L = 30 pF. Nur für die extrem schnellen ECL-Gatter wird als Ausgangslast die Impedanz angeschlossener Impulsleitungen vorausgesetzt. Die minimalen Impulsanstiegs- und -abfalldauern am Ausgang der Gatter sind vergleichbar mit τ.

- Der _Störspannungsabstand_ Δ ist der Maximalwert der Störspannungen, die den Eingangssignalen mit Sollpegeln (Bild 11.6) überlagert sein dürfen, ohne zu Fehlinterpretationen von Schaltwerten zu führen. (Die Definition von Δ ist nicht einheitlich, so daß Einzelheiten den Datenblättern zu entnehmen sind.)

- Die _Verlustleistung P_ pro Gatterfunktion hängt mehr (DTL) oder weniger (ECL) von dem Schaltzustand der Gatter ab. Für die CMOS-Familien ist P vorwiegend durch die Umladung von C_L bestimmt.

- Der _Ausgangslastfaktor_ oder 'fan-out' f_0 gibt an, wieviele Eingänge gleichartiger Gatter an einen Ausgang angeschlossen werden dürfen.

<u>Tabelle 11.3.</u> Typische Werte charakteristischer Größen für die Grundschaltungen
von Logikfamilien.

Technik Grundschaltung	DTL NAND/NOR	TTL NAND	ECL NOR	STANDARD-CMOS NAND/NOR
τ^a (ns)	30÷80	2÷10	5, 1[b]	30÷120
Δ (V)	0.7	0.4	0.2	$0.45 \cdot U_V$
P (mW)	6÷12	1÷20	30, 50[b]	(0.07÷1.4)/100 kHz
f_o	8	10÷20	20	50
U_V (V)	5	5	-5.2, -4.5[b]	3÷15

a C_L = 30 pF, wenn nicht anders angegeben
b 50-Ω-Kabel am Ausgang

- Die <u>Versorgungsspannung U_V</u> ist mit einer Toleranz von ± 5 oder ± 10 % vorge-
schrieben. Nur CMOS-Bausteine können in einem weiten Bereich betrieben werden. Die
besseren Schaltdauern erzielt man für sie bei den höheren Spannungen.

11.4 Weiteres über TTL-Gatter

11.4.1 TTL-Baureihen

TTL-Gatter und komplexere TTL-Bausteine wie Flipflops, Zähler, Codierer oder
Rechenschaltungen gibt es als genormte integrierte Bausteine in mehreren Baureihen. Ein solcher Baustein kann beispielsweise die Bezeichnung

    SN74LS00N

tragen. Die Buchstaben und Ziffern haben folgende Bedeutung:

- SN ist eine herstellerspezifische Bezeichnung für integrierte Bausteine,
hier für Texas Instruments.
- Die erste Ziffer (7) kennzeichnet den zulässigen Temperaturbereich, hier
0 bis 70 ^{o}C, die zweite (4) hier die Logikfamilie, TTL.
- Die zweite Buchstabenfolge kennzeichnet die verwendete Technologie. L steht
für 'low power', S für 'Schottky', A für 'advanced technology', H für 'high
speed'. Fehlt die Buchstabenfolge, so handelt es sich um einen Baustein der
Standardbaureihe.
- Die folgende Ziffernfolge (00) identifiziert den Baustein innerhalb der Bau-
reihe, hier Baustein mit vier NAND-Gattern mit je zwei Eingängen.
- Anschließende Buchstaben- und Ziffernkombinationen kennzeichnen das Baustein-
gehäuse. N steht für Dual-in-line-Plastik-Gehäuse mit 14 oder mehr Anschlüssen.

In den Schottky-Baureihen wird die Sättigung von Transistoren dadurch verhindert, daß zwischen Basis und Kollektor eine Schottky-Diode mit einer Knickspannung von etwa 0.3 V geschaltet wird (Bild 11.11). Im Arbeitsbereich des
Transistors ist die Diode gesperrt. Nähert sich der Transistor der Sättigung,

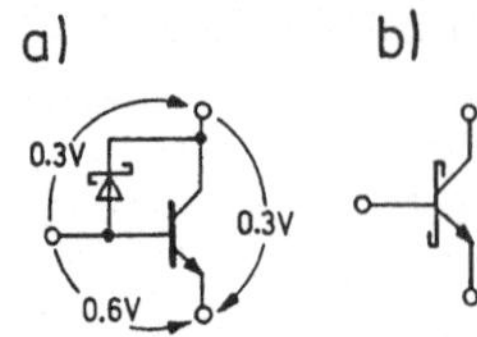

Bild 11.11.
Transistor mit Schottky-Diode (a) und Schaltsymbol (b)

so übernimmt die Schottky-Diode so viel Basisstrom, daß die Kollektor-Emitter-Spannung nicht unter 0.3 V absinkt. Diesen Zustand beschreiben die Spannungsangaben in Bild 11.11a. Durch diesen Trick werden die Gatter schneller (S- und AS-Reihen) oder die Leistungsaufnahme wird gesenkt (LS und ALS-Reihen).

Die Schaltungen der A-Baureihen enthalten zusätzliche Schottky-Dioden und sind geometrisch kleiner aufgebaut, was zu kleineren internen Kapazitäten führt. Auch hierdurch erzielt man kleinere Schaltzeiten und/oder geringere Leistungsaufnahme.

Die HCT- und die ACT-Baureihe sind insofern Zwitter, als sie nicht in TTL- sondern in CMOS-Technik gefertigt werden, jedoch Eingangsstufen für TTL-Pegel enthalten. Von diesen abgesehen gleichen sie den reinen CMOS-HC- und -AC-Baureihen. Sie werden mit 5 V ± 10 % betrieben. Die zulässigen Eingangsspannungsbereiche für die Schaltwerte 0 und 1 entsprechen den TTL-Werten in Bild 11.6. Die Ausgangsspannungen sind praktisch 0 V und U_V. Die Baureihen kombinieren kleine Verlustleistung, hohen Ausgangsstrom (4 und 24 mA bei HCT bzw. ACT), große Störspannungsabstände und Schnelligkeit.

In Tabelle 11.4 werden typische Werte für die Impulsverzögerungszeit τ, die maximale Taktfrequenz f_T, die Leistungsaufnahme P pro Gatterfunktion und die Ausgangslastfaktoren f_0 und $f_{0,LS}$ für NAND-Gatter gängiger TTL-Baureihen verglichen. $f_{0,LS}$ bezieht sich auf Eingänge der LS-Baureihe. Die Bausteine sind kompatibel hinsichtlich der Versorgungsspannung und der Schaltwertspannungen. Die Unterschiede in P und f_0 begrenzen jedoch ihre Austauschbarkeit.

Im folgenden beschränken wir uns auf die Beschreibung von Schaltungen der TTL-Standardbaureihe.

Tabelle 11.4. Kenngrößen für TTL-NAND-Gatter aus verschiedenen Baureihen

	SN7400N	SN74S00N	SN74ALS00N	SN74AS00N	SN74LS00N	SN74HCT00	SN74ACT00
τ (ns)	10	3	3.5	1.5	9.5	10	3
f_T (MHz)	35	125	70	200	45	50	150
P (mW)	10	19	1	9	2	0.05	0.08
f_0 ($f_{0,LS}$)	10 (40)	10 (50)	20 (20)	10 (50)	20 (20)	>1000 (10)	>1000 (60)

11.4.2 NAND- und AND-Gatter, TTL-Schaltverhalten

Bild 11.12b zeigt die TTL-Grundschaltung, nämlich die des NAND-Gatters der TTL-Standardbaureihe. Sie besteht aus dem Eingangsgatter (bis Punkt I) und der inver-

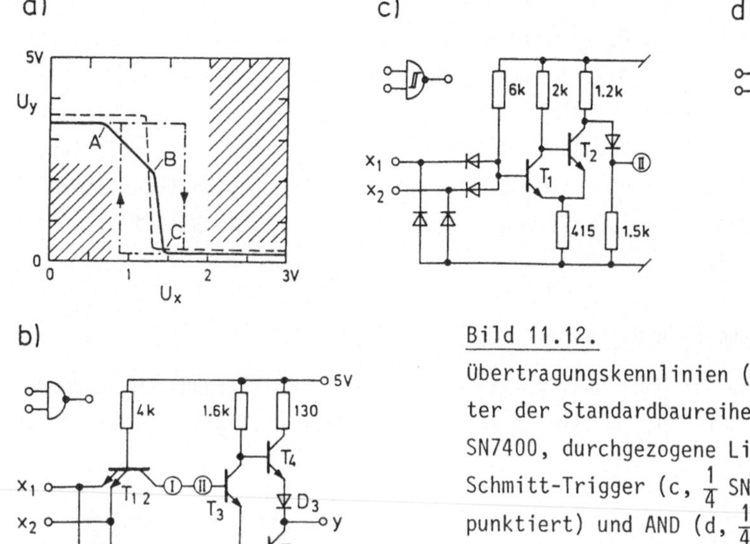

Bild 11.12.

Übertragungskennlinien (a) und TTL-Gatter der Standardbaureihe: NAND (b, $\frac{1}{4}$ SN7400, durchgezogene Linie), NAND mit Schmitt-Trigger (c, $\frac{1}{4}$ SN74132, strichpunktiert) und AND (d, $\frac{1}{4}$ SN7408). Gestrichelt dargestellt ist die Kennlinie eines TTL-Schottky-Gatters ($\frac{1}{4}$ SN74S00).

tierenden Ausgangsstufe (ab Punkt II). Sie wurde in Abschnitt 11.3.2 bereits erklärt.

Die Übertragungskennlinie des Gatters (durchgezogen in Bild 11.12a) enthält mehrere Bereiche. Bis Punkt A sind T_3 und T_5 gesperrt und der Ausgang liegt bei 3.5 V. Bei Eingangsspannungen oberhalb 0.7 V beginnt der inverse Betrieb von $T_{1,2}$ und T_3 wird leitend. Der Abfall der Übertragungskennlinie zwischen den Punkten A und B spiegelt die Verstärkung – 1.6 kΩ/1 kΩ von T_3 wieder. Zwischen den Punkten B und C wird auch T_5 leitend. Bei Eingangsspannungen oberhalb 1,4 V ist T_4 gesperrt und T_5 gesättigt.

Exemplarstreuungen sowie Änderungen von Temperatur und Betriebsspannungen in den erlaubten Grenzen führen zu abweichenden Kennlinien. Es ist jedoch sichergestellt, daß sie nicht in den schraffierten Bereichen liegen. Bis 0.8 V wird eine Eingangsspannung sicher als Schaltwert 0, ab 2 V sicher als Schaltwert 1 erkannt. Zum Vergleich ist in Bild 11.12a die Übertragungskennlinie eines Gatters der S-Reihe gestrichelt eingetragen.

Manche TTL-Bausteine enthalten eine Eingangsstufe mit Schmitt-Trigger. Sie verhindert, daß schon aufgrund kleiner Störungen ('ripple') auf den Eingangssignalen Gatter ungewollt zwischen 0 und 1 am Ausgang hin- und herschalten. Die Übertragungskennlinie derartiger Gatter (strichpunktiert in Bild 11.12a) zeigt die für Schmitt-Trigger typische Hysteresis mit einer Differenz der Schwellenspannungen von 0.8 V. Die Eingangsstufe eines solchen Bausteins (Bild 11.12c) besteht – unter Verletzung des TTL-Prinzips – aus einem Diodengatter und einem mitgekoppelten Differenzverstärker T_1, T_2. Die Ausgangsstufe ist die gleiche wie die des NAND-Gatters. Die Schwellenspannung U_t des Triggers wird

durch das Emitterpotential von T_1, T_2 bestimmt. Da T_1 einen größeren Kollektorwiderstand hat als T_2, ist U_t niedriger, wenn T_1 gesättigt ist (Schaltwert 0
am Ausgang) als wenn T_2 gesättigt ist (Schaltwert 1 am Ausgang).

TTL-AND-Gatter bestehen aus einem NAND-Gatter, in welchem zwischen Eingangsgatter und invertierender Ausgangsstufe ein weiterer Inverter geschaltet ist.
Dieser Inverter (Bild 11.12d) enthält den stromgegengekoppelten Transistor
T_6 sowie den Transistor T_7 in Emittergrundschaltung, der T_3 in Bild 11.12b
beim Sperren unterstützt.

11.4.3 NOR-, OR- und EXOR-Gatter

Die Schaltung eines TTL-NOR-Gatters ist in Bild 11.13a wiedergegeben. Liegen
beide Eingänge auf 0 V, so sind die Eingangstransistoren T_1, T_2 im Normalbetrieb

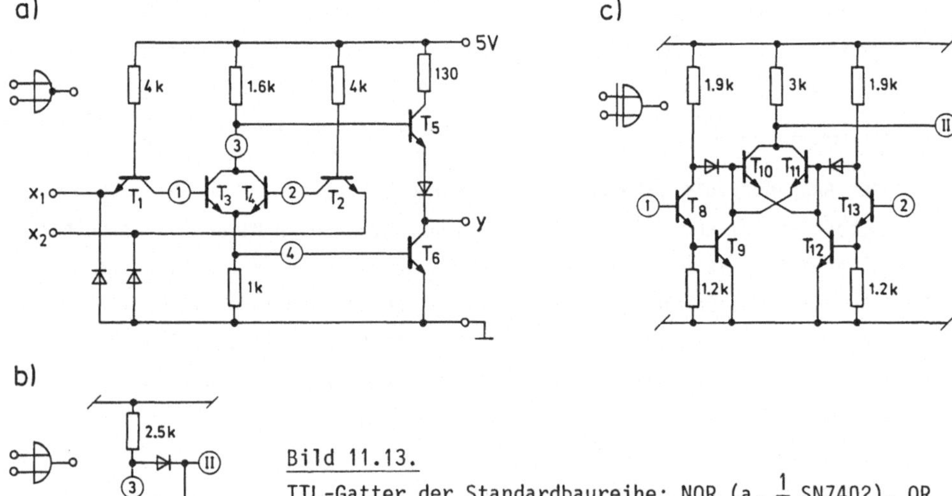

Bild 11.13.
TTL-Gatter der Standardbaureihe: NOR (a, $\frac{1}{4}$ SN7402), OR
(b, SN7432) und EXOR (c, $\frac{1}{4}$ SN7486). In den Punkten II ist
jeweils die Ausgangsstufe des NAND-Gatters (Bild 11.12b)
angeschlossen zu denken.

gesättigt, die Transistoren T_3, T_4 und T_6 sind gesperrt, während T_5 leitet und
den Ausgang auf 3,5 V hält. Liegt beispielsweise der Eingang x_1 auf 3,5 V oder
darüber, so leitet T_1 invers, T_3 und T_6 sättigen, und der Ausgang liegt nahe
0.2 V. T_3 und T_4 eignen sich zur direkten Ansteuerung der nichtinvertierenden
Gegentaktendstufe T_5, T_6.

In einem TTL-OR-Gatter wird die Schaltung des NOR-Gatters ab den Punkten
3 und 4 durch eine Zwischenstufe T_7 ersetzt (Bild 11.13b), an die die invertierende Augangsstufe des NAND-Gatters (ab Punkt II in Bild 11.12b) angeschlossen ist. T_7 unterstützt den dortigen Transistor T_3 beim Sperren.

Auch in TTL-EXOR-Gattern wird die Ausgangsstufe des NAND-Gatters verwendet. Die Eingangsstufe ist bis zu den Punkten 1 und 2 identisch mit der des NOR-Gatters. Die EXOR-Funktion wird durch die Transistoren T_{10}, T_{11} in Bild 11.13c bewirkt. Bei gleichen Spannungen an den Punkten 1 und 2 sperren T_{10} und T_{11}, da die Basis des einen Transistors mit dem Emitter des jeweils anderen verbunden ist. Punkt II liegt dann auf 5 V. Sind jedoch beispielsweise T_8 und T_9 leitend (Punkt 1 auf 1.4 V), und T_{12} und T_{13} gesperrt (Punkt 2 auf 0.2 V), so leitet T_{11}, und Punkt II liegt nahe 0.4 V. Nach Umkehr durch die Ausgangsstufe erhält man somit 0.2 V am Ausgang des Gatters, wenn die Eingänge den gleichen Schaltwert aufweisen, und 3.5 V, wenn die Eingänge ungleich sind.

EXOR-Gatter werden in Rechenschaltungen und Code-Wandlern verwendet. Wir nennen hier noch drei weitere Anwendungen:

- <u>Gesteuerte Komplementierung</u>: Diese Funktion, nämlich $y = x_2$ für $x_1 = 0$, dagegen $y = \overline{x_2}$ für $x_1 = 1$, erfüllt das EXOR-Gatter bereits: Die Wahrheitstabelle dieser Verknüpfung von x_1 und x_2 ist identisch mit derjenigen der EXOR-Verknüpfung in Tabelle 11.2.

- Der <u>digitale Komparator</u> prüft beispielsweise, ob zwei zweistellige Dualzahlen mit der Ziffernfolge $a_1 a_0$ und $b_1 b_0$ übereinstimmen. Für seinen Ausgang sei gefordert $y = 0$, falls $a_0 = b_0$ und $a_1 = b_1$, dagegen $y = 1$, falls $a_0 \neq b_0$ und / oder $a_1 \neq b_1$. Genau diese Funktion erfüllt die Schaltung in Bild 11.14a mit zwei EXOR-Gattern und einem OR-Gatter.

a) b)

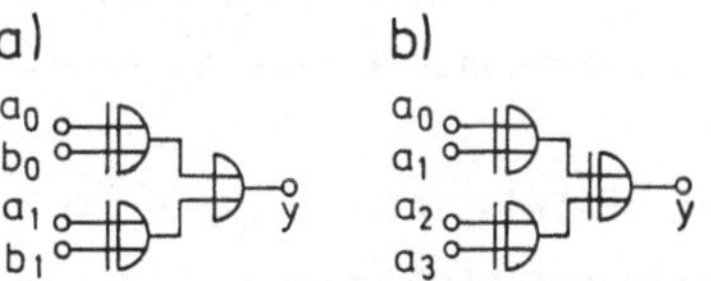

Bild 11.14.
Anwendungen des EXOR-Gatters: Digitaler Komparator (a) und Paritätsprüfer (b).

- <u>Paritätsprüfer</u> (Bild 11.14b): Die Parität einer Dualzahl mit der Ziffernfolge $a_3 a_2 a_1 a_0$ sei 1, falls die Quersumme $a_0 + a_1 + a_2 + a_3$ ungerade ist. Andernfalls sei $y = 0$. Der Paritätsprüfer aus drei EXOR-Gattern generiert diese Funktion, was man mit Hilfe seiner Wahrheitstabelle leicht nachprüft. Derartige Paritätsprüfer werden zur Erkennung von Schreib-Lese-Fehlern bei der Übertragung von Daten verwendet, denen man durch Hinzufügen eines Paritätsbits einheitliche Parität verleiht.

11.4.4 Inverter, offene Eingänge und spezielle Ausgänge von TTL-Gattern

Die TTL-Baureihen enthalten Inverter (NOT), die aus 2-fachen NAND-Gattern durch Weglassen eines Eingangs hervorgehen. Der Baustein SN7404N enthält beispielsweise sechs solcher Gatter. Stattdessen können jedoch auch die besprochenen Gatter mit 2 Eingängen teilweise als Inverter benutzt werden. Entweder schaltet man deren Eingänge zusammen ($x_1 = x_2$ beim NAND oder NOR) wie in Bild 11.5c, oder man legt einen Eingang an 5 V ($x_1 = 1$ beim NAND oder EXOR) oder an Masse ($x_1 = 0$ beim NOR). In allen Fällen erhält man $y = \overline{x_2}$.

Aus den Schaltungen von TTL-Gattern in Bild 11.12 und 13 geht hervor, daß unbeschaltete ('offene') Eingänge von TTL-Gattern den Schaltwert 1 darstellen. Dies gilt allgemein für TTL-Bausteine. Ihre Steuereingänge sind meist invertiert, so daß sich für eine nicht benötigte Steuerfunktion eine Beschaltung erübrigt. Für NAND-Gatter bedeutet dies, daß das Gatter SN74133 beispielsweise, welches einen 13-Emitter-Transistor und somit 13 Eingänge enthält, bei Anschluß eines Eingangs als NOT, bei Anschluß von n Eingängen als n-fach-NAND betrieben werden kann. Auf dieser Eigenschaft von TTL-NAND-Gattern beruht auch die Bestückung der in Abschnitt 11.1.3 erwähnten 'logic boxes' nur mit NAND-Gattern.

In der TTL-Familie gibt es Gatter und andere Bausteine mit offenen Kollektoren am Ausgang ('open collector'). Die Ausgänge mehrerer solcher Bausteine können zusammen über einen gemeinsamen Kollektorwiderstand an 5 V angeschlossen werden (WIRED AND). Nur wenn die Ausgangstransistoren aller Gatterausgänge gleichzeitig gesperrt sind (Schaltwert 1), so liegt der gemeinsame Ausgang am stromlosen Kollektorwiderstand auf 5 V. Ist mindestens einer der Ausgangstransistoren leitend (Schaltwert 0), so liegt der gemeinsame Ausgang bei 0.2 V. Ein NAND-Gatter mit offenem Kollektor könnte z.B. aus der Schaltung in Bild 11.12b hervorgehen, indem man den Transistor T_4 wegläßt. Häufig kann der Kollektorwiderstend durch den Eingangswiderstand eines nachgeschalteten TTL-Bausteins ersetzt werden. (Bausteine mit offenen Emittern, beispielsweise in der ECL-Familie, können zu einem WIRED OR zusammengeschaltet werden.)

Ähnliche Möglichkeiten wie offene Kollektoren bieten TRI-STATE-Ausgänge. In den betreffenden Bausteinen kann der Ausgang hochohmig getastet werden. Dies könnte in den NAND-Gatter in Bild 11.12b dadurch geschehen, daß man zwischen den Kollektor von T_3 und Masse einen weiteren Transistor schaltet, dessen Basis über einen zusätzlichen Steuereingang kontrolliert wird. Liegt der Steuereingang bei 3.5 V oder darüber, so sättigt der Zusatztransistor und der Kollektor von T_3 liegt auf 0.2 V, wodurch die Ausgangstransistoren T_4 und T_5 gleichzeitig gesperrt werden.

11.E DO IT YOURSELF

Bei der Inbetriebnahme von TTL-Bausteinen ist zu beachten, daß der Anschluß V_{CC} mit + 5 V, der Anschluß GND mit Masse zu verbinden ist.

11.E.1 Negative Logik

Bei der experimentellen Überprüfung der Wahrheitstabellen in Tabelle 11.2 für das NAND ($\frac{1}{4}$ SN7400) und das NOR ($\frac{1}{4}$ SN7402) kann davon Gebrauch gemacht werden, daß offene Gattereingänge (in der positiven Logik) den Schaltwert 1 haben.

Bei der negativen Logik wird 0 V der Schaltwert 1, + 5 V der Schaltwert 0 zugeordnet. Finden Sie nach Umschreiben der Wahrheitstabellen für diese Logik die Vertauschung der NAND- und NOR-Funktion bestätigt?

11.E.2 Gatterschaltungen für die EXOR-Funktion

Die Äquivalenz der Schaltungen in Bild 11.3 und in Bild 11.5 kann mit den Bausteinen SN7400 (NAND und NOT), SN7402 (NOR und NOT), SN7408 (AND) und SN7432 (OR) nachvollzogen werde.

11.E.3 TTL-Eingangsstufen

Die Arbeitsweise von TTL-Eingangsstufen läßt sich anhand der Prinzipschaltung nach Bild 11.8 in diskretem Aufbau untersuchen. Dabei ist T_2 entbehrlich. Der Basisstrom von T_3 ist durch einen Schutzwiderstand (3.3 kΩ) zu begrenzen. Mit R_1 = 3.3 kΩ und R_2 = 1 kΩ kann der Eingang offen gelassen werden (T_3 sättigt), an + 5 V gelegt werden (T_1 leitet invers, T_3 sättigt) oder an Masse gelegt werden (T_1 leitet normal, T_3 sperrt). Die Spannungen U_{B1}, U_{B3} und U_y geben Auskunft über die jeweiligen Zustände der Transistoren.

11.E.4 Übertragungskennlinien von TTL-Gattern

Die Übertragungskennlinien (Bild 11.12a) von TTL-Gattern kann unter Verwendung der Sekundärwicklung eines Netztransformators dargestellt werden (Bild 11.15),

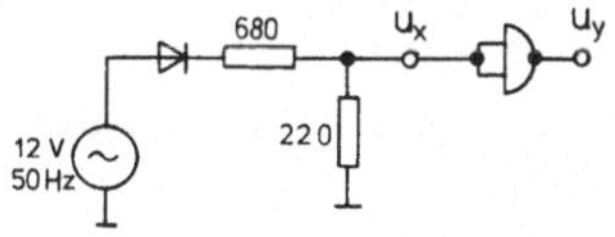

<u>Bild 11.15.</u>
Zur Messung von Übertragungskennlinien von TTL-Gattern

wobei das Oszilloskop im X-Y-Betrieb arbeitet. Als Meßobjekte eignen sich z.B. Gatter, deren Bezeichnung in den Unterschriften zu Bild 11.12 und .13 angegeben sind.

Wie ändern sich die Kennlinien, wenn jeweils einem Gattereingang ein zeitlich konstanter Schaltwert zugeordnet wird (an Masse, frei oder an + 5 V)?

12. Digitale Kippschaltungen

Digitale Kippschaltungen (Flipflops) speichern eine kurzzeitig angelegte digitale
Information. Sie sind Bestandteil von sogenannten sequentiellen Schaltungen (Schaltwerken), deren Ausgangszustand von ihrer Vorgeschichte abhängt. Meistens werden die
Aktionen von Flipflops, nämlich Speichern und Übrtragen digitaler Information,
durch Taktimpulse (Clockimpulse, Triggerimpulse) ausgelöst. Verschiedene Flipfloptypen unterscheiden sich in ihrer Wahrheitstabelle und in ihrem Triggerverhalten.

In diesem Kapitel werden zunächst die Grundschaltungen der bekannten Kippstufen
(Flipflop, Uni- und Multivibrator) aus Digitalgattern beschrieben. Das Klassifi-
zierungsschema für Flipflops wird in Abschnitt 12.2 und eine Reihe von Flipfloptypen, die zum Teil in integrierten Bausteinen häufig vertreten sind, wird in
Abschnitt 12.3 erläutert. Die beschriebenen Gatterschaltungen haben mit den tat-
sächlichen Innenschaltungen von ICs nur die logische Struktur oder die Wahrheitstabelle gemein, lassen sich aber mit gängigen Gattern realisieren. In Abschnitt
12.4 wird ein aus zwei Univibratoren bestehender Multivibrator angegeben, der
sich als Taktgeber oder Clock-Generator in Versuchsaufbauten mit TTL-Bausteinen
gut eignet.

Unsere Schaltsymbole für digitale Kippschaltungen sind dem Zweck dieses Buches
angepaßt. Sie sind nicht streng konform mit DIN 19239, ähneln aber verschiedenen
Standarddarstellungen, denen man in Firmenprospekten oder Datenblättern begegnet.

12.1 Grundschaltungen

12.1.1 Das RS-Flipflop

Digitale RS-Flipflops haben zwei Eingänge R ('reset') und S ('set') und zwei
Ausgänge Q und $\overline{Q}$. Dabei wird $\overline{Q}$ als Komplement von Q im schaltalgebraischen Sinn
aufgefaßt.

Bild 12.1 zeigt die einfachste Realisierung von RS-Flipflops mit je zwei
NOR- bzw. NAND-Gattern und ihre gemeinsame Wahrheitstabelle. Im Ruhezustand
ist R = S = 0. Die Flipflops haben dann zwei stabile Zustände, nämlich Q = 0 und
$\overline{Q}$ = 1, oder Q = 1 und $\overline{Q}$ = 0. Hiervon überzeugt man sich, indem man einen Zustand
(z.B. Q=0) an einem Ausgang annimmt, die daraus folgenden Schaltwerte

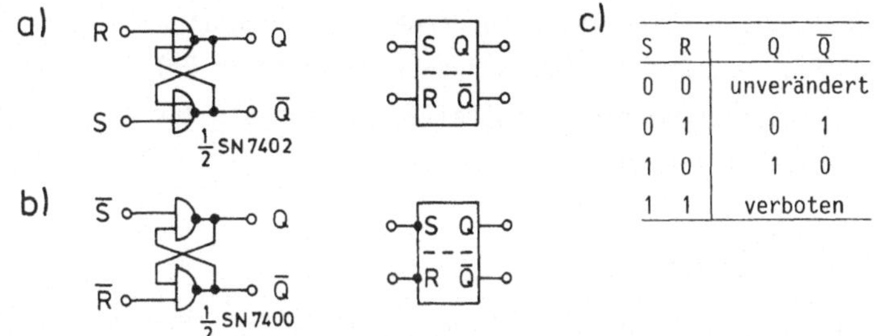

Bild 12.1. RS-Flipflop aus NOR- (a) und aus NAND-Gattern (b) mit Schaltsymbolen und Wahrheitstabelle (c)

durch den Schaltkreis verfolgt und den angenommenen Ausgangszustand bestätigt findet. Insbesondere muß $\overline{Q}$ den komplementären Schaltwert von Q aufweisen.

Bei dem Flipflop aus NAND-Gattern (Bild 12.1b) funktioniert das Verfahren nur, wenn die Eingänge im Ruhezustand den Schaltwert 1 haben. Dies wird in der Schaltung durch die Komplementierung der Eingänge $\overline{R},\overline{S}$ angedeutet. Im Schaltsymbol werden die Eingänge durch einen Punkt als invertiert gekennzeichnet.

Unter Benutzung des erwähnten Verfahrens kann die Wahrheitstabelle in Bild 12.1c verifiziert werden: Wird einer der beiden Eingänge, entweder R oder S, auf 1 gelegt (bei TTL-Schaltungen auf 3.6 bis 5 V oder frei), so wird diese Information direkt auf die Ausgänge übertragen. Ist $R = S = 1$ ($\overline{R} = \overline{S} = 0$), so wird zwingend $Q = \overline{Q} = 0$ bzw. 1, was der schaltalgebraischen Interpretation von Q und $\overline{Q}$ widerspricht. Dieser Eingangszustand wird daher als unzulässig oder verboten bezeichnet. Dieses Verbot gilt speziell für RS-Flipflops.

Bei der Realisierung der Schaltungen mit TTL-Gattern ist zu beachten, daß offene Eingänge als 1 interpretiert werden. Im Ruhezustand sind daher die Steuereingänge der NOR-Gatter mit Masse zu verbinden, während die der NAND-Gatter offen bleiben können. Das NOR-Flipflop schaltet beim Lösen von R oder S von Masse, das NAND-Flipflop bei Kontakt von $\overline{R}$ oder $\overline{S}$ mit Masse.

12.1.2 Das D-Flipflop

Bild 12.2 zeigt die einfachste Form des D-Flipflops. Es hat im Gegensatz zum RS-Flipflop nur einen Eingang. Es speichert die Information, die zuletzt am Eingang D niederohmig angelegen hat. Der Ausgang des Gatters 1 wird beim Umschalten für die Dauer der doppelten Verzögerungszeit eines Gatters stark belastet, was bei

D	Q	$\overline{Q}$
0	0	1
1	1	0

Bild 12.2.

D-Flipflop mit Schaltsymbol und Wahrheitstabelle

nicht zu hoher Schaltfrequenz unbedenklich ist. Die dargestellte Schaltung eignet sich beispielsweise dazu, das Prellen mechanischer Kontakte in Relais oder Schaltern beim Schließen unwirksam zu machen ('Entprellen'), wenn sie zur Steuerung von TTL-Schaltungen verwendet werden.

12.1.3 Der Univibrator und der Multivibrator

Der Univibrator aus zwei TTL-NOR-Gattern in Bild 12.3a enthält einen Widerstand R (z.B. 1 kΩ), der an 5 V angeschlossen ist und im Ruhezustand $Q = 0.2$ V erzwingt.

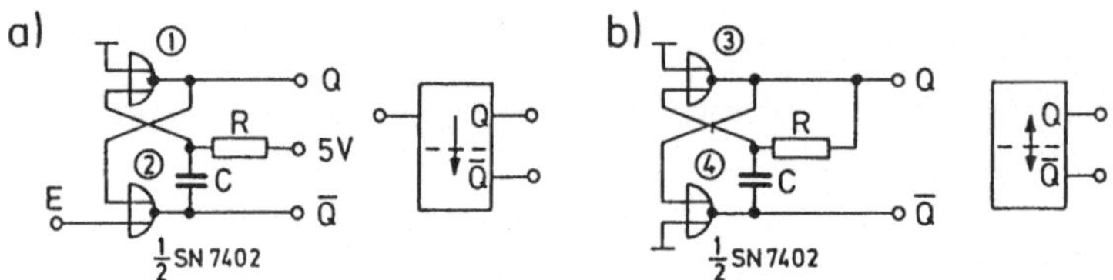

Bild 12.3. Univibrator (a) und Multivibrator (b) aus NOR-Gattern mit Schaltsymbolen

Ein kurzer positiver Triggerimpuls am Eingang E bewirkt $\overline{Q} = 0.2$ V. Der negative Spannungssprung an $\overline{Q}$ wird über den Kondensator C zu dem Eingang von Gatter 1 übertragen, wodurch $Q = 3.6$ V wird. Nach der Dauer T des Ausgangsimpulses hat sich C so aufgeladen, daß die Schaltung in den Ausgangszustand zurückkippt.

Die Dauer T wird auf komplexe Weise durch R, C und die arbeitspunkabhängigen Ein- und Ausgangswiderstände bestimmt. R sollte im Bereich von 1 bis 10 kΩ liegen. Die Impulsformen bei Q und $\overline{Q}$ sind verzerrt. Zu ihrer Restaurierung können Gatter oder Inverter nachgeschaltet werden. Für höhere Anforderungen sind temperaturstabilisierte Schaltungen mit hochohmigen Eingängen vorzuziehen (siehe Abschnitt 12.4).

Durch Anschluß von R an den Ausgang von Gatter 1 erhält man den Multivibrator (Bild 12.3b). Bei ihm steuert Gatter 3 sich selbst über R in den jeweils komplementären Zustand. Die durch die Umladung von C bedingten Verzögerungen bestimmen die Frequenz der Kippschaltung. Durch Lösen des oberen Eingangs von Gatter 3 von Masse kann der Multivibrator in der Stellung $Q = 0.2$ V angehalten werden.

12.2 Klassifizierung digitaler Flipflops

Die folgende Klassifizierung dient zur Beschreibung der häufigsten Varianten von Flipflops. Die Anwendung der Symbolik auf eine Reihe von Beispielen erfolgt in

Abschnitt 12.3. Sie führt zu den meistverwendeten Typen, nämlich zu den flankengetriggerten MS-Flipflops ('master slave'). Die Symbolik kann sinngemäß auch auf
Uni- und Multivibratoren angewandt werden.

12.2.1 Klassifizierung nach Ansteuerung

Die Ansteuerung oder Triggerung eines Flipflops bewirkt die Übernahme einer anstehenden digitalen Information und - gegebenenfalls in einem zweiten Schritt -
die Übertragung dieser Information auf die Ausgänge des Flipflops. Man unterscheidet drei Arten der Ansteuerung:

- Die direkte Ansteuerung. Bei ihr erfolgen Übernahme und Übertragung der Information auf die Ausgänge spontan. Die Flipflops in Bild 12.1 sind Beispiele
für diesen Fall.

- Die Einphasensteuerung. Hier sind die Eingänge mit Gattern versehen, die
durch einen Taktimpuls zur Informationübernahme geöffnet werden können. Die
übernommene Information wird spontan auf die Ausgänge übertragen.

- Die Zweiphasensteuerung. In diesem Fall besteht das Flipflop aus zwei in
Serie geschalteten getakteten Flipflops, nämlich aus dem M- ('master') und dem
S-Flipflop ('slave'). In der ersten Phase des Taktimpulses (z.B. Schaltwert 1)
wird die Information auf den Master und in der zweiten Phase (Schaltwert 0) auf
den Slave und damit auf die Ausgänge des MS-Flipflops übertragen. Dieser Flip-
floptyp wird in Zähler- und Registerbausteinen verwendet, bei denen die Möglichkeit der Zwischenspeicherung wichtig ist.

Bild 12.4 a bis c zeigt die in diesem Buch verwendeten Symbole für Flipflops.
Takteingänge werden links in Höhe der gestrichelten Mittellinie angebracht, Da-

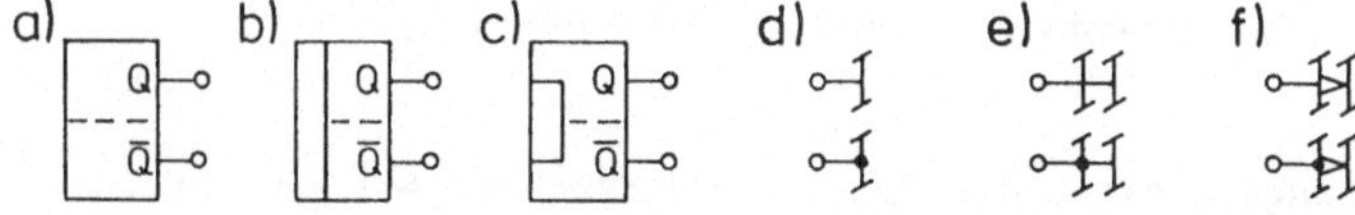

Bild 12.4. Symbolik zur Kennzeichnung der Arten (a bis c, ohne Eingänge) und der
Eingänge (d bis f) von Flipflops: Direkt angesteuert (a), getaktet (b), MS-Flip-
flop (c), Dateneingänge (d), Takteingänge zur Taktzustandssteuerung (e) und zur
Flankentriggerung (f). Invertierte Eingänge werden durch einen Punkt am Rand des
Flipflop-Symbols gekennzeichnet.

teneingänge, an die die zu speichernde Information angelegt wird, darüber oder
darunter. Der obere Ausgang rechts bedeutet Q, der untere $\overline{Q}$, auch wenn die Bezeichnungen fehlen.

Die Symbolik für die Eingänge in Bild 12.4 beschreibt folgende Fälle:

- Dateneingänge (d). Sind sie an den ausgesparten Feldern phasengesteuerter Flipflops angebracht, so stellen die Symbole vorbereitende Eingänge dar, deren Information beim Eintreffen des Taktimpulses übernommen wird. Sind sie an den mit Q und $\overline{Q}$ gekennzeichneten Feldern angebracht, so handelt es sich um vorrangige Eingänge, die die Information unter Umgehung der Taktstufen auf Q und $\overline{Q}$ spontan übertragen.

- Eingänge zur Taktzustandssteuerung (e). Nur wenn sie einen definierten Schaltwert aufweisen (entweder 0 oder 1), werden Daten übernommen. Entsprechende Flipflops werden auch einfach als getaktet bezeichnet.

- Eingänge zur Flankensteuerung oder -triggerung (f). Nur bei Übergängen $0 \to 1$ (positiv) oder $1 \to 0$ (invertiert oder negativ) am Takteingang werden Daten übernommen. Die Eingänge sind inaktiv, sofern ihr Schaltwert zeitlich konstant ist. MS-Flipflops werden nach der Flanke bezeichnet, bei der die Information der vorbereitenden Eingänge an den Ausgängen erscheint.

- Invertierte Eingänge werden mit einem Punkt am Rand des Flipflopsymbols versehen.

Bei der Flankentriggerung werden die Flanken eines Taktimpulses nach dem in Bild 12.5 dargestellten Prinzip der digitalen Differentiation in kurze Nadelim-

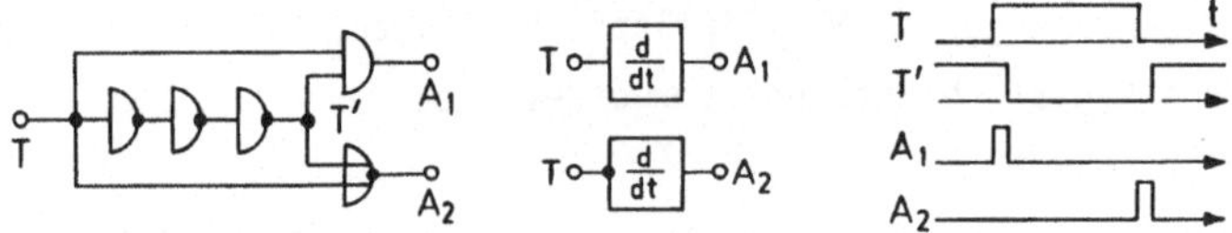

Bild 12.5. Prinzipschaltung, Symbole und Spannungsverläufe bei der digitalen Differentiation: Aus einem Taktimpuls T werden kurze Impulse $A_1 = T \cdot T'$ zur positiven und $A_2 = \overline{T \cdot T'} = \overline{T} + \overline{T'}$ zur negativen Flankentriggerung erzeugt.

pulse verwandelt. Ihre Länge gleicht der Summe der Verzögerungsdauern der Inverter, deren Anzahl ungerade ist. Stabilitätsanforderungen an die Eingangsdaten von Flipflops sind auf dieses kurze Zeitintervall beschränkt, ein großer Vorteil in komplexen Schaltwerken.

12.2.2 Klassifizierung nach Wahrheitstabelle

Die Wahrheitstabellen von Flipflops (Bild 12.6) enthalten für die Dateneingänge (R, S, D, J, K) je eine Spalte und zwei Spalten für die Ausgänge. Da es sich um getaktete Kippschaltungen handeln kann, werden die Ausgänge mit einem Index versehen. Q_{n+1} und $\overline{Q_{n+1}}$ geben die Ausgangszustände an, die das Flipflop nach dem (n+1)-ten Taktimpuls aufweist. Bei direkt gesteuerten Flipflops ist das Anlegen der Eingangsinformation als Takt zu betrachten.

a)

S	R	Q_{n+1}	$\overline{Q}_{n+1}$
0	0	Q_n	$\overline{Q}_n$
0	1	0	1
1	0	1	0
1	1	verboten	

b)

D	Q_{n+1}	$\overline{Q}_{n+1}$
0	0	1
1	1	0

c)

J	K	Q_{n+1}	$\overline{Q}_{n+1}$
0	0	Q_n	$\overline{Q}_n$
0	1	0	1
1	0	1	0
1	1	$\overline{Q}_n$	Q_n

Bild 12.6.

Wahrheitstabellen von RS- (a), D- (b) und JK-Flipflops (c)

Die Wahrheitstabelle des RS-Flipflops in Bild 12.6a gleicht der in Bild 12.1c, die des D-Flipflops entspricht Bild 12.2. Neu ist das JK-Flipflop. Bei ihm ist aufgrund von Rückkopplungen von den Ausgängen auf die Eingänge der Zustand $J = K = 1$ erlaubt. In diesem Zustand wechseln die Schaltwerte an den Ausgängen nach jedem Taktimpuls.

Häufig verwendete Abkürzungen zur Kennzeichnung der Eingänge von TTL-Bausteinen sind:

R, S   Rücksetzen ('reset') und Setzen ('set'), R=S=1 unzulässig.

J, K   Wie S und R, jedoch $J = K = 1$ erlaubt. Dieser Zustand ist anzunehmen, wenn die Symbole für vorbereitende Eingänge fehlen.

PR   Vorrangiges Setzen ('preset')

CLR   Vorrangiges Rücksetzen ('clear')

PE   Eingang zum Takten von PR ('preset enable')

CK   Takt ('clock'), auch mit T bezeichnet

CE   Aktivierung aller Ausgänge eines ICs ('chip enable'). Bei CE = 0 sind alle Ausgänge 0 oder alle Ausgänge 1 oder - bei TRI-STATE-Ausgängen - alle Ausgänge hochohmig. Bei CE = 1 arbeiten alle Ausgänge normal.

V_{CC} Versorgungsspannung U_V

GND   Masseanschluß ('ground')

NC   ohne Verbindung zum Baustein ('no connection')

12.3 Beispiele für Flipfloptypen

Die verschiedenen Typen von Flipflops lassen sich von den RS-Flipflops in Bild 12.1 ableiten. Die folgenden Beispiele dienen zur Erläuterung der schalttechnischen Funktion digitaler Kippstufen und ihrer Darstellung durch Schaltsymbole.

12.3.1 RS-Flipflops

Bild 12.7 zeigt ein positiv getaktetes (taktzustandsgesteuertes) RS-Flipflop mit vorrangigen Eingängen $\overline{PR}$ und $\overline{CLR}$. Im Ruhezustand haben sie den Schaltwert 1. Bei CK=0 sind die vorbereitenden Eingänge unwirksam. Bei CK=1 wird die an S, R anliegende Information über die Gatter 1 bis 4 zweifach invertiert auf die Eingänge des direkt gesteuerten RS-Flipflops übertragen. Die vorrangigen

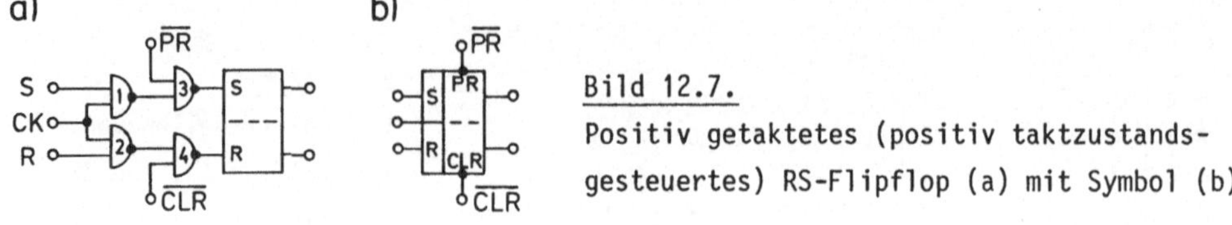

Bild 12.7.

Positiv getaktetes (positiv taktzustandsgesteuertes) RS-Flipflop (a) mit Symbol (b)

Eingänge dürfen nur einzeln und - bei der vereinfachten Schaltung - nur bei
CK = 0 auf 1 gesetzt werden.

Wie bereits erwähnt, bieten flankengetriggerte Flipflops gegenüber getakteten
die Möglichkeit einfacherer Zeitorganisation von Rechenwerken. Die flanken-

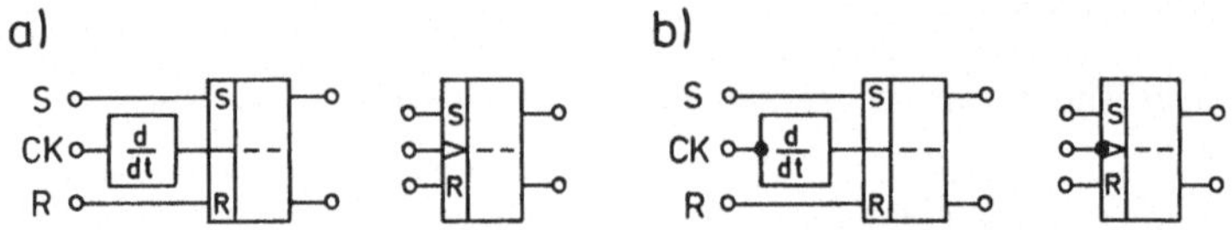

Bild 12.8. Positiv (a) und negativ flankengetriggertes RS-Flipflop (b)

getriggerten RS-Flipflops in Bild 12.8 gehen aus den taktzustandsgesteuerten durch
digitale Differentiation der Clockeingänge hervor.

12.3.2 D-Flipflops

Führt man die Information D auf den S-Eingang und das Komplement $\bar{D}$ auf den R-
Eingang eines RS-Flipflops, so erhält men eine Form des D-Flipflops.

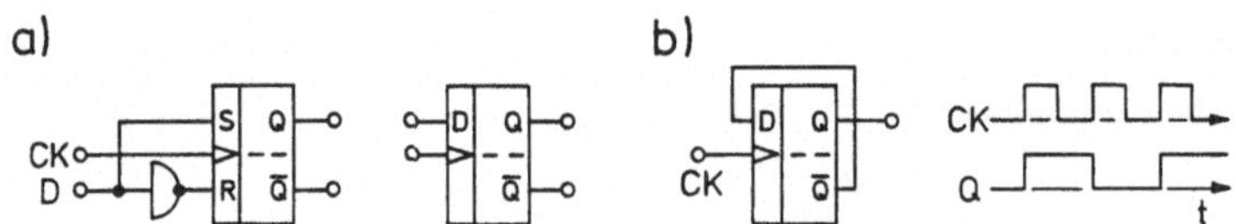

Bild 12.9. Positiv flankengetriggertes D-Flipflop (a) und Schaltung als Zweifachuntersetzer (b)

Bild 12.9a zeigt den Aufbau eines positiv flankengetriggerten D-Flipflops. Es
kann durch Rückkopplung von $\bar{Q}$ auf D als Zweifachuntersetzer verwendet werden
(Bild 12.9b). Bei jeder positiven Flanke des Taktimpulses CK ändert Q seinen
Schaltwert.

12.3.3 JK-Flipflops

Das positiv flankengetriggerte JK-Flipflop in Bild 12.10 geht aus dem RS-Flipflop in Bild 12.8a durch Zuschalten zweier AND-Gatter hervor. Man verifiziert

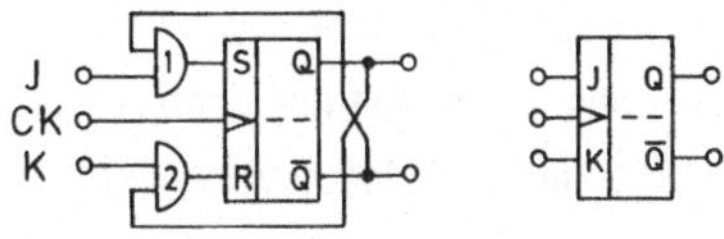

Bild 12.10.

Positiv flankengetriggertes JK-Flipflop

seine Wahrheitstabelle (Bild 12.6c) auf folgende Weise:

- Bei J=K=0 bleiben die Gatter gesperrt, und es ist R=S=0. Die Ausgänge ändern sich bei einer positiven Flanke des Triggerimpulses (Triggerflanke) nicht: $Q_{n+1} = Q_n$, $\overline{Q_{n+1}} = \overline{Q_n}$.

- Bei J = 0 und K = 1 bleibt Gatter 1 gesperrt. Gatter 2 bleibt ebenfalls gesperrt, sofern der gewünschte Endzustand Q = 0 bereits besteht: $Q_{n+1} = Q_n = 0$, $\overline{Q_{n+1}} = \overline{Q_n} = 1$. Anderenfalls ($Q_n = 1$) ist Gatter 2 geöffnet, und die nächste positive Triggerflanke schaltet nach $\overline{Q_{n+1}} = 1$ und $Q_{n+1} = 0$.

- Der Fall J = 1, K = 0 verläuft analog zu J = 0, K = 1.

- Bei J=K=1 schaltet das Flipflop bei jeder positiven Triggerflanke. Bei $Q_n = 0$ ist Gatter 1 geöffnet, Gatter 2 gesperrt, und es wird $Q_{n+1} = 1$. Bei $Q_n = 1$ ist Gatter 1 gesperrt und Gatter 2 geöffnet, und es wird $Q_{n+1} = 0$. Beide Fälle lassen sich durch $Q_{n+1} = \overline{Q_n}$ und $\overline{Q_{n+1}} = Q_n$ zusammenfassen.

Wäre das verwendete RS-Flipflop taktzustandsgesteuert, so wäre das entsprechende JK-Flipflop bei J = K = 1 instabil, und die Ausgänge würden zwischen den beiden Schaltwerten oszillieren. Daher sind einfache JK-Flipflops nur flankengetriggert sinnvoll. Diese Beschränkung trifft nicht auf die MS-Version zu.

Bild 12.11 zeigt die Struktur eines negativ flankengetriggerten MS-JK-Flipflops mit invertierten vorrangigen Eingängen. Bei einer positiven Triggerflanke

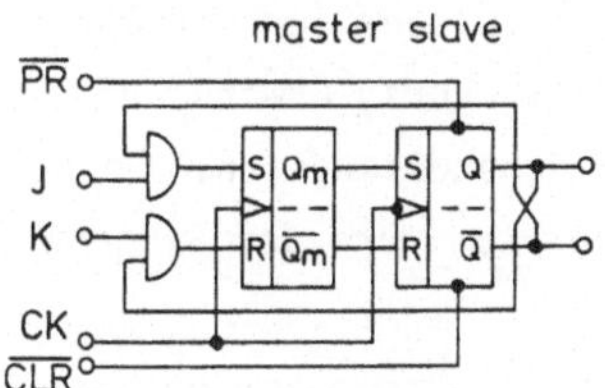

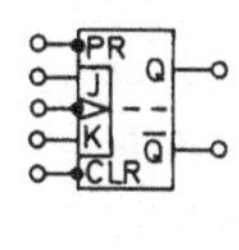

Bild 12.11.

Negativ flankengetriggertes MS-JK-Flipflop

nimmt das Master-Flipflop einen durch J, K und Q bestimmten Zustand ein. Bei der negativen Flanke wird dieser Zustand auf das Slave-Flipflop übertragen.

TTL-Zählerbausteine enthalten MS-JK Flipflops des dargestellten Typs. In Registerbausteinen finden sich entsprechende RS-Typen. Bei ihnen entfallen die AND-Gatter vor dem Master-Flipflop in Bild 12.11.

12.4 Clock-Generatoren

Spezielle Bausteine der TTL-Familie wurden entwickelt, um Univibratoren mit Impulsdauern von 100 ns bis in den Minutenbereich zu realisieren. Z.B. enthält der Baustein SN74123 zwei Univibratoren, die sich zu einem Clockgenerator kombinieren lassen. Bei minimaler Erholzeit können Puls- und Pausendauer unabhängig voneinander eingestellt werden. Der Baustein ist gegen Schwankungen von Temperatur und Versorgungsspannung stabilisiert.

Die Univibratoren des SN74123 sind flankengetriggert, nachtriggerbar und mit vorrangigen Löscheingängen versehen. Ihr Schaltverhalten wird anhand der Prinzipschaltung in Bild 12.12 erläutert. Im Ruhezustand (CLR = 0, E = 0) sind beide Transistoren gesperrt, C auf u = 5 V aufgeladen und Q = 0. Der symbolisch darge-

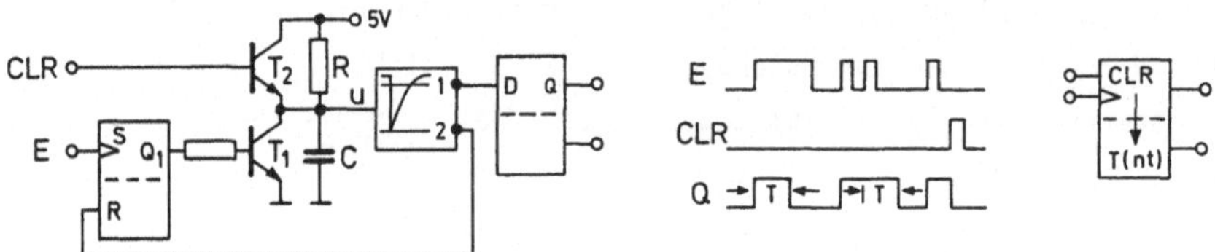

Bild 12.12. Prinzipschaltung eines positiv flankengetriggerten nachtriggerbaren (nt) Univibrators mit vorrangigem Löscheingang und TTL-Schaltpegeln

stellte Diskriminator mit invertierten Ausgängen enthält zwei Schwellenwertdetektoren. Der eine spricht bei U_1 (z.B. 4 V), der andere bei U_2 (z.B. 1 V) an. Bei einer positiven Flanke an E wird das RS-Flipflop gesetzt, und C wird über T_1 entladen. Bei $u = U_1$ wird D und damit Q = 1. Bei $u = U_2$ wird das RS-Flipflop zurückgesetzt, T_1 gesperrt, und C lädt sich mit der Zeitkonstante RC auf. Wenn u nach der Dauer T den oberen Schwellenwert U_1 erreicht hat, wird Q = 0. Fällt ein weiterer Impulsanstieg an E in die Phase T, so wird C erneut entladen, und der Ruhezustand tritt erst wieder ein, wenn nach dem zweiten Impulsanstieg die Dauer T verstrichen ist. – Ein Löschimpuls CLR = 1 schließt R über T_2 kurz, C wird auf annähernd 5 V aufgeladen, und es stellt sich spontan der Ruhezustand ein.

Bei einem normalen, also nicht-nachtriggerbaren Univibrator wäre der Eingang E für die Dauer des Ausgangsimpulses gesperrt.

Die Beschaltung des SN74123 nach Bild 12.13 zu einem Clock-Generator enthält die externen Widerstände R_1, R_2 sowie die Kondensatoren C_1, C_2. Die positiven Flanken am Ausgang $\overline{Q}$ eines Univibrators triggern den jeweils anderen. Die Schaltdauern T_1, T_2 können nach der Beziehung

$$T = 0.32 \, (R + 0.7 k\Omega) \, C \tag{12.1}$$

berechnet werden. Sie gilt für R von 5 kΩ bis 50 kΩ und für C > 1 nF. Der Multivibrator wird bei $2A = 0$ gestartet. Die invertierten Löscheingänge $\overline{CLR}$ können offen bleiben.

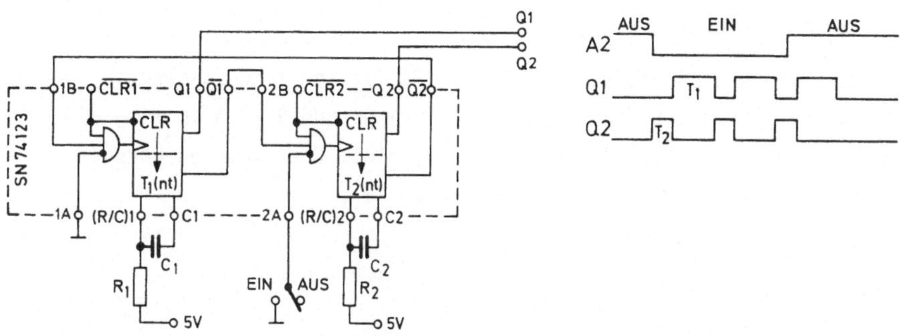

<u>Bild 12.13.</u> Clock-Generator mit den in Serie geschalteten nachtriggerbaren (nt) Univibratoren des SN74123. Die Kennzeichnung der Anschlüsse entspricht der des Datenblattes.

Schließlich sei auf die Einfachlösung in Bild 12.14 mit nur einem NAND-Gatter mit Schmitt-Trigger hingewiesen. Die Schaltung arbeitet wie der Multivibrator mit Operationsverstärker in Bild 10.7c. Für R von 100 Ω bis 470 Ω beträgt die Periodendauer der Impulsfolge etwa 1.4 RC.

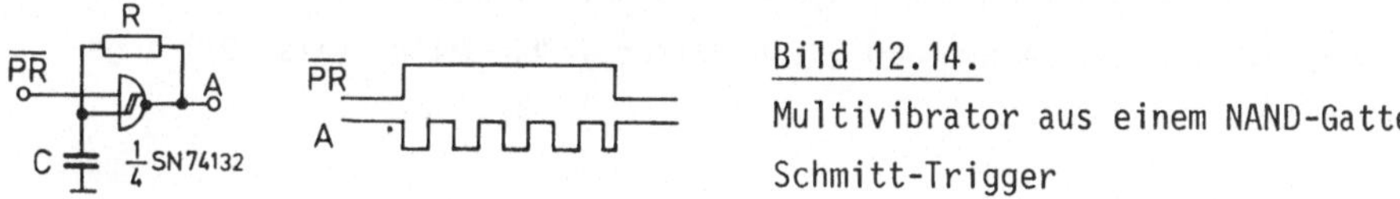

<u>Bild 12.14.</u>
Multivibrator aus einem NAND-Gatter mit Schmitt-Trigger

12.E DO IT YOURSELF

Zur Anzeige digitaler Schaltwerte werden in den folgenden Übungsbeispielen LEDs verwendet (Bild 12.15). Sie können über den strombegrenzenden Widerstand direkt

<u>Bild 12.15.</u> Optische Anzeige von Schaltzuständen in TTL-Schaltungen (a) und das in diesem Buch verwendete Zeichen (b).

angeschlossen werden, ohne die Ausgänge von TTL-Bausteinen der Standardbaureihe zu überlasten.

12.E.1 Bistabile Kippschaltungen aus TTL-Gattern

a) Bei der Verifizierung der Wahrheitstabelle der RS-Flipflops in Bild 12.1 sind die Eingangs- und Ausgangszustände durch LEDs gemäß Bild 12.15 anzuzeigen.

b) Beim Betrieb des D-Flipflops nach Bild 12.2 ist der Eingang D über einen Widerstand R wechselweise mit Masse und mit + 5 V zu verbinden. Bei welchem maximalen Wert von R schaltet das Flipflop noch zuverlässig?

12.E.2 Uni- und Multivibrator aus TTL-Gattern

a) Zum Ansteuern des Univibrators nach Bild 12.3a ist der Impulsgenerator in Bild 12.16 geeignet (S = 100-Hz-Schalter). Für C = 1 µF und R = 3.3 kΩ wird die Impulsdauer T am Ausgang Q oszilloskopisch beobachtet. Über welchen Bereich kann R variiert werden, und wie ändert sich dabei T?

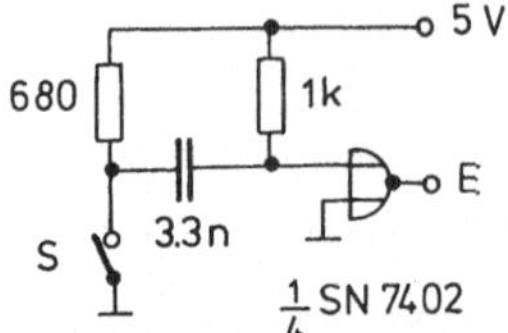

Bild 12.16. Impulsgenerator zur Ansteuerung des Univibrators nach Bild 12.3a

   b) Wie wären die Schaltungen bei Verwendung von NAND-Gattern ($\frac{3}{4}$ SN7400) zu verändern?

   c) Beim Betrieb des Multivibrators nach Bild 12.3b mit C = 1 µF ist der zulässige Bereich für den Widerstand R zu ermitteln. Wodurch ist dieser Bereich begrenzt, und welche Abhängigkeit beobachten Sie für die Frequenz f(R)? – Durch die Rückkopplung werden die Ausgänge des Multivibrators verzerrt. Zur Verbesserung der Impulsform kann an $\overline{Q}$ ein weiteres NOR-Gatter (als NOT) angeschlossen werden.

12.E.3 MS-Flipflops aus TTL-Gattern

a) Bei den MS-RS-Flipflops in Bild 12.17a werden Schaltzustände mit LEDs angezeigt. Der Versuch, den Takteingang manuell zu betreiben (Verbinden und Lösen von T mit bzw. von Masse) muß scheitern, da durch Kontaktprellen die an R und S

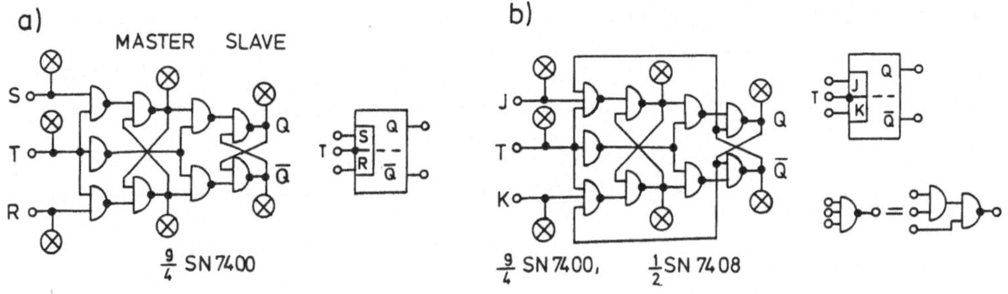

Bild 12.17. Negativ taktzustandsgesteuerte MS-Flipflops: MS-RS-Flipflop (a) und MS-JK-Flipflop (b). Diodenanzeige gemäß Bild 12.15.

angelegten Zustände unbeobachtbar schnell auf das Slave-Flipflop übertragen werden. Erst das Vorschalten eines D-Flipflops gemäß Bild 12.2 vor den Takteingang T ermöglicht einen an den LEDs ablesbaren Betrieb. Die Wahrheitstabelle in Bild 12.6a ist zu überprüfen.

b) Unter Verwendung zweier zusätzlicher NAND-Gatter kann das RS-Flipflop zu einem JK-Flipflop erweitert werden (Bild 12.17b). Finden Sie die Wahrheitstabelle gemäß Bild 12.6c bestätigt?

c) Wie kann das MS-RS-Flipflop in Bild 12.17a zu einem positiv taktzustandsgesteuerten MS-JK-Flipflop modifiziert werden, und zwar unter Verzicht auf das NOT-Gatter? (Hinweis: Verwendung zweier zusätzlicher NOR-Gatter, den $T \cdot Q = \overline{\overline{T} + \overline{Q}}$.)

12.E.4 Clock-Generatoren aus speziellen Bausteinen

a) Beim Multivibrator gemäß Bild 12.14 sind der zulässige Bereich für R und die angegebene Beziehung zwischen Schwingungsdauer und der Zeitkonstanten RC zu überprüfen.

b) Beim Clock-Generator gemäß Bild 12.13 ist das angegebene Schaltverhalten zu überprüfen. Mit $R = 68$ kΩ und $C = 47$ µF erhält man Schwingungsdauern von etwa 1 s, was eine Beobachtung mit LEDs (Bild 12.15) ermöglicht.

13. Weitere digitale Schaltungen

13.1 Kombinatorische Schaltungen

Der Ausgangszustand kombinatorischer Schaltungen (Schaltnetze) ist im Gegensatz zu sequentiellen Schaltungen (Schaltwerken) eindeutig durch den Zustand der Eingangsvariablen bestimmt. Schaltnetze enthalten also keine Speicher (Flipflops).

13.1.1 Codewandler

Es gibt zahlreiche Codes ('code') zur Verschlüsselung numerischer oder alphanumerischer Information, die alle für spezielle Zwecke gewisse Vorteile haben. Das Prinzip des Codewandlers wird hier zunächst anhand des Codierers, der dezimale Ziffern (1-aus-10-Code) in den 8421- oder BCD-Code ('binary coded decimal') überführt, und des entsprechenden Decodierers erläutert.

Der Codierer in Bild 13.1a besteht aus vier OR-Gattern mit unterschiedlicher Anzahl von Eingängen. Das 2^3-Gatter hat beispielsweise nur zwei Eingänge, eine Folge des Fehlens der Ziffern 10 bis 15 im 1-aus-10-Code.

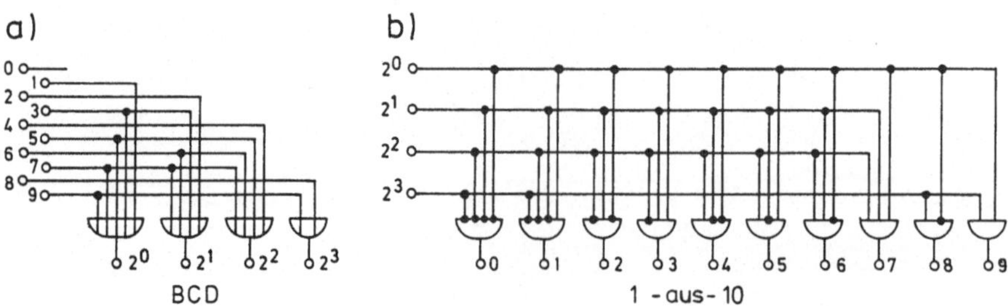

Bild 13.1. Codierer (a) zur BCD-Darstellung einer Dezimalziffer und entsprechender Decodierer (b)

Der Decodierer in Bild 13.1b enthält zehn AND-Gatter, deren Eingänge der Eindeutigkeit wegen teilweise invertiert sind. So ist bei der Decodierung des 2^2-Bits als Ziffer 4 zu beachten, daß dieses Bit auch in den Ziffern 5 bis 7 auftritt, die zusätzlich die Bits 2^0 und 2^1 enthalten. Also müssen bei der Decodierung der Dezimalziffer 4 die Bits 2^0 und 2^1 in Antikoinzidenz mit dem Bit 2^2 geschaltet werden.

Einen getakteten Decodierer, wie er z.B. zur Decodierung einer binärcodierten n-Bit-Adresse in den 1-aus-2^n Code (z.B. oktal oder hexadezimal) in Halbleiterspeichern verwendet wird, zeigt Bild 13.2. In ihm liegt für jedes Bit i der

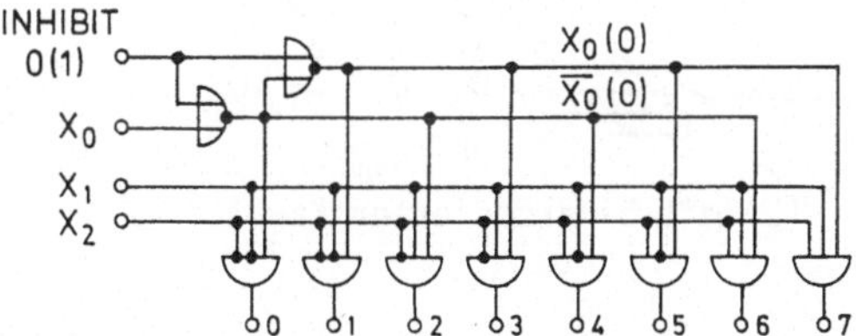

Bild 13.2.
Decodierer für eine 3-Bit-Adresse
mit Takteingang INHIBIT

Adresse $X = x_2 x_1 x_0$ entweder x_i oder $\overline{x_i}$ am Eingang der Dreifachgatter. Hierdurch zeigt nur einer der acht Ausgänge den Schaltwert 1. Der Decodierer wird durch INHIBIT = 1 außer Funktion gesetzt. Dann sehen nämlich alle Ausgangsgatter $x_0 = \overline{x_0} = 0$ und sperren.

Die technisch einfachste Realisierung von Codewandlern besteht aus Diodenmatrizen. Die in Bild 13.3 dargestellten Beispiele enthalten Diodengatter mit je zwei Eingängen, und zwar der Codierer zwei OR-, der Decodierer vier AND-Gatter.

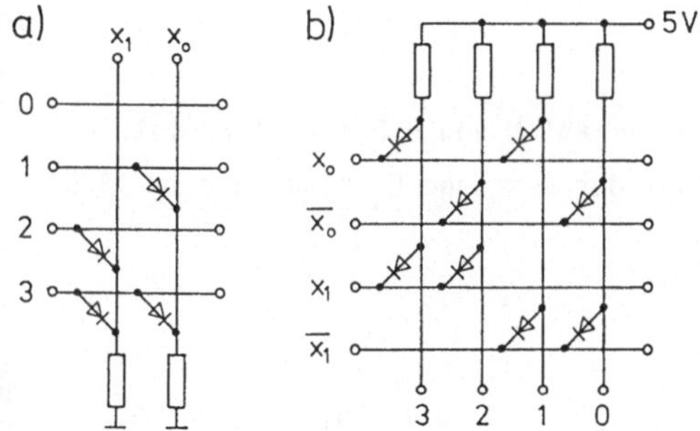

Bild 13.3.
Codierer (a) und Decodierer (b)
für eine 2-Bit-Adresse mit Diodenmatrizen für TTL-Schaltpegel

Die gezeigten Codewandler für n-Bit Adressen schöpfen die Bereiche von Ein- und Ausgangscode voll aus. Die Schaltungen besitzen daher eine hohe Symmetrie. Zur Optimierung von Codewandlern mit geringerer Symmetrie eignen sich zweidimensionale Wahrheitstabellen (Karnaugh-Veitsch-Diagramme) für die in Abschnitt 11.2 erwähnten Verfahren zur Minimierung des Schaltaufwandes.

13.1.2 Multiplexer und Demultiplexer

Ein Multiplexer (von lat. 'plexum' geflochten) ermöglicht die Datenübertragung von einem der anwählbaren Eingangskanäle D_i auf einen gemeinsamen Ausgangskanal ('Datenbus') D. Die Kanaladresse i ist meist binär codiert und wird, wie in Bild 13.4 dargestellt, in einem Decodierer entschlüsselt. INHIBIT = 1 unterbricht die Datenübertragung.

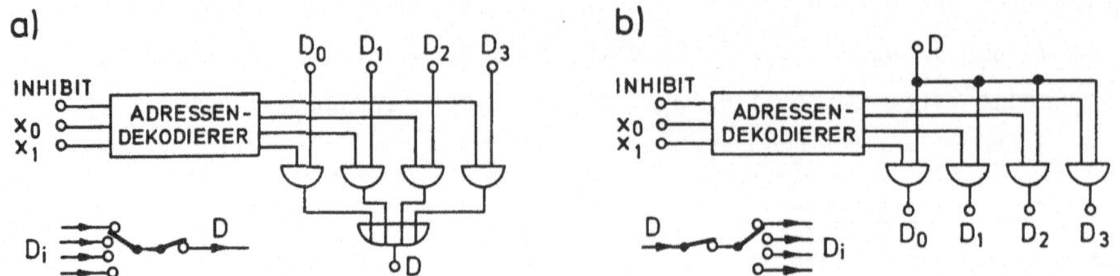

Bild 13.4 Multiplexer (a) und Demultiplexer (b) mit binärcodierter Kanaladresse $x_1 x_0$ und mechanischen Analoga

Der Demultiplexer hat die umgekehrte Funktion. Er verbindet den Eingangskanal D mit einem der anwählbaren Ausgangskanäle D_i (Bild 13.4b).

13.2 Zählerschaltungen

In TTL-Bausteinen, die für Zählerschaltungen geeignet sind, werden flankengetriggerte MS-JK-Flipflops verwendet. Sind die Eingänge J oder K nicht gekennzeichnet oder nicht mit Anschlüssen versehen, so ist ihnen der Schaltwert 1 zuzuordnen, wie es dem Schaltverhalten von TTL-Gattern mit offenen Eingängen entspricht.

13.2.1 Asynchrone Binärzähler

Ein Binärzähler aus n Flipflops kann eine Impulszahl N von 0 bis 2^n-1 registrieren. Die Schaltwerte und der zeitliche Verlauf der Ausgänge Q_i sind in Bild 13.5

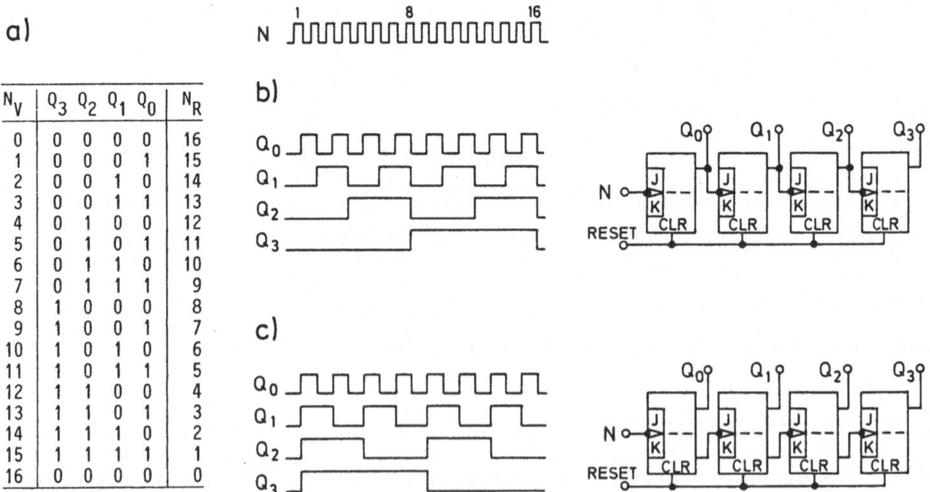

N_V	Q_3	Q_2	Q_1	Q_0	N_R
0	0	0	0	0	16
1	0	0	0	1	15
2	0	0	1	0	14
3	0	0	1	1	13
4	0	1	0	0	12
5	0	1	0	1	11
6	0	1	1	0	10
7	0	1	1	1	9
8	1	0	0	0	8
9	1	0	0	1	7
10	1	0	1	0	6
11	1	0	1	1	5
12	1	1	0	0	4
13	1	1	0	1	3
14	1	1	1	0	2
15	1	1	1	1	1
16	0	0	0	0	0

Bild 13.5. Wahrheitstabelle (a) und Impulsverläufe sowie Schaltung für 4-Bit-Binärzähler: Vorwärtszähler (b) und Rückwärtszähler (c). Für letzteren ist die Wahrheitstabelle von unten nach oben zu lesen (N_R).

für 4-Bit-Zähler aus negativ flankengetriggerten Flipflops dargestellt, und zwar für Vorwärts- und Rückwärtszähler. Bei jeder negativen Flanke eines Zählimpulses ändert sich der Schaltwert des Ausgangs Q_0 des ersten Flipflops. Innerhalb der Zähler ist die Triggerlogik der beiden Typen komplementär. Beim Vorwärtszähler (Bild 13.5b) ändert Q_{i+1} seinen Schaltwert bei einer negativen Flanke von Q_i, beim Rückwärtszähler (Bild 13.5c) bei einer positiven Flanke von Q_i. Daher sind beim Vorwärtszähler die Ausgänge Q_i, beim Rückwärtszähler die Ausgänge $\overline{Q_i}$ mit dem Takteingang des jeweils folgenden Flipflops verbunden.

Durch gesteuerte Komplementierung der Ausgänge Q_i in Bild 13.5b mit EXOR-Gattern vor den Takteingängen kann man Vorwärts- und Rückwärtszähler in einem Baustein vereinen.

TTL-Zählerbausteine sind mit Löscheingängen (RESET) versehen. Insbesondere Rückwärtszähler haben PRESET-Eingänge, die über AND-Gatter mit gemeinsamem PRESET-ENABLE-Eingang das Einlesen eines gewünschten Zählerstandes erlauben (ähnlich wie in Bild 13.8 dargestellt). Das Erreichen des Zählerstandes N = 0 kann durch den Schaltwert 1 am Ausgang eines NOR-Gatters angezeigt werden, dessen Eingänge mit den Q_i verbunden sind. Bei unregelmäßiger Zeitfolge der Eingangsimpulse spricht man dann von einem Vorwahlzähler ('preset scaler'), bei regelmäßiger Zeitfolge von einem Zeitgeber oder Timer ('timer').

Bei den geschilderten Zählern ist der Schaltzeitpunkt eines Flipflops gegen die Zählimpulse um die Laufzeit in den dazwischenliegenden Stufen (einige 10 ns je Stufe) verzögert. Bei hohen Zählraten aud Auslesen während des Zählens kann diese asynchrone Anzeige des Zählerstandes stören. Der folgende Zählertyp vermeidet derartige Störungen.

13.2.2 Synchrone Binärzähler

In einem synchronen Binärzähler werden die Zählimpulse gleichzeitig auf alle Takteingänge der Kippstufen gegeben, so daß der Zählerstand an den Ausgängen Q_i zur gleichen Zeit, also synchron angezeigt wird.

Bild 13.6 zeigt einen synchronen 4-Bit-Binärzähler, der sich zur Schaltung in Kette mit gleichen ICs eignet. Bei jeder negativen Flanke der Zählimpulse kippt das erste Flipflop. Gatter 1 ist nur dann geöffnet und versetzt das zweite Flipflop in einen kippbaren Zustand ($J = K = 1$), wenn $Q_0 = 1$ erfüllt ist. Vergleichbares

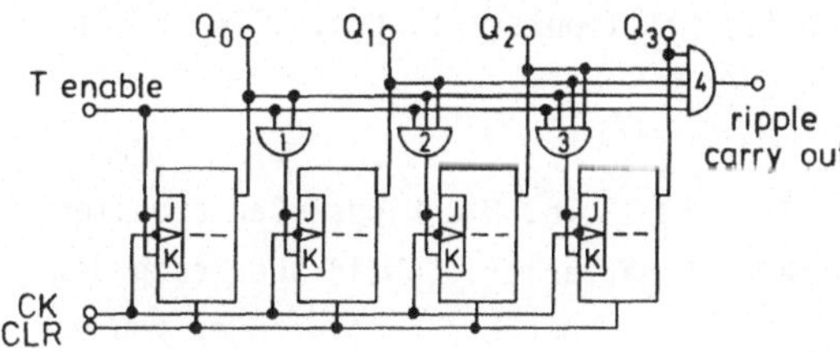

Bild 13.6.
Synchroner 4-Bit-Binärzähler

gilt für die Gatter 2 und 3. Der neue Zählerstand wird bei der positiven Flanke an CK synchron zwischengespeichert und bei der negativen Flanke synchron an den Ausgängen Q_i angezeigt.

Der Ausgang des Gatters 4 ('ripple carry out') wird an den Eingang 'T enable' des folgenden 4-Bit-Binärzählers angeschlossen und aktiviert diesen nur dann, wenn alle vorangehenden Bits Q_i auf 1 liegen.

13.2.3 Untersetzer (Frequenzteiler)

Ein 1:n-Untersetzer liefert pro n Eingangsimpulse einen Ausgangsimpuls und setzt sich selber wieder zurück. Haben die Eingangsimpulse eine regelmäßige Zeitfolge (Frequenz), so wird er als Frequenzteiler bezeichnet.

Ein k-Bit-Binärzähler stellt bereits einen $1:2^k$-Untersetzer dar. Untersetzer für beliebiges n gehen aus Binärzählern hervor, indem man logische Verknüpfungen der Q_i benutzt, um die Zähler zurückzusetzen. Zur Erläuterung diene das folgende Beispiel:

Mit der Netzfrequenz (50 Hz) soll eine Digitaluhr konstruiert werden, deren Stunden (von 0 bis 23), Minuten und Sekunden mit Hilfe des Decodierers in Bild 13.1b entschlüsselt werden können. Nach Bild 13.7a benötigt man hierzu einen Untersetzer 1:50, der nicht BCD-codiert zu sein braucht, je zwei 1:10- und 1:6- sowie einen 1:24-Untersetzer.

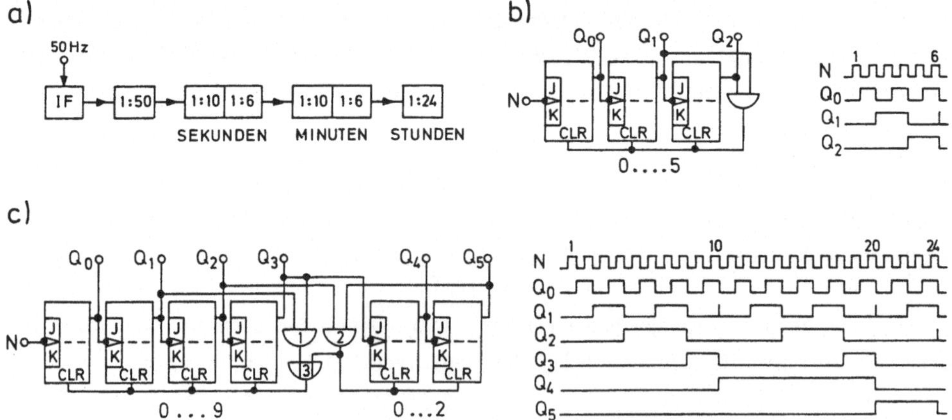

Bild 13.7. Schema (a) zum Bau einer digitalen Uhr mit Hilfe der Netzfrequenz, 1:6-Untersetzer (b) und 1:24-Untersetzer (c) mit Impulsverläufen. IF = Impulsformer.

Beginnen wir mit dem 1:6-Untersetzer in Bild 13.7b. Die Kippstufen arbeiten bis nach dem fünften Impuls wie ein normaler Binärzähler. Sobald aber nach dem sechsten Impuls $Q_1 = 1$ geworden ist, wird der Zähler durch die Koinzidenz von Q_1

und Q_2 über das AND-Gatter und die vorrangigen Eingänge CLR zurückgesetzt. Q_1 zeigt dabei einen Nadelimpuls, der für eine optische Anzeige zu kurz ist. Der nächste Untersetzer wird an Q_2 angeschlossen.

Ein 1:24-Untersetzer könnte aus einem 2-Bit-Binärzähler (1:4) und einem 1:6-Untersetzer aufgebaut werden, mit insgesamt fünf Flipflops. Die geforderte Kodierung bedingt ein zusätzliches Flipflop. Die ersten vier Flipflops des Stundenzählers in Bild 13.7c bilden einen 1:10-Untersetzer, der sich über die Gatter 1 und 3 um 10 und um 20 Uhr zurücksetzt. Zusätzlich erfolgt eine Rücksetzung aller Flipflops um Mitternacht, und zwar über die Gatter 2 und 3 durch die Koinzidenz zwischen Q_2 und Q_5.

Die 1:10-Untersetzer können wie im Stundenzähler aufgebaut werden (Q_0 bis Q_3 in Bild 13.7c, ohne Gatter 3). Sie bestehen aus einem 1:2-Untersetzer (Q_0) und aus einem 1:5-Untersetzer (Q_1 bis Q_3). Diese Aufteilung ist kompatibel mit dem BCD-Code.

Der 1:50-Untersetzer ließe sich aus einem 1:5- und einem 1:10-Untersetzer realisieren mit insgesamt sieben Flipflops. Da keine Decodierbarkeit gefordert ist, kann man ein Flipflop einsparen. Es genügt, einen 6-Bit-Binärzähler durch eine Koinzidenz von Q_1, Q_4 und Q_5 zurückzusetzen ($50 = 2^1 + 2^4 + 2^5$).

13.3 Schieberegister

Schieberegister werden in Rechenwerken, bei der Konversion zwischen paralleler und serieller Datenübertragung und als Umlaufspeicher verwendet. Sie bestehen aus in Kette geschalteten MS-RS-Flipflops. Bei einem gemeinsamen Taktimpuls wird die gespeicherte Information um ein Flipflop verschoben.

Bild 13.8 zeigt das 5-Bit-Schieberegister SN7496 mit der dem Datenblatt entnommenen Bezeichnung der Ein- und Ausgänge. Im Betriebszustand ist PRESET ENABLE

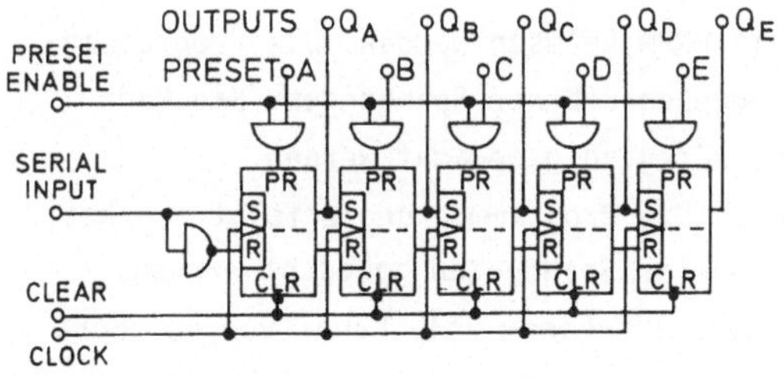

Bild 13.8.
Das 5-Bit-Schieberegister SN7496 mit serieller und paralleler Ein- und Ausgabe

= 0 und CLEAR = 1 oder unbeschaltet. Zur parallelen Eingabe wird eine 5-Bit-Zahl ('Wort') an die PRESET-Eingänge A bis E gelegt und PRESET ENABLE kurz nach 1 getaktet (oder von Masse gelöst). An den Ausgängen Q_A bis Q_E erscheint dann das eingelesene Wort ABCDE. Bei der negativen Flanke des nächsten CLOCK-Impulses wird der Inhalt einer Kippstufe in das Master-Flipflop der folgenden zwischengespeichert und bei der darauf folgenden positiven Flanke auf den Slave übertragen. Das eingelesene Wort ist somit um ein Bit nach rechts verschoben worden. Bei einer Folge von Clockimpulsen wandert das eingelesene Wort nach rechts aus, während das Schieberegister von links mit der Information gefüllt wird, die jeweils bei der negativen Flanke der CLOCK-Impulse an dem Eingang SERIAL INPUT angelegen hat.

Verbindet man Q_E mit SERIAL INPUT, so geht die eingelesene Information nicht verloren, sondern wird von links seriell wieder eingelesen (Umlaufspeicher). Diese Betriebsart eignet sich beispielsweise zur Erzeugung eines bestimmten Taktzyklus für serielle Rechenwerke.

Zum Löschen des Registers wird CLEAR = 0 gesetzt. Dabei hat das Löschen Vorrang gegenüber PRESET ENABLE, was aus dem gezeigten Schema nicht, wohl aber aus der Wahrheitstabelle im Datenblatt hervorgeht.

Rechts-Links-Schieberegister erlauben die Wahl der Schieberichtung anhand eines zusätzlichen Steuereingangs.

13.4 Halbleiterspeicher

Halbleiterspeicher bestehen aus einer Matrix von Speicherzellen mit einer Schaltung zur Adressierung, zur Datenein- und -ausgabe. Die folgenden Typen unterscheiden sich durch die Art der Dateneingabe:

- RAM ('random access memory'): Daten können mit wahlfreiem Zugriff ein- und ausgelesen werden.

- ROM ('read only memory'): Lesespeicher, dessen Inhalt bei der Fabrikation des Bausteins festgelegt wird. Eine Schreibmöglichkeit fehlt.

- PROM ('programable ROM'): Lesespeicher, der einmal irreversibel programmiert werden kann, z.B. durch Ausbrennen interner Verbindungen mit einer angelegten Überspannung.

- EPROM ('erasable PROM'): Kann wie ein PROM gelesen werden. Die Programmierung erfolgt durch Anlegen individuell vorgeschriebener Spannungen. Sie kann durch Bestrahlen mit ultraviolettem Licht rückgängig gemacht werden.

- E^2PROM ('electrically erasable PROM'): Die Programmierung erfolgt wie beim EPROM. Sie kann jedoch durch Anlegen geeigneter Spannungen gelöscht werden.

Die erreichbare Dichte der Speicherplätze auf einem Chip hängt von den Fortschritten bei der Si-Mikrotechnologie sowie von der erzeugten Verlustleistung und damit von der verwendeten Schaltungstechnik ab. SSI- ('small scale integration') und MSI-Bausteine ('medium SI') werden in TTL-Technik hergestellt. LSI-Bausteine ('large SI') dagegen in CMOS-Technik. Die höchste Integration erzielen die CMOS-DRAMs ('dynamic RAM'), bei denen eine Speicherzelle nur noch aus einem MOSFET besteht. Seine Ladung in der Gate-Source-Kapazität bestimmt den Schaltwert. Sie muß allerdings periodisch aufgefrischt werden ('refresh'). In der Entwicklung

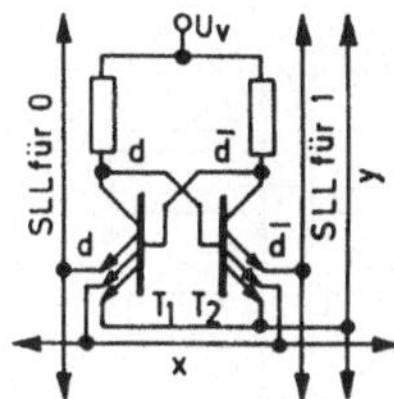

Bild 13.9.
Speicherzelle eines bitstrukturierten Halbleiterspeichers in TTL-Technik. SLL = Schreibleseleitung,
x und y = Adressen.

sind Chips für 16 MBit (1 Mega-Bit = 2^{20} Bit = 1.048.576 Bit).

Halbleiterspeicher sind entweder bit- (zwei Adressen x, y) oder wortstruktu-
riert (eine x-Adresse). Die Speicherzelle eines bitstrukturierten TTL-RAM enthält
zwei als Flipflop geschaltete Dreiemittertransistoren (Bild 13.9). Je zwei Emitter dienen zur Adressierung und einer ist mit einer der beiden Schreibleseleitun-
gen (SLL) verbunden. Nur wenn die x- und y-Leitungen gleichzeitig in Richtung U_V
getaktet werden, sind die Anschlüsse d und $\bar{d}$ aktiv. Dann wird zum Schreiben
beispielsweise d über einen gesättigten Transistor auf 0.2 V gehalten, während der
entsprechende Transistor an der Leitung zu $\bar{d}$ gesperrt ist. In diesem Fall wäre
T_1 leitend, T_2 gesperrt. Wird nach dem Schreiben eine der beiden Adreßleitungen
in Richtung Masse gesteuert, so übernimmt der entsprechende Emitter von T_1
den Strom, und der Zustand des Flipflops bleibt erhalten. Hieran ändert sich
nichts, wenn auch die andere Adreßleitung in Richtung Masse gesteuert wird.

Beim Lesen sind die erwähnten Schreibtransistoren hochohmig. Werden nun die
beiden Adreßleitungen in Richtung U_V gesteuert, so steuern die beiden SL-Leitungen stromempfindliche Leseverstärker, deren Eingänge auf 0.3 V gehalten werden und die Stabilität des Flipflops nicht stören.

In einer bitstrukturierten Speichermatrix haben alle Flipflops einer Zeile
eine gemeinsame x-Leitung, alle Flipflops in einer Spalte eine gemeinsame y-Lei-
tung. Die beiden SL-Leitungen laufen durch die gesamte Matrix, sind also an alle
Speicherzellen angeschlossen.

Bild 13.10 zeigt die Struktur des 64-Bit RAM SN7489. Es enthält Speicherzellen
für 16 Worte zu je 4 Bit. Durch die binärcodierte Zeilenadresse x=ABCD wird ein
Wort adressiert. Das in Anlehnung an das Datenblatt gezeichnete Schema enthält
für alle entsprechenden Wortbits nur eine SL-Leitung. Die Innenschaltungen der
Flipflops und der SL-Verstärker (SLV) sind nicht veröffentlicht. Die Treiber mit
offenem Kollektor (ok) ermöglichen die Kaskadierung gleicher Bausteine zur Verviel-
fachung der Speicherkapazität (WIRED AND, siehe Abschnitt 11.4.4).

Die angegebene Funktionstabelle erklärt die Wirkung der Steuereingänge ME
('memory enable') und WE ('write enable'). Bei ME = 0 wird entweder die an den
Eingängen DATA INPUT angelegte Information $d_4 d_3 d_2 d_1$ in das RAM eingelesen
(WE = 0), oder es wird die eingelesene Information $d_{x4} d_{x3} d_{x2} d_{x1}$ ausgelesen
(WE = 1). Bei ME = 1 ist die Adressierung des RAM unterdrückt, das Komplement

ME	WE	OUTPUT	Funktion
0	0	$\overline{d_i}$	Schreiben $d_{xi}=d_i$
0	1	$\overline{d_{xi}}$	Lesen
1	0	$\overline{d_i}$	Lesen unterdrückt
1	1	1	keine

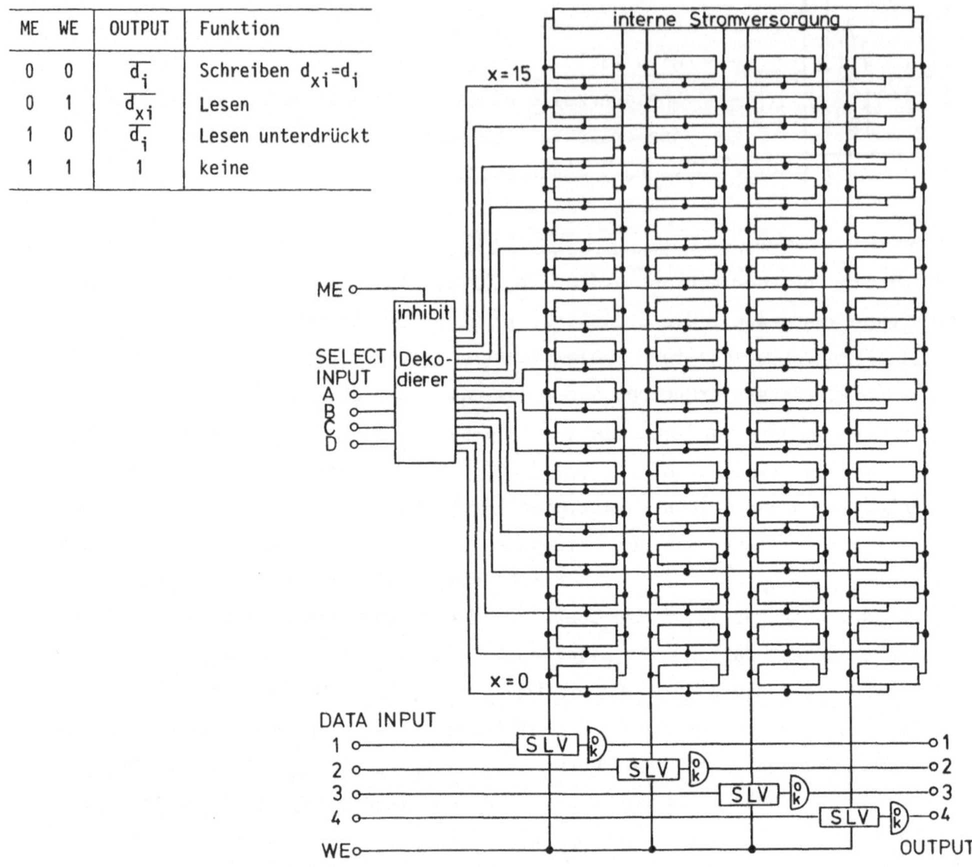

<u>Bild 13.10.</u> Das 64-Bit-RAM SN7489 für 16 Worte zu 4 Bit. Adresseneingänge A bis D, je vier Dateneingänge (DATA INPUT) und Datenausgänge (OUTPUT). Die Schreibleseverstärker (SLV) steuern die Treibergatter mit offenen Kollektoren (ok). In der Funktionstabelle bedeuten d_i und d_{xi} Bit i der Eingangs- bzw. der gespeicherten Information.

der an den Eingängen anstehenden Information erscheint an den Ausgängen (WE = 0) oder die Ausgangstransistoren aller Ausgangsgatter sind hochohmig (WE = 1).

13.E DO IT YOURSELF

13.E.1 Binärzähler und Untersetzer

a) Der Baustein SN7493 in Bild 13.11 enthält vier negativ flankengetriggerte MS-JK-Flipflops mit gemeinsamer Rücksetzung $CLR = R_0 \cdot R_1$. Flipflop A kann getrennt betrieben werden, während B bis D intern verbunden sind. Die vorbereitenden Ein-

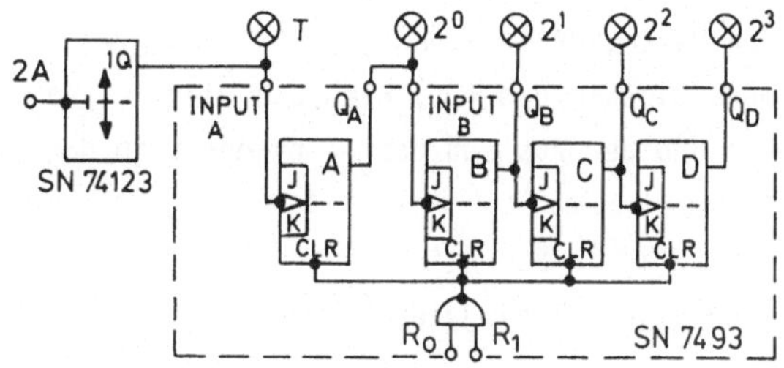

Bild 13.11.

4-Bit-Binärzähler SN7493 mit

Clock-Generator nach Bild 12.13.

gänge (J, K) liegen auf 1. Zum Betrieb des 4-Bit-Binärzählers ist der gemäß Bild 12.13 verdrahtete Clockgenerator zu verwenden ($R_1 = R_2 = 68$ kΩ, $C_1 = C_2 = 47$ µF).

b) Durch Verbinden der Ausgänge Q_B und Q_D mit R_0 bzw. R_1 erhält man eine 8421- oder BCD-codierte Dekade und damit auch einen 1:10-Untersetzer.

c) Wie erhält man einen 1:3-, einen 1:9- und einen 1:12-Untersetzer?

13.E.2 Serielle Datenübertragung

a) Bei der seriellen Datenübertragung nach Bild 13.12 wird ein 5-Bit-Wort in das Senderegister parallel eingelesen, durch Steuerimpulse am Ausgang seriell

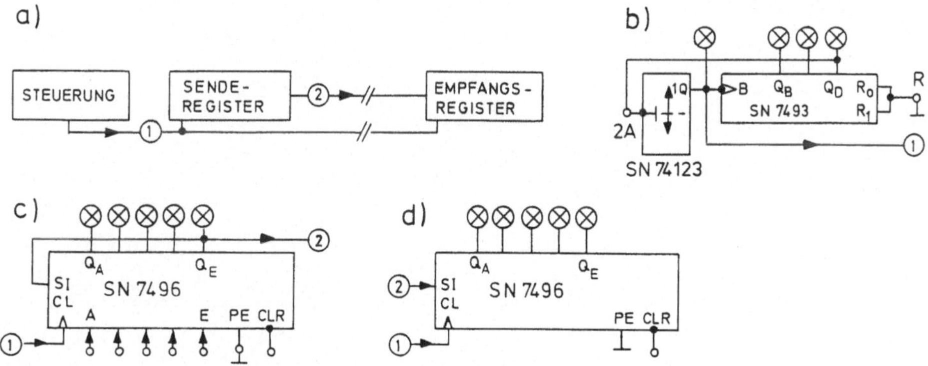

Bild 13.12. Serielle Übertragung von 5-Bit-Worten: Prinzipschaltung (a), Steuerung (b), Sende- (c) und Empfangsregister (d).

ausgegeben und im gleichen Rhythmus von dem Empfangsregister über die Datenleitung 2 seriell eingelesen. Nach fünf Impulsen kann das übertragene Wort am Empfangsregister parallel ausgelesen werden.

b) Die Steuerung (Bild 13.12b) besteht aus einem Clockgenerator (Bild 12.13) und einem Binärzähler (Bild 13.11). Bei Verbinden von 1Q mit INPUT B und von Q_D mit 2A hält der Generator nach fünf Impulsen an. Durch kurzes Lösen von R von Masse kann ein neuer Zyklus eingeleitet werden.

c) Die Register bestehen aus dem 5-Bit-Schieberegister SN7496 (Bild 13.8). Das Senderegister arbeitet als Umlaufspeicher. Nach Einlesen eines 5-Bit-Wortes über die Eingänge A bis E (CLR kurz an Masse, PE kurz von Masse lösen) wird der Clockgenerator gestartet. Bei jedem Clockimpuls (CL) wird das eingelesene Wort um ein Bit nach rechts verschoben und der Zustand des Flipflops E in das A-Flipflop eingelesen.

d) Für das Empfangsregister ist nur serielle Dateneingabe vorgesehen. Der Inhalt kann durch Erden des CLEAR-Anschlusses (CLR) gelöscht werden.

14. Digitale Rechenschaltungen

In digitalen Rechenschaltungen werden zur Durchführung der Grundrechenarten (Addition, Subtraktion, Multiplikation und Division) Addierer benutzt, die in Abschnitt 14.1 beschrieben werden.

Die Grundrechenarten können seriell und parallel ausgeführt werden. Die serielle Addition S=A+B beispielsweise könnte mit einem Zähler durch sequentielles Einlesen von A und darauf von B Impulsen bewerkstelligt werden. Bei der seriellen Subtraktion D=A-B würde ein Zähler nach A Impulsen auf Rückwärtszählen umgeschaltet werden und nach weiteren B Impulsen die Differenz D anzeigen. Die serielle Subtraktion liefert den Schlüssel zur Darstellung vorzeichenbehafteter Dualzahlen in Rechnern (Abschnitt 14.2).

Parallelschaltungen zeigen das Ergebnis nach einem Takt (Anlegen der Operanden) spontan an. Dabei nimmt jedoch der Schaltaufwand für die Punktrechenarten quadratisch mit der Bitzahl n zu. In Rechnern (n=16 bis 64) wird der Aufwand so groß, daß man auf serielle Schaltungen ausweicht, deren Schaltaufwand nur linear mit n zunimmt. Hinsichtlich serieller Rechenwerke beschränken wir uns auf die serielle Multiplikation (Abschnitt 14.4).

Das Zeichen + wird in diesem Kapitel als Symbol sowohl für die Addition als auch für die OR-Verknüpfung verwendet. Seine jeweilige Bedeutung ist dem Zusammanhang zu entnehmen. Der Punkt bleibt für die Multiplikation reserviert und wird bei der AND-Verknüpfung weggelassen.

14.1 Addierer

14.1.1 Der Halbaddierer

Der Halbaddierer (Bild 14.1) dient zur digitalen Addition zweier Dualziffern a

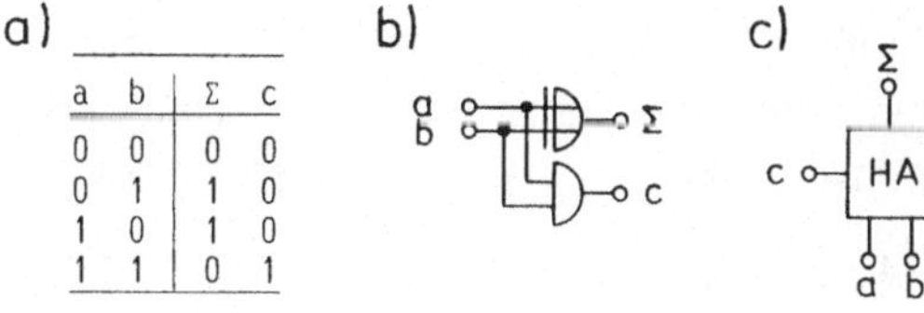

a)

a	b	Σ	c
0	0	0	0
0	1	1	0
1	0	1	0
1	1	0	1

b)

c)

Bild 14.1.

Der Halbaddierer: Wahrheitstabelle (a), Schaltung (b) und Symbol (c).

und b. Er hat für jede Ziffer einen Eingang und je einen Ausgang für die Summe Σ und für den Übertrag c ('carry'). Der Wahrheitstabelle entnimmt man die schaltalgebraischen Ausdrücke

$$\Sigma = a\overline{b} + \overline{a}b = a \oplus b \quad , \tag{14.1}$$

$$c = ab \quad . \tag{14.2}$$

Die Schaltung in Bild 14.1b enthält demnach ein EXOR- und ein AND-Gatter.

14.1.2 Der Volladdierer

Der Volladdierer (Bild 14.2) addiert gegenüber dem Halbaddierer zusätzlich den Übertrag c_{i-1} eines vorangehenden Addierers. Aus den disjunktiven Normalformen

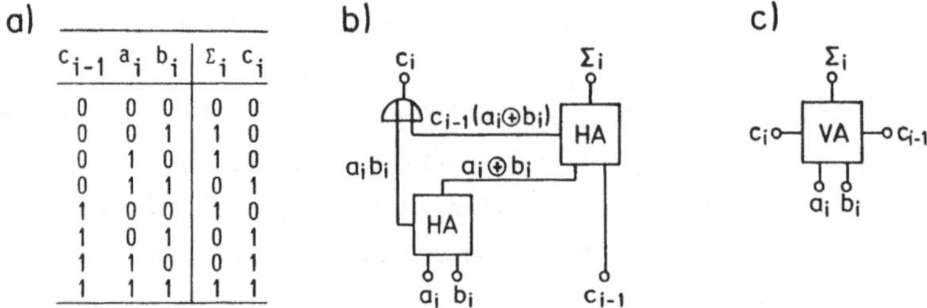

Bild 14.2. Der Volladdierer: Wahrheitstafel (a), Aufbau mit zwei Halbaddierern (b) und Symbol (c)

für die Ausgänge Σ_i und c_i erhält man die folgenden Ausdrücke:

$$\Sigma_i = \overline{c_{i-1}}(\overline{a_i}b_i + a_i\overline{b_i}) + c_{i-1}(\overline{a_i}\overline{b_i} + a_i b_i) = c_{i-1} \oplus (a_i \oplus b_i) \tag{14.3}$$

$$c_i = \overline{c_{i-1}}a_i b_i + c_{i-1}(\overline{a_i}b_i + a_i\overline{b_i}) + c_{i-1}a_i b_i = a_i b_i + c_{i-1}(a_i \oplus b_i) \tag{14.4}$$

Die Schaltung in Bild 14.2b besteht aus zwei Halbaddierern (HA) und einem OR-Gatter.

14.1.3 Der 4-Bit-Volladdierer SN7483

Der TTL-Baustein SN7483 läßt sich mit vier in Serie geschalteten Volladdierern beschreiben. Bild 14.3 zeigt seinen Aufbau und das in diesem Kapitel verwendete Symbol mit der in Datenblättern üblichen Bezeichnung der Ein- und Ausgänge. Mit den gestrichelten Anschlüssen in Bild 14.3a dient er zur Addition zweier 4-Bit-Dualzahlen A und B. Zur Addition der LSBs ('least significant bit') wird c_o an Masse gelegt. Hierdurch wird der Volladdierer VA1 zum Halbaddierer. Die Überträge c_1 bis c_3 sind nicht herausgeführt. Der Übertrag c_4 ergibt das MSB ('most significant bit') der 5-Bit-Summe $S = A + B = c_4 \Sigma_4 \Sigma_3 \Sigma_2 \Sigma_1$.

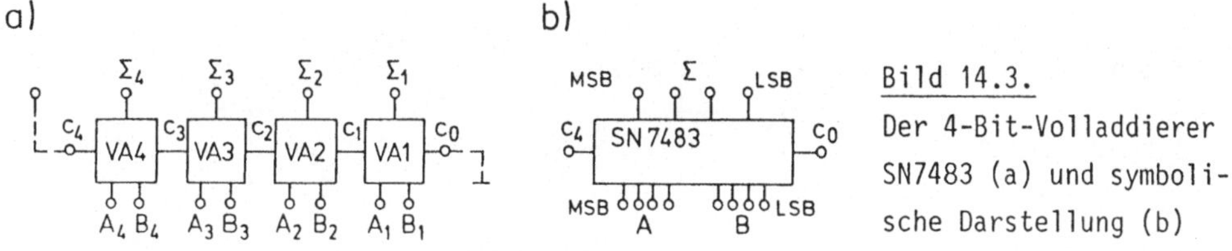

Bild 14.3.
Der 4-Bit-Volladdierer SN7483 (a) und symbolische Darstellung (b)

BEISPIEL 1: Addition von A=13 und B=9

		dezimal	dual
Übertrag		1	1001
A		13	1101
+ B		9	1001
= S		22	10110

Durch Anschluß von c_4 an c_0 eines weiteren Bausteins kann die Bitzahl eines n-Bit-Addierers um 4 erweitert werden.

14.2 Darstellungen von Dualzahlen

Von den zahlreichen Formen oder Codes zur Darstellung von Dualzahlen werden hier nur diejenigen erklärt, die zur Beschreibung der nachfolgenden Rechenschaltungen benötigt werden. Dabei spielt die Bitzahl n eine wesentliche Rolle. Das ist der Grund für die Abweichung unserer Bezeichnungen von den - ebenfalls angegebenen - Bezeichnungen in der Literatur.

Wir ordnen der Darstellung einer Zahl X einen Zahlenwert zu (dual oder dezimal), die sich aus der Interpretation der Bitfolge der Darstellung als ganze positive Zahl gemäß (11.8) ergibt. Für die drei folgenden Darstellungen stimmt diese Zahl für X > 0 mit X überein. - Wir verwenden je nach Anwendung für das LSB den Index 0 oder 1, für das MSB n-1 bzw. n.

14.2.1 Die natürliche Darstellung $\underline{A}^{(n)}$ ganzer positiver Zahlen

Bisher wurde ein n-Bit-Wort als Dualzahl gemäß (11.8) interpretiert. Es handelt sich um den einfachsten Code zur Darstellung einer ganzen positiven Zahl im Zweiersystem. In der Literatur heißt er 'Dualcode' ('dual code'). Wir nennen ihn 'natürliche Darstellung' einer n-Bit-Dualzahl und bezeichnen ihn mit $\underline{A}^{(n)}(X)$ (siehe Bild 14.4a). Dabei kennzeichnet der erste Buchstabe die Funktion innerhalb einer Rechenschaltung (zum Beispiel A, B für Summanden, S für Summe), n ist die Bitzahl und X die darzustellende Zahl. In der natürlichen Darstellung ist

$$\underline{A}^{(n)}(X) = \underline{B}^{(n)}(X) = X \quad . \tag{14.5}$$

Bei Erhöhung der Bitzahl wird diese von links mit Nullen ergänzt.

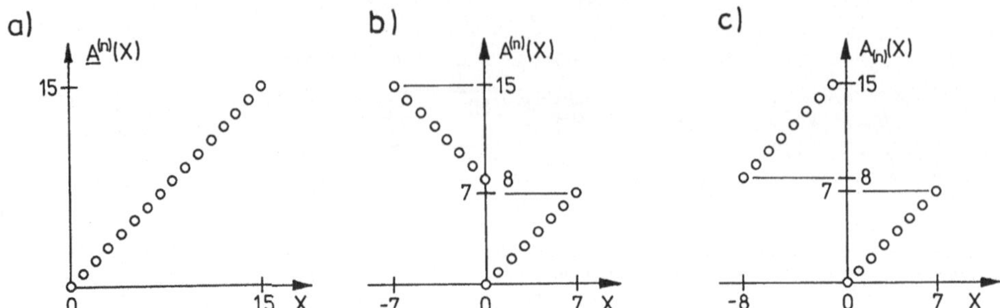

Bild 14.4. Darstellung von Zahlen X als n-Bit-Dualzahlen für n = 4. Natürliche Darstellung (a), Standarddarstellung (b) und n-Bit-Darstellung (c).

14.2.2 Die Standarddarstellung $A^{(n)}$ ganzer Zahlen mit Vorzeichen

In dieser Darstellung ist das führende Bit a_n gleich dem Vorzeichen sgn(X) (lat. 'signum', engl. 'sign') einer ganzen (n-1)-Bit-Zahl X, die restlichen Bits beschreiben $|X|$ in natürlicher Darstellung. Bei der Standarddarstellung gilt die folgende Definition:

$$a_n = \mathrm{sgn}(X) = 0 \text{ für } X \geq 0 \quad , \qquad = 1 \text{ für } X \leq 0 \quad . \tag{14.6}$$

Die der Standarddarstellung zuzuordnende Zahl (dual oder dezimal) beträgt demnach (siehe Bild 14.4b)

$$A^{(n)}(X) = a_n \cdot 2^{n-1} + |X| \quad . \tag{14.7}$$

Bei Erhöhung der Bitzahl n ist a_n nach links zu schieben. Dabei werden die überstrichenen Stellen mit Nullen aufgefüllt.

BEISPIEL 2: $\quad A^{(4)}(5) = 0101 = 5 \quad , \qquad A^{(8)}(5) = 00000101 = 5 \quad ,$
$\qquad\qquad\quad A^{(4)}(-5) = 1101 = 13 \quad , \; A^{(8)}(-5) = 10000101 = 131 \quad .$

Die Zahl X = 0 kann als +0 oder als -0 dargestellt werden, eine Mehrdeutigkeit, der man zuweilen auf numerischen Rechnerausgaben begegnet. - In der Literatur wird unsere Standarddarstellung als 'signed magnitude notation' bezeichnet.

14.2.3 Die n-Bit-Darstellung $A_{(n)}$ ganzer Zahlen mit Vorzeichen

In vielen Rechnern erfolgt die Speicherung negativer ganzer Zahlen gemäß der Anzeige eines Rückwärtszählers, der - von 0 beginnend - die Anzahl von Impulsen gezählt hat, die dem Absolutwert der Zahl gleicht (siehe Bild 13.5). Positive ganze Zahlen werden natürlich dargestellt, wie es dem Ergebnis eines Vorwätszählers entspricht. Daraus folgt die 'n-Bit-Darstellung' $A_{(n)}(X)$ von vorzeichenbehafteten ganzen Zahlen (siehe Bild 14.4c):

$$A_{(n)}(X) = X + a_n \cdot 2^n \tag{14.8}$$

Im Gegensatz zu (14.6) hat hier das führende Bit a_n nur für $X < 0$ den Schaltwert 1. Bei Erhöhung der Bitzahl n wird a_n nach links geschoben, wobei die überstrichenen Felder mit a_n aufgefüllt werden.

BEISPIEL 3: $A_{(4)}(3) = 0011 = 3$, $A_{(8)}(3) = 00000011 = 3$,
$A_{(4)}(-3) = 1101 = 13$, $A_{(8)}(-3) = 11111101 = 253$.

Die dargestellte Zahl X erhält man durch Umkehrung von (14.8):

$$X = A_{(n)}(X) - a_n \cdot 2^n \qquad (14.9)$$

Aus (14.8) folgt ferner für $X \neq 0$ $A_{(n)}(X) + A_{(n)}(-X) = 2^n$. Dies mit der allgemeinen Beziehung

$$B + \overline{B} = 2^n - 1 \qquad (14.10)$$

für ein n-Bit-Wort B und sein Komplement $\overline{B}$ führt zu der einfachen Regel

$$A_{(n)}(-X) = \overline{A_{(n)}(X)} + 1 \quad . \qquad (14.11)$$

BEISPIEL 4: $A_{(4)}(-3) = \overline{A_{(4)}(3)} + 1 = \overline{0011} + 0001 = 1101 = 13$,
$A_{(4)}(3) = \overline{A_{(4)}(-3)} + 1 = \overline{1101} + 0001 = 0011 = 3$.

Der direkte Übergang von $A_{(n)}(2^{n-1}-1) = 2^{n-1} - 1$ nach $A_{(n)}(-2^{n-1}) = 2^{n-1}$ ist verboten ('verbotener Überlauf').

In der Literatur wird der positive Rest $Y = 2^n - A_{(n)}(X)$ von $A_{(n)}(X)$ bis 2^n als als Zweierkomplement von X bezeichnet. Daher rührt die Literaturbezeichnung 'Darstellung im Zweierkomplement' ('two's complement') für unsere n-Bit-Darstellung.

14.3 Digitale Parallelrechennetze

14.3.1 Addiernetze

Der 4-Bit-Volladdierer in Bild 14.3 ist ein Addiernetz für Dualzahlen in natürlicher Darstellung. Die Summe $\underline{S}=\underline{A}+\underline{B}=c_4\Sigma_4\Sigma_3\Sigma_2\Sigma_1$ hat ein Bit mehr als die Summanden.

Läßt man Summanden verschiedenen Vorzeichens zu, so müssen Ein- und Ausgabe in der gleichen n-Bit-Darstellung erfolgen, wie ein Rechenbeispiel zeigt:

BEISPIEL 5: A=1, B=-2 $A_{(4)}(1)$ $= 0001$
$+ B_{(4)}(-2) = 1110$
$= S_{(5)}(15) = 01111 \neq S_{(5)}(-1)$
$S_{(4)}(-1) = 1111$

Ohne zusätzliche Schaltlogik wird das Addiernetz in Bild 14.3 erst zum Addiernetz auch für negative Summanden, wenn man c_4 ignoriert und $A_4=A_3$ sowie $B_4=B_3$ setzt. Hierdurch wird der Wertebereich von A und B halbiert und ein verbotener Überlauf verhindert.

14.3.2 Subtrahiernetze

Die digitale Subtraktion D=A-B wird auf eine Addition zurückgeführt, indem man
nach (14.11) das Vorzeichen von B umkehrt und die Summe A+(-B) berechnet:

$$D_{(n)} = A_{(n)} + \overline{B_{(n)}} + 1 \qquad\qquad (14.12)$$

Das Subtrahiernetz in Bild 14.5a bildet die Differenz $D_{(5)}$ der natürlich dargestellten 4-Bit-Dualzahlen A und B. Die B-Eingänge sowie der c_4-Ausgang des

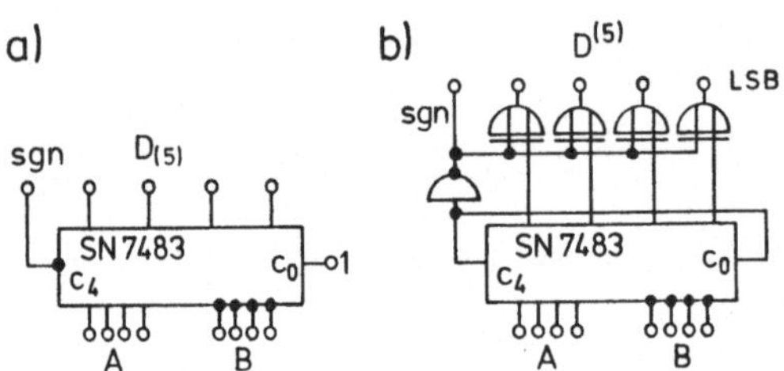

__Bild 14.5.__

Subtrahiernetze zur Bildung von
D=A-B in der 5-Bit-Darstellung
(a) und in der Standarddarstellung (b)

SN7483 sind durch Punkte als invertiert gekennzeichnet. In einem Versuchsaufbau
wären diese Komplementierungen durch zusätzliche Inverter zu realisieren. Die
Addition +1 in (14.12) wird durch $c_0 = 1$ (an 5 V oder frei) erreicht.

Ohne Komplementierung von c_4 lautete das Ergebnis $c_4 d_4 d_3 d_2 d_1 = A + (2^4 - B)$. Durch
die Komplementierung von c_4 wird für $A - B \geqq 0$ 2^4 subtrahiert, für $A - B < 0$ 2^4 addiert. Hieraus folgt die 5-Bit-Darstellung der Differenz D als $\overline{c_4} d_4 d_3 d_2 d_1 =$
$A - B + 2^5 \cdot \mathrm{sgn}(A-B) = D_{(5)}(A-B)$.

BEISPIEL 6: A=6, B=7

$$
\begin{array}{rl}
A & = 0110 \\
+\ \overline{B}+1 & = 1001 \\
\hline
= c_4 d_4 d_3 d_2 d_1 = 01111, & \overline{c_4} d_4 d_3 d_2 d_1 = 11111 = D_{(5)}(-1)
\end{array}
$$

Läßt man für A und B auch negative Werte zu, so wären die gleichen Maßnahmen
wie beim Addiernetz angebracht ($a_4 = a_3$, $b_4 = b_3$, c_4 ignorieren), und es wird in der
4-Bit-Darstellung

$$D_{(4)} = A_{(4)} + \overline{B_{(4)}} + 0001 \quad . \qquad\qquad (14.13)$$

Bild 14.5b zeigt eine Variante des Subtrahiernetzes, die D in der Standarddar-
stellung $\mathrm{sgn}(D) \cdot 2^4 + |D|$ anzeigt. Für $D > 0$ ändert sich gegenüber Teilbild a nichts.
Für $D < 0$ wird $c_4 = c_0 = 0$, und die EXOR-Gatter komplementieren die Ausgänge des
SN7483. Unter Verwendung von (14.10) erhält man für diesen Fall

$$\overline{A+\overline{B}} = 2^4 - 1 - (A + 2^4 - 1 - B) = B - A = |D| \quad . \qquad\qquad (14.14)$$

Der Fall D=0 kann als +0 oder als -0 angezeigt werden.

14.3.3 Die parallele Multiplikation

Das Multipliziernetz in Bild 14.6 dient zur Multiplikation zweier Dualzahlen $A=a_3a_2a_1$ und $B=b_3b_2b_1$ in natürlicher Darstellung. Es enthält zwei als 3-Bit-Addierer geschaltete Bausteine SN7483 sowie neun AND-Gatter. Zur Gewinnung des 6-Bit-Produktes $P=A \cdot B$ werden - wie bei der Multiplikation von Hand im Dezimalsystem - Zwischensummen S_i gebildet, deren LSBs die Bits p_i von P ergeben. Besonders einfach wird das LSB $p_1 = a_1 \cdot b_1$ gewonnen.

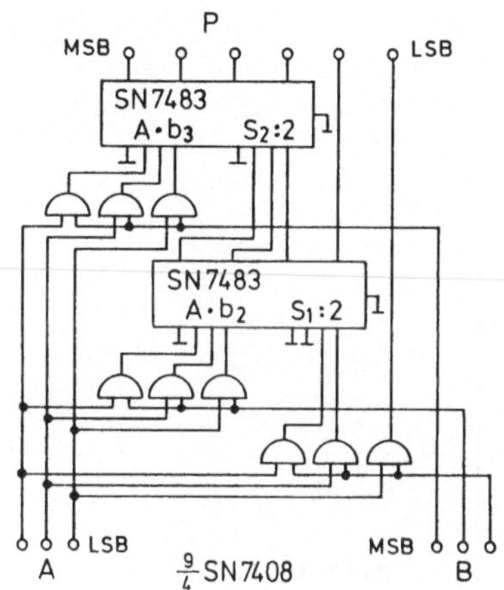

Bild 14.6.

Rechennetz zur parallelen Multiplikation $P=A \cdot B$. Die Bausteine SN7483 sind als 3-Bit-Volladdierer geschaltet.

BEISPIEL 7: $P=A \cdot B$ für $A=6$, $B=7$

$$
\begin{array}{rl}
 & \underline{110 \cdot 111} \\
S_1 = A \cdot b_1 & 110 \\
S_1 : 2 & 11 \\
+ A \cdot b_2 & \underline{110} \\
= S_2 & 1001 \\
S_2 : 2 & 100 \\
+ A \cdot b_3 & \underline{110} \\
= S_3 & 1010 \\
P = & 101010 = 42
\end{array}
$$

In BEISPIEL 7 wurde zur Division durch 2 (:2) jeweils das letzte Bit weggelassen. Entsprechend besteht die Multiplikation einer positiven Zahl mit einem Faktor 2^k aus dem Ergänzen der Zahl durch k Nullen von rechts, etwa durch das Schieben einer Zahl in einem Schieberegister um k Stellen nach links.

Die parallele Multiplikation nach dem für $n=3$ dargestellten Verfahren erfordert $n(n-1)$ Voll- und Halbaddierer sowie n^2 AND-Gatter.

14.3.4 Die parallele Division

Die parallele Division wird dadurch erschwert, daß man nicht - wie bei der Division von Hand - beim Auftreten negativer Zwischendifferenzen entscheiden kann, um wieviel Ziffern des Dividenden man eine Zwischendifferenz erweitern muß, um sie größer als den Divisor zu machen, sondern mit negativen Zwischendifferenzen weiterrechnen muß. Das Dividiernetz in Bild 14.7 arbeitet nach dem folgenden Prinzip:

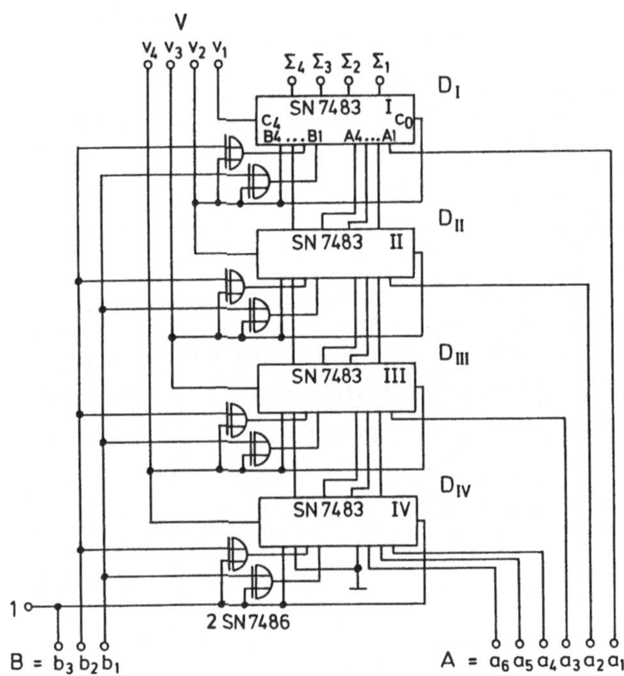

Bild 14.7.
Rechenwerk zur parallelen Division V=A:B mit vier 4-Bit-Volladdierern (SN7483) und acht EXOR-Gattern (SN7486)

Baustein IV bildet die Zwischendifferenz D_{IV} zwischen der Dualzahl $a_6 a_5 a_4$ und dem Divisor B. Für $D_{IV} \geq 0$ ist $v_4 = c_4(IV) = 1$ und Baustein III bildet - wie bei der Division von Hand - die Differenz $D_{III} = (2 \cdot D_{IV} + a_3) - B$. Für $D_{IV} < 0$ ist $v_4 = c_4(IV) = 0$, und der Baustein III bildet die Summe aus $(2 \cdot D_{IV} + a_3)$ und B, oder

$$D_{III} = 2 \cdot (a_6 a_5 a_4 - B) + a_3 + B = a_6 a_5 a_4 a_3 - B \quad . \tag{14.15}$$

Dieses Zwischenergebnis hätte man auch von Hand erhalten, wenn man nach Erkennen von $D_{IV} < 0$ die Zahl $a_6 a_5 a_4$ gleich um a_3 erweitert und dann erst B subtrahiert hätte. BEISPIEL 8 zeigt im Detail die Division 63:7=9 (dezimal) in der 5-Bit-Darstellung (links) und die Bitbelegung (rechts) für die Schaltung in Bild 14.7.

Das Dividiernetz in Bild 14.7 läßt sich aus aus vier 4-Bit-Volladdierern SN7483 und zwei Vierfach-EXOR-Gattern SN7486 aufbauen. Die Gatter vor dem Baustein IV sind als Inverter geschaltet. Zur Begrenzung der Bitzahl des Quotienten

BEISPIEL 8: V=A:B für A=63, B=7

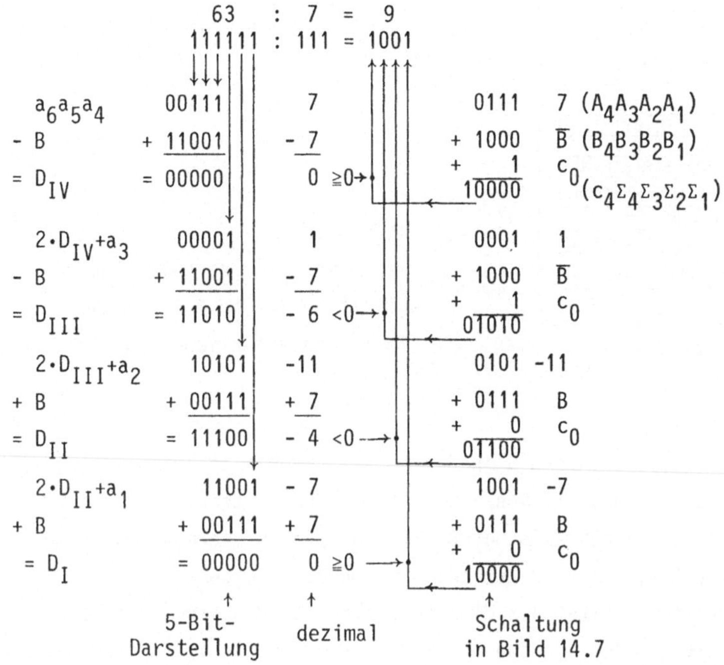

V=A:B ist b_3=1 gefordert. Die Addierer arbeiten wie das Subtrahiernetz in Bild 14.5a mit dem Unterschied, daß c_4 nicht invertiert ist und c_0=0, wenn B addiert wird. Die Zwischendifferenzen D_{IV} bis D_I werden - abgesehen vom invertierten Vorzeichenbit - in der 5-Bit-Darstellung ausgegeben. Da der Betrag der Zwischendifferenzen kleiner oder gleich B ist, gilt für jede Zwischensumme $d_5 = d_4$ und für jeden Baustein $\Sigma_4 = \overline{c_4}$. Σ_4 kann daher je nach Bedarf als b_3 oder als $\overline{b_3}$ verwendet werden. Die Ausgänge c_4 steuern die Komplementierung von b_2b_1.

Zur Division einer Dualzahl in natürlicher Darstellung durch einen Faktor 2^k werden die k LSBs entfernt, z.B. durch Schieben der Zahl in einem Schieberegister um k Stellen nach rechts.

Die parallele Division einer positiven (2n+1)-Bit-Zahl durch eine n-Bit-Zahl nac dem obigen Verfahren erfordert $(n+1)^2$ Volladdierer und n^2-1 EXOR- und NOT-Gatter.

14.4 Die serielle Multiplikation

Das Prinzip der seriellen Multiplikation sei anhand der Schaltung in Bild 14.8 erläutert. Sie dient zur Multiplikation eines 4-Bit-Multiplikanden A mit einem 4-Bit-Multiplikator B, beide in natürlicher Darstellung. Die Schaltung kann mit bereits beschriebenen Bausteinen aufgebaut werden (siehe Bild 14.9).

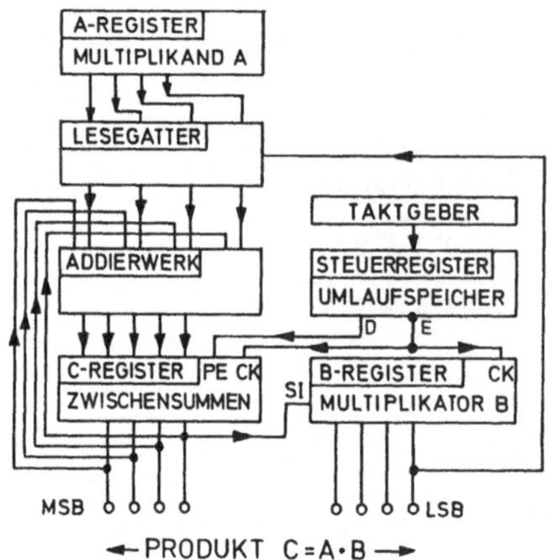

Bild 14.8.

Rechenwerk zur seriellen Multiplikation zweier 4-Bit-Dualzahlen in natürlicher Darstellung.

Zu Beginn der Rechnung seien A und B in das A- bzw. B-Register eingelesen, das C-Register sei gelöscht. Das LSB von B steuert das Lesegatter. Das Addiernetz addiert Produkte $A·b_i$ zu der Zwischensumme in dem (noch leeren) C-Register.

Die Multiplikation erfolgt in vier Zyklen, die von dem Taktgeber gesteuert werden. Das Steuerregister arbeitet als Umlaufspeicher, in dem ein Steuerbit umläuft. Passiert dieses Bit den Ausgang D (PE = 1), so wird die am Ausgang des Addiernetzes anstehende Summe in das C-Register eingelesen. Passiert das Steuerbit den Ausgang E des Umlaufspeichers, so werden die Inhalte von C- und B-Register gemeinsam um ein Bit nach rechts geschoben. Dabei wird das in diesem Zyklus gebildete Bit des Produktes über den seriellen Eingang SI des B-Registers in dieses eingelesen. Das nicht mehr benötigte Bit b_i geht verloren. Nach vier Zyklen zeigen C- und B-Register das 8-Bit-Produkt C an.

Man erkennt die Ähnlichkeit zur Multiplikation von Hand (BEISPIEL 7). Bei ihr wird eine n-fache Addition ausgeführt. Bei der seriellen Multiplikation erfolgen stattdessen n Zweifachadditionen, bei denen jeweils ein neues Bit des Produktes gewonnen und gespeichert wird.

Der Schaltaufwand bei der seriellen Multiplikation nimmt linear mit der Bit-Zahl n zu.

14.E DO IT YOURSELF

14.E.1 Digitale Addierer

a) Beim Aufbau des Halbaddierers in Bild 14.1 sind ein EXOR-Gatter ($\frac{1}{4}$ SN7486) und zwei NAND-Gatter ($\frac{1}{2}$ SN7400) zu verwenden (ab = $\overline{\overline{a·b}}$). Die Wahrheitstabelle der Schaltung wird überprüft.

b) Der Volladdierer in Bild 14.2 läßt sich aus zwei EXOR-Gattern ($\frac{1}{2}$ SN7486) und drei NAND-Gattern ($\frac{3}{4}$ SN7400) aufbauen ($c_i = \overline{\overline{a_i b_i}\ \overline{c_{i-1}(a_i \oplus b_i)}} = a_i b_i + c_{i-1}(a_i \oplus b_i)$).

14.E.2 Digitale Addition und Subtraktion

a) Ein 4-Bit-Volladdierer SN7483 (Bild 14.3) ist in Betrieb zu nehmen, und zwei Dualzahlen in natürlicher Darstellung sind zu addieren.

b) Beim Betrieb des SN7483 als Subtrahiernetz nach Bild 14.5a sind die Eingänge B sowie c_4 durch zusätzliche NOTs (z.B. $\frac{5}{4}$ SN7400) zu invertieren. Soll die Differenz $D = A-B$ nicht in der 5-Bit-Darstellung, $D_{(5)}$, sondern in der Standarddarstellung, $D^{(5)}$, erscheinen, so ist die Schaltung durch vier EXOR-Gatter (SN7486) zu ergänzen (Bild 14.5b). Wie erzielt man die Anzeigen '+0' und '-0'?

14.E.3 Parallele Multiplikation

Bei der Multiplikation zweier 3-Bit-Dualzahlen A und B (in natürlicher Darstellung) gemäß Bild 14.6 werden die beiden 4-Bit-Volladdierer SN7483 als 3-Bit-Addierer betrieben. BEISPIEL 7 kann als Bit-Plan bei der Fehlersuche verwendet werden. A, B und P werden durch LEDs angezeigt (siehe Bild 12.15).

14.E.4 Serielle Multiplikation

Die Schaltung in Bild 14.9 zur seriellen Multiplikation zweier Faktoren A und B (in natürlicher Darstellung) enthält vier 5-Bit-Schieberegister SN7496 (Bild 13.8) und einen 4-Bit-Volladdierer SN7483 (Bild 14.3). Da die Schieberegister beim Setzen (PE = 1) nur den Schaltwert 1, nicht aber den Schaltwert 0 einlesen,

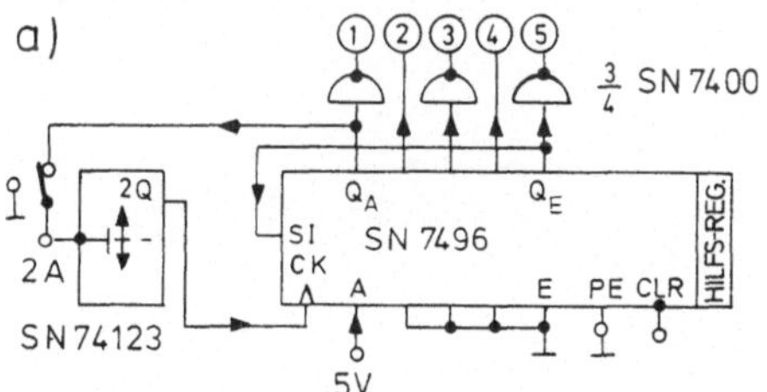

Bild 14.9.

Serielle Multiplikation zweier 4-Bit-Dualzahlen: Taktgeber (a) und Rechenschaltung (b). Nach 4 Zyklen steht das Produkt $C = A \cdot B$ im C- und B-Register.

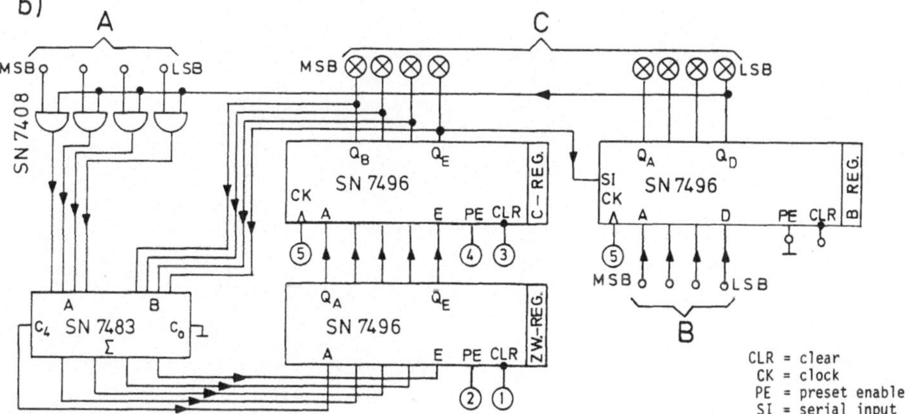

muß vor jedem Einlesevorgang das betreffende Register gelöscht werden (CLR-Anschluß auf 0). Dies hat zur Folge, daß gegenüber der Prinzipschaltung in Bild
14.8 ein zusätzliches Register (Zwischenregister) benötigt wird und sich die Zahl
der erforderlichen Takte innerhalb eines Zyklus erhöht.

Zunächst wird das Steuerbit in das Hilfsregister eingelesen (CLR-Anschluß kurz
an Masse, PE kurz von Masse lösen). Darauf wird der Multivibrator (nach Bild 12.13
mit $R_1 = R_2 = 68$ kΩ und $C_1 = C_2 = 47$ µF) gestartet, indem 2A kurz an Masse gelegt
wird. Nach fünf Takten hält der Multivibrator an (2A = 1). Die Takte bewirken
Löschen und Einlesen für das Zwischen- und das C-Register, und ferner das
Schieben des gemeinsamen Inhalts von C- und B-Register um ein Bit nach rechts.

Nach Einlesen des Multiplikators B in das B-Register (vorher löschen) und
Stecken des Multiplikanden A ('A-Register') werden die Rechenzyklen von Hand gestartet. Nach dem vierten Zyklus zeigen C- und B-Register das Produkt C = A·B an.

14.E.5 Parallele Division

Bei der Division V = A : B gemäß Bild 14.7 ist auf kompakten und übersichtlichen
Aufbau zu achten. BEISPIEL 8 kann als Bit-Plan zur Fehlersuche verwendet werden.

15. Signalumsetzer

Die Elektronik befaßt sich mit der Darstellung von Informationen durch elektromagnetische Signale. Der 'Charakter' dieser Signale kann analog sein (z.B. Srom,
Spannung oder Ladung), digital, zeitspezifisch oder frequenzbezogen. Schaltungen,
die den Charakter eines Signals verändern, bezeichnen wir - in Anlehnung an DIN
40900, Teil 13 - als 'Umsetzer' (z.B. Digital-Analog-Umsetzer, Abschnitt 3.6, oder
Spannung-Frequenz-Umsetzer, Abschnitt 10.3.2).

Zu den Schaltungen, die den Signalcharakter nicht ändern, gehören die 'Wandler'
und 'Verknüpfer'. Die Wandler erhalten die Eingangsinformation (z.B. Verstärker
oder Codewandler), in Verknüpfern wird die Eingangsinformation reduziert (z.B.

Tabelle 15.1. Übersicht über die in Kapitel 15 behandelten signalverändernden
Funktionseinheiten mit Angabe der entsprechenden Abschnitte

Eingangsparameter	Ausgangsparameter			
	Amplitude	Digitalcode	Zeit (Zeitintervall)	Frequenz
Amplitude		Diskriminatoren (15.1.1 und .2) ADC (15.5)	ATC (15.1.3)	VFC, VCO (15.1.4)
Digitalcode	DAC (15.2.1) Funktionsgene- rator (15.2.2)		Timer (15.2.3)	DAC+VFC (15.2.1)
Zeit (Zeitintervall)	TAC (15.4.1)	Koinzidenz (15.4.2) TDC, TAC+ADC (15.4.3)	Meantimer (15.4.4)	TAC+VFC (15.4.1)
Frequenz	Ratemeter (15.3.1)	Zähler+Timer (15.3.2)	Ratemeter+ATC, Vorwahlzähler (15.3.2)	Untersetzer, Fre- quenzvervielfacher, Ratemeter+VFC (15.3.2)

Rechenschaltungen oder digitale Gatter).

Tabelle 15.1 gibt einen Überblick über die in diesem Kapitel beschriebenen
Schaltungen. Es handelt sich vorwiegend um Signalumsetzer. Häufig verwenden wir

englische Bezeichnungen, wie sie im internationalen Sprachgebrauch üblich sind.
Auf verschiedene Techniken zur hochauflösenden Digitalisierung von Analogsigna-
len mit Hilfe von Analog-Digital-Umsetzern oder ADCs ('analog-to-digital converter') kommen wir in Abschnitt 15.5 gesondert zu sprechen.

15.1 Amplitudenumsetzer

15.1.1 Diskriminatoren

Unter Diskriminatoren versteht man Schwellenwertdetektoren mit einstellbarer
Schwelle. Sie lassen sich von Komparatoren ableiten, die einen Impuls konstanter
Amplitude so lange erzeugen, wie das Eingangssignal u_e die eingestellte Schwel-
lenspannung U_t übertrifft (Bild 15.1a).

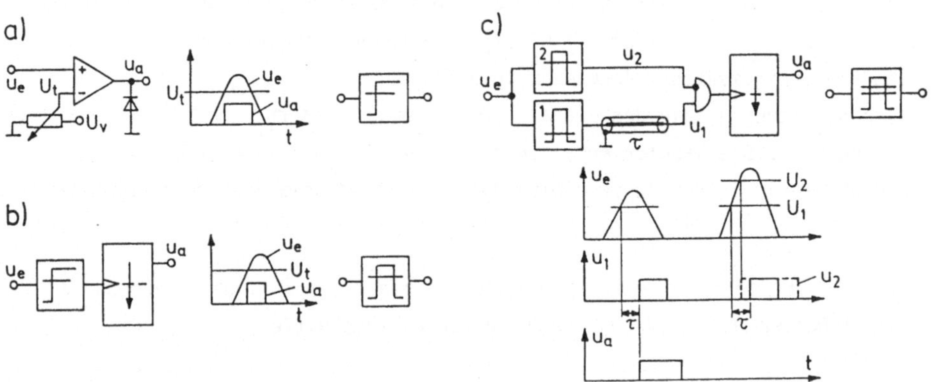

Bild 15.1. Komparator (a), Integral- (b) und Einkanaldiskriminator (c)

Man unterscheidet drei Diskriminatortypen:

- Bei dem Integraldiskriminator (Bild 15.1b) ist an den Komparator ein
positiv flankengetriggerter Univibrator angeschlossen, der die Länge des
Ausgangsimpulses u_a bestimmt.

- Der Einkanaldiskriminator (Bild 15.1c) enthält zwei Integraldiskriminatoren, deren in Antikoinzidenz geschaltete Ausgänge einen Univibrator
triggern. Nur wenn die Amplitude des Eingangssignals zwischen den Schwellen
U_1 und U_2 liegt, spricht der Univibrator an. Da der Diskriminator 1 aufgrund
der endlichen Impulsanstiegsdauer früher anspricht als Diskriminator 2, muß
u_1 verzögert werden und die Impulslänge kleiner sein als die von u_2. Die Verzögerungsdauer τ wird meist durch einen zusätzlichen Univibrator erzeugt, wodurch
τ an die Impulsform angepaßt werden kann. Häufig sind nicht die Schwellenwerte
U_1 und U_2, sondern die Grundlinie $U=U_1$ und die Fensterbreite $\Delta U = U_2-U_1$ unabhängig
voneinander einstellbar, zuweilen auch U und die relative Fensterbreite $\Delta U/U$.

- <u>Mehrkanaldiskriminatoren</u> enthalten mehrere Integraldiskriminatoren, deren Ausgänge wie beim Einkanaldiskriminator in Antikoinzidenz geschaltet sind. Bei dem 5-Kanal-Diskriminator in Bild 15.2 wird das Eingangssignal u_e einem Einkanaldiskriminator zugeführt, der das lineare Tor (Analogschalter) zu den Integral-

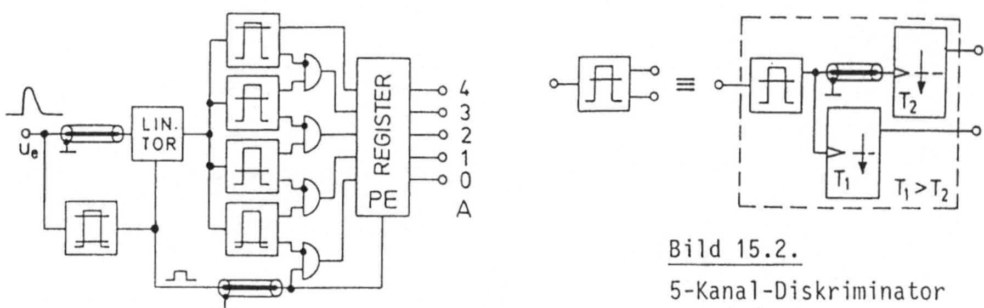

Bild 15.2.

5-Kanal-Diskriminator

diskriminatoren öffnet, wenn das Eingangssignal im Akzeptanzbereich liegt. In diesem Fall speichert das Ausgangsregister die Nummer A des Kanals, in welchen die Amplitude von u_e fällt. Gebräuchlich sind Diskriminatoren dieses Typs mit bis zu 16 Kanälen.

15.1.2 Diskriminatoren mit verbesserter Zeitauflösung

Die im vorhergehenden Abschnitt beschriebenen Diskriminatoren gehören zur Klasse der <u>Vorderflankendiskriminatoren</u> ('leading edge discriminator', LED). Sie haben den Nachteil, daß die Verzögerungsdauer zwischen Eingangs- und Ausgangssignal von der Impulshöhe und von der Impulsanstiegsdauer abhängt (Bild 15.3a). Bei manchen Ausführungen lassen sich die Ausgangssignale zwar mit einem externen 'strobe'-Signal synchronisieren ('strobed discriminator'), es ist jedoch insbesondere bei Koinzidenzmessungen notwendig, aus dem Eingangsimpuls selber ein Ausgangssignal mit möglichst guter zeitlicher Korrelation z.B. mit dem Impulsmaximum zu erzeugen. Drei Methoden wurden im Rahmen der **Nuklearelektronik** zu diesem Zweck entwickelt:

- <u>Nulldurchgangsdiskriminator</u> ('zero crossing discriminator, ZCD, Bild 15.3b). 'double delay line'-geformte oder doppelt-differenzierte Impulse treffen auf einen Schmitt-Trigger, der bei der Schwellenspannung U_t anspricht und beim Nulldurchgang des Eingangssignals zurückkippt. Die negative Flanke des Ausgangssignals ist zeitlich korreliert mit dem Impulsmaximum, und zwar unabhängig von der Amplitude, sofern die Impulsform einheitlich ist, das heißt, wenn sich die Spannungen von Impuls zu Impuls nur um einen konstanten Faktor unterscheiden.

- <u>'constant fraction'-Discriminatoren</u> (CFD, Bild 15.3c). Hier wird das abgeschwächte Eingangssignal $K \cdot u(t)$ (K zwischen 0.1 und 0.5) in einem hochempfindlichen Komparator mit dem verzögerten Signal $u(t-t_d)$ verglichen. Dabei ist die Verzögerungsdauer t_d stets größer als die Impulsanstiegsdauer.

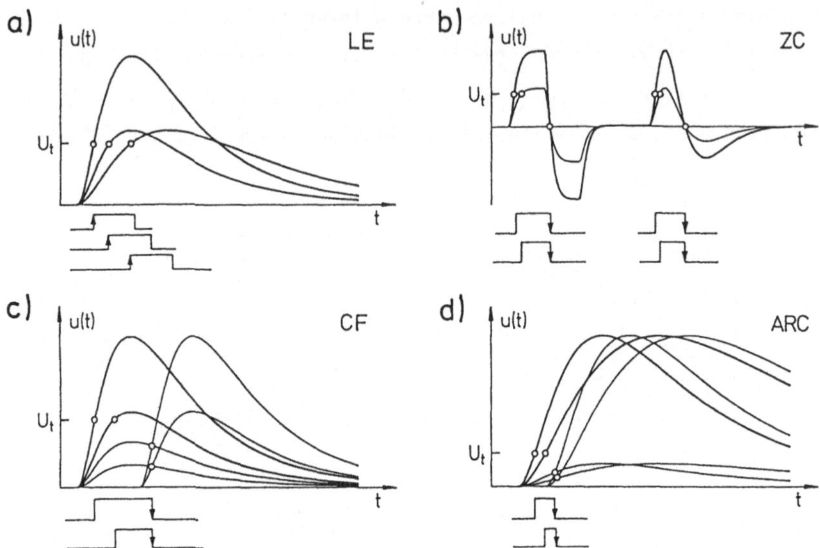

Bild 15.3. Das zeitliche Verhalten der Ausgangssignale bei verschiedenen Diskriminatortypen. 'leading edge', LE (a), 'zero crossing', ZC (b), 'constant fraction', CF (c) und 'amplitude and rise time correction', ARC (d). U_t = Ansprechschwelle.

- <u>Amplituden- und Anstiegsdauer-Korrektur</u> ('amplitude and rise time correction', ARC, Bild 15.3d). Dieses Verfahren arbeitet ähnlich wie das des CFD. Die Verzögerungsdauer ist jedoch kleiner als der Impulsanstieg. Hierdurch wird erreicht, daß die negative Flanke des Ausgangssignals eher mit dem Einsetzen des Eingangsimpulses als mit dessen Maximum zeitlich korreliert ist. Diese Methode findet dann Verwendung, wenn die Impulsform von der Art der nachgewiesenen Teilchen oder vom Ort des Auftreffens der Teilchem im Detektor abhängt.

Eine Kombination von CFD und ARC bietet eine Möglichkeit zur Impulsformdiskriminierung ('pulse shape discrimination').

Die Anwendungsbedingungen und Vorteile der genannten Diskriminatoren sind:

LED: Impulse einheitlicher Form und geringer Dynamik (Amplitude annähernd konstant), geringster Aufwand,

ZCD: einheitliche Impulsform, geringer Aufwand,

CFD: einheitliche Impulsform, große Dynamik, sehr gute Zeitauflösung,

ARC: unterschiedliche Impulsformen, große Dynamik.

15.1.3 Amplitude-Zeit-Umsetzer (ATC)

ATCs ('analog-to-time converter') generieren einen Einheitsimpuls, dessen Dauer T proportional zur Amplitude des Einganssignals ist. Weit verbreitet sind ATCs nach dem in Bild 14.4 dargestellten Wilkinson-Prinzip:

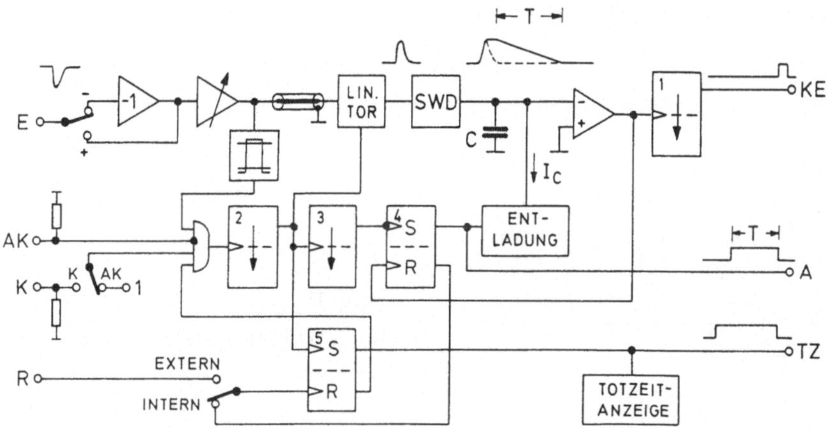

Bild 15.4. ATC ('analog-to-time converter') nach Wilkinson. SWD = Spitzenwertdetektor, E = Eingang, AK = Antikoinzidenz, K = Koinzidenz, R = Rücksetzung,
KE = Konversion Ende, A = Ausgang, TZ = Totzeit.

Negative Eingangsimpulse (Polaritätswahlschalter auf Minus) werden invertiert
und in einem Verstärker mit variabler Spannungsverstärkung verstärkt oder abgeschwächt. Fällt die Amplitude in den Konversionsbereich des ATC, so spricht der
Einkanaldiskriminator an und leitet die Konversion ein, sofern die Eingänge des
Vierfach-AND-Gatters dies erlauben. Das ist z.B. der Fall, wenn die Eingänge
AK und K unbeschaltet sind, der Koizidenzwahlschalter auf AK (Antikionzidenz)
steht und das Totzeit-Flipflop 5 in Ruhestellung ist ($\overline{Q} = 1$). (Die Abschlußwiderstände an den Eingängen AK und K bewirken, daß diese im unbeschalteten
Zustand den Schaltwert 0 aufweisen.) Das Vierfach-Gatter am Eingang triggert den
Univibrator 2, der einen Gateimpuls für das lineare Tor erzeugt, den Verzöge-
rungsunivibrator 3 triggert und Flipflop 5 setzt. Damit wird das AND-Gatter
gesperrt. Das lineare Tor führt das verzögerte Eingangssignal zum Spitzenwertdetektor SWD, der den Kondensator C auf die Spitzenspannung auflädt und den
angeschlossenen Komparator ansprechen läßt. Die Aktivzeit des Univibrators 3
ist so bemessen, daß nach Abklingen des Eingangssignals das Steuer-Flipflop 4
gesetzt und dadurch C mit einem konstanten Strom I_C entladen wird. Ist C entladen, so wird der Ausgang des Komparators positiv, Flipflop 4 wird zurückgesetzt und damit I_C unterbrochen. Der Univibrator 1 zeigt das Ende der Konversion an, und Flipflop 5 wird ebenfalls zurückgesetzt, sofern der Rücksetzwahl-
schalter auf INTERN steht. Während der Kondensatorentladung erscheint am Ausgang A ein Einheitsimpuls der Dauer T. Die Totzeitimpulse bei TZ werden häufig
integriert und der zeitliche Mittelwert durch ein Analoginstrument in Prozent
angezeigt. Große relative Totzeiten können die Konversionsergebnisse verfälschen.

15.1.4 Spannung-Frequenz-Umsetzer (VFC, VCO)

Der in Bild 15.5 dargestellte VFC ('voltage-to-frequency converter') enthält
einen Integrator, einen Komparator und einen Univibrator mit der Schwingungs-

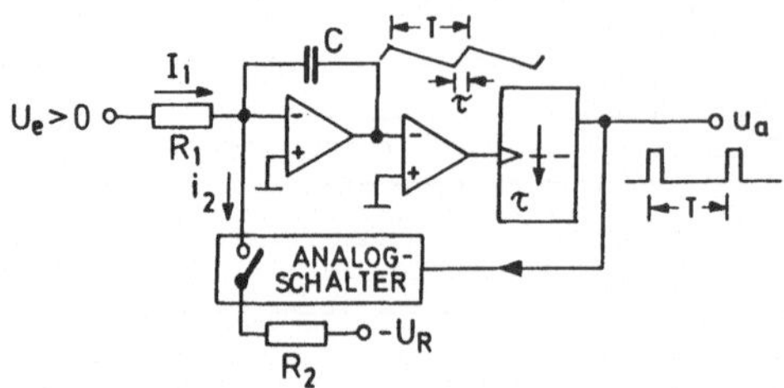

Bild 15.5.

VFC ('voltage-to-frequency converter')

dauer τ. Er arbeitet ähnlich wie die Schaltung in Bild 10.6. Der Kondensator
wird ständig umgeladen, nimmt im zeitlichen Mittel also keinen Strom auf
('charge-balancing circuit'). Der invertierende Eingang des Integrator-IOP ist
eine virtuelle Masse ohne Stromaufnahme, woraus für das zeitliche Mittel $<i_2>$
des Entladestromes i_2 folgt

$$<i_2> = U_R\tau/(R_2 T) \quad . \tag{15.1}$$

Mit $I_1 = U_e/R_1 = <i_2>$ ergibt sich hieraus die Frequenz $f = 1/T$ zu

$$f = \frac{1}{\tau}\frac{R_2 U_e}{R_1 U_R} \quad . \tag{15.2}$$

Der Zusammenhang zwischen f und U_e ist im Gegensatz zu der Schaltung in Bild
10.6 streng linear. Die Zeitkonstante $R_1 C$ muß so gewählt werden, daß der Integrator nicht sättigt.

Zu den Spannung-Frequenz-Umsetzern gehören auch die VCOs ('voltage-
controlled oscillator'). Bei ihnen wird die Kapazität eines Varaktors (Abschnitt 5.2.3) spannungsgesteuert und dadurch die Frequenz verändert.

15.2 Umsetzung digitaler Signale

15.2.1 Digital-Analog-Umsetzer (DAC)

Der DAC ('digital-to-analog converter') in Bild 15.6 ist für einen einfachen
Versuchsaufbau geeignet. Er beruht auf der Addition der Teilströme $2^i q_i U/R$,

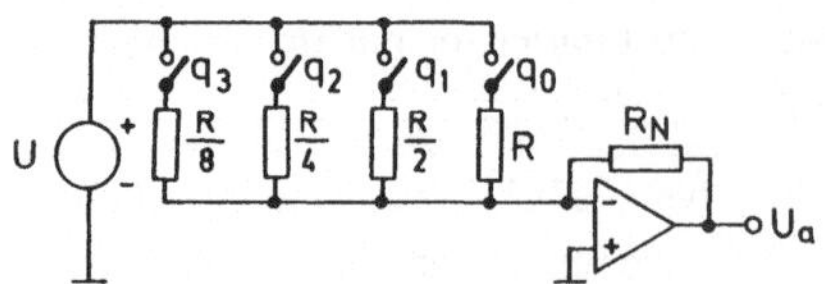

Bild 15.6.

4-Bit-DAC ('digital-to-analog converter')
mit gewichteten Widerständen. Die Bits
der Dualzahl $Q = q_3 q_2 q_1 q_0$ schließen die
betreffenden Analogschalter bei $q_i = 1$.

die über R_N zum Ausgang des IOP fließen:

$$U_a = - \frac{R_N}{R} U Q \quad , \tag{15.3}$$

wobei $Q = q_3 q_2 q_1 q_0$ eine nichtnegative Dualzahl in natürlicher Darstellung ist. Als Spannungsquellen $q_i U$ können z.B. die Ausgänge von TTL-Gattern benutzt werden, wobei allerdings der nichtinvertierende Eingang des IOP mit Hilfe eines Potentiometers auf den Schaltwert 0 der Gatter eingeregelt werden muß.

Bei größeren Bitzahlen benötigt man Widerstände verschiedener Größenordnungen, was zu kaum erfüllbaren Toleranzanforderungen führt. Industriell gefertigte Bausteine enthalten DACs mit Leiternetzwerk wie in Bild 3.8. Die Widerstände unterscheiden sich dort nur um einen Faktor 2. Die Linearität dieser DACs ist begrenzt durch die Qualität der verwendeten Analogschalter.

Die Serienschaltung eines DAC und eines VFC erlaubt die digitale Einstellung einer Frequenz.

15.2.2 Funktionsgeneratoren

Analoge Signale beliebiger Zeitabhängigkeit können durch Steuerung eines DAC mit Hilfe eines schnellen Speichers (RAM oder PROM) erzeugt werden (Bild 15.7).

Bild 15.7. Digitale Erzeugung einer zeitabhängigen Analogspannung u_a

Die Funktionen haben eine gestufte Mikrostruktur, die durch passive Integration von u_a in einen Polygonzug umgesetzt werden kann. Derartige Funktionsgeneratoren zeichnen sich durch ein programmierbares Einschwingverhalten aus, z.B. bei der Erzeugung einer gepulsten sinusförmigen Trägerfrequenz für die Nachrichtenübertragung.

15.2.3 Erzeugung eines Zeitintervalls (Timer)

Zeitintervallgeber oder Timer ('timer') generieren einen Einheitsimpuls, dessen Dauer T digital eingestellt werden kann. Wie in Abschnitt 13.2.1 erwähnt, können hierzu Rückwärtszähler verwendet werden, in die T in Form einer Dualzahl V eingelesen wird und die mit einer Frequenz f betrieben werden. Der Zählerstand 0 tritt nach V Impulsen ein, oder $T = V/f$.

Der Timer in Bild 15.8 enthält einen Vorwärtszähler, in den das Komplement $\overline{V} = 2^4 - 1 - V$ mit Hilfe des RESET-Eingangs parallel eingelesen wird. Nach $2^4 - 1 - \overline{V} = V$ Impulsen setzt das AND-Gatter mit vier Eingängen das Steuerflipflop zurück und liest die anstehende Vorwahl V automatisch wieder ein.

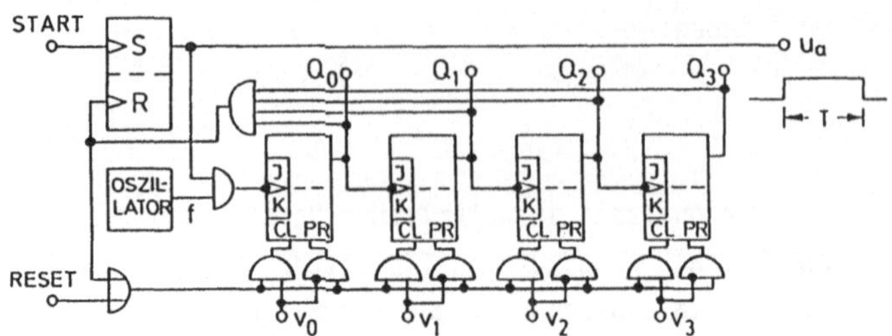

Bild 15.8.

Timer aus einem 4-Bit-Vorwahlzähler und einem Oszillator. f = Bezugsfrequenz, V = $v_3v_2v_1v_0$ = Vorwahl.

15.3 Frequenzumwandlung

15.3.1 Zählratenmesser ('rate meter')

Ratemeter sind Frequenz-Analog-Umsetzer. Sie erzeugen aus einer periodischen oder statistischen Impulsfolge eine Gleichspannung, die zur mittleren Frequenz f proportional ist und meist mit einem Analoginstrument angezeigt wird.

Das Ratemeter in Bild 15.9 arbeitet nach dem Diodenpumpverfahren. Die Eingangsimpulse werden durch den Univibrator geformt. Bei der positiven Flanke

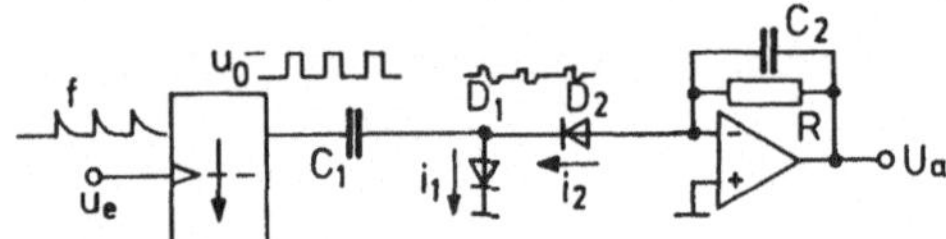

Bild 15.9.

Ratemeter nach dem Diodenpumpverfahren

seiner Ausgangsimpulse ist die Diode D_2 gesperrt und C_1 wird über D_1 auf u_0 aufgeladen. Bei der negativen Flanke ist D_1 gesperrt und die Ladung von C_1 fließt über D_2 und R zum Ausgang des IOP. Unter Vernachlässigung des Spannungsabfalls an den Dioden wird im zeitlichen Mittel $<i_1> = C_1 u_0 f = <i_2> = <U_a>/R$ oder

$$<U_a> = R C_1 u_0 f \quad . \tag{15.4}$$

Durch Umschalten von R wird der Frequenzbereich eingestellt. Der Glättungskondensator C_2 bestimmt die Dämpfung der Anzeige und kann an kommerziellen Geräten mit einem Schalter an die Frequenz f und den Widerstand R angepaßt werden.

15.3.2 Weitere Frequenzumwandler

Frequenzen können mit Hilfe von hier bereits behandelten Schaltungen digital erfaßt, in Zeitintervalle umgesetzt oder in andere Frequenzen umgewandelt werden:

- Digitale Frequenzmesser bestehen aus einem Zähler zum Zählen der Schwingungen und einem Timer, der den Eingang des Zählers öffnet und sperrt. Nach jedem Zählzyklus wird das Konversionsergebnis gespeichert und angezeigt, der Timer in seinen Anfangszustand versetzt und ein neuer Zyklus gestartet.

- Eine Serienschaltung von Ratemeter und ATC ergibt Einheitsimpulse, deren

Länge proportional zur Frequenz ist.

- Betreibt man den in einem Timer enthaltenen Vorwahlzähler nicht - wie in Bild 15.8 dargestellt - mit einer Bezugsfrequenz, sondern mit einer externen Frequenz f_e, so erhält man eine zu $1/f_e$ proportionale Impulsdauer T.

- Untersetzer (Abschnitt 13.2.3) verändern Frequenzen.

- Frequenzvervielfacher können aus Multivibratoren aufgebaut werden, die mit einer niedrigeren Grundfrequenz synchronisiert werden. Sinusschwingungen können nichtlinear verstärkt und die dabei auftretenden Oberwellen herausgefiltert werden. Schließlich bietet sich die Serienschaltung eines Ratemeters und eines VFC zur Erzeugung einer Frequenz an, die zur Grundfrequenz in einem beliebigen Verhältnis steht.

Untersetzer und Frequenzvervielfacher sind Frequenzwandler, die vorangegangenen Schaltungstypen Frequenzumsetzer.

15.4 Umwandlung von Zeitsignalen

15.4.1 Zeit-Amplitude-Umsetzer (TAC)

Ein TAC ('time-to-amplitude converter') liefert einen Ausgangsimpuls, dessen Amplitude proportional zur zeitlichen Differenz zweier Eingangsimpulse ist. Zwei Prinzipien haben sich bewährt:

- Das Start-Stop-Prinzip: Das Startsignal leitet die Aufladung eines Kondensators C mit einem konstanten Strom ein. Das Stopsignal beendet die Aufladung. Durch Steuerelemente und mit Hilfe eines linearen Tors wird die Spannung an C in einen amplitudengetreuen Rechteckimpuls umgeformt und C wieder entladen.

- Das Überlapp-Prinzip: Integriert man den Ausgang einer Überlappkoinzidenz (Abschnitt 15.4.2), so erhält man ein Signal, dessen Amplitude u_a linear von der zeitlichen Differenz ΔT der Eingangsimpulse abhängt. Sind beide Eingangsimpulse gleich lang und invertiert man den späteren Impuls, so wird u_a proportional zu ΔT.

TACs werden bei der Messung kurzer Zeitintervalle verwendet, wobei zur digitalen Registrierung der Amplitude ein ADC (siehe Abschnitt 15.5) nachgeschaltet wird. Die dabei erzielbare elektronische Zeitauflösung liegt bei 10 bis 100 ps.

Die Möglichkeit zur Steuerung von Frequenzen durch Zeitintervalle ergibt sich aus der Serienschaltung von TAC und VFC. Dabei ist die Amplitudeninformation bis zum nächsten Zeitsignal durch Impulsverlängerer aufrechtzuerhalten.

15.4.2 Koinzidenzen

Koinzidenzen werden mit Einheitsimpulsen betrieben. Sie erzeugen einen Ausgangsimpuls, wenn die zeitliche Differenz der Eingangsimpulse kleiner ist als die

Koinzidenzauflösungszeit τ. Aus der Vielzahl von Koinzidenzschaltungen greifen wir die folgenden heraus:

   - Bild 15.10a zeigt das Prinzip einer schnellen <u>Diodenkoinzidenz</u> für NIM-Impulse (0 V für Schaltwert 0, -0.7 V für Schaltwert 1). Die 50-Ω-Widerstände schließen die Eingangskabel ab. Die Pufferverstärker dienen zur Entkopplung oder

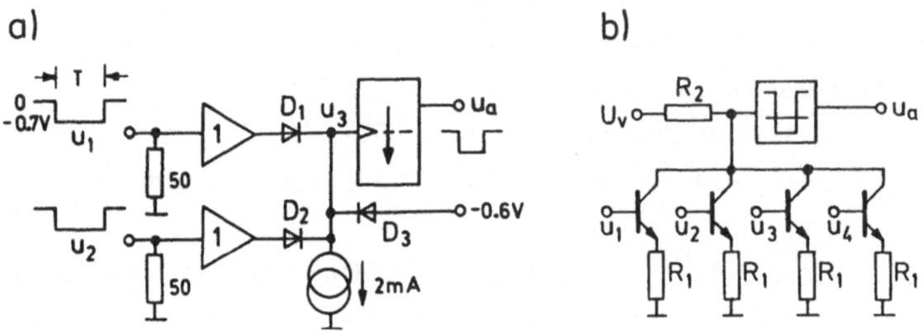

<u>Bild 15.10.</u> Koinzidenzen: Diodenkoinzidenz (a) für NIM-Impulse und Majoritäts-koinzidenz (b) für positive Impulse.

Impedanzwandlung. Im Ruhezustand führen die Dioden D_1 und D_2 je 1 mA, u_3 beträgt etwa -0.5 V und D_3 ist gesperrt. Liegt z.B. u_1 auf -0.7 V und u_2 auf 0 V, so sind D_1 und D_3 gesperrt, D_2 führt 2 mA und u_3 beträgt etwa -0.6 V. Nur wenn u_2 zusätzlich -0.7 V wird, wird D_3 leitend und u_3 springt auf etwa -1.2 V, wodurch der Univibrator getriggert wird. Die Koinzidenzauflösungszeit τ ist in diesem Fall gleich der Länge der Eingangsimpulse. Ersetzt man die Pufferverstärker durch flankengetriggerte Univibratoren mit einstellbarer Impulsdauer, so wird τ durch diese bestimmt. Bei statistischer Folge der Eingangsimpulse beträgt die Anzahl N_{ZF} der zufälligen Koinzidenzen

$$N_{ZF} = 2\tau\, N_1 N_2 \quad , \tag{15.5}$$

wobei N_1 und N_2 die Einzelzählraten an den Eingängen der Koinzidenz sind. Die Einheit für N_1 und N_2 ist Impulse/s.

   - Ersetzt man in Bild 15.10a den Univibrator durch einen Schwellenwertdetektor, so erhält man den Typ der <u>Überlappkoinzidenz</u> ('overlap coincidence'). Ihr Ausgang liegt nur so lange auf -0.7 V, wie sich die Eingangsimpulse überlappen. Digitale Gatter gehören zu diesem Typ.

   - Bild 15.10b zeigt das Prinzip einer <u>Majoritätskoinzidenz</u> ('majority coincidence') für positive Eingangsimpulse. Sie enthält vier Transistoren mit einem gemeinsamen Kollektorwiderstand R_2. In ihm werden die Ströme durch die Emitterwiderstände R_1 addiert. An dem Integraldiskriminator läßt sich einstellen, wieviel Eingänge mindestens gleichzeitig angesteuert werden müssen, um einen Ausgangsimpuls zu erzeugen. Majoritätskoinzidenzen verwendet man beim Nachweis schwach ionisierender Teilchen in dünnen Detektoren, deren Ansprechwahrscheinlichkeit kleiner als 100 % ist. Man läßt die Teilchen z.B. vier hintereinander aufgebaute Vieldrahtkammern durchlaufen und verarbeitet nur die Ereignisse, bei denen mindestens zwei Kammern angesprochen haben.

15.4.3 Zeit-Digital-Umsetzer (TDC)

Bild 15.11 zeigt das Prinzip eines seriellen 12-Bit-TDC ('time-to-digital converter') mit serieller (SA) und paralleler Ausgabe (PA). Das Zeitsignal am

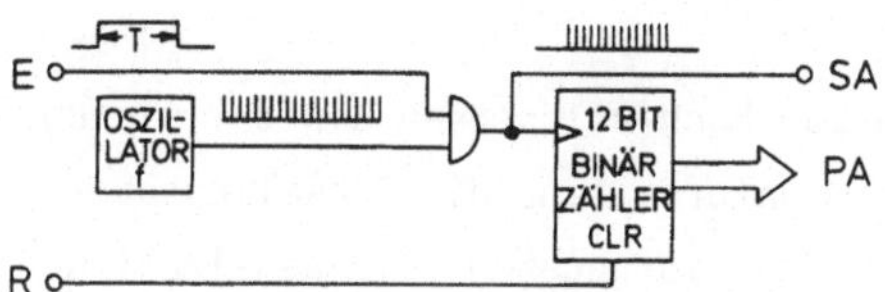

Bild 15.11.
12-Bit TDC ('time-to-digital converter') mit seriellem (SA) und parallelem Ausgang (PA)

Eingang E steuert den Ausgang eines Oszillators, der Einheitsimpulse der Bezugsfrequenz f erzeugt. Die übertragenen Impulse sind zum Betreiben externer Zähler am Ausgang SA zugänglich. In dem gezeigten Beispiel können Zeitintervalle der Länge T in $2^{12} = 4096$ Kanäle einsortiert werden. Die Kanalnummer steht nach der Konversion an dem parallelen Ausgang PA binär codiert an.

Ob man zur Digitalisierung einen TDC oder die Kombination TAC und ADC verwendet, hängt von praktischen Gesichtspunkten, wie erforderliche Genauigkeit, maximal zulässige Konversionszeit, Verfügbarkeit hochwertiger Geräte oder Kompatibilität mit weiteren Geräten, ab.

15.4.4 Zeitmittelwertbildner ('mean-timer')

Meantimer wurden zum Ausgleich von Laufzeitdifferenzen des Szintillationslichts entwickelt, die bei der Beobachtung großflächiger Szintillatoren mit zwei Photomultiplierröhren auftreten (siehe Bild 16.1). Bild 15.12 zeigt die Prinzipschaltung eines Meantimers für NIM-Impulse (0 und -0.7 V für Schalt-

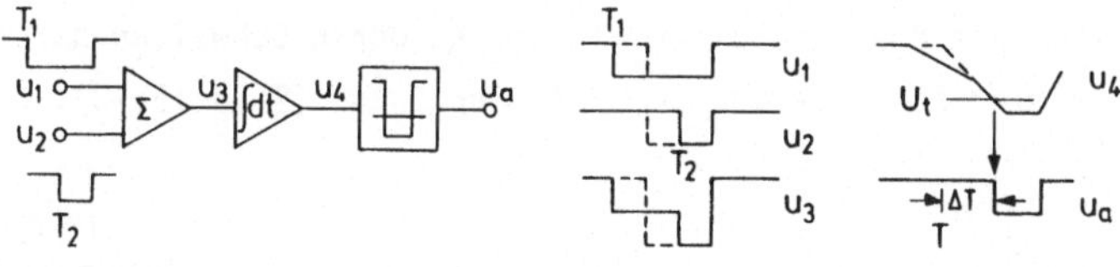

Bild 15.12. Prinzipschaltung des Meantimers. $T = (T_1 + T_2)/2$, ΔT = Verzögerungszeit.

wert 0 bzw. 1). Die Zeitinformation liegt in den negativen Flanken der Eingangsimpulse, deren positive Flanken zuvor synchronisiert wurden. Die Impulse u_1 und u_2 einheitlicher Höhe werden addiert (u_3) und integriert (u_4). Erreicht

u_4 die Schwelle U_t des Tunneldiodendiskriminators, so erzeugt dieser einen Einheitsimpuls, und zwar zur Zeit $T+\Delta T$. Diese hängt nur noch vom zeitlichen Mittelwert $T = (T_1+T_2)/2$, nicht aber von der Differenz T_1-T_2 ab. Bei koinzidenten Eingangsimpulsen (gestrichelt in Bild 15.12) bleibt die Lage des Schnittpunktes von u_4 mit U_t unverändert.

Der Meantimer verknüpft Zeitsignale, ist also weder ein Signalwandler noch ein Signalumsetzer.

15.5 Analog-Digital-Umsetzer (ADCs)

ADCs ('analog-to-digital converter') dienen zur hochauflösenden Digitalisierung analoger Information. Im Gegensatz zu Diskriminatoren sind die Schwellenspannungen U_i zwischen den Fenstern oder Kanälen fest vorgegeben. Die Kanalzahl N liegt typisch zwischen $2^7 = 128$ und $2^{14} = 16384$. Die Nummer des Kanals, in den die Amplitude des Analogsignals fällt, oder die Kanaladresse A wird binär oder BCD-codiert und zuweilen auch seriell ausgegeben.

Kenngrößen eines ADC sind:
- Die Kanalzahl N,
- die Konversionszeit T,
- die differentielle Linearität $(\Delta U_i-\Delta U)/\Delta U$,
- die integrale Linearität $(U_i-i\Delta U)/(i\Delta U)$ sowie
- die thermische und Langzeitstabilität.

Hierbei ist $\Delta U_i = U_{i+1}-U_i$ die Breite des Kanals i und ΔU der Mittelwert über alle ΔU_i.

Wir besprechen Typen und Techniken von ADCs in der Reihenfolge der systembedingten Konversionszeiten, beginnend mit der sehr schnellen, aber aufwendigen parallelen Konversion und endend bei der langsamen, dafür aber preiswerten seriellen Konversion.

15.5.1 Parallelkonversion (FADC)

FADCs ('flash ADC') arbeiten wie Mehrkanaldiskriminatoren, deren Schwellen durch eine Serienschaltung von N gleichen Widerständen definiert sind (Bild 15.13).

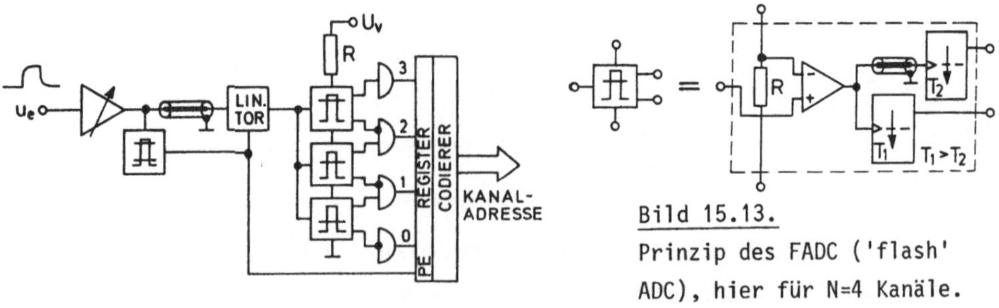

Bild 15.13.
Prinzip des FADC ('flash' ADC), hier für N=4 Kanäle.

Der Eingangsimpuls wird durch variable Verstärkung dem Konversionsbereich angepaßt. Ein Einkanaldiskriminator erzeugt das Gatesignal für ein lineares Tor,
welches das verzögerte Eingangssignal auf die Eingänge parallelgeschalteter
Integraldiskriminatoren leitet. Deren Schwellen U_i sind durch eine Kette von
Widerständen R zwischen Masse und U_V festgelegt. Die Diskriminatorausgänge sind
wie beim Mehrkanaldiskriminator in Antikoinzidenz geschaltet. Die Kanaladresse
wird in einem Register zwischengespeichert und meist binär codiert ausgegeben.

Die Konversion in FADCs erfolgt in einem Takt ('flash'). Der Schaltaufwand
nimmt linear mit der Kanalzahl zu. Schnelle FADCs mit 8 Bit (N = 256) können
Impulsraten bis zu 50 MHz verarbeiten. Darüber hinaus ist es möglich, jeden
Impuls mit einer Frequenz von 150 MHz auf seine Amplitude abzutasten ('sampling'),
d.h., die Impulsspannung kann alle 7 ns konvertiert und die Impulsform digital
gespeichert werden.

Die differentielle Linearität von FADCs ist begrenzt durch die Toleranzen
und das Altern der die Schwellenspannungen bestimmenden Widerstände.

15.5.2 Die inkrementelle Technik

Diese Technik wurde eingeführt, um die differentielle Linearität von FADCs zu
verbessern. Bei ihr werden die zur Konversion akzeptierten Impulse in einem
Impulsverlängerer (oder 'stretcher') verlängert und Komparatoren zugeführt,
deren Ausgänge digital differenziert werden (Bild 15.14). Nach der in dem Univibrator erzeugten Verzögerungszeit T wird zu dem verlängerten Impuls ein

<u>Bild 15.14.</u>
Das Prinzip der inkrementellen
Technik, hier für N=4 Kanäle.

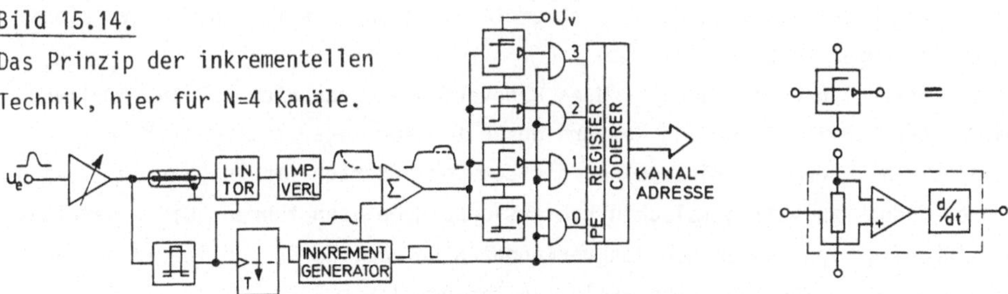

Zusatzimpuls ('increment') hinzuaddiert und gleichzeitig die Gatter zwischen den
Komparatoren und dem Register angesteuert. Nur die Adresse desjenigen Komparators wird registriert, dessen Schwelle bei der Addition des Inkrements überschritten wurde.

Die Konversion erfolgt also in zwei Schritten. Alle Kanäle haben die gleiche
effektive Kanalbreite, nämlich die der Amplitude des Inkrements. Diese muß
kleiner sein als das Minimum aller durch die Widerstandkette definierten Kanal-
breiten. Die erzielte Verbesserung der differentiellen Linearität wird bezahlt
mit dem zweiten Konversionstakt sowie dadurch, daß die Eingangsimpulse zum Teil

nicht konvertiert werden. Es kommt nämlich vor, daß ein Impuls, dessen Amplitude knapp über einer Schwelle U_i liegt, nach Addition des Inkrements die Schwelle U_{i+1} nicht erreicht und keine Kanaladresse registriert wird. Bei der Darstellung von Impulshöhenspektren ist der Verlust von Ereignissen weniger störend als eine schlechte differentielle Linearität.

15.5.3 Die schrittweise Näherung ('successive approximation')

Bei n-Bit-ADCs in dieser Technik erfolgt die Konversion in n Takten (siehe Bild 15.15). Das Eingangssignal u_e wird verlängert und mit dem Ausgangssignal

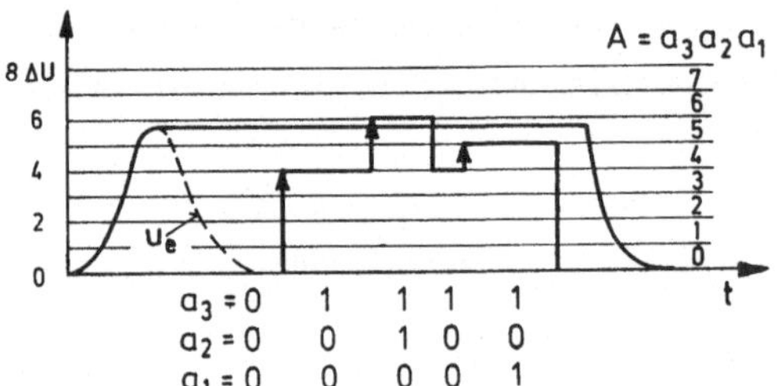

Bild 15.15.
Zum Prinzip der schrittweisen Näherung, hier für einen 3-Bit-ADC. ΔU = mittlere Kanalbreite, A = Kanaladresse.

eines n-Bit-DAC mit Hilfe eines analogen Komparators verglichen, dessen Bits schrittweise einzeln angesteuert werden. Es wird mit dem MSB der Kanaladresse begonnen. Spricht der Komparator nicht an, so wird Bit n für die weitere Konversion beibehalten, andernfalls zurückgesetzt. Es folgt die gleiche Operation für Bit n-1, und so fort bis zum LSB. In Bild 15.15 sind die Konversionsschritte für eine 3-Bit-Konversion durch senkrechte Pfeile angedeutet. Das Konversionsergebnis lautet A = 5.

Der Vorteil dieses - auch binäres Wägeverfahren genannten - Prinzips liegt darin, daß Schaltaufwand und Konversionszeit T nur logarithmisch mit der Kanalzahl N zunehmen. Störimpulse, die dem verlängerten Impuls überlagert sind, können jedoch zu völlig falschen Konversionsergebnissen führen. Die Linearität des ADC hängt von derjenigen des verwendeten DAC ab. Ein schneller 12-Bit-ADC nach diesem Verfahren hat Konversionszeiten von 1 bis 2 µs.

15.5.4 Die Methode der gleitenden Schwellen

Bei dieser Methode - englisch 'sliding scale method' - werden Schwankungen der Kanalbreite dadurch ausgeglichen, daß vor der Konversion zu dem zu analysierenden Signal eine digital erzeugte Zusatzspannung S analog hinzuaddiert und von dem Konversionsergebnis digital wieder subtrahiert wird. S wird nach jeder Konversion in quasistatistischer Reihenfolge geändert. Man erreicht hierdurch eine Mittelung der Kanalbreite über viele benachbarte Kanäle und somit eine wesentliche Verbesserung der differentiellen Linearität bei nur unwesentlich erhöhter Konversionszeit.

Aufwendige schnelle ADCs verwenden gemischte Verfahren. Ein 13-Bit-ADC
(Typ Laben 8215) benutzt beispielsweise für Bit 10 bis 13 die Parallelkonversion, für Bit 1 bis 9 das binäre Wägeverfahren und zusätzlich die Methode der
gleitenden Schwellen mit einer maximalen Zusatzspannung S, die 256 Kanälen entspricht.

15.5.5 Serielle Konversion

In seriellen ADCs wird die Amplitude des Eingangssignals in ein Zeitintervall
umgesetzt und dieses mit einem TDC digitalisiert. Die Konversionszeit T ist
linear abhängig von der Kanaladresse A. Serielle ADCs haben gute Linearität und
Stabilität, verbinden Wirtschaftlichkeit mit Robustheit und werden immer dann
verwendet, wenn keine besonders kurzen Konversionszeiten gefordert sind. Weitverbreitet sind die folgenden beiden Typen:

- Der Wilkinson-ADC (Bild 15.16) ist der Standardtyp des seriellen ADC zur
Impulshöhenanalyse mit nachfolgender Übergabe des Konversionsergebnisses an

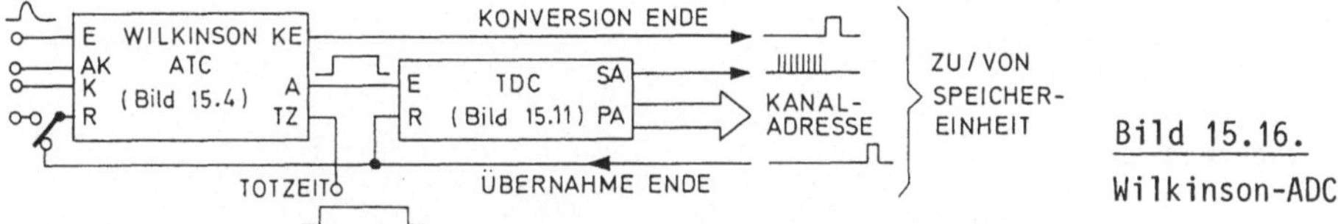

Bild 15.16.
Wilkinson-ADC

einen Speicher. Er besteht aus der Serienschaltung eines Wilkinson-ATC (Bild
15.4) und eines TDC (Bild 15.11). Die Rücksetzung erfolgt durch ein Signal der
Speichereinheit, welches das Ende der Übernahme der Kanaladresse anzeigt. Schnelle
ADCs dieser Bauart sind in ECL-Technik ausgebildet und arbeiten mit Konversions-
frequenzen f von hundert bis einige hundert Megahertz. Die Konversionszeit

$$T = T_0 + A/f \tag{15.6}$$

liegt dann im Bereich von einigen 10 µs für einen 14-Bit-ADC, wobei T_0 (im µs-
Bereich) eine feste Zeit für logische Entscheidungen und Verlängerung des Eingangsimpulses im Wilkinson-ATC ist.

- In der Meß- und Regeltechnik werden häufig ADCs nach dem Dual-Slope-Verfahren benutzt mit optischer Anzeige des Konversionsergebnisses. ('dual slope'
heißt Doppelrampe und steht auch für 'dual slope integration' - im Gegensatz
zu 'single slope integration', wie z.B. im Wilkinson-ATC.) Bild 15.17 zeigt
das Prinzip eines digitalen Voltmeters in dieser Technik. Der Kondensator C des
Integrators wird während m Perioden des Oszillators mit dem Strom U_e/R_1 aufgeladen und anschließend mit dem konstanten Strom U_0/R_2 wieder entladen. Während

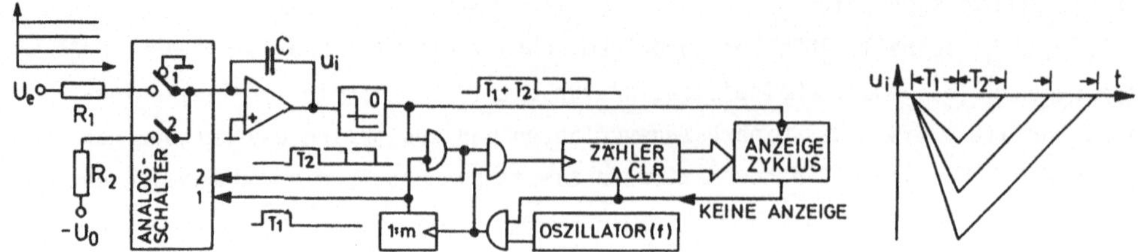

<u>Bild 15.17.</u> Prinzipschaltbild eines digitalen Voltmeters nach dem Dual-Slope-
oder Doppelintegrationsverfahren.

der Entladezeit T_2 werden die Impulse des Oszillators mit der Frequenz f in
einem Zähler - meist BCD-codiert - gezählt. Die Schwelle des Komparators ist
auf 0 V eingestellt. Die negative Flanke seines Ausgangsimpulses zeigt das Ende
der Konversion an und leitet die optische Anzeige des Konversionsergebnisses
ein. Während der Anzeige ist der invertierende Eingang des Integrator-IOP geerdet.
Nach dem Anzeigezyklus wird der Zähler zurückgesetzt, und eine neue Konversion
beginnt. - Der Spitzenwert der Spannung u_i am Integratorausgang ist

$$U_s = -\frac{T_1 U_e}{R_1 C} = -m\,\frac{U_e}{fR_1 C} \quad . \tag{15.7}$$

Die Entladezeit ist

$$T_2 = -U_s CR_2/U_0 = +m\,\frac{U_e R_2}{fR_1 U_0} \quad . \tag{15.8}$$

Das Konversionsergebnis wird somit

$$A = T_2 f = m\,\frac{R_2}{R_1}\frac{U_e}{U_0} \quad . \tag{15.9}$$

A ist also unabhängig von C und f. An die Toleranz des Kondensators und an die
Stabilität des Oszillators werden daher nur geringe Anforderungen gestellt, ein
wesentlicher Vorteil des Dual-Slope-Verfahrens. Kommerzielle Voltmeter arbeiten
mit Frequenzen im Bereich von 30 kHz mit Konversionsraten von (3 bis 10)/s bei
optischer Anzeige von 3 bis 4 Dezimalstellen.

15.E DO IT YOURSELF

Für die Experimentiervorschläge 15.E.1 bis 15.E.5 ist die Verwendung des Clock-
Generators gemäß Bild 12.13 vorgesehen. Wenn nicht anders vermerkt, sind
$R_1 = R_2 = 68$ kΩ und $C_1 = C_2 = 47$ µF (Elko) zu verwenden. Bei dieser Dimensionierung
läuft der Generator gemäß (12.1) mit einer Frequenz von etwa 0.5 Hz.

15.E.1 DAC und Treppenfunktionsgenerator

a) Der 4-Bit-DAC nach Bild 15.18a wird entsprechend Bild 15.18b mit einem Clock-Generator (SN74123, Bild 12.13) und einem 4-Bit-Binärzähler (SN7493, Bild 13.11)

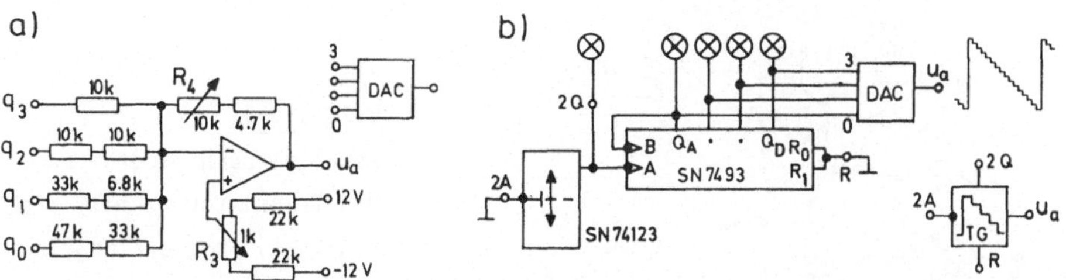

Bild 15.18. DAC (a) nach dem Prinzip des Addierverstärkers und Treppenfunktionsgenerator (TG, b) mit 4-Bit-Binärzähler SN7493

betrieben. Bei gestopptem Multivibrator (2A von Masse gelöst) wird der Zähler zurückgesetzt (R kurz von Masse lösen) und an R_3 $u_a = 0$ V eingestellt. Anschließend wird 2A so lange geerdet, bis der Zähler Q_A bis $Q_D = 1$ anzeigt, und dann an R_4 $u_a = -7.5$ V eingestellt. Damit beträgt die mittlere Kanalbreite des DAC 0.5 V, und die mittleren Kanalspannungen liegen bei -0.25 bis -7.25 V.

b) Nach Erhöhen der Clock-Frequenz ($C_1 = C_2 = 1$ nF) kann die Treppenfunktion oszilloskopisch beobachtet werden. Die Linearität des DAC wird durch Korrektur seiner Eingangswiderstände optimiert.

Der Treppenfunktionsgenerator wird zur Bearbeitung von 15.E.2 und 15.E.3 benötigt.

15.E.2 Serieller 4-Bit-ADC (Digitales Voltmeter)

a) ADC: Der Treppenfunktionsgenerator nach Bild 15.18b läßt sich durch Anschluß eines Komparators zu einem ADC ausbauen (Bild 15.19): Unterschreitet u_a die an

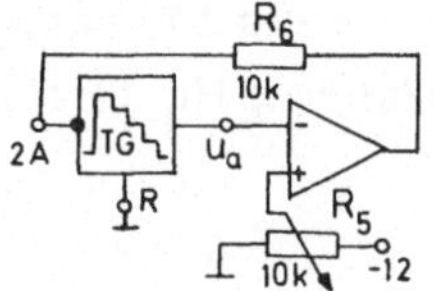

Bild 15.19.
4-Bit-ADC mit Treppenfunktionsgenerator (TG, Bild 15.18)

R_5 einstellbare Spannung U_e, so wird der Generator über R_6 angehalten. Die Konversion wird durch Löschen des Zählers eingeleitet (R kurz von Masse lösen).

b) Digitales Voltmeter: Löst man R über einen 100-Hz-Schalter periodisch von Masse, und erhöht man die Frequenz des Clock-Generators ($C_1 = C_2 = 1$ nF), so wird die Konversion ständig wiederholt und das Ergebnis quasistabil angezeigt.

15.E.3 Kennlinienschreiber für NPN-Transistoren

Der Schreiber gemäß Bild 15.20 enthält einen Treppenfunktionsgenerator (TG, Bild 15.18b), der den Basisstrom von T_2 stufenweise verändert. Der Operationsver-

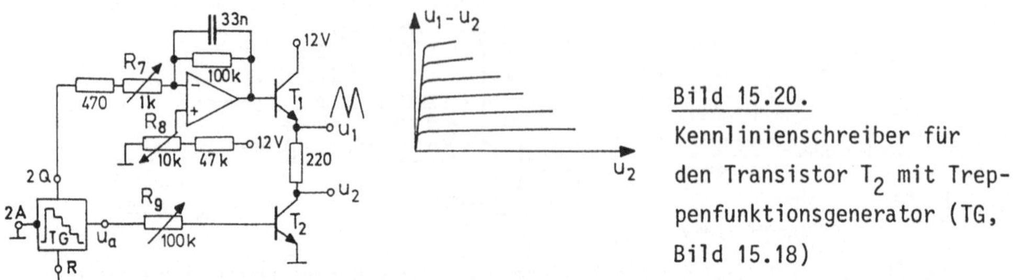

Bild 15.20.

Kennlinienschreiber für den Transistor T_2 mit Treppenfunktionsgenerator (TG, Bild 15.18)

stärker integriert die Impulse des Clock-Generators so, daß bei u_1 ein Rampenzug zwischen 0 V und etwa 10 V entsteht. T_1 dient als Leistungsverstärker, der 220-Ω-Widerstand zur Messung des Kollektorstroms von T_2.

Der Clock-Generator wird mit 2.5 kHz betrieben ($C_1 = C_2 = 10$ nF). In Bild 15.18a wird R_4 einschließlich 4.7 kΩ durch 15 kΩ ersetzt und R_3 durch ein 10-kΩ-Potentiometer, das an Masse und über 22 kΩ an 12 V angeschlossen wird. An R_7 und R_8 wird u_1 eingestellt, an R_3 (Bild 15.18a) die Lage der untersten Ausgangskennlinie und an R_9 der mittlere Kennlinienabstand. Die Ausgangskennlinien sind im X-Y-Betrieb oszilloskopisch darzustellen. Zur Vermeidung von Instabilitäten sind die Versorgungsspannungen mit 10 µF gegen Masse abzublocken. Werden die Spannungen u_1 und u_2 über 150-Ω-Widerständen beobachtet, so können eventuelle Störungen durch die Kabelkapazitäten vermieden werden.

15.E.4 Sinus-Generator mit Halbleiterspeicher

Der Funktionsgenerator mit Halbleiterspeicher nach Bild 15.21 enthält ein RAM (16 Worte zu 4 Bit, Bild 13.10) und einen DAC nach Bild 15.18a. Da die Ausgänge des RAM SN7489 offene Kollektoren haben, werden zur Ansteuerung des DAC Gatter zwischengeschaltet (z.B. SN7408 oder SN7400). Der Adressenzähler (Bild 13.11)

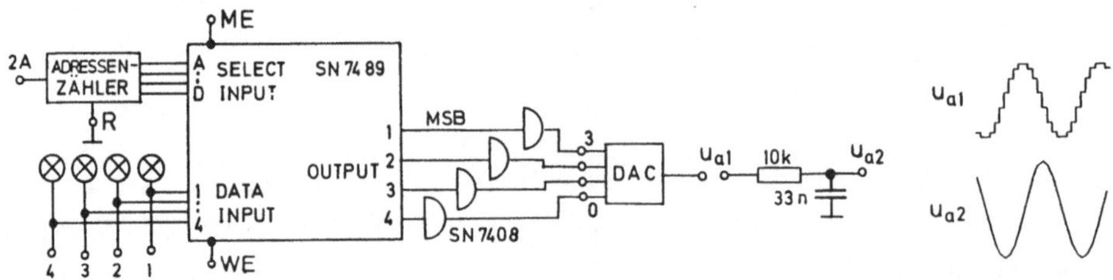

Bild 15.21. Funktionsgenerator mit 64-Bit-RAM (SN7489) und einem DAC (Bild 15.17a) mit direktem (u_{a1}) und geglättetem Ausgang (u_{a2})

wird beim Einlesen mit 0.5 Hz, beim Auslesen mit 1.5 kHz betrieben.

a) Füllen des RAM: Der Clock-Generator wird angehalten (2A = 1) und der Adressenzähler gelöscht (R kurz von Masse lösen). Gemäß Tabelle 15.2 wird die Ziffer 9 hexadezimal eingelesen (WE = 0, ME kurz an Masse, vergl. Funktions-

Adresse					Inhalt					Adresse					Inhalt				
	SELECT INPUT D	C	B	A		DATA INPUT 1	2	3	4		SELECT INPUT D	C	B	A		DATA INPUT 1	2	3	4
0	0	0	0	0	9	1	0	0	1	8	1	0	0	0	6	0	1	1	0
1	0	0	0	1	12	1	1	0	0	9	1	0	0	1	3	0	0	1	1
2	0	0	1	0	14	1	1	1	0	10	1	0	1	0	1	0	0	0	1
3	0	0	1	1	15	1	1	1	1	11	1	0	1	1	0	0	0	0	0
4	0	1	0	0	15	1	1	1	1	12	1	1	0	0	0	0	0	0	0
5	0	1	0	1	14	1	1	1	0	13	1	1	0	1	1	0	0	0	1
6	0	1	1	0	12	1	1	0	0	14	1	1	1	0	3	0	0	1	1
7	0	1	1	1	9	1	0	0	1	15	1	1	1	1	6	0	1	1	0

Tabelle 15.2.

Belegung eines Halbleiterspeichers zur Erzeugung einer Sinus-Funktion

tabelle in Bild 13.10). Nach kurzem Erden von 2A bleibt der Zähler bei ABCD = 0001 stehen. Dann werden auf gleiche Weise die hexadezimale Ziffer 12 und bei entsprechendem Zählerstand die folgenden Ziffern eingelesen.

b) Auslesen des RAM: Bei ME = 0, WE = 1 und 2A = 0 wird die Clock-Frequenz erhöht ($C_1 = C_2 = 1$ nF). u_{a1} besteht aus einer Stufenimpulsnäherung einer Sinus-Funktion, die durch Anschluß eines Integriergliedes zu einem Polygonzug geglättet werden kann (u_{a2}).

15.E.5 Zeit-Digital-Umsetzer

In dem 7-Bit-TDC nach Bild 15.22 wird die Normfrequenz durch den 100-Hz-Schalter S erzeugt. Als Generator für das Zeitintervall T wird der Clock-Gene-

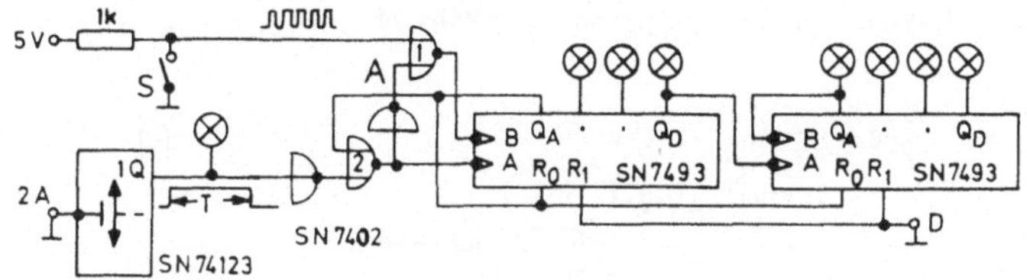

Bild 15.22.
7-Bit-TDC mit zwei 4-Bit-Binärzählern SN7493. S = 100-Hz-Schalter, A = $\overline{1Q} + Q_A$.

rator entsprechend Bild 12.13 verwendet (R_1 = 68 kΩ‖ 100 kΩ (variabel), R_2 = 68 kΩ, $C_1 = C_2 = 47$ µF). Nach Starten des Multivibrators (2A an Masse) öffnet bei der positiven Flanke an 1Q das Gatter 1. Die Normimpulse werden von den Flipflops B bis D des ersten und A bis D des zweiten Zählers gezählt. Bei der negativen Flanke an 1Q wird Q_A des ersten Zählers gleich 1. Dadurch werden die Gatter 1 und 2 blockiert.

a) Einmaliger Meßvorgang: Rücksetzen der Binärzähler (D kurz von Masse lösen) und Einleitung der Messung (2A an Masse). Nach Anhalten des Zählers zeigt dieser T in 10^{-2} s an.

b) Verbindet man D nicht mit Masse, sondern mit 1Q, so erfolgt zu Beginn von T eine automatische Rücksetzung der Binärzähler, die innerhalb 100 ns abgeschlossen ist. Der TDC arbeitet dann zyklisch.

Die Dauer T kann mit dem 100-kΩ-Potentiometer am Clock-Generator variiert werden.

15.E.6 Zählratenmesser

Der Zählratenmesser nach Bild 15.9 (ohne Impulsformer) wird mit $C_1 = 1$ nF, $C_2 = 330$ nF, $R = 470$ kΩ in Betrieb genommen. Als Impulsquelle variabler Frequenz ist der VFC nach Bild 10.6 geeignet (Ausgang u_{a2}, Dimensionierung wie in 10.E.6). Vergleicht man u_e des VFC mit $u_a(u_e)$ des Zählratenmessers am Oszilloskop, so erhält man einen qualitativen Eindruck von der Linearität beider Schaltungen. Zur quantitativen Überprüfung werden die Beziehungen (10.13) und (15.4) verwendet.

15.E.7 Constant-Fraction-Diskriminator

Bild 15.23a enthält einen Multivibrator, bestehend aus einem NAND-Gatter mit Schmitt-Trigger (siehe Bild 12.14), dem ein Puffergatter und ein Integrier-Differenzierglied (siehe Bild 4.8) nachgeschaltet sind. Es werden Impulse nach (4.55) beiderlei Polarität erzeugt, deren Maxima 1.6 µs nach dem Schalten des Multivibrators erreicht werden. Der angeschlossene Constant-Fraction-Diskriminator (IOP 1 bis 3 mit Ausgangsflipflop) ist für die positiven Impulse ausgelegt.

Der Operationsverstärker IOP 1 (TL081) verstärkt die Eingangssignale, $u_1 = 5.7 \cdot u_e$, wobei u_3 gleich u_e ist.

Der Komparator IOP 2 mit TTL-kompatiblem Ausgang ($\frac{1}{2}$ LM1414) spricht wie ein

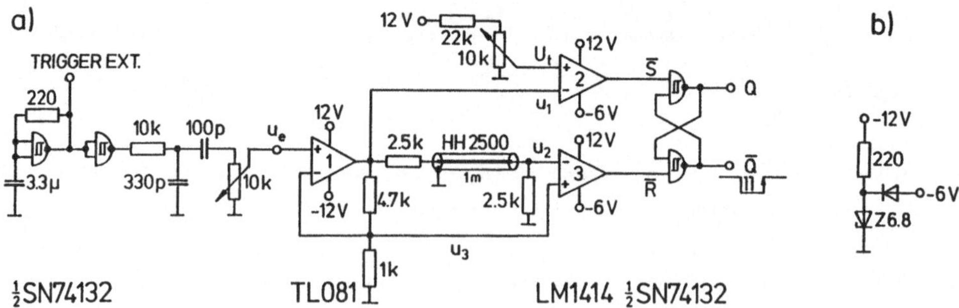

Bild 15.23. Constant-Fraction-Diskriminator mit Pulsgenerator (a) und Hilfsschaltung (b) zur Erzeugung der negativen Versorgungsspannung für den LM1414. Diese ist, wie auch 12 V, direkt am IC mit 10 µF gegen Masse abzublocken.

Vorderflankendiskriminator (LE, Bild 15.3a) an. Übersteigt u_1 die eingestellte Schwellenspannung U_t, so wird $\overline{S} = 0$ und das Ausgangsflipflop wird gesetzt ($Q = 1$, $\overline{Q} = 0$, siehe Bild 12.1b).

Das beidseitig abgeschlossene Verzögerungskabel halbiert und verzögert u_1 um etwa 2 µs: $u_2(t) = 5.7\,u_e(t - 2\,µs)/2$. Der effektive Wert des in Abschnitt 15.1.2 erwähnten konstanten Bruchteils (CF) K beträgt somit $2/5.7 = 0.35$.

Im Ruhezustand liegen u_2 und u_3 im Rauschen, und der Ausgang von IOP 3 ist instabil. Sobald sich u_3 vom Rauschen abhebt, wird $\overline{R} = 1$. Bei $u_3 = u_2$ erfolgt der Übergang nach $\overline{R} = 0$, und das Ausgangsflipflop wird zurückgesetzt. Die positiven Flanken von $\overline{Q}$ zeigen bei Variation von U_t und u_e das zeitlich konstante Verhalten eines CF-Diskriminators, während die negativen Flanken das zeitlich schwankende Verhalten des LE-Diskriminators aufweisen. Der CF-Diskriminator ließe sich durch Anschließen eines positiv flankengetriggerten Univibrators vervollständigen.

Wann befindet sich das Ausgangsflipflop im 'verbotenen' Zustand?

16. Kernphysikalische Meßanordnungen

Die Entwicklung der Impulstechnik ist eng mit der der nulearen Meßtechnik verbunden. Bei ihr werden genormte Überrahmen verwendet, in denen genormte Betriebsspannungen (±24 V, ±12 V und ±6 V) erzeugt werden. In die Überrahmen werden von der
Frontseite elektronische Einschübe oder Moduln eingesteckt, die an der Rückseite
über Steckerleisten die Normspannungen zur Verfügung gestellt bekommen und an der
Frontseite Koaxialbuchsen für 50-Ω-Kabel enthalten, die als Signalein- und -aus-
gänge dienen.

Wir beschränken uns in diesem Kapitel auf Meßanordnungen aus der Kern- und Teil-
chenphysik, die mit NIM-Überrahmen und einem Vielkanalanalysator (Kapitel 17) betrieben werden können. (NIM sind die Initialen der Fachzeitschrift 'Nuclear Instruments and Methods'.) Zwei Modulfamilien können mit NIM-Überrahmen betrieben werden:

- Die schnellen oder NIM-Einschübe für Analogimpule bis -1.2 V mit Anstiegsdauern
von etwa 3 bis 15 ns und logischen NIM-Pegeln (0 und -0.7V). Sie werden in Experi-
menten mit Sekundärelektronenvervielfachern ('photo multiplier', PM) mit schnellen
Szintillatoren verwendet, z.B. zur Messung von Flugzeit- oder TOF-Spekren ('time
of flight', Abschnitt 16.1).

- Die langsamen oder TTL-Einschübe für Analogimpulse bis +10 V mit Anstiegsdauern
von etwa 100 bis 300 ns und logischen TTL-Pegeln. Ihre Anwendung liegt bei der hochauflösenden Impulshöhenspektroskopie. Hier benutzt man Halbleiterdetektoren oder PMs
mit lansamen Szintillatoren. Ein Beispiel wird in Abschnitt 16.2 beschrieben.

Werden mehr als zwei Meßgrößen zur Charakterisierung eines Ereignisses ausge-
wertet und gespeichert, so werden die Experimente rechnergesteuert ('on line com-
puting'). Dabei benutzt man Überrahmen (z.B. VME oder CAMAC), die zu jeder Einschub-
position Signal- und Steuerleitungen enthalten, über die der Rechner die Einschübe
direkt anwählen kann.

16.1 Flugzeitmessungen

Bild 16.1 zeigt das Prinzip einer Meßanordnung zur Untersuchung der Reaktion
p+p $\rightarrow$ π+d bei einer kinetischen Energie der einfallenden Protonen (p) von
600 MeV. An den Wasserstoffatomen (H) im Polyethylen-Target (Poly-C_2H_4) werden
die leichten Pionen (π) und die schweren Deuteronen (d) erzeugt. Diese Sekun-

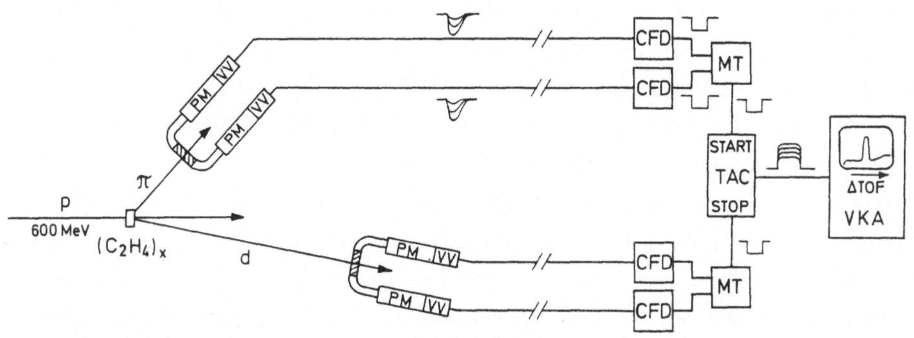

Bild 16.1. Flugzeitmessung zum Nachweis der Reaktion p+p → π+d.
PM = Photomultiplier, VV = Vorverstärker, CFD = Constant-Fraction-Diskriminator,
MT = Meantimer, ΔTOF = Differenz der Flugzeiten von Pion (π) und Deuteron (d)
zwischen Target (Poly-C_2H_4) und Szintillatoren (schraffiert).

därteilchen werden in Plastikszintillatoren (schraffiert) nachgewiesen, deren
Szintillationslicht in Lichtleitern aus Acrylglas (Plexiglas) auf die Photo-
kathode je zweier Photomultiplier (PM) geleitet wird. In diesen werden Photo-
elektronen ausgelöst, welche durch angelegte Spannungen beschleunigt, fokussiert und
in mehreren Stufen vervielfacht werden (Sekundärelektronenvervielfachung). An
den Anoden der PMs treten Stromimpulse mit Anstiegs- und Abfallsdauern von 5 ns
bzw. 20 ns auf. Die Stromimpulse werden in stromempfindlichen Vorverstärkern
(Strom-Spannung-Wandler) in analoge NIM-Impulse umgewandelt, deren Amplituden
zwischen 0 V und -1.2 V liegen. (Stromempfindliche Verstärker können z.B. aus
Umkehrverstärkern mit IOP (Bild 9.3a) bestehen, in denen Stromimpulse dem
invertierenden Eingang (u_N) nicht über einen Widerstand (R_1) sondern direkt
zugeführt werden.)

Die Ausgänge der Vorverstärker sind niederohmig, so daß sie die etwa 50 m
langen Kabel vom Experimentierraum zur Ausleseelektronik speisen können. Die
räumliche Trennung ist wegen der hohen Strahlungspegel im Experimentierraum
notwendig.

Die Analogsignale treffen auf Constant-Fraction-Diskriminatoren CFD, deren
Ausgangssignale (-0.7 V) zeitlich mit dem Maximum der in den PMs erzeugten
Stromimpulse korreliert sind. In den Meantimern MT wird der zeitliche Mittelwert zwischen den Stromimpulsen des jeweils rechten und linken PMs gewonnen
(siehe Abschnitt 15.4.4). Hierdurch werden Differenzen der Laufzeit (etwa
40 ps/cm) des Szintillationslichts vom Entstehungsort zu den betreffenden
PMs ausgeglichen. Die in den Meantimern gewonnene Zeitinformation hängt also
nicht mehr von dem Auftreffort der Teilchen im Szintillator ab.

Die schnellen Pionen ergeben das Startsignal für den Zeit-Amplitude-Umsetzer

TAC, die langsamen Deuteronen das Stopsignal. Die Ausgangssignale des TAC sind
zur Analyse in einem üblichen Vielkanalanalysator VKA geeignet. Ihre Dauer
beträgt etwa 1 µs, die Amplitude liegt zwischen 0 und +10 V. Diese ist ein Maß
für die Differenz ΔTOF der Flugzeiten von Deuteron und Pion zwischen Target
('target' = Ziel) und dem jeweiligen Szintillator.

   Der VKA sortiert gleiche Flugzeitdifferenzen ΔTOF in gleiche Kanäle ein.
Die periodische Darstellung ihres Inhalts auf dem Bildschirm enthält einen Peak
('peak' = Spitze), der von der Pionproduktion über die Reaktion $p+p \rightarrow \pi+d$ herrührt. Er
erhebt sich über einen mehr oder weniger kontinuierlichen Untergrund, der von
Reaktionen der einfallenden Protonen mit den Kohlenstoffatomen (C) im Target
stammt. Die Halbwertsbreite des Peaks ist ein Maß für die erzielte Zeitauflösung. Sie liegt unter realistischen Bedingungen bei etwa 0.5 ns, läßt sich
aber auf etwa 150 ps 'züchten'. Die elektronische Zeitauflösung (etwa 40 ps)
liegt deutlich darunter.

   Bild 16.2 zeigt eine Anordnung, in der die Laufzeitdifferenz des Lichts zu
den beiden PMs gemessen wird, um den Auftreffort x einer ionisierenden Strah-

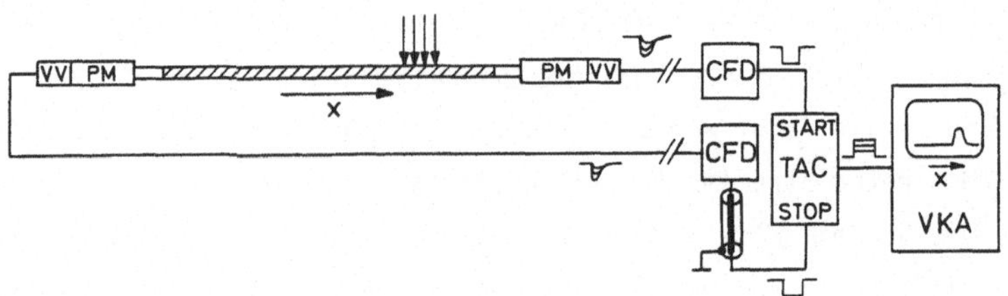

Bild 16.2. Bestimmung des Auftreffortes x einer ionisierenden Strahlung auf
einem langen Szintillator durch Messung der Differenz der Laufzeiten des
Szintillationslichts zwischen x und den Photomultipliern. Bezeichnungen wie
in Bild 16.1.

lung auf einem langen (z.B. 3 m) Szintillator zu bestimmen. Das Stop-Signal
wird hier verzögert, um auch für Auftrefforte in der Nähe des linken PM positive
Zeitdifferenzen zu erhalten. Verzögerungen bis zu etwa 100 ns werden in dieser
Technik durch Verzögerungseinheiten bewirkt. Sie enthalten normale 50-Ω-Kabel
unterschiedlicher Länge, die über Schalter in die Impulskabel eingefügt werden
können. Die Laufzeit in 50-Ω-Kabeln beträgt etwa 5 ns/m.

   Häufig werden die in Bild 16.1 und Bild 16.2 dargestellten Techniken zusammen verwendet. Aus der Flugzeit eines Teilchens kann man - mit den notwen-
digen Zusatzinformationen - auf die Energie, aus dem Auftreffort auf den Winkel
zwischen dem einfallenden Strahl und der Flugrichtung des nachgewiesenen Teilchens schließen.

16.2 Messung von Energiespektren mit Teilchenidentifizierung

Eine Anordnung zur Untersuchung der Reaktion $p + {}^{12}C \to {}^{11}C + d$ bei einer Proto-
nenenergie von 50 MeV ist in Bild 16.3 skizziert. Die erzeugten Deuteronen (d)
werden in einem Halbleiterteleskop nachgewiesen. Es besteht aus zwei in Sperr-

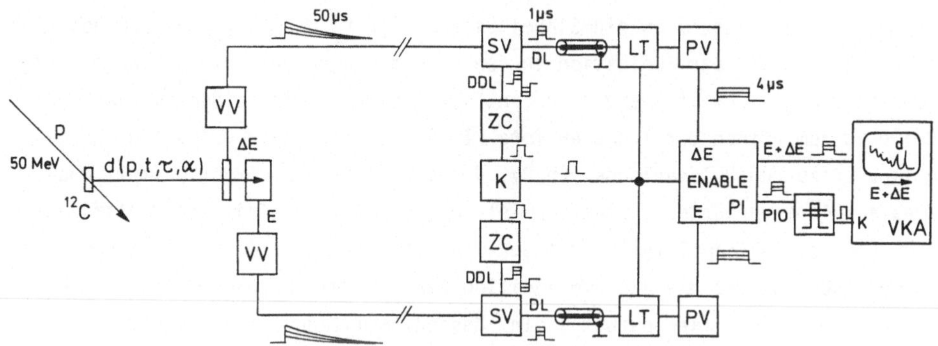

<u>Bild 16.3.</u> Anordnung zur Untersuchung der Reaktion $p + {}^{12}C \to {}^{11}C + d$ mit Teilchen-
identifizierung: ΔE, E = Transmissions- bzw. Enddetektor, VV, SV = Vor- bzw.
Spektroskopieverstärker, ZC = Nulldurchgangsdetektor ('zero crossing discriminator'), K = Koinzidenz, LT = lineares Tor, PV = Pulsverlängerer, PI = Teilchenidentifizierer ('particle identifier'), VKA = Vielkanalanalysator.

richtung gepolten Halbleiterdioden. Ein ionisierendes Teilchen bildet längs
seiner Bahn in der Sperrschicht Ionenpaare, die durch die Betriebsspannung
abgesaugt werden und am Zähleranschluß einen Stromimpuls i(t) bewirken. Die
Ladung $Q = \int i(t)dt$ ist proportional zum Energieverlust des Teilchens im Zähler.
Die Sammelzeit der Ladungen hängt von der Zählerdicke und von der Reichweite
der Teilchen ab. Um unabhängig von diesen Sammelzeiten (50 bis 100 ns) zu werden, sind die angeschlossenen Vorverstärker VV ladungsempfindlich. Sie bestehen aus Integratoren, deren Kondensatoren sich innerhalb der Sammelzeiten
aufladen und sich mit einer Zeitkonstante von etwa 50 µs wieder entladen. Hierdurch erreicht man, daß die Amplitude des Ausgangsimpulses praktisch nur noch
von Q abhängt.

Zur Trennung der Deuteronen sowohl von den elastisch und inelastisch gestreuten
Protonen (p) als auch von den zusätzlich gebildeten Tritonen (t), ^{3}He- und ^{4}He-
Kernen (τ bzw. α) werden die Teilchen in einem Detektorteleskop nachgewiesen. Aus
den Energieverlusten ΔE und E im Transmissions- bzw. Enddetektor werden die Teilchensorte (p, d, t, τ oder α) und die gesuchte kinetische Energie $E_k = E + \Delta E$ auf
folgende Weise gewonnen:

Die Impulse von den Vorverstärkern werden mit Hilfe von Verzögerungskabeln

in amplitudengetreue Rechteckimpulse von etwa 1 µs Länge umgeformt und zur
Begrenzung des Rauschens integriert. Dies geschieht in Spektroskopieverstär-
kern SV (Bild 16.5), auf die wir am Ende dieses Abschnittes zurückkommen.
Die Signale am Ausgang DL ('delay line') sind unipolar (0 bis +10 V), diejenigen am DDL-Ausgang ('double delay line') bipolar (0 bis $\pm$10 V). Der Nulldurchgang der DDL-Signale wird in den Nulldurchgangsdiskriminatoren ZC ('zero-
crossing discriminator') in ein Einheitssignal (+5 V) umgesetzt, dessen positive
Flanke zeitlich mit der Ionisation in den Detektoren korreliert ist. Haben beide Detektoren gleichzeitig angesprochen, so erzeugt die Koinzidenz K einen
Gateimpuls zum Öffnen der linearen Tore LT. Sie leiten die verzögerten unipolaren Impulse zu den Pulsverlängerern PV, die die unipolaren Impulse amplitudengetreu auf 4 µs verlängern, eine Impulslänge, die für den Teilchenidentifizierer PI ('particle identifier') erforderlich ist. Die Koinzidenz leitet über den
Eingang ENABLE des PI die analoge Addition E+ΔE und die Erzeugung eines Signals
PIO ('particle identifier output') ein, dessen Amplitude für die Sorte des nachgewiesenen Teilchens charakteristisch ist. Der den Deuteronen entsprechende
Bereich des PIO-Signals wird von einem Einkanaldiskriminator akzeptiert, der
über den Koinzidenzeingang K des ADC im Vielkanalanalysator VKA die Konversion
der Deuteronenenergie E+ΔE ermöglicht. Das Energiespektrum am Bildschirm zeigt
Strukturen, die Rückschlüsse auf die Eigenzustände des Restkernes ^{11}C zulassen.

Der Teilchenidentifizierer nützt die Tatsache aus, daß im interessierenden
Energiebereich die Reichweite R der nachgewiesenen Teilchen im Silizium (Si),
dem Detektormaterial, in guter Näherung der Beziehung

$$R(E_k) = a_X E_k^{1.73} \tag{16.1}$$

gehorcht. Dabei hängt a_X nur von der Teilchensorte $X = p, d, t, \tau$ oder α und nicht
mehr von der kinetischen Energie E_k ab. Der Identifizierer berechnet

$$PIO = (E+\Delta E)^{1.73} - E^{1.73} = E_{D,X}^{1.73} \quad . \tag{16.2}$$

$E_{D,X}$ ist die Energie eines Teilchens, dessen Reichweite der Dicke D des Trans-
missionszählers gleicht. Sie ist charakteristisch für die Teilchensorte und
hängt im Rahmen der Näherung (16.1) weder von E noch von ΔE ab.

Bild 16.4a zeigt die Abhängigkeit ΔE von E bei D = 0.3 mm Si für einfach
geladene Teilchen. Der Identifizierer bildet zunächst die Spannung u_1, die
während der Dauer T_1 aus E, während der Dauer T_2 aus der Summe E + ΔE besteht
(Bild 16.4b). In einer thermisch stabilisierten Untereinheit des PI wird u_1
logarithmiert, mit dem Faktor 1.73 multipliziert und anschließend wieder de-
logarithmiert. Das Ergebnis lautet

$$u_2 = u_1^{1.73} \quad . \tag{16.3}$$

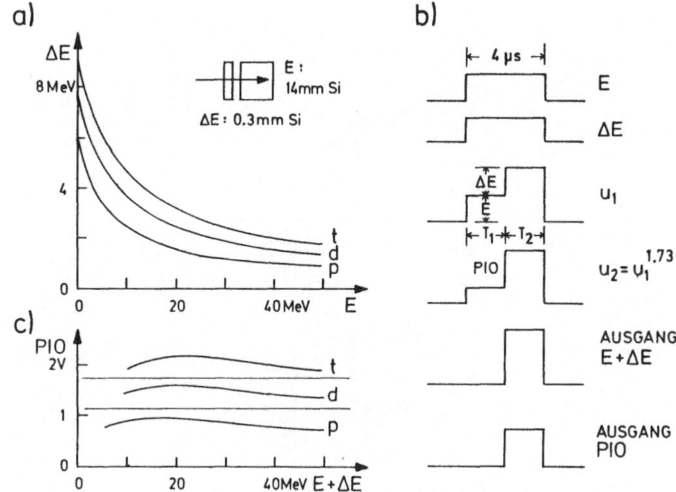

Bild 16.4. Zum Prinzip des Teilchenidentifizierers PI in Bild 16.3:
Abhängigkeiten der Eingangsimpulse E und ΔE (a), interne Impulsformen (b) und
Restabhängigkeit (c) des PIO-Signals ('particle identifier output') von der
Teilchenenergie E+ΔE. Mit einem Einkanaldiskriminator können Deuteronen d von
anderen Teilchen getrennt werden.

Die Höhe der zweiten positiven Flanke von u_2 ist gleich dem PIO-Signal gemäß
(16.2). Dieses wird erzeugt, indem man u_2 über einen Kondensator einem Emitterfolger zuführt, dessen Eingang bei dem ersten Impulsanstieg von u_2 durch einen
gesättigten Transistor gegen Masse kurzgeschlossen ist. Während des zweiten
Anstiegs von u_2 ist der Transistor gesperrt, so daß nur dieser am PIO-Ausgang
des Identifizierers erscheint.

Bild 16.4c zeigt die Restabhängigkeit des PIO-Signals von E+ΔE. Durch die
hier angedeuteten Schwellen des Einkanaldiskriminators in Bild 16.3 können
die Deuteronen sauber von den Tritonen und Protonen getrennt werden.

Die Impulsabhängigkeiten für zweifach geladene Teilchen sind in Bild 16.4
nicht dargestellt. Die PIO-Signale für τ- und α-Teilchen lägen in dem dargestellten Fall bei 9 bzw. 12 V.

Zum Schluß noch ein Blick auf Bild 16.5. Es stellt einen Spektroskopieverstärker (SV) älterer Bauart dar (ORTEC 410) mit einem unipolaren Ausgang u_{a1}
und einem bipolaren Ausgang u_{a2}. Er enthält eine Serie von Verstärkerstufen
(Dreiecksymbole), die aus je zwei Transistoren mit Gegenkopplung nach Bild 7.3
bestehen und den Eigenschaften eines Umkehrverstärkers mit IOP nahekommen.

Der Eingang des SV besteht aus einem unsymmetrischen π-Abschwächer mit konstanter Eingangsimpedanz Z_e = 125 Ω. Um das Impulskabel mit 50 Ω abzuschließen,

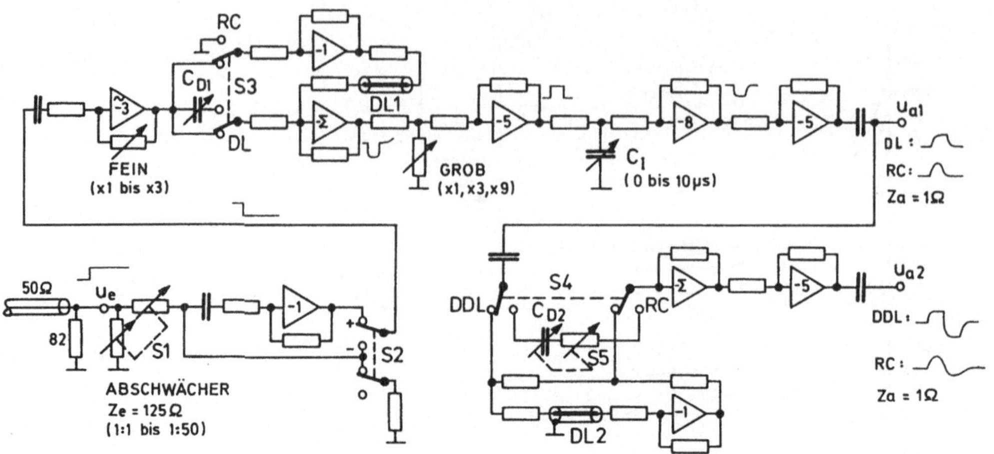

Bild 16.5. Prinzip eines Spektroskopieverstärkers SV in Bild 16.3.

muß ein externer 82-Ω-Widerstand parallel zum Eingang geschaltet werden. Die Position des Polaritätswahlschalters S2 entspricht positiven Eingangsimpulsen. Die Verstärkung des Eingangssignals kann an der nachfolgenden Verstärkerstufe (FEIN) kontinuierlich bis zu einem Faktor 3 verändert werden. Mit S3 kann u_e in einen Rechteckimpuls (DL) oder in einen RC-Impuls umgeformt werden. In der Stellung DL ('delay line') wird zu u_e ein verzögertes Signal umgekehrter Polarität hinzuaddiert. Dabei ist DL1 (0.8 bis 1.2 µs) an beiden Enden durch Serienwiderstände abgeschlossen. Bei hohen Zählraten wird man die DL-Position wählen (minimale Impulsausläufer und entsprechend geringe Grundlinienauswanderung), bei niedrigen Zählraten die RC-Position (Begrenzung des Rauschspektrums und damit Unterdrückung insbesondere von niederfrequenten Störspannungen). Nach einer weiteren Verstärkung (GROB) werden die Impulse zur Begrenzung des Rauschspektrums bei hohen Frequenzen integriert (C_I). Der Ausgangsverstärker (-5) kann Ausgangsimpulse bis +10 V an 50-Ω-Kabel abgeben (Spitzenströme bis 200 mA).

Die Ausgangsspannung u_{a1} liefert die Eingangsimpulse für einen weiteren Verstärkerteil, der bipolare Ausgangssignale u_{a2} formt mit Nulldurchgängen zur Gewinnung von Zeitsignalen mit Hilfe eines nachgeschalteten Nulldurchgangsdetektors. Steht der Schalter S4 auf DDL ('double delay line'), wird ein Doppelrechteckimpuls erzeugt. Dabei ist zu beachten, daß der Eingang des Addierers ($-\Sigma$) eine virtuelle Masse darstellt. Die Addition des Rechteckimpulses mit einem verzögerten invertierten Signal erfolgt also analog wie beim idealen Vollwellengleichrichter in Bild 10.10 (invertierender Eingang von IOP2). Die Verzögerung in DL2 ist die gleiche wie in DL1. In der Stellung RC von S4 kann mit S5 eine zweite Differentiation an die mit S3 eingestellte erste Differentiation angepaßt werden (siehe auch Bild 15.3b).

17. Der Vielkanalanalysator und seine Anwendungen

Der Vielkanalanalysator wird verwendet, um Analogsignale zu digitalisieren, Ergebnisse additiv zu speichern, diese optisch darzustellen und für eine spätere Auswertung auf ein Speichermedium (z.B. Magnetband) zu übertragen. Der Signalhöhenmittler (Abschnitt 17.3) unterscheidet sich vom Vielkanalanalysator im engeren Sinne (VKA, Abschnitt 17.1) durch geringere Kanalzahl, dafür aber größere Speicherkapazität pro Kanal.

Heute werden die beschriebenen Funktionen vorwiegend mit PCs ('personal computer') realisiert, die durch Einsteckkarten mit ADCs und weiterer Hardware dafür aufgerüstet werden.

17.1 Der Vielkanalanalysator (VKA)

Das Prinzip des VKA oder 'multi channel analyser' (MCA) ist in Bild 17.1 dargestellt. Das Schema entspricht dem Einsatz des VKA zur Erfassung eines Impulshöhenspektrums, wie es z.B. von einem kernphysikalischen Teilchendetektor (wie in Bild 16.3) geliefert werden könnte.

Überschreitet die Amplitude des Eingangssignals u_e die Ansprechschwelle des ADC, so erfolgt eine serielle Digitalisierung. (Die ADCs in MCAs sind normalerweise vom Wilkinson-Typ, Bild 15.16.) Die manuelle Bedienungseinrichtung des ADC enthält Schalter zur Wahl von Koinzidenz/Antikoinzidenz, Polarität des Eingangssignals, Verstärkung, Nullpunktunterdrückung, oberer und unterer Ansprechschwelle, variabler oder konstanter Totzeit, digitalem Konversionsbereich und weiteren Betriebsparametern. Nach Beendigung der Konversion im ADC veranlaßt die Steuerung

   - die Übernahme der Kanaladresse n in das Adreßregister,
   - die Übernahme des entsprechenden Kanalinhalts aus dem Speicher (RAM) in ein Register zur 'Addition +1',
   - die Erhöhung des Kanalinhalts um 1 ('add one') und
   - die Rückspeicherung des erhöhten Kanalinhalts in das RAM.

Unabhängig davon veranlaßt die Steuerung die periodische Darstellung des Speicherinhalts durch die Bildröhre (Displayzyklus): Der X-DAC erzeugt eine Treppenfunktion zur analogen Darstellung der Kanaladresse n, der Y-DAC stellt den Kanalinhalt wahlweise in linearem oder logarithmischem Maßstab dar. Sobald ein X-Y-Paar bereitgestellt ist, wird die Röhre hellgesteuert. Aufgrund des

Nachleuchtens des Bildschirmes beobachtet man ein stehendes, gepunktetes Diagramm $N(u_e) \sim W(u_e)\Delta U_n$, wobei $W(u_e)$ die Wahrscheinlichkeit von u_e und ΔU_n die Kanalbreite (in V) ist. Die Kanaladresse $n = u_e/\Delta U$ ist proportional zu u_e (ΔU = mittlere Kanalbreite). Die Folge der Displayzyklen wird unterbrochen, sobald der ADC über den Ausgang 'Konversion Ende' (KE) die Übernahme eines Ereignisses in die Speichereinheit einleitet.

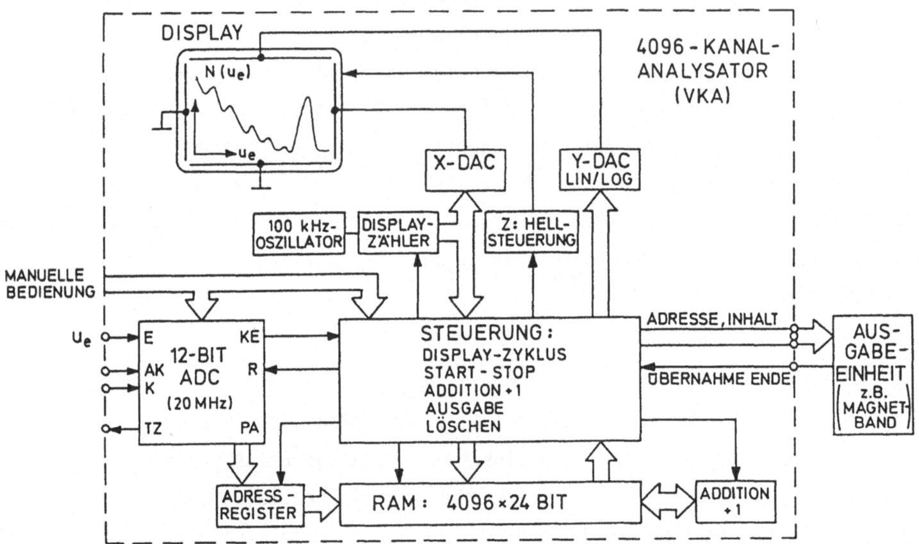

Bild 17.1. Vielkanalanalysator (VKA) mit einem 12-Bit-ADC (Bezeichnungen gemäß Bild 15.16), einem Halbleiterspeicher (RAM) für 4096 Kanäle mit einem maximalen Kanalinhalt von je $2^{24} - 1 = 16\,777\,215$ Impulsen und einer Steuerung zur graphischen Darstellung (Display) des Speicherinhalts auf einem Bildschirm.

Vielkanalanalysatoren enthalten zuweilen Mikroprozessoren, die die digitale Manipulation gespeicherter Daten ermöglichen: Übertragung des Inhalts von Speicherbereichen mit Addition und Subtraktion von einem Teil des Speichers in einen anderen, Peak-Integration, Untergrundbestimmung, alphanumerische Darstellung von Kanalinhalten und anderes. Manche MCAs sind mit zwei ADCs versehen zur Registrierung zweiparametriger Verteilungen (siehe Abschnitt 17.2.4).

17.2 Anwendungen des VKA

Zusätzlich zu den in Kapitel 16 beschriebenen Beispielen werden hier weitere Anwendungen des MCA erklärt. Oft können MCAs mit Schaltern auf die entsprechende Betriebsart eingestellt werden.

17.2.1 Der Vielfachzählerbetrieb

Bei manchen, insbesondere kernphysikalischen Messungen interessiert das zeitliche Verhalten von Zählraten, z.B. zur Bestimmung der Abklingzeitkonstanten τ
eines radioaktiven Präparats. Bei solchen Messungen verwendet man den VKA als

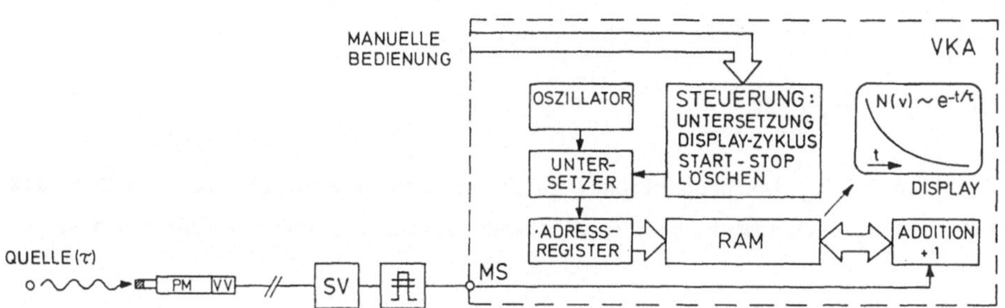

<u>Bild 17.2.</u> Vielkanalanalysator (VKA) im Vielfachzählerbetrieb. MS = 'multi
scaling', SV = Spektroskopieverstärker, τ = Zerfallskonstante der radioaktiven
Quelle.

System von N Zählern (N = Kanalzahl), die nacheinander an den Ausgang z.B. eines
externen Einkanaldiskriminators angeschlossen werden (Bild 17.2). Ein interner
Oszillator erhöht die Kanaladresse in regelmäßigen zeitlichen Abständen, während
der Kanalinhalt bei jedem Impuls am Eingang MS ('multiscaling') um 1 erhöht wird.

17.2.2 Messung von Mößbauer-Spektren

Beim Mößbauer-Effekt hängt die Absorption einer Strahlung in einem Absorber
zwischen Quelle und Detektor von der Relativgeschwindigkeit v(t) zwischen Quelle
und Absorber ab (Bild 17.3). Die Bewegung der Quelle wird so gesteuert, daß

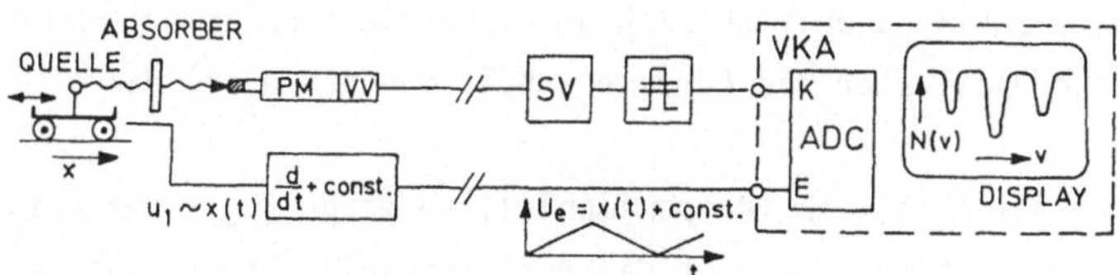

<u>Bild 17.3.</u> Messung eines Mößbauer-Spektrums N(v) mit einem Vielkanalanalysa-
tor (VKA)

v(t) bereichsweise linear von der Zeit t abhängt. Am Eingang des ADC steht ein
von v(t) linear abhängiges Signal u_e an. Sobald der Detektor einen Impuls im
Diskriminatorfenster erzeugt, wird das Eingangstor im ADC über den Koinzidenzeingang K kurz geöffnet. Der Momentanwert von u_e wird, wie in Abschnitt 17.1
beschrieben, digitalisiert und der entsprechende Kanalinhalt um 1 erhöht. Nach

einer großen Anzahl von Bewegungszyklen stellt das Display die Transmission $N(v)$ in Abhängigkeit von der Relativgeschwindigkeit v dar.

17.2.3 Messung von Signalhöhenwahrscheinlichkeiten

Die Signalhöhenwahrscheinlichkeit einer zeitlich veränderlichen Spannung $u_e(t)$ während einer Meßdauer T ist gegeben durch

$$W(u_e)\,du_e = \frac{1}{T}\frac{dt}{du_e}\,du_e \quad .$$
$$(17.1)$$

Die Funktion dt/du_e ist proportional zu dieser Wahrscheinlichkeit. Sie kann als Funktion von u_e nach dem in Bild 17.4 dargestellten Meßschema aufgenommen wer-

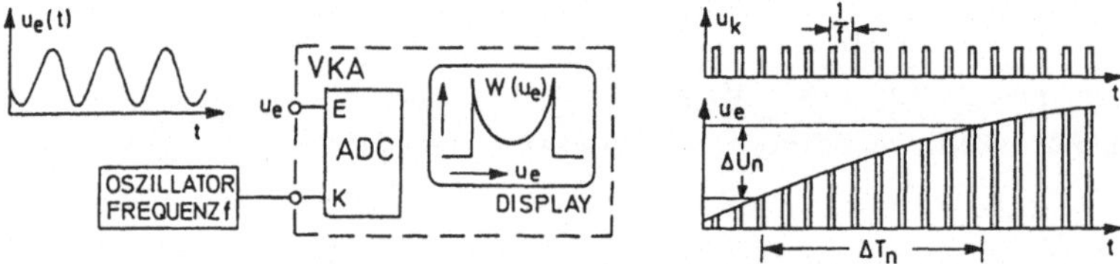

__Bild 17.4.__ Messung der Signalhöhenwahrscheinlichkeit $W(u_e) \sim dt/du_e$

den: In festen zeitlichen Abständen $1/f$ wird der Momentanwert von u_e digitalisiert und der Inhalt des Kanalzählers n, in den u_e fällt, um 1 erhöht. Der Inhalt dieses Zählers ist proportional zur Zeit ΔT_n, die $u_e(t)$ benötigt, um die Kanalbreite ΔU_n zu überstreichen:

$$\Delta T_n\, f = \frac{\Delta U_n}{du_e/dt}\, f \sim \frac{dt}{du_e}$$
$$(17.2)$$

Bei dieser Verwendung des VKA handelt es sich um einen Vielfachzählerbetrieb, bei dem nicht ein interner Oszillator die Adresse erhöht sondern $u_e(t)$ die Kanaladresse bestimmt.

Hängt $u_e(t)$ linear von der Zeit t ab (Rampenimpuls), so wird $W(u_e)$ konstant. Eine solche Eingangsspannung ist geeignet, um die differentielle Linearität des ADCs im VKA zu testen.

17.2.4 Zweiparametrige Vielkanalanalysatoren

Die Industrie bietet Vielkanalanalysatoren an, die zur Messung und Darstellung einer zweiparametrigen Wahrscheinlichkeitsverteilung $W(E_1,E_2)$ eingerichtet sind. Diese Geräte enthalten zwei ADCs (Bild 17.5). Bei einem Koinzidenzereignis werden ihre Ausgangsadressen zu einer Adresse zusammengefaßt und die Spektren

in dem RAM hintereinander, also linear gespeichert. Der X-DAC verarbeitet in
dem in Bild 17.5 dargestellten Beispiel die Bits 1 bis 6 (E_1), der Y-DAC die
Bits 7 bis 12 (E_2). Die Hellsteuerung ist proportional zum Kanalinhalt und
wird durch den Z-DAC bewirkt. Man erhält eine zweiparametrige Darstellung
$W(E_1,E_2)$, wobei die Bildhelligkeit ein Maß für den Kanalinhalt ist. Zusätzlich ist meist eine perspektivische Darstellung (dreidimensionales Display)
von $W(E_1,E_2)$ möglich.

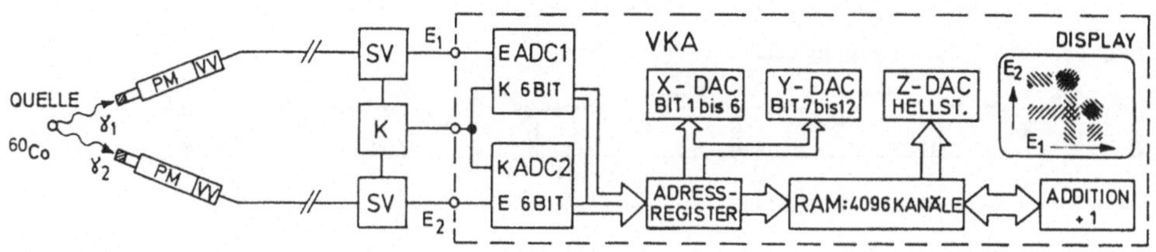

Bild 17.5. Zweiparametriger Vielkanalanalysator (VKA). SV = Spektroskopieverstärker, K = Koinzidenz.

Das in Bild 17.5 angedeutete Schirmbild entspricht der Aufnahme der γ-Kaska-
de (1.3 und 1.1 MeV), die von einer ^{60}Co-Quelle nach einem β-Zerfall zum ^{60}Ni
emittiert wird. Das Schirmbild zeigt zwei Peaks. Bei dem oberen ist γ_1 hoch-
energetischer als γ_2, beim unteren Peak niederenergetischer. Die niederenerge-
tischen Ausläufer der Peaks stammen von dem Nachweis der γ-Quanten nicht über
den Photoeffekt (Peaks), sondern über das kontinuierliche Spektrum des Compton-
Effekts.

17.3 Der Signalhöhenmittler

Der Signalhöhenmittler ('signal averager', SA) in Bild 17.6 dient zur Messung
kleiner periodisch wiederkehrender Signale, die sich nur wenig vom Rauschen
abheben. Bei jedem Zyklus (Dauer T) des periodischen Signals wird eine Probe
der Eingangsspannung u_e entnommen ('sample and hold') und nach dem Verfahren
eines seriellen ADC digitalisiert. Die Kanaladresse des RAM wird nach jedem
Zyklus um eine Einheit erhöht, was eine zeitliche Verschiebung T/N der Probe
im folgenden Zyklus bewirkt (N = Zahl der Speicherkanäle). Nach N Zyklen wird
die Kanaladresse zurückgesetzt. Die digitalisierten Amplituden von Proben
gleicher zeitlicher Verschiebung innerhalb der Zyklen werden in einem Zähler
aufaddiert, der mit dem seriellen Ausgang SA des ADC verbunden ist.
  Mit zunehmender Zahl i der Meßperioden, die jeweils aus N Zyklen bestehen,
verbessert sich das Signal-zu-Rausch-Verhältnis. Das über i Perioden gemittelte
Signal $<u_e>$ enthält das linear mit i anwachsende periodische Signal sowie das

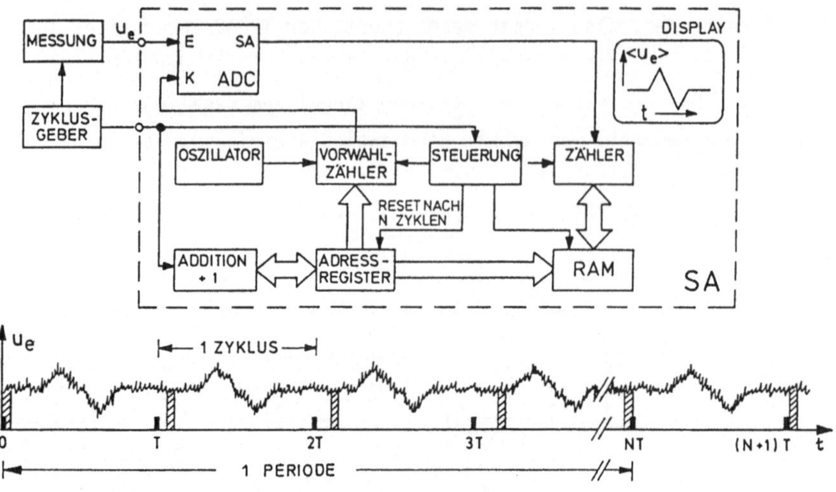

Bild 17.6. Prinzip des Signalhöhenmittlers ('signal averager', SA). SA am ADC = serieller Ausgang.

Rauschen. Dieses addiert sich jedoch inkohärent und nimmt daher nur mit $\sqrt{I}$ zu. Nach beispielsweise 10^6 Perioden ist das Verhältnis zwischen Signal- und Rauschamplitude um einen Faktor $\sqrt{I} = 10^3$ verbessert.

18. Messung kleiner Signale

Die Messung kleiner Signale in Naturwissenschaft, Technik und Medizin führt oft
an die Grenzen der Meßtechnik. Hierzu einige Beispiele:

- Kleine Spannungen: Thermoelektrische und Hall-Spannungen in der Festkörperphysik, EEG und EKG in der Medizin, NMR-Signale in der Kernphysik,

- kleine Ströme: von Ionen, Atomen und Molekülen in der Atom-, Kern- und
Festkörperphysik, Sperrströme von Dioden, bei der Messung von Streuung und
Absorption von Licht,

- kleine Ladungen: beim Teichennachweis in der Kernphysik,

- kleie Leitwerte: Leitfähigkeit von intrinsischen Halbleitern, Leckraten von
Kondensatoren und

- kleine Kapazitäten.

Bevor wir in Abschnitt 18.2 Phänomene beschreiben, die die Meßgenauigkeit
begrenzen, deuten wir in Abschnitt 18.1 am Beispiel eines industriellen Viel-
fachinstruments die Bereiche kleiner Signale an, in denen noch ohne besondere
Vorsichtsmaßnahmen gemessen werden kann.

Die Grenzen der Meßgenauigkeit hängen nicht nur von den Rauscheigenschaften
der verwendeten Verstärker, sondern auch von dem Frequenzbereich (der Bandbreite) der Signale und von den Eigenschaften der Signalquelle ab. Dies wird
in Abschnitt 18.3 erläutert.

Die Grenzen der Nachweisbarkeit kleiner Signale werden mit sehr speziellen
Techniken erreicht, die in Abschnitt 18.4 umrissen werden.

18.1 Elektrometer-Multimeter

Das Elektrometer-Multimeter ist ein übliches Laborgerät zur Messung kleiner
Signale bei nicht zu hohen Anforderungen. Es werden hier die Funktionsweisen
eines empfindlichen Geräts (Keithley 610C) beschrieben, und zwar anhand von
Bild 18.1 und Tabelle 18.1. Das Gerät enthält einen Elektrometerverstärker,
bei dem der gemeinsame Bezugspunkt der Versorgungsspannungen massefrei mit dem
nichtinvertierenden Eingang des IOP verbunden ist. Hierdurch kann der IOP auch
direkt an seinem invertierenden Eingang angesteuert werden und arbeitet dann als

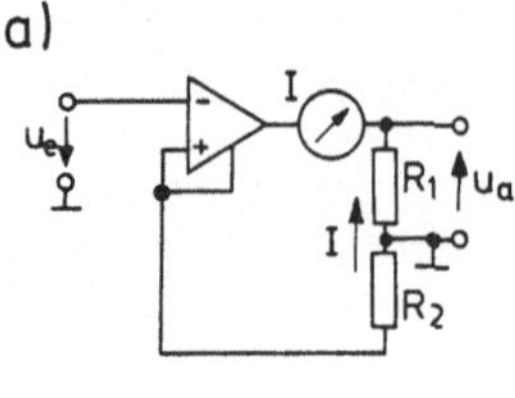

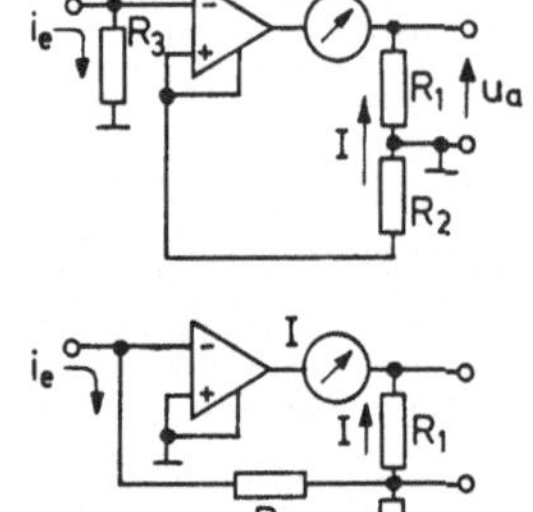

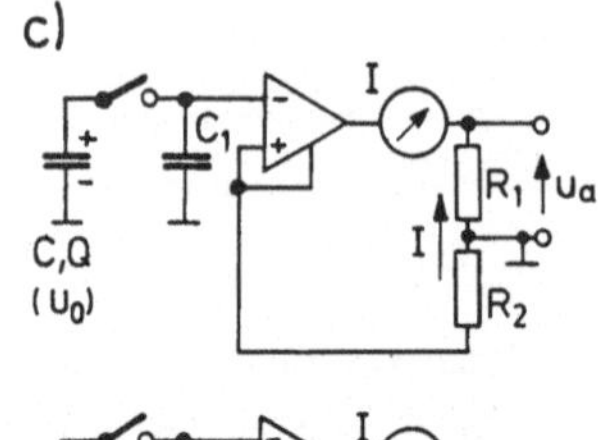

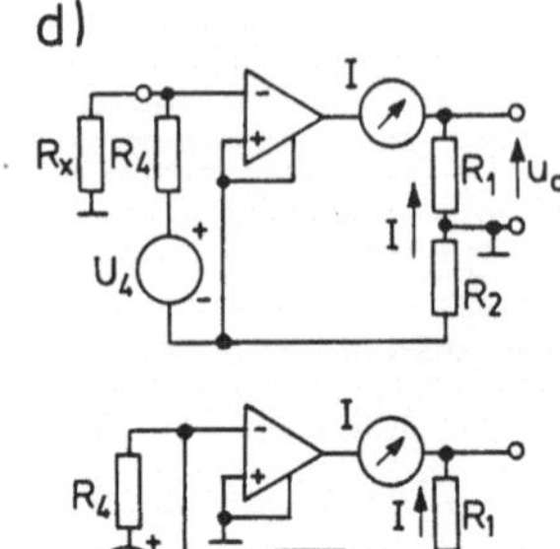

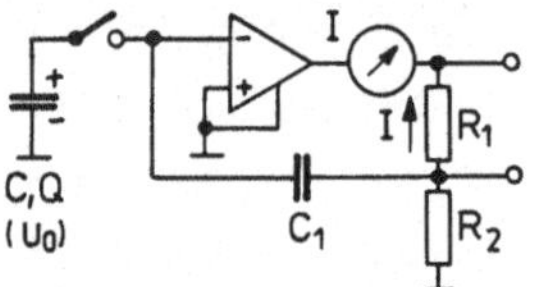

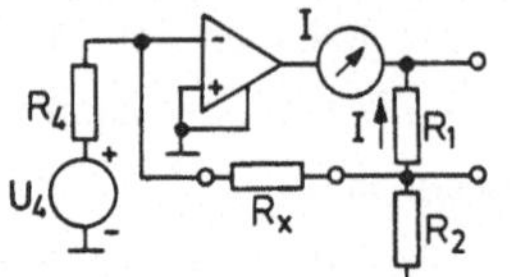

Bild 18.1. Ein Elektrometer-Multimeter als Elektrometer (a), Ampere- oder 'ammeter' (b), Coulombmeter (c) oder als Ohmmeter (d) im Shuntbetrieb (obere Reihe) und im Rückkopplungsbetrieb (untere Reihe)

Elektrometerverstärker mit hochohmigem Eingang.

Als Meßergebnis dient der Strom I durch den Widerstand R_1. Er wird mit einem Zeigerinstrument angezeigt. Im folgenden vernachlässigen wir den Innenwiderstand dieses Instruments. Das Gerät kann vom Shuntbetrieb (obere Schaltungen in Bild 18.1b bis d) auf den Rückkopplungsbetrieb (untere Schaltungen) umgeschaltet werden. Im Shunt- oder Nebenschlußbetrieb ist das Rauschen geringer, dafür sind die Einstellzeiten aufgrund der Eingangskapazität (20 pF) größer als im Rückkopplungsbetrieb. Bei diesem stellt der invertierende Eingang des Operationsverstärkers eine vituelle Masse dar.

Die folgenden Betriebsarten sind vorgesehen:

- <u>Elektro- oder Voltmeter und Verstärker</u> (Bild 18.1a): Da die Versorgungsspannungen massefrei sind, fließt der Strom I durch R_1 auch durch R_2. Es wird

$$I = u_e/R_2 \tag{18.1}$$

und $u_a = -R_1 I$. Die Spannungsverstärkung fällt bei der Einstellung $v_u = 1$ bei 40 kHz und bei $v_u = 3000$ bei 100 Hz um jeweils 3 dB ab.

- <u>Amperemeter</u> ('ammeter', Bild 18.1b): Der zu messende Eingangsstrom baut im Shuntbetrieb am nichtinvertierenden Eingang des IOP eine Spannung $i_e R_3$, im Rückkopplungsbetrieb eine Spannung $-i_e R_3$ zwischen R_1 und R_2 auf. Es wird

$$I = i_e R_3/R_2 \quad , \quad I = i_e(1 + R_3/R_2) \tag{18.2a,b}$$

für Shunt- bzw. Rückkopplungsbetrieb.

- <u>Coulombmeter</u> (Bild 18.1c): Die zu messende Ladung Q kann im Rückkopplungsbetrieb direkt dem invertierenden Eingang des IOP zugeführt werden. Dabei lädt

Tabelle 18.1. Angaben des Herstellers zum Elektrometer-Multimeter Keithley 610C. Z_e = Eingangsimpedanz, C_e = Eingangskapazität.

	Voltmeter	Amperemeter	Coulombmeter	Ohmmeter
Bereiche[a]	1 mV ÷ 100 V	10^{-14} A ÷ 0.3 A	10^{-13} ÷ 10^{-5} Coulomb	100 Ω ÷ 10^{14} Ω
Genauigkeit[b]	1 %	2 ÷ 4 %	5 %	3 ÷ 5 %
Offset-Stabilität	<1 mV/24 h <150 µV/K	$<5 \cdot 10^{-15}$ A[c]	$\leq 5 \cdot 10^{-15}$ Coulomb/s	
Rauschen	≤ 25 µV[d]	$<3 \cdot 10^{-15}$ A		
Z_e	$>10^{14}$ Ω			
C_e	20 pF			

a Vollausschlag, b bezogen auf Vollausschlag, c Offset-Strom, d Eingang kurzgeschlossen

sich der interne Kondensator C_1 auf Q/C_1 auf. Der Strom wird

$$I = Q/(R_2 C_1) \quad . \tag{18.3}$$

Das Coulombmeter kann auch zur Messung unbekannter Kapazitäten C benutzt werden, wenn diese mit einer Hilfsspannung U_0 aufgeladen und dann gemäß Bild 18.1c mit dem Eingang des Gerätes verbunden werden.

 - Ohmmeter (Bild 18.1d): Der zu messende Widerstand R_x wird mit dem internen Widerstand R_4 verglichen, wobei die interne Spannungsquelle U_4 in beiden den gleichen Strom fließen läßt. Es ist

$$I = R_x U_4/(R_2 R_4) \quad , \quad I = (R_x/R_2 + 1)U_4/R_4 \tag{18.4a,b}$$

für den Shunt- bzw. Rückkopplungsbetrieb.

Die kleinsten Signale, die an dem Zeigerinstrument (mit 100 Skalenteilen) abgelesen werden, ergeben sich nach Tabelle 18.1 zu etwa 25 µV, $5 \cdot 10^{-15}$ A, $5 \cdot 10^{-15}$ As oder Coulomb und 10^{15} Ω.

18.2 Störungen bei der Messung kleiner Signale

Kleine Signale sind mit dem unvermeidbaren Rauschen und mit vermeidbaren äußeren Störungen überlagert. Das Rauschen spielt zudem eine wesentliche Rolle bei der Verstärkung kleiner Signale, wobei die erste Verstärkerstufe normalerweise den größten Rauschanteil (neben dem Rauschen der Signalquelle) liefert.

18.2.1 Rauschen

Rauschen besteht aus einer statistischen Abweichung $u(t) = U(t) - U_s(t)$ eines Signals $U(t)$ von seinem Sollwert $U_s(t)$. Es wird als mittlere quadratische Abweichung

$$\Delta u^2 = \langle u^2 \rangle = \frac{1}{T} \int_{t-T/2}^{t+T/2} (U(t') - U_s(t'))^2 \, dt' \tag{18.5}$$

oder aber als deren Quadratwurzel oder RMS-Wert Δu angegeben ('root-mean-squared deviation'). Die Integrationszeit T in (18.5) ist groß gegenüber auftretenden Korrelationszeiten (z.B. τ in Bild 18.2). Das Rauschen kann primär auf Spannungsrauschen (Δu) und auf Stromrauschen (Δi) beruhen, sowie auf Widerstandsschwankungen (ΔR).

Bei der Diskussion von Verstärkereigenschaften verwendet man als Kenngröße die Rauschleistung

$$P = \langle u \cdot i \rangle = \frac{1}{T} \int_{t-T/2}^{t+T/2} u(t') \cdot i(t') \, dt' \quad . \tag{18.6}$$

Sind u und i zueinander proportional, so wird $P = \Delta u \cdot \Delta i$.

Wichtig bei der Diskussion von Rauscheinflüssen ist die spektrale Leistungsdichte

$$W(f) = \frac{dP}{df} \quad , \tag{18.7}$$

die im allgemeinen von der Frequenz f abhängt. Die Leistungsdichte $W(f)$ erhält man aus der Fourier-Transformierten der Autokorrelationsfunktion der elementaren Schwankungsprozesse. Ist $W(f)$ im Bereich der interessierenden Frequenzen konstant, so spricht man von weißem Rauschen.

Man unterscheidet vier Arten von Rauschen:

- Das <u>Stromrauschen</u> (Schrotrauschen oder 'shot noise'): Diese Komponente beruht auf der statistischen Schwankung ΔN der Anzahl N der am Ladungstransport beteiligten beweglichen Ladungsträger. Wenn z.B. ein Widerstand R vom Strom I durchflossen wird, ist

$$I = N\,e/\tau \quad . \tag{18.8}$$

Hierbei ist $e = 1.60 \cdot 10^{-19}$ As die elektrische Elementarladung und τ eine charakteristische Zeit, in der N als konstant angenommen werden kann. Nach der zur Beschreibung statistisch unabhängiger Prozesse geeigneten Poisson-Statistik ist $\Delta N = \sqrt{N}$. Somit wird die mittlere quadratische Abweichung

$$\Delta i_I^2 = (\Delta N \, \frac{e}{\tau})^2 = \frac{e}{\tau} I \quad . \tag{18.9}$$

Dieser Ausdruck ergibt mit $\Delta u_I = R\Delta i_I$ die Rauschleistung

$$P_I = \int_0^\infty W_I(f)df = \Delta i_I^2 \cdot R = eIR/\tau \quad , \tag{18.10}$$

die im gesamten Rauschspektrum von f gleich Null bis Unendlich enthalten ist.

Die Leistungsdichte $W_I(f)$ für Stromrauschen läßt sich quantitativ aus der folgenden Modellvorstellung ableiten: Die Leitung im Widerstand R beruht darauf, daß die Elektronen im Leitungsband zwischen zwei Wechselwirkungen (Stößen) mit dem Gitter beschleunigt und dann umverteilt werden. Die mittlere Beschleunigungszeit ist gleich τ. Die sich ergebende Autokorrelationsfunktion und die dazugehörige Leistungsdichte sind in Bild 18.2 dargestellt. Die Frequenzen, bei denen R noch als kompaktes elektronisches Bauelement beschrieben werden

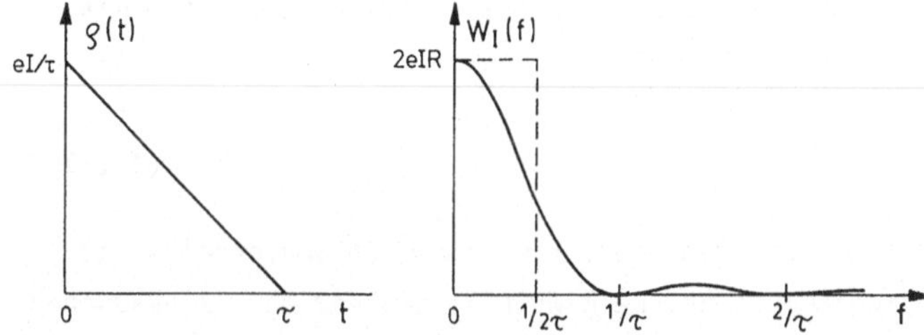

Bild 18.2. Autokorrelationsfunktion $\rho(t)$ und Leistungsdichte $W_I(f)$ des Rauschens für eine modellmäßige Beschreibung des Stromrauschens

kann, liegen weit unterhalb $1/\tau$. Für sie kann somit $W_I(f)$ durch $W_I(0) = 2eIR$ ersetzt werden, was einem weißen Spektrum von $f = 0$ bis $f = 1/2\tau$ entspricht (gestrichelt in Bild 18.2). Ist die verwendete Elektronik nur in dem Frequenzbereich zwischen f_1 und f_2 empfindlich (Bandbreite $B = f_2 - f_1$), so beobachtet man als RMS-Wert Δi_I für das Stromrauschen

$$\Delta i_I = \{\frac{1}{R} \int_{f_1}^{f_2} W_I df\}^{1/2} = \{2 e I B\}^{1/2} \quad . \tag{18.11}$$

Bei einer Bandbreite $B = 10$ kHz erhält man z.B. für $I = 10^{-12}$ A ein Stromrauschen von $\Delta i_I = 5.7 \cdot 10^{-14}$ A oder 5.7 % von I.

- Thermisches Rauschen ('Johnson noise'): Nach dem Gleichverteilungssatz der Statistischen Mechanik nimmt in einem Thermodynamischen System der absoluten Temperatur T (angegeben in Kelvin, K) jeder Freiheitsgrad im zeitlichen Mittel die Energie kT/2 auf. Darin ist $k = 1.38 \cdot 10^{-23}$ VAs/K die Boltzmann-Konstante. Die Geschwindigkeit v_x eines beweglichen Ladungsträgers in einem Widerstand R längs seiner Achse ist ein solcher Freiheitsgrad. Es tritt ein Influenzstrom I_T auf, der proportional zu dem Mittelwert $\langle v_x \rangle$ ist. Während $\langle I_T \rangle = \langle v_x \rangle = 0$ gilt, ist $\langle I_T^2 \rangle = \Delta i_T^2$ zu $\langle v_x^2 \rangle$ und damit zu kT proportional.

Das thermische Rauschen läßt sich modellhaft ähnlich wie das Stromrauschen behandeln (Bild 18.2). Man erhält eine Leistungsdichte $W_T(f)$ für diese Rauschkomponente, die wie dort für technisch übliche Frequenzen durch ihren Maximalwert $W_T(0) = 4\,kT$ ersetzt werden kann (weißes Rauschen). Bei einer Bandbreite B wird die Rauschleistung $P_T = 4\,kTB = \Delta i_T^2 \cdot R = \Delta u_T^2/R$ oder

$$\Delta i_T = \{4\,k\,T\,B\,/\,R\}^{1/2} \quad , \tag{18.12}$$

$$\Delta u_T = \{4\,k\,T\,B\,R\}^{1/2} \quad . \tag{18.13}$$

Ein 1-MΩ-Widerstand bei Raumtemperatur (T = 300 K) zeigt bei der Bandbreite B = 10 kHz z.B. ein thermisches Rauschen von $\Delta U_T = 1.3$ μV oder $\Delta i_T = 1.3$ pA.

- 1/f-Rauschen (Funkelrauschen oder 'flicker noise'): Diese Rauschkomponente äußert sich durch eine statistische Änderung ΔR eines Widerstandes R, die mit zunehmender Frequenz abnimmt:

$$\left(\frac{\Delta R}{R}\right)^2 = K_f^2 \, \frac{df}{f} \quad . \tag{18.14}$$

Die Konstante K_f hängt vom Leitungsmechanismus, vom Widerstandsmaterial sowie von der Konstruktion eines Bauelements ab. Beim MOSFET, bei dem das 1/f-Rauschen relativ stark ausgeprägt ist, werden Störstellen an der Grenze zwischen Kanal und Isolator als Ursache angesehen. Unter den Widerständen zeigen drahtgewickelte ($K_f = 6$ bis $100 \cdot 10^{-9}$) das kleinste, Graphitmassewiderstände ($K_f = 70$ bis $2000 \cdot 10^{-9}$) das größte 1/f-Rauschen.

Fließt durch den Widerstand R ein mittlerer Strom I bzw. legt man an ihn eine mittlere Spannung U an, so werden die RMS-Werte des 1/f-Rauschens

$$\Delta u_f = U\,K_f \,\sqrt{\ln f_2/f_1} \quad , \tag{18.15}$$

$$\Delta i_f = I\,K_f \,\sqrt{\ln f_2/f_1} \quad , \tag{18.16}$$

wobei f_1 und f_2 die die Bandbreite begrenzenden Frequenzen sind. - Bei sehr niedrigen Frequenzen (z.B. unterhalb 100 Hz) geht das 1/f-Rauschen in weißes Rauschen über.

- Popcorn-Rauschen: Es äußert sich durch eine sporadisch auftretende Änderung von Gleichstromparametern und kann mit einer δ-Funktion bei f = 0 beschrieben werden.

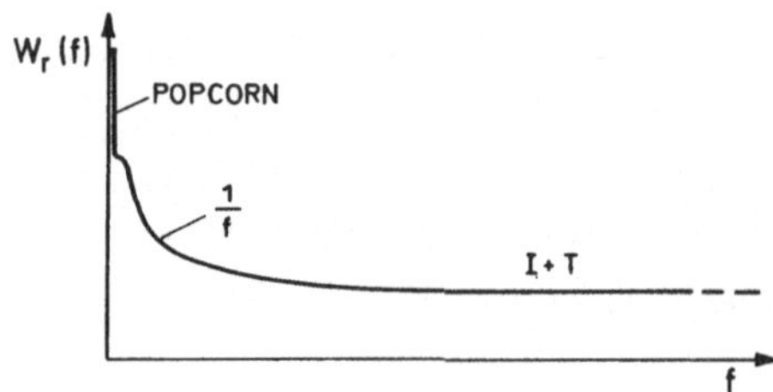

Bild 18.3. Überlagerung der Leistungsdichten der vier Rauschkomponenten. T = thermisches, I = Stromrauschen.

Die vier Rauschkomponenten sind in Bild 18.3 qualitativ aufgetragen. Sie überlagern sich inkohärent, ihre Leistungsdichten sind also additiv. Das thermische Rauschen nimmt mit der Temperatur, das Stromrauschen mit dem Strom zu.

18.2.2 Äußere Störeinflüsse

Während das Rauschen eine physikalische Eigenschaft von Signalquellen und -verstärkern ist, können die folgenden Störeinflüsse durch experimentelle und Schaltmaßnahmen unterdrückt werden.

- <u>Thermische Auswanderungen</u> ('drift'): Insbesondere bei Schaltungen mit bipolaren Transistoren tritt, vorwiegend aufgrund der Temperaturabhängigkeit des Sperrstroms I_S der Basis-Emitter-Diode, eine thermische Gleichstromdrift auf. (I_S hängt annähernd exponentiell von der Temperatur T ab, siehe Abschnitt 5.1.1.) Die thermische Drift der Basis-Emitterspannung beträgt bei konstantem Strom

$$\frac{\partial U_{BE}}{\partial T} \cong -2.1 \text{ mV/K} \tag{18.17}$$

für Si-Transistoren bei Raumtemperatur. Durch Verwendung von paarigen Transistoren in Stromspiegeln (Bild 7.17 und 7.18) oder in Differenzverstärkern mit einem Eingang (Abschnitt 7.6.1) läßt sich die thermische Drift um etwa zwei Größenordnungen verringern. Schaltungen mit MOSFET-Eingängen gelten thermisch als besonders stabil (siehe Abschnitt 18.4).

- <u>Thermoelektrische Spannungen</u>: Sie entstehen beim Kontakt zweier Metalle an Stellen unterschiedlicher Temperatur. Wird z.B. eine Anschlußstelle A über einen Kupferdraht (Cu) an einer Kontaktstelle bei der Temperatur T_1 mit einem Silberdraht (Ag) verbunden, der an einer zweiten Kontaktstelle mit der Temperatur T_2 mit einem zur Anschlußstelle B führenden Cu-Draht Kontakt hat, entsteht zwischen A und B eine zu T_1-T_2 proportionale thermoelektrische Spannung. Dabei können auch Verunreinigungen eine Rolle spielen, z.B. die von Cu durch Lötzinn (Pb/Sn). Aus Tabelle 18.2 geht hervor, daß z.B. die Verbindung Cu-

Kontakt-materialien	Spannungskoeffizient (μV/K)
Cu-Cu	$\leq$ 0.2
Cu-Ag	0.3
Cu-Au	0.3
Cu-Cd/Sn	0.3
Cu-Pb/Sn	1 bis 3
Cu-Si	400
Cu-Konstantan	500
Cu-CuO	1000

Tabelle 18.2.
Thermoelektrische Spannungskoeffizienten für einige typische Materialverbindungen

Kupferoxyd (CuO) Potentialdifferenzen im mV-Bereich erzeugen kann.

Unterliegt eine Apparatur, z.B. durch Pumpstände oder durch nahen Straßenverkehr, mechanischen Erschütterungen, so können die drei folgenden Störeinflüsse auftreten:

- Piezoelektrizität: Isolationsschichten, auch in Koaxialkabeln, erzeugen bei mechanischer Beanspruchung Störspannungen. Isolatoren mit geringem Piezoeffekt sind Saphir und Polyethylen.

- Triboelektrizität: Sie besteht aus der Übertragung von Ladungen bei Reibung. Sie spielt auch bei Schaltern und Steckverbindungen eine Rolle. Geringe Reibungs- oder Triboelektrizität zeigen Keramik und Phenolharze.

- Mikrophonie: Hiervon sind besonders die Gitter von Vakuumröhren betroffen. Die Folge ist eine Modulation des Ausgangssignals.

- Zu den mechanischen Einflüssen kann auch die Wasserdampfadsorption an Isolatoren gezählt werden. Geringe Anfälligkeit in dieser Hinsicht zeigen Saphir, Teflon und Polyvinylchlorid (PVC).

Schließlich sei noch auf übliche Techniken hingewiesen, um den Einfluß elektromagnetischer Einstreuungen zu verringern. Sie treten insbesondere bei hochohmigen Signalquellen auf und bei der Übertragung von Signalen über lange Strecken. Erfolgversprechende Maßnahmen in diesen Fällen sind: Gute elektrische Abschirmung, Verwendung von Vorverstärkern zur Signalverstärkung und Impedanzwandlung in der Nähe der Signalquelle, kompakte Verlegung von Versorgungs- und Signalleitung (Vermeidung von Erdschleifen), massefreier Aufbau der Elektronik zur Meßwerterfassung und ihre Erdung an der Auswerteelektronik (Bild 18.4a).

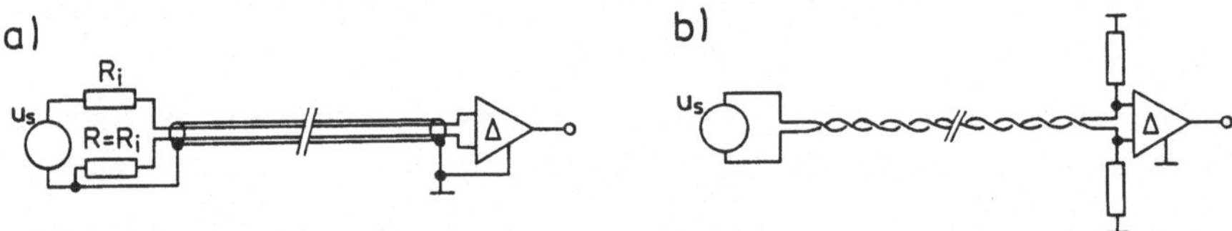

Bild 18.4. Erdung bei der Übertragung eines Signals u_s über lange Kabel mit Differenzverstärker am Kabelausgang: Kabel mit zwei Innenleitern (a) und verdrillte Leitungen ('twisted pair', b). R_i = Innenwiderstand der Signalquelle.

Besonders bei der Übertragung von digitalen Signalen über weite Strecken verwendet man unabgeschirmte verdrillte Kabel ('twisted pairs'). Sie sind billiger und beanspruchen weniger Raum als dämpfungsarme Koaxialkabel. Bei ihnen mitteln sich die eingestreuten Signale von einer Verdrillungsschleife mit denen der folgenden Schleife annähernd aus (Bild 18.4b). Masseprobleme können dadurch umgangen werden, daß die zu übertragenden Signale digitalisiert und über Optokoppler übertragen werden. Dabei können Photodiode und Phototransistor durch lange Glasfaserkabel verbunden sein.

18.3 Rauschkenngrößen

Als statistisch unabhängige Größen addieren sich die RMS-Werte von Rausch-
komponenten quadratisch (z.B. $\Delta u^2 = \Delta u_T^2 + \Delta u_I^2$ im Bereich des weißen Rauschens).
Die Leistungen der Rauschkomponenten addieren sich dagegen linear (z.B.
$P_r = P_T + P_I$). Daher werden die beiden folgenden Rauschkenngrößen auf die Rauschleistung P_r und Signalleistung P_s, und nicht auf die Amplituden bezogen.

Das Signal-zu-Rausch-Verhältnis SNR ('signal-to-noise ratio') ist definiert
als

$$SNR = P_s/P_r \quad . \tag{18.18}$$

Da die Rauschleistung mit der Bandbreite B zunimmt, wird man diese zu Erzie-
lung eines guten SNR so klein wie möglich machen. Hierzu können Filter verwendet werden, z.B. in Form von passiven Differenzier- und Integriergliedern
(C_{D1} bzw. C_I in Bild 16.5). Für weißes Rauschen ist dann die effektive Bandbreite

$$B = \frac{1}{4} \frac{\tau_1}{(\tau_1+\tau_2)\tau_2} \quad . \tag{18.19}$$

Hierbei sind τ_1 und τ_2 die Differentiations- bzw. Integrationszeitkonstante.

Zur Beschreibung der Rauscheigenschaften von Verstärkern (Bild 18.5) verwendet man die Rauschzahl ('noise figure')

$$NF = SNR_a / SNR_e \quad . \tag{18.20}$$

NF sowie SNR werden häufig in Dezibel angegeben ($NF_{dB} = 10 \cdot lgNF$).

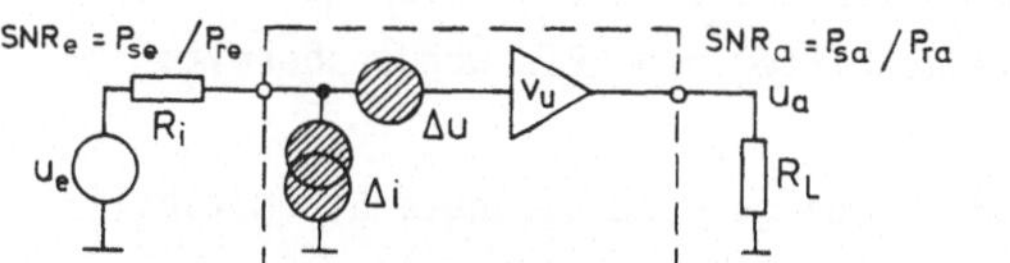

Bild 18.5. Zur Definition der
Rauschzahl $NF = SNR_a/SNR_e$

Der Rauschanteil, den der Verstärker in Bild 18.5 dem Signalrauschen P_{re}
hinzufügt, kann durch die beiden schraffierten Rauschgeneratoren beschrieben
werden. Der Rauschstrom Δi stammt z.B. von dem Stromrauschen des Eingangsstromes,
die Rauschspannung Δu von dem thermischen und dem $1/f$-Rauschen an der Eingangsimpedanz Z_e des Verstärkers. Δi und Δu sind wesentlich durch die Eingangsstufe
des Verstärkers bestimmt, da das SNR durch nachfolgende Stufen nur noch unwesentlich verkleinert wird.

Unter Berücksichtigung nur weißer Rauschanteile erhält man aus (18.20) mit
(18.18) für den Verstärker in Bild 18.5

$$NF = 1 + \frac{Z_e}{R_i+Z_e} \frac{\Delta u^2 + \Delta i^2 R_i^2}{kTBR_i} \quad . \tag{18.21}$$

Die Spannungsverstärkung v_u und der Lastwiderstand R_L heben sich heraus. Das
gleiche gilt für die Bandbreite B, da Δi^2 und Δu^2 proportional zu B angenommen
wurden (weißes Rauschen). Man sieht jedoch, daß die Rauschzahl nicht nur Ver-
stärkergrößen (Z_e, Δi, Δu), sondern auch den Innenwiderstand R_i der Signalquelle enthält. Die Verstärkereigenschaften müssen also der Signalquelle angepaßt werden.

Die effektiven Rauschgrößen ('equivalent noise figures') Δi und Δu werden in
Datenblättern in $pA/Hz^{1/2}$ bzw. $\mu V/Hz^{1/2}$ angegeben. Sie hängen bei hochohmigen Sig-
nalquellen auch von R_i sowie von der Frequenz, der Temperatur, dem Kollektor- oder
Drainstrom und der Betriebsspannung ab. Sehr gute Rauscheigenschaften zeigen bipolare
Transistoren bei Signalquellenwiderständen R_i bis 5 kΩ und Frequenzen zwischen
100 Hz und 1 MHz, gekühlte JFETS (100 K) bei niedrigen Frequenzen und $R_i = 10$ kΩ
bis 10 MΩ. Aber auch bis etwa 10 GHz bleiben JFETS bei großem R_i bipolaren
Transistoren hinsichtlich des Rauschens überlegen.

18.4 Techniken zur Messung kleiner Signale

Wie in Abschnitt 18.3 dargelegt, hängt das minimale Rauschen, welches durch
Bandbreitebegrenzung erreicht werden kann, von der speziellen Meßaufgabe ab.
Daher ist es auch kaum möglich, absolute Grenzen für die Messung kleiner
Signale anzugeben. Die Behandlung der extrem rauscharmen Verstärker, wie Lock-
In-Verstärker, Parametrische Verstärker, SQUID-Technik, Tunneldioden- und
Gunndiodenverstärker u.s.w., ist hier nicht möglich. Wir beschränken uns auf
die Erläuterung einiger einfacher Schaltungstypen, die zum Teil als Vorver-
stärker zu dem in Abschnitt 18.1 beschriebenen Multimeter vom Hersteller em-
pfohlen werden. Es handelt sich um Eingangsstufen für kleine Gleichstromsignale
geringer Zeitabhängigkeit. Die Rauscheigenschaften von FETs wurden bereits in
Abschnitt 18.3 beschrieben.

- Der <u>MOSFET</u> zeichnet sich durch große Eingangsimpedanz, gute Stromstabili-
tät und geringe Eingangskapazität aus. (Die Eingangskapazität C ist besonders
für ladungsempfindliche Vorverstärker mit kapazitiver Rückkopplung wichtig. C
schwächt das Signal stärker als das Rauschen, so daß mit zunehmenden C das SNR
abnimmt.) Optimale Rauscheigenschaften zeigt der MOSFET bei Abkühlung auf 80 bis
100 K.

- Das Halbleiterelement mit dem geringsten Spannungsrauschen ist der <u>JFET</u>.
Sein Kanalwiderstand ist allerdings stark temperaturabhängig.

Bei niedrigen Frequenzen ist die Verstärkung kleiner Signale durch das 1/f-
und das Popcorn-Rauschen beeinträchtigt. Man umgeht diese Schwierigkeit, indem
man das Eingangssignal mit höherer Frequenz moduliert, das Wechselsignal schmal-
bandig verstärkt und es wieder gleichrichtet. Die folgenden drei Verfahren folgen
diesem Prinzip:

- Das <u>Schwingkondensatorelektrometer</u> enthält einen Kondensator variabler Kapazität $C \pm \Delta C$, die z.B. parallel zu einer hochohmigen Signalquelle geschaltet ist. Der Hub $\Delta C/C \cong 0.3$ wird durch mechanische Bewegung einer Kondensatorelektrode gegenüber der anderen erzeugt. Hierdurch entsteht bei Strommessungen nach der Shuntmethode (Bild 18.1b oben) am Shuntwiderstand R_3 eine Wechselspannung der Amplitude

$$u_e = I_e \, R_3 \, \Delta C/C \quad . \tag{18.22}$$

Das Schwingkondensatorelektrometer wird von keiner anderen Technik hinsichtlich Stabilität, Eigenrauschen und Größe der Eingangsimpedanz übertroffen. (Der Imaginärteil einer Impedanz nimmt im zeitlichen Mittel keine Leistung auf und gibt keine Rauschleistung ab.) Nachteile liegen in der kapazitiven Belastung der Signalquelle und in der Beschränkung der Modulationsfrequenz durch die Mechanik.

- Bei der <u>Varaktorbrücke</u> wird in einer Brückenschaltung die Kapazität einer Kapazitätsdiode durch die zu messende Gleichspannung u_e verändert und die Brücke dadurch verstimmt, so daß am Ausgang ein zu u_e proportionales Wechselsignal der Betriebsfrequenz der Varaktorbrücke entsteht. Aufgrund der höheren Betriebsfrequenz können niederfrequente Rauschkomponenten bei der Verstärkung optimal unterdrückt werden.

Bei der <u>Zerhacker-</u> oder <u>Chopper-Methode</u> (Bild 18.6) wird die kapazitive Belastung der Signalquelle auf folgende Weise vermieden: Zwei paarige Transistoren werden induktiv wechselseitig ein- und ausgeschaltet. Die Summe der zerhackten Kollektorströme wird über den oberen Impulstransformator einem Vorstärker zugeführt, gefiltert und wieder gleichgerichtet.

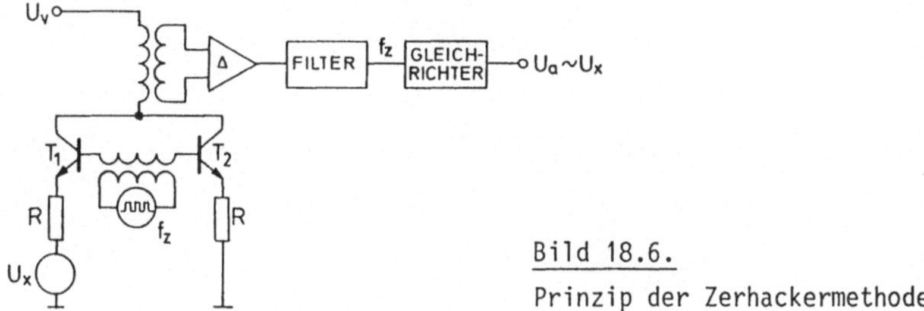

Bild 18.6.
Prinzip der Zerhackermethode

Bei all diesen Verfahren liegt die untere Grenze der noch nachweisbaren Signale beim Rauschen. In der Impulstechnik wird das Rauschen durch Reduktion der Bandbreite verkleinert. Nur bei periodisch wiederkehrenden Signalen ermöglicht die Anwendung von Signalhöhenmittlung (Abschnitt 17.3) eine mit der Meßdauer ständig zunehmende Verbesserung des Signal-zu-Rausch-Verhältnisses.

18.E DO IT YOURSELF

18.E.1 Begrenzung der Bandbreite durch passive RC-Filter

a) Das Ergebnis (18.19) wurde für ein passives Differenzierglied ($\tau_1 = R_1 C_1$) und ein passives Integrierglied ($\tau_2 = R_2 C_2$) berechnet, die durch einen Spannungsfolger (Verstärkung 1) entkoppelt sind. Das Übertragungsverhältnis u_a/u_e ist frequenzabhängig, und man erhält

$$\left| \frac{u_a}{u_e}(f) \right|^2 = \frac{(2\pi f \tau_1)^2}{(1 + (2\pi f \tau_1)^2)(1 + (2\pi f \tau_2)^2)} \quad . \tag{18.23}$$

Bei weißem Rauschen am Eingang der Filterglieder ist der Beitrag eines Frequenzbereiches df zur Rauschleistung ohne Filterung proportional zu $\Delta u^2\, df$, mit Filterung proportional zu $\Delta u^2 |u_a/u_e|^2\, df$. Durch Integration von (18.23) über f von 0 bis ∞ erhält man daher die effektive Bandbreite B gemäß (18.19).

b) Bei der Übertragung einer Frequenz f_e ist unter den erwähnten Voraussetzungen das Signal-zu-Rausch-Verhältnis SNR proportional zu $|u_a/u_e(f_e)|^2/B$. Unter Verwendung von (18.19) und (18.23) und durch partielle Differentiation nach τ_1 und τ_2 läßt sich SNR optimieren.
Das Ergebnis lautet

$$\tau_1 = \tau_2 = \frac{\sqrt{3}}{2\pi} \frac{1}{f_e} = \frac{0.28}{f_e} \quad . \tag{18.24}$$

Um welchen Faktor wird dann die Amplitude von u_e abgeschwächt? (Antwort: $\sqrt{3}/4 = 0.43$)

Anhang A: Eigenschaften von Übertragungsleitungen

Übertragungsleitungen können durch die Serienschaltung differentieller Übertagungs-
elemente gemäß Bild A.1 beschrieben werden. Zur Ermittlung der Leitungseigenschaf-
ten geht man von der Knotengleichung am Ausgang und von dem Spannungsabfall über
R'dx und L'dx aus:

$$i(x) = \{G'\,u(x+dx) + C'\,\frac{du}{dt}\}\,dx\; +\; i(x+dx) \qquad\qquad (A.1)$$

$$u(x) = \{R'\,i(x) + L'\,\frac{di}{dt}\}\,dx\; +\; u(x+dx) \qquad\qquad (A.2)$$

Durch den Grenzübergang $dx \to 0$ erhält man die Differentialgleichungen erster Ordnung

$$-\frac{\partial i}{\partial x} = G'\,u + C'\,\frac{\partial u}{\partial t} \quad , \qquad -\frac{\partial u}{\partial x} = R'\,i + L'\,\frac{\partial i}{\partial t} \quad , \qquad (A.3)$$

die sich in solche zweiter Ordnung umformen lassen:

$$\frac{\partial^2 i}{\partial x^2} = C'L'\,\frac{\partial^2 i}{\partial t^2} + (R'C' + G'L')\,\frac{\partial i}{\partial t} + R'G'\,i \qquad\qquad (A.4)$$

$$\frac{\partial^2 u}{\partial x^2} = C'L'\,\frac{\partial^2 u}{\partial t^2} + (R'C' + G'L')\,\frac{\partial u}{\partial t} + R'G'\,u \qquad\qquad (A.5)$$

Der Ansatz

$$u(x,t) = u_0\,f(x,t) \quad , \qquad i(x,t) = i_0\,f(x,t) \qquad\qquad (A.6)$$

mit

$$f(x,t) = e^{-\alpha x}\,e^{j\omega(t-x/v)} \qquad\qquad (A.7)$$

für eine in x-Richtung fortschreitende elektromagnetische Welle der Kreisfrequenz
ω führt zu der Dämpfungskonstanten

$$\alpha = (R'C' + G'L')\,v\,/\,2 \quad . \qquad\qquad (A.8)$$

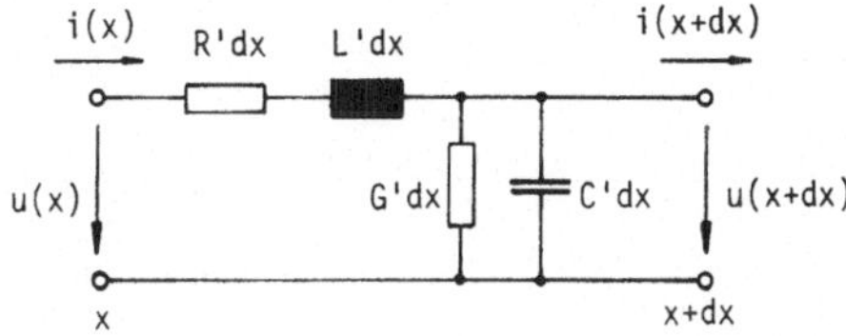

Bild A.1.

Ersatzschaltung für ein differen-
tielles Element einer Übertragungsleitung

Hierbei ist die Phasengeschwindigkeit v gegeben durch

$$v^2 = 2 \frac{C'L'\omega^2 - R'G'}{(R'C' + G'L')^2} \left[\left(1 + (\frac{(R'C'+G'L')\omega}{C'L'\omega^2 - R'G'})^2 \right)^{1/2} - 1 \right] \quad . \tag{A.9}$$

Für nicht zu starke Dämpfung läßt sich der Wurzelausdruck nach der Beziehung $\sqrt{1+\varepsilon} \cong 1+\varepsilon/2$ entwickeln, und man erhält

$$v \cong \omega / (C'L'\omega^2 - R'G')^{1/2} \quad . \tag{A.10}$$

Die Gruppen- oder Signalgeschwindigkeit v_g wird unter diesen Bedingungen (siehe (B.4), Anhang B)

$$v_g = \left(\frac{d \frac{\omega}{v}}{d\omega} \right)^{-1} \cong \frac{1}{C'L'v} \quad . \tag{A.11}$$

Schließlich ergibt sich durch Einsetzen von (A.6) mit (A.7) in (A.3) die charakteristische Impedanz Z_0 einer Übertragungsleitung zu

$$Z_0 = \frac{u_0}{i_0} = \frac{R'+j\omega L'}{\alpha + j\omega/v} = \frac{\alpha + j\omega/v}{G'+j\omega C'} \quad . \tag{A.12}$$

Für die ungedämpfte Leitung ($R' = G' = 0$) werden Phasen- und Gruppengeschwindigkeit gleich $v_0 = 1/\sqrt{L'C'}$ und die Leitungsimpedanz $Z_0 = \sqrt{L'/C'}$ (siehe (1.42) und (1.43)).

Für gedämpfte Übertragungsleitungen werden die Phasengeschwindigkeit v und damit auch die Gruppengeschwindigkeit $v_g \cong v_0^2/v$ frequenzabhängig. Das Gleiche gilt für die nun komplexe Leitungsimpedanz Z_0.

Anhang B: Gruppen- und Phasengeschwindigkeit

Überlagern sich zwei Wellen mit benachbarten Frequenzen, so entsteht eine Schwebung, deren Propagationsgeschwindigkeit im Ausbreitungsmedium als Gruppen- oder
Signalgeschwindigkeit v_g bezeichnet wird. v_g ergibt sich aus der Frequenzabhängigkeit der Phasengeschwindigkeit v. Das im Folgenden dimensionslos geschriebene
Signal f(x,t) kann den Spannungs- oder Stromverlauf z.B. in einer Übertragungsleitung beschreiben.

Die Kreisfrequenzen der sich überlagernden Wellen seien $\omega_1 = \omega + \Delta\omega/2$ und $\omega_2 = \omega - \Delta\omega/2$
mit $\Delta\omega \ll \omega$. Dann wird die Summe f(x,t) der beiden Wellen am Ort x längs der Aus-
breitungsrichtung zu Zeit t

$$f(x,t) = \cos \omega_1 (t - x/v(\omega_1)) + \cos \omega_2 (t - x/v(\omega_2)) \quad . \tag{B.1}$$

Benutzt man die trigonometrische Beziehung

$$\cos\alpha + \cos\beta = 2 \cos \frac{\alpha+\beta}{2} \cos \frac{\alpha-\beta}{2} \quad , \tag{B.2}$$

so wird

$$f(x,t) = 2 \cos \left(\omega t - \frac{x}{2} \left(\frac{\omega_1}{v(\omega_1)} + \frac{\omega_2}{v(\omega_2)} \right) \right) \cos \left(\frac{\Delta\omega}{2} t - \frac{x}{2} \left(\frac{\omega_1}{v(\omega_1)} - \frac{\omega_2}{v(\omega_2)} \right) \right) \quad . \tag{B.3}$$

Der zweite cos-Term beschreibt die Signalausbreitung. Setzt man sein Argument
gleich $\Delta\omega(t - x/v_g)/2$, so wird beim Grenzübergang $\Delta\omega = d\omega \to 0$

$$\frac{1}{v_g} = \frac{d \frac{\omega}{v(\omega)}}{d\omega} \quad . \tag{B.4}$$

Nur wenn die Phasengeschwindigkeit frequenzunabhängig ist, sind Phasen- und Gruppengeschwindigkeit gleich, und die Übertragung verläuft dispersionsfrei.

Bei diskreten Verzögerungselementen, wie z.B. bei der Filterkette in Abschnitt
2.6, ergibt sich die Signalverzögerungsdauer t_g aus der Frequenzabhängigkeit der
Phasenverschiebung $\phi(\omega)$:

$$f(t) = \cos (\omega_1 t + \phi(\omega_1)) + \cos (\omega_2 t + \phi(\omega_2))$$

$$= 2 \cos \left(\omega t + \frac{1}{2} (\phi(\omega_1) + \phi(\omega_2)) \right) \cos \left(\frac{\Delta\omega}{2} t + \frac{1}{2} (\phi(\omega_1) - \phi(\omega_2)) \right) \tag{B.5}$$

Setzt man hier das Argument des zweiten cos-Terms gleich $\Delta\omega(t - t_g)/2$, so wird im
Grenzfall $\Delta\omega = d\omega \to 0$ die Signalverzögerungsdauer

$$t_g = - \frac{d\phi(\omega)}{d\omega} \quad . \tag{B.6}$$

Anhang C: Rechnen mit komplexen Zahlen

Die Menge der reellen Zahlen ist für viele Rechnungen nicht ausreichend.
Es gibt beispielsweise keine Quadratwurzeln aus negativen Zahlen. Um dem abzuhelfen, wird die Menge der reellen Zahlen durch die imaginären Zahlen zur Menge der komplexen Zahlen ergänzt. Die Einheit der imaginären Zahlen ist

$$j = \sqrt{-1} \quad . \tag{C.1}$$

Eine komplexe Zahl z ist ein Zahlenpaar, das aus einer reellen Zahl a (Realteil, Re) und einer imaginären Zahl jb (Imaginärteil, Im) besteht und üblicherweise als Summe geschrieben wird:

$$z = a + jb = \text{Re}\,z + j \cdot \text{Im}\,z \tag{C.2}$$

Jedem Punkt oder Vektor in der komplexen Ebene (Bild C.1) entspricht eine komplexe Zahl.

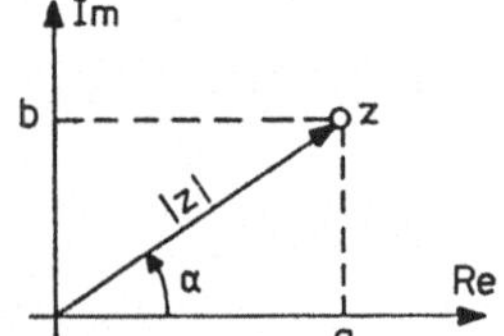

Bild C.1.
Darstellung einer komplexen Zahl z als
Vektor (oder Zeiger) in der komplexen Ebene

Bild C.1 zeigt, daß eine komplexe Zahl genau so gut auch durch ihren Betrag oder Modul $|z|$ und ihren Winkel oder Argument α charakterisiert werden kann:

$$|z| = \sqrt{a^2 + b^2} \tag{C.3}$$

$$\alpha = \arctan\frac{b}{a} \tag{C.4}$$

Die Schreibweise

$$z = |z|\, e^{j\alpha} \tag{C.5}$$

wird mit Hilfe der Potenzreihenentwicklung der Exponentialfunktion

$$e^x = 1 + x + \frac{x^2}{2} + \frac{x^3}{3!} + \frac{x^4}{4!} + \ldots \tag{C.6}$$

verständlich. Diese ergibt mit dem imaginären Argument $j\alpha$

$$e^{j\alpha} = (1 - \frac{\alpha^2}{2} + \frac{\alpha^4}{4!} - \ldots) + j(\alpha - \frac{\alpha^3}{3!} + \frac{\alpha^5}{5!} - \ldots) \quad . \tag{C.7}$$

Dabei wurde die aus (C.1) folgende Beziehung $j^2 = -1$ benutzt. Die Klammerausdrücke sind aber gerade die Potenzreihen von $\cos\alpha$ und $\sin\alpha$. Man erhält somit die Eulersche Formel

$$e^{j\alpha} = \cos\alpha + j\cdot\sin\alpha \quad . \tag{C.8}$$

Mit den aus Bild C.1 ablesbaren Beziehungen

$$a = |z|\cos\alpha , \qquad b = |z|\sin\alpha \tag{C.9}$$

folgt (C.5).

Für die <u>Addition</u> bzw. <u>Subtraktion</u> komplexer Zahlen ist die Darstellung (C.2) besonders geeignet:

$$z_1 \pm z_2 = (a_1 + jb_1) \pm (a_2 + jb_2) = a_1 \pm a_2 + j(b_1 \pm b_2) \tag{C.10}$$

Für die <u>Multiplikation</u> ist die Darstellung (C.5) vorzuziehen:

$$z_1 \cdot z_2 = |z_1|\, e^{j\alpha_1} \cdot |z_2|\, e^{j\alpha_2} = |z_1\| z_2|\, e^{j(\alpha_1 + \alpha_2)} \tag{C.11}$$

Das Produkt komplexer Zahlen ergibt sich durch Multiplikation der Beträge und Addition der Winkel. Entsprechend gilt für die <u>Division</u>

$$\frac{z_1}{z_2} = \frac{|z_1|}{|z_2|}\, e^{j(\alpha_1 - \alpha_2)} \quad . \tag{C.12}$$

Liegen die zu dividierenden Zahlen z_1 und z_2 in der Form (C.2) vor, so wird man den Bruch mit der konjugiert komplexen Zahl

$$z_2^* = a_2 - jb_2 = |z_2|\, e^{-j\alpha_2} \tag{C.13}$$

des Nenners erweitern:

$$\frac{z_1}{z_2} = \frac{a_1 + jb_1}{a_2 + jb_2} = \frac{a_1 + jb_1}{a_2 + jb_2}\, \frac{a_2 - jb_2}{a_2 - jb_2} = \frac{a_1 a_2 + b_1 b_2 + j(a_2 b_1 - a_1 b_2)}{a_2^2 + b_2^2} \tag{C.14}$$

Dann ist der Quotient auch wieder von der Form (C.2).

Die <u>Differentiation</u> komplexer Ausdrücke beruht auf der Differentiationsformel für die Exponentialfunktion, die aus (C.6) direkt abzulesen ist:

$$\frac{d}{dx}(e^x) = e^x \tag{C.15}$$

Damit und mit der Kettenregel ergibt sich beispielsweise für

$$u(t) = U_0 \, e^{j(\omega t + \phi)} \qquad\qquad\qquad (C.16)$$

$$\frac{du}{dt} = j\omega \, U_0 \, e^{j(\omega t + \phi)} \qquad . \qquad\qquad (C.17)$$

Die <u>Integration</u> komplexer Ausdrücke erfolgt nach der ebenfalls aus (C.6) ablesbaren Formel

$$\int e^{x} \, dx = e^{x} + C \qquad , \qquad\qquad (C.18)$$

in der C die Integrationskonstante ist. Für u(t) nach (C.16) ergibt sich beispielsweise

$$\int\limits_{0}^{t_1} u(t) \, dt = \left[\frac{U_0}{j\omega} \, e^{j(\omega t + \phi)} \right]_{0}^{t_1} = \frac{U_0}{j\omega} \, (e^{j\omega t_1} - 1) e^{j\phi} \qquad (C.19)$$

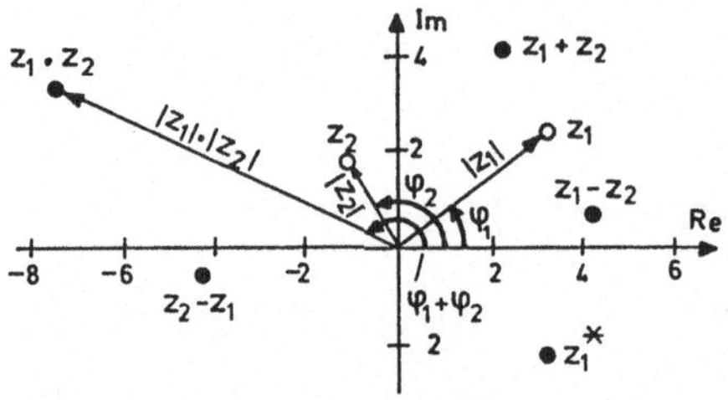

Bild C.2.
Zur Addition, Subtraktion und Multiplikation komplexer Zahlen

In Bild C.2 sind als Beispiel die Ergebnisse von Addition, Subtraktion und Multiplikation der Zahlen

$$z_1 = 3.24 + 2.35 \, j = 4 \, e^{j\pi/5}$$

und

$$z_2 = -1 \quad + 1.73 \, j = 2 \, e^{j2\pi/3}$$

sowie die konjugiert komplexe Zahl z_1^{*} dargestellt.

Anhang D: Verzeichnis der Übungsaufgaben

Die in den Abschnitten DO IT YOURSELF enthaltenen Übungsaufgaben bestehen aus Experimentiervorschlägen, *Rechen- und Simulationsaufgaben. Letztere können, wie auch die meisten Experimentiervorschläge, mit der Demo-Version des Analyseprogramms PSPICE bearbeitet werden (siehe Anhang E). Zur Realisierung der Experimentiervorschläge werden in Anhang F technische Erläuterungen gegeben. In der folgenden Liste ist die Seitenzahl in Klammern gesetzt.

1.E.1 Wechselstromverhalten von R, C oder L (19)
1.E.2 Impulsformung mit Verzögerungskabel (20)
1.E.3 Verluste im Verzögerungskabel (21)
* 1.E.4 Der symmetrische Π-Abschwächer (21)
1.E.5 Simulation eines realen Koaxialkabels (21)

* 2.E.1 Parallelschwingkreis mit Serienwiderstand zur Induktivität (35)
2.E.2 Messung von Impedanzen mit Hilfe des Oszilloskops (35)
2.E.3 Messung von Impedanzen mit Hilfe eines Voltmeters (36)
2.E.4 Phasendrehung um 180° (37)
2.E.5 Frequenzkompensierter Spannungsteiler (37)
2.E.6 Simulation der Frequenzgänge von Phasenschiebern (38)
2.E.7 Simulation eines frequenzkompensierten Spannungsteilers (38)
2.E.8 Simulation einer 24-gliedrigen Verzögerungskette (39)

* 3.E.1 Äquivalenz der Methoden der Netzwerkanalyse (49)
3.E.2 Untersuchung linearer Netzwerke (49)
3.E.3 Messungen an einem DAC-Leiternetzwerk (50)
3.E.4 Simulation eines 3-Maschen-Netzwerks (50)
3.E.5 Simulation eines DAC mit Leiternetzwerk (51)

4.E.1 Das Verhalten von RC- und RL-Serienschaltungen gegenüber Rechteckimpulsen (68)
4.E.2 Das Verhalten von Schwingkreisen gegenüber Stufenimpulsen (69)
4.E.3 PZ-Kompensation beim Doppeldifferenzierglied (70)
4.E.4 Simulation eines Doppeldifferenziergliedes (71)

5.E.1 Diodenkennlinien (87)

5.E.2 Vollweggleichrichtung (88)

5.E.3 Spannungsquelle mit Zener-Diode (89)

5.E.4 Spannungsvervielfacher (89)

5.E.5 Kippschaltungen mit einer Tunneldiode (89)

5.E.6 Simulation des Einschaltverhaltens einer zweistufigen Kaskade (90)

6.E.1 Transistorkennlinien und Transistorkenngrößen (112)

6.E.2 Kenngrößen von Eintransistorschaltungen (113)

6.E.3 Verstärker mit Emitterfolger (114)

6.E.4 Marx-Generator: Der Transistor als Schalter (114)

6.E.5 Spannungsstabilisiertes Netzgerät (114)

6.E.6 Simulation der Kennlinien eines Bipolartransistors (115)

7.E.1 RC-Oszillator (132)

7.E.2 Multivibratoren (133)

7.E.3 Emitterfolger mit Bootstrap (133)

7.E.4 Lineares Tor (133)

7.E.5 Differenzverstärker (134)

7.E.6 Miller-Effekt: Miller-Integrator (134)

7.E.7 Stromspiegel (135)

7.E.8 Emitterfolger und Darlington-Schaltungen (135)

7.E.9 Simulation eines RC-Oszillators (135)

7.E.10 Simulation eines nichtsättigenden Multivibrators (136)

7.E.11 Simulation eines Differenzverstärkers mit Stromspiegeln (137)

8.E.1 Kennlinien eines JFETs (148)

8.E.2 Kenngrößen eines Sourcefolgers (149)

8.E.3 JFET als variabler Widerstand zur Verstärkungsregelung (150)

8.E.4 MOS-FET als linearer Schalter (150)

8.E.5 Simulation der Kennlinien eines JFET (151)

8.E.6 Simulation von Sourcefolgern mit JFETs (151)

8.E.7 Simulation von hybriden Sourcefolgern (152)

9.E.1 Die Grundschaltungen des IOP (169)

9.E.2 Driftkompensation und Offsetkompensation (170)

10.E.1 Multivibratoren mit IOP (186)

10.E.2 Aktive Integration und Differentiation (187)

10.E.3 Pulsverlängerer (187)

10.E.4 Analoge Subtraktion (188)

10.E.5 Komparator und Schmitt-Trigger (188)

10.E.6 Spannung-Frequenz-Umsetzer (188)

10.E.7 Phasenschieberoszillator mit IOP (189)

10.E.8 Idealer Vollwellengleichrichter (189)

10.E.9 Idealer Halbwellendetektor (189)

10.E.10 Kompensation von Impedanzen mit NICs (190)

10.E.11 Entdämpfen von Schwingkreisen (190)

10.E.12 Konstantstromquelle mit NIC (191)

10.E.13 Gyratoren (191)

10.E.14 Logarithmierverstärker (192)

10.E.15 Analoge Multiplikation (192)

10.E.16 DL-Impulsformung mit IOP (193)

10.E.17 Simulation eines Analog-Subtrahierers (193)

10.E.18 Simulation eines Spannung-Frequenz-Umsetzers (193)

10.E.19 Simulation eines idealen Vollwellengleichrichters (194)

10.E.20 Simulation der Widerstandskompensation mit einem NIC (194)

10.E.21 Simulation eines aktiven Doppel-T-Sperrfilters (195)

*11.E.1 Negative Logik (214)

11.E.2 Gatterschaltungen für die EXOR-Funktion (215)

11.E.3 TTL-Eingangsstufen (215)

11.E.4 Übertragungskennlinien von TTL-Gattern (215)

12.E.1 Bistabile Kippschaltungen aus TTL-Gattern (225)

12.E.2 Uni- und Multivibrator aus TTL-Gattern (226)

12.E.3 MS-Flipflops aus TTL-Gattern (226)

12.E.4 Clock-Generatoren aus speziellen Bausteinen (227)

13.E.1 Binärzähler und Untersetzer (236)

13.E.2 Serielle Datenübertragung (237)

14.E.1 Digitale Addierer (248)

14.E.2 Digitale Addition und Subtraktion (249)

14.E.3 Parallele Multiplikation (249)

14.E.4 Serielle Multiplikation (249)

14.E.5 Parallele Division (250)

15.E.1 DAC und Treppenfunktionsgenerator (267)

15.E.2 Serieller 4-Bit-ADC (Digitales Voltmeter) (267)

15.E.3 Kennlinienschreiber für NPN-Transistoren (268)

15.E.4 Sinus-Generator mit Halbleiterspeicher (269)

15.E.5 Zeit-Digital-Umsetzer (269)

15.E.6 Zählratenmesser (270)

15.E.7 Constant-Fraction-Diskriminator (270)

*18.E.1 Begrenzung der Bandbreite durch passive RC-Filter (296)

Anhang E: Zum Analyseprogramm PSPICE

PSPICE ist ein weit verbreitetes Analyseprogramm der Firma MicroSim zur Simulation und Berechnung elektronischer Analog- und Digitalschaltungen. Es basiert auf SPICE ('Simulation Program with Integrated Circuit Emphasis'), einem ursprünglich an der University of California entwickelten Programm.

Eine Demoversion von PSPICE ist auf Schaltungen mit 64 Knoten und 10 aktiven Bauelementen beschränkt, bietet aber sonst alle Möglichkeiten der Vollversion. Diese Demoversion kann von den Händlern preisgünstig bezogen werden. Sie darf kopiert und weitergegeben werden. PSPICE gibt es für IBM-kompatible PCs unter DOS, WINDOWS und OS/2, für Macintosh-II-Computer sowie für einige größere Computer und Work-Stations.

Für eine vollständige Beschreibung des Programms muß auf das zugehörige Reference Manual und auf Bücher über SPICE und PSPICE verwiesen werden (siehe Quellen und Literaturhinweise). Hier folgt eine Beschreibung von PSPICE nur in dem Umfang, wie er zur Bearbeitung der in diesem Buch vorgeschlagenen Übungsaufgaben zur Simulation elektronischer Schaltungen ausreicht. Damit werden die Möglichkeiten von PSPICE bei weitem nicht ausgeschöpft.

Im Programmpaket sind enthalten:

- Das eigentliche Analyseprogramm. Es führt für ein gegebenes Netzwerk eine Knotenanalyse durch und berechnet die Ergebnisse für die verlangte Analyse.

- Bauteilebibliotheken. Sie enthalten für viele industrielle Bauelemente die Parameter zu den von PSPICE verwendeten 'Modellen'. Die entsprechenden Ersatzschaltungen sind viel detaillierter als die in diesem Buch verwendeten. Einen Bipolartransistor zum Beispiel beschreiben bis zu 55 Parameter. Die Demoversion enthält eine kurze Bibliothek (EVAL.LIB) mit einer Auswahl typischer Netzwerkelemente.

- Hilfsprogramme zur Erzeugung spezieller Signalformen (Stimulus-Editor) und zur Modellierung neuer Bauelemente anhand von Datenblattangaben.

- Ein Graphikprozessor, der der Darstellung von Abhängigkeiten dient. Nach seinem Aufruf erfolgt die Steuerung interaktiv anhand von unmißverständlichen Bildschirmmenüs.

- Eine Benutzeroberfläche, die einen Editor für die Eingabedaten zur Verfügung stellt und die Programmbenutzung sehr vereinfacht.

Tabelle E.1. Anweisungsbeispiele für das Analyseprogramm PSPICE

ÜBERSCHRIFT	Beliebig wählbarer Text
R1 2 6 1MEG	1-MΩ-Widerstand zwischen Knoten 2 und 6
CKOP 3 4 3.3N	3.3-nF-Kondensator zwischen Knoten 3 und 4
VIN 1 0 AC 17 0	Wechselspannungsquelle zwischen Knoten 1 und 0 mit Spitzenspannung 17 V und Phasenverschiebung 0°
VG 5 0 DC −4	−4-V-Gleichspannungsquelle zwischen Knoten 5 und 0
VG 0 5 DC 4	Gleiche Quelle wie in der vorangehenden Zeile
D7 23 9 D1N4148	Diode 1N4148 mit Anode und Kathode an Knoten 23 bzw. 9
Q2 4 9 3 Q2N2907A	Transistor 2N2907 mit C, B, E an Knoten 4, 9, 3
XOP3 0 2 7 8 3 UA741	
	Operationsverstärker 741, Bibliotheksname UA741, mit +, −, U_+, U_-, A an Knoten 0, 2, 7, 8, 3
T2 1 2 3 4 LEN=2 R=0.3 L=0.4U G=5U C=60P	
	Kabel von 2 m Länge mit den Eingangs- und Ausgangsanschlüssen an den Knoten 1 und 2 bzw. 3 und 4 und mit den angegebenen Belagen
C4 13 9 {ABC}	Kondensator mit variabler Dimensionierung (Parameter ABC) zwischen Knoten 13 und 9
VQU 6 0 PULSE (0 4 2U 0.1U 0.4U 0.5U 2.5U)	
	Impulsspannungsquelle zwischen Knoten 6 und 0, anfängliche Spannung 0 V, während des Impulses 4 V, 2 µs anfängliche Verzögerung, dann periodisch Impulse mit 0.1 µs linearem Anstieg und 0.4 µs linearem Abfall, dazwischen 0.5 µs bei 4 V, 2.5 µs Periodendauer, d.h. 1.5 µs Verweilzeit bei 0 V
VE 6 0 PWL (0 0 2U 0 2.1U 4 2.6U 4 3U 0 4.5U 0)	
	Stückweise linearer Spannungsverlauf (wie der Beginn von VQU). Die aufeinanderfolgenden Zahlenpaare beschreiben die Ecken des Zeit-Spannungs-Polygons
VI 1 0 EXP (0 2 3U 1.2U 11U 1.2U)	
	Quelle, von anfänglich 0V nach 3µs mit der Zeitkonstante $\tau = 1.2$ µs exponentiell auf 2V ansteigende und nach weiteren 11 µs mit $\tau = 1.2$ µs wieder abfallende Spannung
X12 3 4 0 DL_N6	Teilnetzwerk DL_N6, dessen Beschreibung in der Anweisungsliste folgt (siehe .SUBCKT) oder in einer Bibliothek enthalten ist
* Kommentar	Auf * folgt ein erläuternder Text ohne Einfluß auf den Programmablauf
.PARAM ABC=1U	ABC wird als Parameter definiert und anfänglich gleich 1 µ gesetzt
.STEP PARAM ABC 1U 9U 2U	
	Simulationen mit anfangs ABC = 1 µ und dann in 2-µ-Schritten bis 9 µ
.STEP PARAM ABC LIST 1U 5U 10U 50U	
	Simulation mit den (hier vier) aufgelisteten Werten
.LIB C:\LIB\EVAL.LIB	
	Die Bauteilebibliothek EVAL.LIB im Verzeichnis LIB des Laufwerks C soll verwendet werden
.AC DEC 10 1K 10MEG	Frequenzganganalyse mit 10 Schritten pro Dekade von 1 kHz bis 10 MHz
.TRAN 0.2N 200N	Transientenanalyse (Impulsformübertragung, Einschwingvorgang) für den Zeitbereich 0 bis 200ns mit Ausgabe in 0.2-ns-Schritten
.IC V(4)=0 V(5)=5	Liste von Anfangsbedingungen (Initial Conditions), z.B. für die Transientenanalyse
.TRAN 0.1U 1M UIC	Anfangsbedingungen (siehe .IC) werden bei der Transientenanalyse verwendet (Use IC)
.DC VG −4 0 0.1	Gleichspannungsanalyse in Abhängigkeit der Spannung der Quelle VG von −4V bis 0 V in 0.1-V-Schritten
.SUBCKT DL_N6 11 17 10	
	Die Beschreibung eines Teilnetzwerks folgt, das in anderen Netzwerken verwendet werden kann (vergl. X12 oben und Bild 2.15a)
.ENDS	Ende der Teilnetzwerk-Beschreibung
.PROBE	Verwendung des Graphikprozessors
.END	Ende einer Anweisungsfolge

<u>Tabelle E.2.</u> Charakteristische Anfangsbuchstaben der wichtigsten Netzwerkelemente
und abkürzende Buchstaben für Zehnerpotenzen bei PSPICE

R	Widerstand	D	Diode	N	Nano
C	Kapazität	Q	Bipolartransistor	U	Mikro
L	Induktivität	J	JFET	M	Milli
T	Kabel	M	MOSFET	K	Kilo
S	Spannungsgesteuerter Schalter	V	Unabhängige Spannungsquelle	MEG	Mega
X	Teilnetzwerk, Operationsverst.	I	Unabhängige Stromquelle	G	Giga

In Tabelle E.1 sind beispielhaft und ohne inneren Zusammenhang Anweisungen
für PSPICE aufgelistet und erläutert. Die erste Eingabezeile wird stets als eine
sonst bedeutungslose Überschrift interpretiert. Die folgenden 14 Zeilen der Tabelle, R1 bis X12, beschreiben Netzwerkelemente und durch die hinzugefügten Kno-
tennummern ihre Lage im Netzwerk. Der Bezugsknoten muß die Nummer 0 tragen.

Der erste Buchstabe des Elementnamens definiert den Typ des Elements (siehe
Tabelle E.2). Die in Tabelle E.1 folgenden Zeilen definieren Parameter (.PARAM),
setzen deren Wertebereiche (.STEP), nennen die zu benutzende Bauteilebibliothek
(.LIB), verlangen eine bestimmte Analyseart (.AC, .TRAN, .DC), setzen Anfangsbedingungen (.IC), definieren Teilnetzwerke (.SUBCKT, .ENDS), fordern den Aufruf
des Graphikprozessors (.PROBE) und signalisieren das Ende der Eingabeliste (.END).
Die Reihenfolge der Zeilen zwischen ÜBERSCHRIFT und .END sowie die Verwendung
großer oder kleiner Buchstaben sind beliebig.

Bei der Erprobung der Simulationsaufgaben in den Abschnitten DO IT YOURSELF
wurde die EVALUATION VERSION 5.1 des PSPICE DESIGN CENTER (MicroSim Corporation,
20 Fairbanks, Irvine, CA 92718, USA) unter dem Betriebssystem DOS benutzt. Die
jeweils neueste Version kann von den Distributoren für MicroSim-Produkte bezogen
werden, in Deutschland z.B. von:

Firma Hoschar Systemtechnik GmbH
Rüppurrer Straße 33
W-7500 Karlsruhe 1

Firma Thomatronik
Brückenstraße 1
W-8200 Rosenheim

Anhang F: Zur Bearbeitung der Experimentiervorschläge

In diesem Anhang werden zunächst die Bauelemente und Geräte beschrieben, die zur
Bearbeitung der Experimentiervorschläge benötigt werden. Die angeführten Elemen-
te entsprechen weitgehend der Arbeitsplatzausstattung des vorlesungsbegleitenden
Praktikums an der Fakultät für Physik der Universität Karlsruhe (System ELBOR).
Nach einer kurzen Beschreibung geeigneter Versuchssysteme folgen praktische
Hinweise zum Aufbau von Versuchsschaltungen.

Die folgenden Bauelemente und Geräte sind vorgesehen:

Widerstände: Je 2 Widerstände 10, 22, 47, 100, 150, 220, 330, 470 und 680 Ω,
1.5, 2.2, 3.3, 4.7, 6.8, 15, 22, 33, 47, 68, 100, 220 und 470 kΩ, 1 und 10 MΩ. Je
4 Widerstände 1 und 10 kΩ, je 2 Potentiometer 1 kΩ (180 Ω), 10 kΩ (620 Ω) und
100 kΩ (5.1 kΩ). Letztere haben Schutzwiderstände in den Schleiferzuleitungen,
deren Wert in Klammern angegeben ist. - Der Betriebssicherheit wegen werden durchweg 1-W-Widerstände verwendet, obwohl bei den meisten Schaltungen eine kleinere
Belastbarkeit ausreichen würde. Schwächer können die zusätzlichen Widerstände dimensioniert werden, die einem bestimmten Zweck dienen: 2 68-kΩ-Widerstände (1/8 W)
zum Betrieb des Clock-Generators (Bild 12.13) und 16 470-Ω-Widerstände (1/16 W)
für die LEDs (Bild 12.15).

Kondensatoren: Je 2 ungepolte Kondensatoren 100 und 330 pF, 1, 3.3, 10, 33,
100 und 330 nF, 3.3 und 10 µF. 1 Elektrolytkondensator (Elko) 220 µF und 2 47-µF-
Elkos zum Betrieb des Clock-Generators (Bild 12.13). Die ungepolten Kondensatoren
sind nach Möglichkeit verlustarme Typen wie Polystyrol- oder Polypropylen-Konden-
satoren.

Spulen: Je 1 Spule 15 µH (Luftspule), 10 mH und 1 H (Schalenkernspulen). Die
1-H-Spule ist mit einer Schutzschaltung nach Bild 5.13a versehen.

Verzögerungskabel: Je ein Kabel mit einer Laufzeit von 3 µs und 5 µs (z.B.
HH 2500, Z_0=2 kΩ, 1.5 m und 2.5 m, oder HH 4000, Z_0=4 kΩ, 0.9 m und 1.5 m).

Dioden: 4 Si-Allzweckdioden (z.B. 1N4004), je 1 Allzweck-Schottky-Diode (z.B.
1N5818), Ge-Allzweckdiode (z.B. OA85), 6.8-V-Zener-Diode (z.B. ZD6.8) und 5-mA-
Tunneldiode (z.B. 1N3717, 1N3857 oder TU205/5). Hinzu kommen 2 Zener-Dioden zum
Schutz der 1-H-Spule (Bild 5.13a) und 16 Leuchtdioden zur Anzeige von TTL-Schalt-
zuständen.

Transistoren: Je 2 Si-NPN- und Si-PNP-Transistoren (z.B. 2N2219 bzw. 2N2905),
sowie je 1 N-Kanal-JFET (z.B. BF245C oder 2N3819) und P-Kanal-MOSFET (Tetrode,
z.B. 3N164).

Bei den angegebenen Halbleitertypen handelt es sich - abgesehen von der Tunneldiode und dem MOSFET - um relativ zerstörungssichere Bauelemente, beispielsweise um Dioden mit großer zulässiger Sperrspannung und großem zulässigen Strom
oder um Transistoren mit verhältnismäßig großer zulässiger Verlustleistung.

Integrierte Schaltungen: Je 4 Operationsverstärker Typ 741 und TL081, ein Zwei-
fach-Komparator mit TTL-kompatiblen Ausgängen (z.B. LM1414) sowie die folgenden
TTL-ICs:

  3 SN7400 (4 NAND-Gatter mit je 2 Eingängen),
  1 SN7402 (4 NOR-Gatter mit je 2 Eingängen),
  3 SN7408 (4 AND-Gatter mit je 2 Eingängen),
  4 SN7483 (4-Bit-Volladdierer),
  2 SN7486 (4 EXOR-Gatter mit je 2 Eingängen),
  1 SN7489 (16×4-Bit-Schreib-/Lesespeicher),
  2 SN7493 (4-Bit-Binärzähler),
  4 SN7496 (5-Bit-Schieberegister),
  1 SN74123 (2 retriggerbare Univibratoren) und
  1 SN74132 (4 NAND-Gatter mit je 2 Schmitt-Trigger-Eingängen).

Der IOP TL081 wird eingesetzt, wenn es auf große Eingangsimpedanz und Slewrate ankommt. Bei den TTL-ICs sind Typen der Standard-Baureihe angegeben. Ihre relativ
große Ausgangsbelastbarkeit ist bei der Bearbeitung der Experimentiervorschläge
vorteilhaft.

  1 Quecksilberschalter mit variablem Vorwiderstand zum Anschluß an eine 12-V-
Wechselspannung. Dieses, in den Experimentiervorschlägen als 100-Hz-Schalter
bezeichnete Bauelement ist ein Reed-Relais (Relais mit Kontaktzungen aus ferro-
magnetischem Material), dessen Kontakte quecksilberbenetzt sind. Dadurch wird
Mehrfachschalten als Folge von Kontaktprellen vermieden. Die Trägheit der beweg-
ten Teile in diesem Relais ist so gering, daß ein Schalten im 100-Hz-Rhythmus
der Halbwellen der Netzwechselspannung möglich ist. Durch passende Einstellung
des Spulenstromes am Vorwiderstand lassen sich etwa gleiche Ein- und Auszeiten
erreichen. Weil die Quecksilberbenetzung spontane gute Kontaktgabe bewirkt, lassen sich mit dem Hg-Schalter sehr steil ansteigende bzw. abfallende Spannungs-
stufen erzeugen.

  1 Netzgerät: Zweimal 12-V-Gleichspannung, 2 A (massefrei), +5-V-Gleichspannung,
1 A (Minuspol an Masse) und massefreie 12-V-Wechselspannung, 0.5 A (getrennte Sekundärwicklung eines Netztransformators).

  1 Oszilloskop mit den folgenden charakteristischen Eigenschaften: Frequenzbereich 0 bis 40 MHz, Eingangsempfindlichkeit 5 mV/cm, Eingangsimpedanz 1 MΩ‖30 pF,
2 Kanäle mit den Betriebsarten 'chopped' oder 'alternierend', ein Kanal invertier-
bar, Darstellbarkeit der Spannungsdifferenz beider Kanäle, schnellste horizontale
Ablenkung 20 ns/cm, Triggerung intern oder extern, Triggerschwelle einstellbar,

X-Y-Betrieb auch mit der Spannungsdifferenz der beiden Knäle möglich. Dazu 50-Ω-Zuleitungen mit 2-mm-Steckern und für besondere Fälle Zuleitungen mit passiven frequenzkompensierten Tastköpfen.

Ein kommerzieller Impulsgenerator oder Funktionsgenerator ist bei der Arbeitsplatzausstattung nicht vorgesehen. Der Grund dafür ist die Kostenersparnis. Selbstverständlich können manche Experimente bequemer oder noch eindrucksvoller durchgeführt werden, wenn ein vielseitiger Generator verfügbar ist. Die vorgeschlagenen Experimente können aber alle mit Hilfe entweder des 100-Hz-Schalters oder des Clock-Generators nach Bild 12.13 ausgeführt werden.

Versuchssysteme: Das Karlsruher System ELBOR besteht aus 9 gleichen Arbeitsplätzen mit Komponententrägern, die beim Versuchsaufbau auf Steckbrettern angeordnet werden. Mit Ausnahme der Leuchtdioden sind die Bauelemente einzeln auf Trägern montiert. Jeder Anschluß ist mit einer 2-mm- und einer 1-mm-Buchse versehen. Die Träger für ICs sind auf der Unterseite mit einer Fassung für 16-füßige Bausteine versehen, in die die ICs eingesteckt werden können. Ein zugehöriges Kärtchen auf der Trägeroberseite zeigt die Anschlußbelegung. Zur Verbindung der Bauelemente stehen Kabel mit beiderseitigen 2-mm-Steckern mit Sekundärbuchse zur Verfügung (mindestens je 30 Stück von 10 cm und von 25 cm Länge). Für Aufbauten mit kürzestmöglicher Leitungsführung können ebenfalls vorhandene Verbindungen mit zwei, drei oder vier 1-mm-Steckern verwendet werden. Als Vielfachverbindungspunkte (z.B. Masse- und Versorgungsspannungs-Anschlüsse) stehen steckbare Verteilerleisten mit Reihen verbundener Buchsen zur Verfügung. Sie werden über Kabel gespeist, die auf der Seite des Netzgerätes 4-mm-Bananenstecker und auf der anderen Seite 2-mm-Stecker tragen.

Im Elektronikhandel werden von verschiedenen Herstellern Experimentierplatten angeboten, die den lötfreien Aufbau von Schaltungen mit den nackten Bauelementen ermöglichen, also ohne Träger, Buchsen und Verbindungsleitungen. Die Anschlußdrähte werden dabei direkt in Federkontakte gesteckt. Der Vorteil solcher Systeme liegt in der Preiswürdigkeit und in der Möglichkeit sehr kompakter Aufbauten. Die Nachteile sind Unübersichtlichkeit bei komplexeren Schaltungen, Kurzschlußgefahr und Bauelementeverschleiß durch das häufige Zurechtbiegen der Anschlußdrähte.

Zum Aufbau von Versuchsschaltungen: Die Elemente sollten einerseits in Anlehnung an gezeichnete Schaltungen übersichtlich angeordnet werden. Anderseits ist es aber bei vielen Schaltungen auch nötig, den Aufbau gedrängt mit möglichst kurzen Verbindungen vorzunehmen. Bei einiger Übung ist immer ein vernünftiger Kompromiß zu finden. Zeigt eine Schaltung trotz vermiedenen Aufbau-Wirrwars die Neigung zum Schwingen, so helfen in der Regel die folgenden Maßnahmen:

- Kurze Verbindungsleitungen vermeiden unnötig große Induktionsschleifen und Schaltungskapazitäten.

- Lockeres Verdrillen von Leitungen, beispielsweise vom Netzgerät, vermeidet Störungen durch induzierte Spannungen ('twisted pair', siehe Bild 18.4b).

- 'Abblocken' (wechselspannungsmäßiges Kurzschließen durch einen Kondensator) von Versorgungsspannungen möglichst dicht am Verbraucher verhindert unerwünschte Kopplung an dieser Stelle.

- Störung durch die Kapazität des angeschlossenen Kabels zum Oszilloskop läßt sich durch einen schaltungsseitig eingefügten Widerstand (maximal wenige hundert Ohm) mindern. Allerdings bilden Widerstand und Kabelkapazität ein Integrierglied, das einen steilen Impulsanstieg verfälscht.

- Schwingneigung bei langsamen Schaltungen läßt sich manchmal durch ein im Signalweg an passender Stelle eingefügtes Integrierglied beseitigen (Frequenz-kompensation, siehe Abschnitt 9.5.1).

Quellen und Literaturhinweise

Neben Fachliteratur dienten als Quellen für dieses Buch Schaltungen aus Betriebs-
anleitungen kommerzieller Geräte, aus Firmenprospekten und Datenblättern. Ein großer Teil der Übungsaufgaben ging aus der ehemaligen Zusammenarbeit eines Autors
(Ch. W.) mit Herrn Dr. E.L. Haase, Kernforschungszentrum Karlsruhe, hervor. Die
Aufnahme in Bild 5.11 stammt aus dem Archiv des Kernforschungszentrums Karlsruhe.

Die folgenden Hinweise sind gruppiert nach allgemeiner (A), spezieller (B) und
Literatur zu PSPICE (C).

A) P. Horowitz and W. Hill: <u>The Art of Electronics</u>
    Cambridge University Press, London (1983)

    U. Tietze und Ch. Schenk: <u>Halbleiterschaltungstechnik</u>
    Springer-Verlag, Berlin (1991)

    H. Völz: <u>Elektronik - Grundlagen, Prinzipien, Zusammenhänge</u>
    Akademie-Verlag, Berlin (1979)

    P. Weinzierl und M. Drosg: <u>Lehrbuch der Nuklear-Elektronik</u>
    Springer-Verlag, Berlin (1970)

B) W. Gruhle: <u>Elektronisches Messen</u>
    Springer-Verlag, Berlin (1987)

    J.F. Keithley, J.R. Yeager, and R.J. Erdmann: <u>Low Level Measurements</u>
    Keithley Instruments, Inc., Cleveland, Ohio (1984)

    E. Kowalski: <u>Nuclear Electronics</u>
    Springer-Verlag, Berlin (1970)

    R. Müller: <u>Rauschen</u>
    Springer-Verlag, Berlin (1979)

    A. Schlachetzki: <u>Halbleiterelektronik</u>
    B.G. Teubner, Stuttgart (1990)

    A.J. Schwab: <u>Elektromagnetische Verträglichkeit</u>
    Springer-Verlag, Berlin (1991)

C) H. Duyan, G. Hahnloser und D.H. Traeger: <u>PSPICE, Eine Einführung</u>
    B.G. Teubner, Stuttgart (1991)

    E.E.E. Hoefer und H. Nielinger: <u>SPICE, Analyseprogramm für elektronische Schaltungen</u>
    Springer-Verlag. Berlin (1985)

Sachregister

Abblocken 121, 312

Ableitungsbelag 13, 297

Abschlußwiderstand 14

Abschnür-
    bereich 138f.
    spannung 140

Abschwächer
    π- 21, 277
    T- 16, 41

ADC, s. Umsetzer

Addier-
    netz 243
    Verstärker 111

Addition
    analoge 172
    digitale 239, 243, 248, 249
    komplexer Zahlen 301

Adjunktion, s. Disjunktion

Akzeptor 73

Amperemeter 286

Amplitudenabtastung 263

Amplitudentreue 57

Analyseprogramm 306

AND-Gatter 198, 205
    s. auch WIRED AND

Anpassung 15f., 104

Anreicherungs-Typ, s. MOSFET

Ansteuerung, direkte und getak-
    tete 219

Anstiegsdauer 15, 32, 130
    Anstiegsgeschwindigkeit, -rate
    maximale 156, 163, 166, 167

Anstiegszeit, s. Anstiegsdauer

Antivalenz 198, 199

Antwortfunktion 52, 55f., 67

Anzeige, 7-Segment- 200

Arbeits-
    bereich 93, 95
    gerade 74, 92, 96, 108
    platzausstattung 309
    punkt 75, 92, 95, 96

Argument komplexer Zahlen 300

ATC, s. Umsetzer

A-Typ, s. MOSFET

Aufbau, Versuchsschaltungs- 311

Auflösungszeit, Koinzidenz- 260

Ausdruck, schaltalgebraischer
    198

Ausgangsimpedanz von
    FET-Schaltungen 144, 149f.
    Geräten 15

Gleichrichterschaltungen 80
IOP-Schaltungen 160, 163
Transistorschaltungen 97f.,
    118f.

Ausgangs-
    kennlinie 92, 139, 141
    lastfaktor 208, 210
    spannung 6
    stufe des IOP 155

Ausschaltzeit 123

Auswanderung, thermische 291

Autokorrelationsfunktion 289

Avalanche-Effekt, s. Lawinen-
    Effekt

Axiome, s. Grundgesetze

Backwarddiode 78

Bandbreite 29, 35, 289f.
    Begrenzung der 296

Bandpaß 185

Basis 91
    -Emitter-Diode 91
    -Emitter-Widerstand, dynami-
    scher 93
    -Kollektor-Diode 91
    -Kollektor-Kapazität 130

Basisfunktionen 199

Basis-
    grundschaltung 106, 112
    strom 91

Bausteine
    LSI-, MSI-, SSI- 234
    integrierte 154, 204, 234,
    310

BCD-Darstellung 228

Bereich, linearer 140, 149

Bessel-Filter 184

Betrag komplexer Zahlen 300

Betrieb, inverser 92

Binärzähler 236
    asynchroner 230
    synchroner 231

Bit 48, 179
    Strukturierung 235

Bode-Diagramm 164

body, s. Substrat

Boltzmann-Konstante 289

Bootstrap 127, 133, 145

bulk, s. Substrat

Butterworth-Filter 185

CAMAC-System 272

carry, s. Übertrag

chopper, s. Zerhacker

clipping-cable 21, 68
    -Impuls 216

Clock 221
    -Generator 225, 227

CMRR, s. Gleichtaktunterdrük-
    kung

CMOS-Technik 148
    Baureihen 205, 208, 210
    Grundschaltungen 207

Code 228
    1-aus-10- 228
    BCD- 228
    Farbring- 6
    Hexadezimal- 229
    Oktal- 229

Codewandler 228f.

Codierer 228f.

Converter, s. Umsetzer

Coulomb 9
    -meter 286

DAC, s. Umsetzer

DAC-Leiternetzwerk 48, 50f.,
    257

Dämpfung 59, 63
    Kabel- 17f.

Dämpfungs-
    bereich 32
    koeffizient 17
    verluste 17, 21
    zeitkonstante 61, 297

Darlington-Schaltung 126f.,
    144, 153
    Komplementär- 127

Darlington-Transistor 155

Darstellung von Dualzahlen
    natürliche 241
    n-Bit- 242
    negativer 242f.
    Standard- 242

Darstellung, vektorielle, kom-
    plexer Größen 24, 300

Datenbus 229

Datenübertragung, serielle 233,
    237

Decodierer 228f.
    getakteter 229

Defizitelektronen 73

Dehnungsmeßstreifen 5

Delay line
    distributed 19
    lumped(-constant) 31

Delta-Funktion 67

DeMorgan-Regeln 202

Demultiplexer 229

depletion layer, s. Verarmungs-
    schicht

depletion type, s. MOSFET

Detektor 275

Dezibel 129, 293

Dielektrikum 11, 13

Dielektrizitätskonstante 11, 13

Differentiation
    aktive 172, 187
    analoge 172, 187
    digitale 220
    komplexer Zahlen 301
    passive 56, 69, 278

Differenzierglied 56, 69

Differenzverstärker 128, 134
    mit einem Eingang 131
    im IOP 155
    mit JFETs 145
    Kaskoden- 145
    mit Stromspiegeln 132, 137

Differenzverstärkung 128

Digitaluhr 232

Diode 72, 309
    Backward- 76
    Flächen- 72
    Foto- 78
    Ge- 75
    Hochfrequenz- 73
    ideale 74
    Kapazitäts- 78, 295
    Luminiszenz- 78
    Schottky- 78, 209
    Si- 75
    Spitzen- 72
    Tunnel- 76
    Zener- 75

Diodengatter 205, 211

Diodenmatrix 229

Diodenpumpverfahren 258

Disjunktion 198

Diskriminator 252
    mit Amplituden- und An-
    stiegsdauer-Korrektur 254
    Constant-Fraction- 253, 270,
    273
    Einkanal- 252, 276
    Integral- 252
    Mehrkanal- 253
    Nulldurchgangs- 253, 275
    strobed 253
    Tunneldioden- 87, 187
    mit verbesserter Zeitauflö-
    sung 253
    Vielkanal- 253
    Vorderflanken- 253, 271
    Zero-Crossing- 253

Dispersionsfreiheit 299

Dividierwerk 246

Division
    analoge 173
    digitale parallele 246, 249
    komplexer Zahlen 301

Donator 73

Doppel-T-Filter 186, 195

Doppeldifferenzierglied 65, 70

Dotierung 76, 92

Drain 139, 141

-Source-Widerstand 143
-spannung 139
-strom 139

Dreipole 3

Drift, thermische 291

Driftkompensation 160f., 170

DTL-Grundschaltung 205

Dualcode, dual code 241

Dual-Slope-Verfahren 265

Dualzahl 48, 199, 241

Durchbruchbereich 140

Durchbruchspannung 74, 93, 139,
    142

Durchlaßbereich 32, 74

Early-Effekt 96
    -Spannung 95

Ebene, komplexe 23, 24, 300

Ebers-Moll-Modell 96

ECL-Grundschaltung 131, 206

Effektivwert 20, 36

Eigenfrequenz 59f., 70

Eingang
    invertierender und nichtin-
    offener 214
    vertierender 128
    Preset- und Reset- 231
    serieller 234

Eingangsfehlspannung, -strom,
    s. offset

Eingangsimpedanz 15, 97, 120
    von FETs 143, 149
    von FET-Schaltungen 144f.
    von Transistorschaltungen
    97f. 120, 126f., 130
    von Geräten 15
    von IOPs 156
    von IOP-Schaltungen 160, 162

Eingangs-
    kennlinie 92, s. auch Steu-
    erkennlinie
    ruhestrom 156, 167

Einschaltverhalten einer Kas-
    kade 90

Einstreuung, elektromagnetische
    292

Eintransistorschaltungen 111

ELBOR, s. Versuchssystem

Elektrometer 285
    Schwingkondensator- 295
    -verstärker 286, s. auch
    nichtinvertierender Verst.
    Zerhacker- 295

Elektronenpotential, thermi-
    sches 73

Elko, s. Kondensator

Emitter 91
    -folger 98f., 112, 124, 135
    -grundschaltung 92, 107,112

Energie, gespeicherte 9, 12

Energiespektrum 275

enhancement type, s. MOSFET

Entdämpfen 190

Entprellen 218, 226

Entwurf von
    digitalen Schaltungen 203
    Transistorschaltungen 98

Ersatzdämpfungswiderstand 70

Ersatzschaltung von
    Diode 75
    FET 143
    IOP 157
    IOP-Schaltung 159, 162
    Spannungsquelle 6
    Stromquelle 8
    Transistor 94
    Transistorschaltungen 99f.
    Tunneldiode 77
    Zener-Diode 76

Ersatzspannungsquelle 7, 47, 80

Ersatzstromquelle, Satz von der
    47

Esaki-Diode, s. Tunneldiode

Eulersche Formel 23, 301

EXOR-Gatter 199, 202, 212, 215

Exklusiv-ODER, s. EXOR

Experimentiersystem 311

Exponentialfunktion 57, 300

Exponenzieren, analoges 173,
    276

FADC, s. Flash-ADC

fan-out, s. Ausgangslastfaktor
    -amplifier, s. Zwischenver-
    stärker

Farad 9

Farbcode 6, 11

FDNC, FDNR 184

FET, s. Feldeffekttransistor

Feldeffekttransistor 138
    Hochleistungs- 144
    Kleinsignal- 143

Feldplatte 5

Feldstärke-Effekt, s. Zener-
    Effekt

Fensterbreite 252

Ferrit 12

Filter
    aktive 184
    -kette, iterative 31, 299
    passive 65, 184, 293, 296

Flankensteuerung, -triggerung
    220

Flash-ADC 262

Flipflop
    D- 217, 222, 225f.
    getaktetes 219
    IOP- 177
    JK- 221f.
    -Klassifizierung 218f.
    MS- 219, 226, 230
    RS- 121, 216, 221, 225
    Tunneldioden- 87, 90

Flugzeitmessung 272

Flächendiode 73

forward transfer, s. Stromver-
    stärkung

Fourier-Summe 18

Fourier-Zerlegung 52

Fremdatome 73

Frequenz 10
    -filter 27
    -gang 38, 163, 184
    -kompensation 120, 156, 163,
    312
    -messer, digitaler 258
    -modulation 78
    -teiler 232
    -untersetzer 259

-vervielfacher 259

Funktion

Schalt- 199
schaltalgebraische 196

Funktionsgenerator 257, 267f.

Fuß, s. Impulsfuß

Gate 139, 141, s. auch Gatter

Gatter, digitales 196f.

CMOS- 207
DTL- 205
ECL- 207
TTL- 206, 209f.

Gaußscher Satz von der Ersatzquelle 47

Gegenkopplung 109f., 117f., 157

Spannungs- und Strom- 119

Gegentakt-

aussteuerung 156
endstufe 125, 206

Generator-

spannung 6
strom 8

Gesetze, schaltalgebraische 201

Gewichtsfunktion, s. Übertragungsfunktion

Gleichrichter

Hochfrequenz- 78
idealer Halbwellen- 178, 189
idealer Vollwellen- 179,
189, 194

Gleichrichtung, Vollweg- 79, 88

Gleichspannungsdifferenz, s.
offset

Gleichstrom-

dimensionierung 95, 97, 102
entkopplung 56, 98, 103
ersatzschaltung 98
verhalten 40

Gleichtakt-

aussteuerung 156
unterdrückung 129, 146, 156

Goldene Regeln 157, 171

Grenzfall, aperiodischer 62,
64, 70

Grenzfrequenz

Filterketten- 32
IOP- 165

Grundlinienverschiebung 57

Grundschaltung

CMOS- 207
DTL- 205
ECL- 206
invertierende 158, 172
nichtinvertierende 161
TTL- 205

Grundschaltungen

digitale 196
IOP- 158f., 172f.

Gruppengeschwindigkeit, s. Signalgeschwindigkeit

Güte 29, 35, 62f.

Gütefaktor 33

Gyrator 182f., 186, 191

Halbaddierer 239

Halbleiter-

material 72
speicher 234, 268
teleskop 275

Halbwellendetektor, idealer 189

Helmholtz, Satz von 46

Henry 11

Hertz 10

Hochfrequenzkabel, s. Koaxialkabel

Hochpaß 26, 185

Hochpaßkette 37

Hohlleiter 18

Hybridparameter 93

Hysterese, s. Schalthysterese

IC, s. integrierter Baustein

IGFET, s. MOSFET

imaginäre Einheit 23, 300

Imaginärteil 23, 300

Impedanz 10, 24

charakteristische 298
von Induktivität 12, 24
Kabel- 14, 18
von Kapazität 10, 24
Leitungs- 19, 298
negative 180
von Widerstand 24
Zener- 76, 84, 88f.

Impedanz-

messung 33, 35f.
wandler 68, 98, 105, 124,
35, 144, 149, 151f.

Impuls-

formdiskriminierung 68, 254
formung 20, 59, 65, 193, 278
fuß 128
generator 113, 123, 133,
225f.
rate 57
kabel, s. Koaxialkabel
verhalten von Netzwerken 52
verteiler, angepaßter 16

Induktivität 11

parasitäre 5

Induktivitätsbelag 13, 297

inkrementelle Technik 263

Innenwiderstand 6, 8

s. auch Eingangs-, Ausgangsimpedanz

input-offset-current, s. Eingangsfehlstrom

input-offset-voltage, s. Eingangsfehlspannung

Integration

analoge 172, 187
komplexer Zahlen 302

Integrier-Differenzierglied 64

Integrierglied 58, 69

Inverter 147, 213

IOP, s. integrierter Operationsverstärker

JFET 138f.

Kabel, s. Koaxialkabel

Kabelanpassung 15f., 104

Kabelimpedanz, s. Wellenwiderstand

Kanal

selbstleitender und selbstsperrender 138, 142
widerstand 140, 146

Kapazität 9

Abschirm- 130
Dioden- 74
Gate-Kanal- 148
Kabel- 125
negative 181
negative frequenzabhängige
184
parasitäre 5, 125
Schalt- 5

Kapazitätsbelag 13, 297

Kaskade 80, 89

Kaskodenschaltung 131

Kennfrequenz 27f., 35, 59

Kenngrößen von

FET 139f.
FET-Schaltungen 144f., 149f.
Gattern 209f.
IOP 156
IOP-Schaltungen 159f.
Transistoren 93f., 112
Transistorschaltungen 97f.,
113

Kennlinie, dynamische und statische 34

Kennlinien 3

bipolarer Transistoren 92,
112, 115
Dioden- 72f., 87
dynamische 33
JFET- 139, 148
MOSFET- 141

Kennlinienschreiber 112, 268

Kettenschaltung von

Hochpässen 29
RC-Gliedern 29, 42

Kippschaltung

Digital-IC- 216f.
IOP- 177f.
Transistor- 121f.
Tunneldioden- 85f., 89

Kippstufe, bistabile, s. Flipflop

Kirchhoffscher Satz

erster 44
zweiter 40

Klammerschaltung 84

Klassifizierung von Flipflops
218f.

Kleinsignal-

anteil 93
ersatzschaltung 104
verhalten 75, 95, 97f.

Klemmenspannung 6, 7

Knickspannung 74, 78, 94

Knoten-

analyse 44
gleichung 44, 63
potential 44
punkt 40

Koaxialkabel 12f., 103

dispersionsfreies 14
ideales 13f.
reales 17f., 21

Koinzidenz 259, 275

Dioden-, Majoritäts- und
Überlapp- 260
zufällige 260

Kollektor 91
  offener 214, 235
  -Emitter-Widerstand, dynami-
    scher 94
  -grundschaltung, s. Emitter
    folger

Komparator 174, 188, 252
  mit digitalem Ausgang 168,
    270, 310
  digitaler 213

Kompensation, Impedanz- 190,
  194

Komplementierung 197
  gesteuerte 213

Komplexe Beschreibung 23f.

Komplexe Zahlen 300

Kondensator 9f., 309
  Elektrolyt- 11, 108
  Koppel - 100
  Lade- 79, 88
  realer 11
  Wickel- 11

Konduktanz 4

konjugiert komplexe Zahl 301

Konjunktion 197, 200

Konstant-
  spannungsquelle 76
  stromquelle 145, 181, 191

Konversion
  parallele 262
  serielle 265

Konversionszeit 262

Konverter, s. Umsetzer

Kreisfrequenz 10

Kriechfall 62, 64

Kurzschluß-
  eingangsimpedanz 93
  festigkeit 6
  strom 7f., 11
  stromverstärkung 94

Ladung, elektrische 9

Ladungsträger, bewegliche 73

Laplace-Transformierte 52

Lastwiderstand 6, 80

Laufzeitkette, s. Verzögerungsleitung

Lawinen-Effektt 76

LDR, s. Photowiderstand

LED, s. Luminiszenzdiode

leading-edge, s. Vorderflankendiskriminator

Leerlauf-
  ausgangsleitwert 94
  spannung 7f.
  spannungsrückwirkung 94
  verstärkung 117, 156

Leistungsaufnahme 5

Legierungstransistor 92

Leistungshyperbel 92, 96

Leitung
  Schreib-Lese- 235
  verdrillte 292, 312
  Übertragungs- 12f., 297, 299
  Verzögerungs- 19, 31f., 39
  s. auch Koaxialkabel und
    Verzögerungskabel

Leitungsband 73, 78

Leitwert, elektrischer 4

Leuchtdiode, s. Luminiszenzdiode

Lichtgeschwindigkeit 14

Linearisierung 3

Linearität 120
  differentielle 262, 282
  integrale 262
  Verbesserung der 149

Loch, s. Defizitelektron

Löscheingang, s. Reset-Eingang

Logarithmieren, analoges 173

Logarithmierverstärker 192

Logik
  -familien 204f.
  negative 197, 202, 214
  positive 197

long-tailed pair 127

Marx-Generator 114f.

Masche 40

Maschenanalyse, -gleichung und
  -strom 40f.

Masse, virtuelle 121, 131, 172

Master-Slave-Flipflop, s. MS-
  Flipflop

Maxterm 200

Meantimer 261, 272

Meßanordnungen, kernphysikalische 272

Messung
  von Energiespektren 275
  von Impedanzen 32, 35f.
  kleiner Signale 285f.

Mikrophonie 292

Miller-
  Effekt 107f., 130f., 134,
    146, 164
  Integrator 130, 134, 156

Minterm 200

Mitkopplung 117, 121

Mößbauer-Spektrum 281

MOSFET 138, 141, 290
  Anreicherungstyp 138, 141
  Tetrode 150
  Verdrängungstyp 138, 141

Multimeter 285

Multiplexer 229

Multiplikation
  analoge 172, 192
  digitale parallele 245, 249
  digitale serielle 247, 249
  komplexer Zahlen 301

Multiplikator, Zwei-Quadranten-
  146

Multipliziernetz, -werk 245,
  248

Multivibrator
  Digital-IC- 218, 225f.
  IOP- 178, 186
  nichtsättigender 123, 136
  Transistor- 122, 133
  Tunneldioden- 86, 89

NAND-Gatter 198, 205f.

Näherung
  lineare 3, 6
  Methode der schrittweisen
    264

Negation 197

negative-impedance-converter,
  s. NIC-Schaltung

Netzgerät 6, 310
  spannungsstabilisiertes 114

Netzwerk 3, 40
  -analyse 40, 49, 91
  Drei-Maschen- 43, 46f., 49f.
  ebenes 40
  -element, lineares 3
  -knoten 44
  Leiter- 48, 257
  lineares 3, 23, 40, 49
  -masche 40
  Vier-Knoten- 44, 50
  -zweig 40

NIC-Schaltung 180

NICHT, s. NOT

NIM-
  Impulse 260f., 273
  System 272

N-Kanal-FET 139, 141

NOR-Gatter 198, 207f.

NOT-Gatter 197, 213

Normalform, disjunktive und
  konjunktive, 200

Norton, Theorem von 47

NPN-Transistor 91

Nuklearelektronik 272

Nulldurchgangsdetektor 175, 278

ODER, s. OR

Offset
  -kompensation 170
  -spannung 145, 156, 167
  -strom 156
  -unterdrückung 145, 152f.

Ohm 4
  -meter 287
  -sches Gesetz 4

one-shot, s. Univibrator

OP-AMP, s. Operationsverstärker

open collector 214

Operationsverstärker
  mit FET-Eingängen 167
  idealer 158
  integrierter 154f., 310
  Typ 081 167
  Typ 741 155
  Typenübersicht 167

Optokoppler 79, 292

OR-Gatter 198, 207f.

Oszilloskop 310

Parallelrechennetz, digitales
  239

Parallelschaltung
  von Impedanzen 24
  RCL- 63
  von Widerständen 4

Paritäts-
  bit 213
  prüfer 213

Pedestal, s. Impulsfuß

Pegel, Spannungs- 205

Permeabilitätskonstante 13

Permittivität, s. Dielektrizitätskonstante

Phasen-
drehung, 180-Grad- 37
geschwindigkeit 14, 298, 299
schieberoszillator 29, 118,
132, 135, 175, 189
verschiebung, winkel 10, 12,
20, 23f., 29f., 32, 34, 37

Photowiderstand 5

Piezoelektrizität 292

pile-up 58

pinch-off, s. Abschnürbereich

P-Kanal-FET 139, 141

Planartransistor 92

PN-Übergang 72, 91, 139

PNP-Transistor 91

Pol-Nullstellen-Kompensation,
s. PZ-Kompensation

Prinzipschaltungen 97

Prüfung einer Diode 74

PSPICE, s. Analyseprogramm

Pulsverlängerer 179, 187, 263,
275

PZ-Kompensation 66, 70

Quecksilberschalter 310

Rampengenerator 176

Ratemeter 258, 270

Rauschen 283, 288

1/f- 290, 294
Funkel- 290
Johnson- 289
Popcorn- 290, 294
Schrot- 288
Spannungs- 288
Strom- 288
thermisches 289f.
weißes 288, 294, 296

Rausch-

kenngrößen 293f.
leistung 288f., 293, 295
leistungsdichte 288f.
spannung 167, 293
spektrum 60, 278
strom 167, 293
zahl 293

RC-Impuls 56, 66f.

RC-Oszillator, s. Phasenschieberoszillator

Realteil 300

Rechen-

netze, digitale 239f.
operationen, analoge 172
schaltungen, digitale 239f.
verstärker 172
werke, digitale 239f.

Rechteckimpuls 20, 52, 67

-generator 37, 68, 70

Reflexionen 14f.

Reflexionsfaktor 14

Reflexionsfreiheit, s. Anpassung

Regeln

Goldene 157
für komplexe Zahlen 300
der Schaltalgebra 201

Register

-baustein 223
Empfangs- 238

Sende- 237
Rechen- 248

Reibungselektrizität 292

Resistanz 4

Resistor 4

response function 52

RMS-Wert 288

Rückkopplung 117

Rückkopplungs-

betrieb 286
schleife 117

Sättigung 96

Sättigungs-

bereich 94f.
spannung 171
widerstand 94

sample-and-hold-Schaltung 179,
283

sampling, s. Amplitudenabtastung

Saugkreis 29

Schaltalgebra 197f.

Gesetze, Regeln der 201

Schalter

für Analogsignale 128
FET- 148
linearer 128, 147, 150
Transistor als 96, 108, 121
100-Hz- s. Quecksilber-

Schalthysterese 175

Schaltungen

mit bipolaren Transistoren
97f., 121f.
Bootstrap- 127, 130, 145
digitale 196
Dioden- 79f.
FET- 144f.
Kaskaden- 80
kombinatorische 228
RCL- 59
Rechen-, analoge 172
Rechen-, digitale 239
schnelle 130
sequentielle 216
Zähler- 230

Schaltungs-

aufbau 311
entwurf 98,203

Schaltverhalten

Dioden- 72, 77
TTL- 211

Schalt-

netz 228
werk 216
wert 196
werttafel, s. Wahrheits-
tabelle
symbol 198, 217f.
zeit, s. Schaltverhalten

Scheinwiderstand 10, 23f.

einer Kapazität 10
einer Induktivität 12
-Messung 33, 35f.
von RCL-Schaltungen 24f.

Scheitel-

spannung und strom 23
wert 10

Schieberegister 233

Rechts-Links- 234

Schleifenverstärkung 117, 120

Schleusenspannung, s. Knickspannung

Schmitt-Trigger

Digital-IC- 211
IOP- 174, 188

Schottky-Baureihe 210f.

Schreibweise, komplexe 23, 300

Schutzdiode 66, 93, 143

Schutzschaltung 84

Schwellen

Methode der gleitenden 264
-spannung 139f., 174f.
-wert 174
-wertdetektor 174, 252

Schwingen, Vermeiden von 311

Schwingfall 61, 63

Schwingkreis 27f., 69

Parallel- 27f., 35, 63f.
Serien- 28f., 59
Verhalten gegenüber Stufen-
impulsen 69

Schwingungen, erzwungene und
freie 59

Schwingungsdauer 70

SDR, s. Dehnungsmeßstreifen

Selbsterregung 125

Serienschaltung

von Impedanzen 24f.
RC- 26, 55, 68
RCL-, s. Serienschwingkreis
RL- 25, 53, 68
von Widerständen 4

SFET, s. JFET

sgn, s. Vorzeichenbit

Shannon, Satz von 202

Shuntbetrieb 286

Siemens 4

Signal-zu-Rausch-Verhältnis
283, 293, 295, 296

Signal-

abschwächung, angepaßte 16
charakter 251
geschwindigkeit 14, 18,
298f.
höhenmittler 284, 295
höhenwahrscheinlichkeit 282
leistung 293
umsetzer 251
verknüpfer 251
verteilung, angepaßte 16
verzögerungsdauer 32, 299
wandler 251

Simulation

Computer-, Rechner- 1,
303f., 306f.
von Induktivitäten 182f.

Singularität 67

Sinusgenerator 118, 183, 268

Skineffekt 18

slave, s. MS-Flipflop

Slewrate, s. Anstiegsgeschwindigkeit

Source 139, 141

Sourcefolger 144, 149, 151f.

hybride 144f., 152

Spannung

Abschnür- 140
Ausgangs- 6
Brumm- 82f.
Durchbruch- 74
Generator- 6
Klemmen- 6f.

Leerlauf- 7f.
momentane 10
thermoelektrische 291
Zener- 76

Spannungs-

durchbruch 74
folger 126, 163
verstärkung 91, 97, 112,
144, 156, 160, 162
vervielfacher, s. Kaskade

Spannungsquelle 6

ideale und reale 6
Konstant- 126
Spannungsteiler- 7
Zener-Dioden- 84, 89

Spannungsquellenäquivalent 106

Spannungsteiler 7

frequenzabhängiger 27
frequenzkompensierter 30,
37f., 58

Speicher, Halbleiter-

CMOS-DRAM, E²PROM-, EPROM-,
PROM-, RAM-, ROM- 234

Speicherzelle 235

Spektroskopieverstärker 276,
278

Sperr-

bereich 74
kreis 29
schicht 73, 139, 141
strom 73

Spitzendiode 72

Spitzenwertdetektor 179, 187

Sprungfunktion 52

Spule 11, 309

reale 12

Stabilität, thermische 101, 132

Standardverknüpfung 196f.

Start-Stop-Prinzip 259

Steilheit 140f.

Steuerkennlinie 139, 141

Störspannungsabstand 208

Störungen 287f.

Stoßionisation 74

stretcher, s. Pulsverlängerer

Strobe 169, 253

Strom

Basis- 91
Generator- 8
Kollektor- 91
Kurzschluß- 7f.
momentaner 10

Stromquelle 8

ideale und reale 8
Konstant- 129, 145, 181, 191

Strom-

spannungswandler 110, 273
spiegel 131f., 135, 145
stufenimpuls 58
übernahmetor 128
verdrängungseffekt, s. Skin-
neffekt
verstärkung 92, 97
wärme 5

Strukturierung, Bit- und Wort-
235

Stufenimpuls 20, 52, 67

Substrat 91, 141

Subtrahiernetz 244, 249

Subtraktion

analoge 173, 188, 193

digitale 244, 249
komplexer Zahlen 301

successive approximation, s.
Schrittweise Näherung

Superpositionsprinzip, s. Überlagerungstheorem

TAC, s. Umsetzer

Taktfrequenz, maximale 210

Taktimpuls 216, 219

Taktzustandssteuerung 220

Tastkopf, aktiver, passiver 31

TDC, s. Umsetzer

Teilchenidentifizierung 275

Temperatur-

abhängigkeit 73
koeffizient 5, 76

Thévenin, Theorem von 46

threshold, s. Schwellenwert

Tiefpaß 26, 185

Tiefpaßkette 37

Timer 231, 257

TOF-Spektrum, s. Flugzeitmessung

Toleranz, Widerstands- 5

Tor

lineares 133, 275
digitales, s. Gatter

totem pole 126

Totzeit 255

Transduktanz, s. Steilheit

Transistor 309

bipolarer 91
Feldeffekt- 138
Foto- 79
Hochstrom-FET- 148
Multiemitter- 91, 206, 235
als Schalter 96, 114
unipolarer 138

Transistor-

aufbau 91
grundschaltungen 104
kenngrößen 92, 112
Rauscheigenschaften 291f.

Transitfrequenz 164

Treppenfunktionsgenerator 267

Tri-State-Ausgänge 214

Triboelektrizität, s. Reibungselektrizität

Triggerimpuls, s. Taktimpuls

Tschebyscheff-Filter 185

TTL

-Baureihen 209f.
-Grundschaltungen 205
-Eingangsstufen 206, 215

Tunnel-

diode 76
effekt 76

twisted pair, s. verdrillte
Leitung

Überlagerungstheorem 3, 40, 46,
52, 95

Überlapp-Prinzip 259

Überlastschutz 156

Übertrag 240

Übertragungs-

charakteristik 174
funktion 67, 185
kennlinie 211, 215
leitungen 12f., 297f., 299

Übungsaufgaben 303

Umkehrverstärker, s. Invertierender Verstärker

Umlaufspeicher 234, 237

Umsetzer 251, 256

Amplitude-Zeit- (ATC) 254
Amplituden- 252
Analog-Digital- (ADC) 262,
265, 267
Digital-Analog- (DAC) 48,
256, 267
Frequenz- 258
Spannung-Frequenz- (VCO,VFC)
176, 188, 193, 256
Zeit-Amplitude- (TAC) 259,
273
Zeit-Digital- (TDC) 261, 269

UND, s. AND

Univibrator 87, 90, 122, 177,
218, 226
nachtriggerbarer 224

Unterschwung 66

Untersetzer 232, 236

Valenzband 73, 78

Varaktor, s. Kapazitätsdiode

Varaktorbrücke 295

Variable, schaltalgebraische
197

Varistor 5

VCO, s. Umsetzer

VDR, s. Varistor

Vektor in komplexer Ebene 23

Venn-Diagramm 199

Verarmungszone, -schicht 73

Verdrängungstyp, s. MOSFET

Verhalten, dynamisches

des IOP 163
s. auch Kleinsignalverhalten

Verknüpfer 251

Verknüpfung

schaltalgebraische 196
Standard- 196

Verlustleistung von Gattern 208

Versorgungsspannungen 205, 209

Verstärker

Addier- 111
Differenz- 128, 134, 137
Eingangsstufen für 294
mit Emitterfolger 103, 114
gegengekoppelter 101, 109f.
117f., 134, 157f., 171f.
invertierender 158, 169
ladungsempfindlicher Vor-
275, 294
Logarithmier- 192
nichtinvertierender 158,
161, 169
rauscharmer 294
spannungsgegengekoppelter
110
Spektroskopie 276, 278
stromempfindlicher 110, 272
stromgegengekoppelter 101,
109, 146, 150
Transimpedanz- 168

Verstärkung

Differenz- 128

frequenzabhängige 27
Gleichtakt- 128
Versuchssystem 311
Verzögerung, interne 166, 208, 210
Verzögerungs-
dauer 19, 32, 299
glieder, infinitesimale 13
leitung 19f., 31f., 39, 299
kabel 18f., 20f., 68, 309
kette 39
zeit, s. Verzögerungsdauer
Verzweigung, s. Signalvertei-
lung
Verzweigungspunkt, s. Knoten-
punkt
Vielfachzählerbetrieb 281
Vielkanalanalysator 274, 279
zweiparametriger 283
Vierpol
Transistor als 93
Transistorschaltung als 97
Vierpole 3
Vierpolparameter 93
Villard-Schaltung, s. Kaskade
VKA, s. Vielkanalanalysator
Volladdierer 240
Voltmeter 286
digitales 265, 267
Vorzeichenbit 242
V-Typ, s. MOSFET

Wägeverfahren, binäres 264
Wärmeleistung 93
Wahrheitstabelle 197

Wandler 251
Wechsel-
spannung, harmonische 10
stromverhalten 10, 12, 19, 23, 31, 40
Wellenwiderstand 14, 18
Whitescher Emitterfolger 125, 156
Widerstand 4, 290, 309
Abschluß- 14
charakteristischer, s. Wellenwiderstand
differentieller, s. dyna-
mischer
Drain-Source- 143
dynamischer 139
dynamischer einer Diode 75, 88
dynamischer negativer 76, 85
elektrischer 4
frequenzabhängiger 184
Gate-Source- 143
idealer 4
innerer einer Spannungs-
quelle 6
innerer einer Stromquelle 8
Kohleschicht- 5
Last- 6
Masse- 5, 290
Metallschicht- 5
NTC- 4
negativer 180
ohmscher 4
PTC- 4
Schicht- 5
spannungsabhängiger 4
spannungsgesteuerter 138, 140
variabler 146f., 150
Wendel- 5
Wickel- 5, 290
Widerstands-
belag 13, 297
kennzeichnung 6
toleranz 5
Wilkinson-

ADC 265, 279
ATC 255
Prinzip 255
Winkel komplexer Zahlen 300
WIRED AND, WIRED OR 214, 235
Wortstrukturierung 235

Zähler
-Bausteine 223, 230
Rückwärts- 230
synchroner 231
Vorwärts- 230
Vorwahl- 231
Zählratenmesser, s. Ratemeter
Zahlen, komplexe 300
Z-Diode, s. Zenerdiode
Zeiger, s. Vektor
Zeit-
auflösung 274
geber, s. Timer
konstante 54f.
mittelwertbildner, s. Mean-
timer
Zener-
Diode 75
Effekt 76
Impedanz 76, 84, 88f.
Spannung 76
Zerhackermethode 295
Zweierkomplement, s. n-Bit-Dar-
stellung
Zweig-
spannung 40
strom 44
Zweipole 3
Zweipolquelle, Satz von der 46
Zwischenverstärker 17

Das Design-Center mit PSpice ™

MicroSim Corp.
The Makers of PSpice

Der Standard in der Schaltkreissimulation

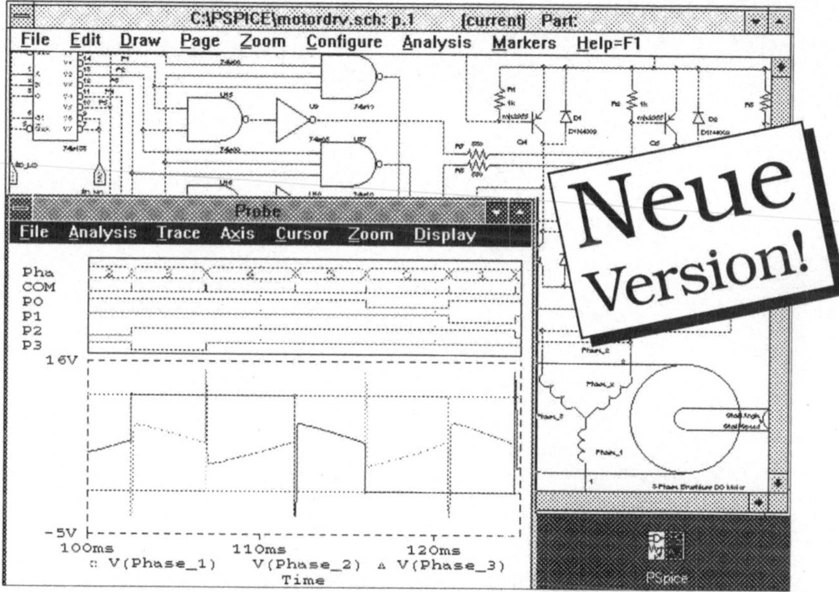

Wir extrahieren für Sie auf Wunsch Modellparameter für Bauteile, die nicht in der Bibliothek enthalten sind

Nutzen Sie unsere 10-jährige Erfahrung in der Schaltungssimulation

Fordern Sie unsere **erweiterte Testversion** an !

Wir bieten Ihnen außerdem:

Erstes Simulations- und Beratungszentrum für elektromagnetisches Design
mit VF **F E M** - Programmen in 2-D / 3 -D Darstellung
Berechnung und Optimierung elektromagnetischer Bauteile und Geräte